Electronic circuits

전자회로

한기동, 이수형 공저

D.B.Info

머/리/말

정보화 사회를 맞이한 오늘날, 정보화를 구축하는 핵심 기술에 폭넓게 적용되고 있는 전자회로는 전기, 전자, 통신공학 등에 많은 연관성을 가지고 있는 학문으로 이 분야의 대학 및 이공계 대학에 많은 도움이 될 것입니다. 전자회로는 그 범위가 매우 넓으나 대부분 전자와 전기 통신 관련 시스템 등 다양하게 회로들이 구성되어 있다. 이러한 회로의 구성과 시스템을 바르게 접근하기 위해서는 전자회로를 이해하는 것이다.

이 책은 전공자뿐만 아니라 비전공자, 일반인에게도 난해한 부분을 쉽게 접근하고 이해를 할 수 있도록 하였다.

또한 국가기술자격증 시험(전자(산업)기사, 무선설비(산업)기사, 정보통신(산업)기사, 통신선로 산업기사, 방송통신 산업기사 등)에서 상당한 비중을 차지하고 있으며, 통신기술직공무원, 지하철공사, 철도청, 방송국기술직등 입사 시험을 앞둔 수험생에게도 많은 도움이 될 것이다.

전자회로는 난해한 과목이므로 반복학습이 무엇보다 중요하다고 할 수 있을 것이다. 이 책이 전자회로를 공부하는 데 많은 도움이 되길 바라며 출관되기까지 여러모로 도움을 주신 복두출판사 사장님 이하 임직원 여러분께 감사의 마음 전하는 바이다.

저자 일동

목 차

01
반도체이론

1 전자의 구성

(1) 물질의 구조

물질 ⇒ 분자 ⇒ 원자 ┬ 원자핵 ┬ 양성자(+)
　　　　　　　　　　│　　　　└ 중성자
　　　　　　　　　　└ 전자(-)

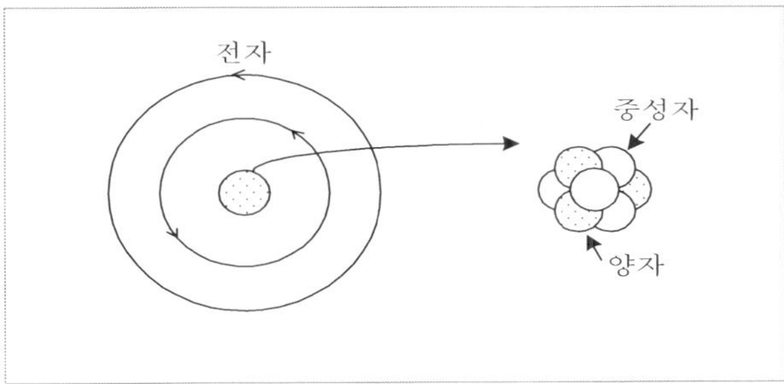

▮ Li원자　　　　▮ 원자핵

1) 물질

모든 사물의 집합체

2) 분자

눈으로 확인이 가능한 작은 알갱이

3) 원자

분자를 더 이상 쪼갤 수 없는 작은 알갱이

(2) 원자의 구조

1) 원자핵(Atomic Nucleus)

원자의 중심 부분으로 (+)전기의 입자이며 양성자(+)와 중성자로 구성되어 있다.

① 양성자(Proton)

원자핵을 구성하는 입자로 양(+) 전기를 띠며 전자의 1840배의 크기를 가진다.

② 중성자(Neutron)

원자핵을 구성하는 입자로 전기의 성질을 띠고 있지 않다.

2) 전자(Electron)

음(-) 전하를 띠며 원자핵을 중심으로 회전운동을 한다.

① 전자의 전기량(e) : 1.602×10^{-19}[C]

② 전자의 질량

ㄱ. 정지질량(m_0) : 9.107×10^{-31}[kg]

ㄴ. 상대성 이론에 의한 운동질량

$$m = \frac{m_0}{\sqrt{1-\left(\frac{v}{c}\right)^2}} [\text{kg}]$$

{v : 전자의 운동속도[m/sec], c : 광속도 3×10^8[m/sec]}

ㄷ. 전자의 질량은 양성자의 $\frac{1}{1840}$배이다.

③ 비전하 $\left(\frac{e}{m_0}\right)$: 1.759×10^{11}[C/kg]

> **전자볼트[eV]**
>
> 전자에 1[V]의 전위차를 가하였을 때 전자에 주어지는 운동에너지로서
> 1[eV]$=1.602 \times 10^{-19}$[C]의 에너지를 갖는다.

(3) 원자번호와 질량수

1) 원자번호(Automic Number)

각 원자가 가지는 양자의 수를 말하며 양자의 수는 전자의 수와 같다.

원자번호=양자수=전자수

2) 질량수(Mass Number)

각 원자가 가지는 원자핵의 양자와 중성자의 총수

질량수=양자수+중성자수

3) 중성자수(Neutran Number)

질량수와 양자수의 차

중성자수=질량수－원자번호

2 전자 각과 궤도

- 보어(Bohr)의 가정에 의해 전자는 원자핵으로부터 불연속적인 거리의 궤도 회전한다. 이와 같은 궤도를 각(Shell)이라 한다.
- 개개의 각은 허용된 에너지 준위(궤도)에서 한정된 수($2n^2$)의 최대 전자를 갖는다.
- 원자핵으로 부터 K, L, M, N……각이라 하며 파울리(Pauli)의 배타원리에 따라 순서대로 전자가 채워진다.

1) Pauli의 배타율

① 한 전자계에서 동일한 양자상태를 갖는 전자는 1개 밖에 없다. 즉 한 전자계 내의 어느 두 전자도 동일한 양자 상태에 존재할 수 없다.

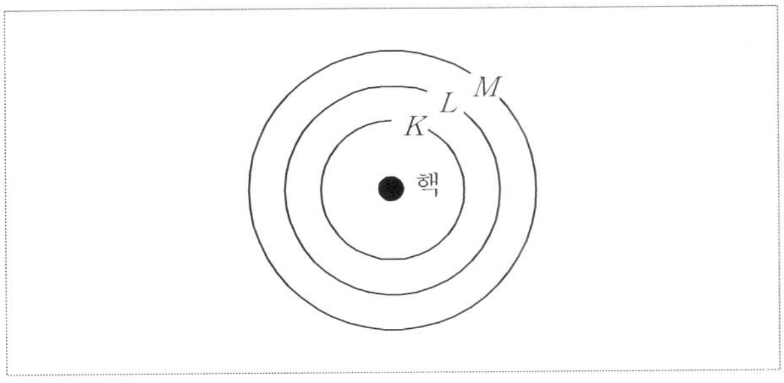

보어에 의한 전자각

② 전자각

- 전자각
  - 주각
    - n=1=K각
    - n=2=L각
    - n=3=M각
  - 부각
    - τ =0=S각
    - τ =1=P각
    - τ =2=d각
    - τ =3=f각

각	K	L		M			N			
n	1	2		3			4			
τ	0	0	1	0	1	2	0	1	2	3
부각	S	S	p	S	p	d	S	p	d	f
전자수	2	2	6	2	6	10	2	6	10	14
	2	8		18			32			

③ IV족 원자의 전자 구성표

원소	원자번호	전자구성
Si	14	$1s^2$ $2s^2$ $2p^6$ $3s^2$ $3p^2$
Ge	32	$1s^2$ $2s^2$ $2p^6$ $3s^2$ $3p^6$ $3d^{10}$ $4s^2$ $4p^6$

3 전자의 운동

(1) 전장중의 전자운동

1) 쿨롱의 법칙(Couomb's Law)

전장 속에 정지된 전자는 (-)극과는 반발하며 (+)극과는 흡인하여 전장의 방향(양전극에서 음전극을 향하는 방향)과는 반대방향으로 가속되면서 정전력(F)과 운동에너지를 갖는다.

2) 정전력(F)

전계의 방향이 (-)극이면 전자(e)는 반발하고 (+)극이면 흡인하며 전자는 전계의 방향과 반대방향으로 정전력을 받는다. 전자에 작용하는

전장의 힘$(F) = eE = \frac{eV}{\ell}[N]$

3) 전장의 세기 $(E)=\frac{V}{\ell}[V/m]$

4) 전자의 속도

$$(v)=\sqrt{\frac{2eV}{m}} \fallingdotseq 5.93\times10^{5}\sqrt{V}\,[m/sec] \Leftrightarrow W=\frac{1}{2}mv^{2}=eV\,[J]$$

전장(電場)

전기력이 작용하는 특별한 공간 또는 장소

전기력(電氣力)

전압이 걸려있는 공간에서 전자(전하)를 끌어당기는 인장력

5) 전자가 양전극에 도달하는 시간

$$(t)=\sqrt{\frac{2ml}{eE}}\,[s]=3.37\times10^{-6}\frac{1}{\sqrt{V}}\,[sec]$$

6) 전자의 파장 $(\lambda)=\frac{h}{p}=\frac{h}{\sqrt{2eVm}}$

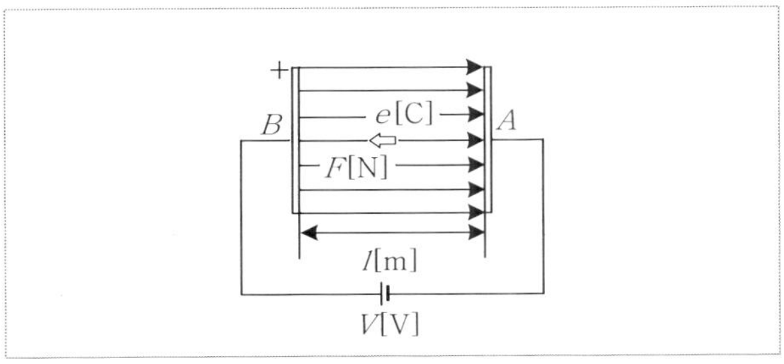

전장 중의 전자운동

{h : $Plank$ 상수 6.625×10^{-34}[J·S] }

l : 전극의 간격[m], V : 전극 간의 전압[V]

E : 전장의 세기[V/m]

7) 정전장 내에서의 전자운동 : 포물선 운동

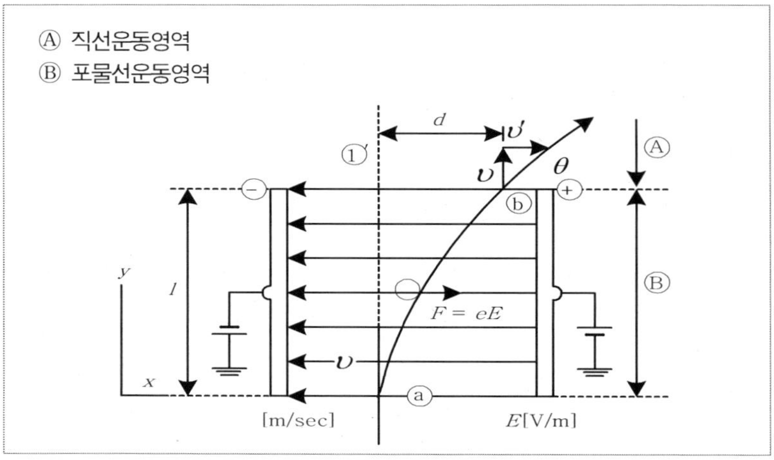

▮ 전장 중의 전자운동

(2) 자계(자장)중의 전자운동

자장에 의한 전자편향은 로렌쯔(Lorentz, H. A)에 의해 밝혀졌다.

- 균등 자계중의 자계와 직각이면 전자는 원운동을 한다.
- 균등 자계중의 자계와 임의의 각도에서는 전자는 나선운동을 한다.
- 균등 자계중의 자계와 평형하게 입사한 전자는 상호작용이 없다.

1) 회전운동

① 플레밍(Fleming)의 왼손 법칙에 의해 그림과 같이 원운동을 한다.

② F는 v 방향과 수직이고 일정하므로 구심력으로 작용하여 원운동에서 발생하는 원심력과 일치하여 등속원운동을 하게 된다.

③ 전자에 작용하는 힘$(F) = qvB\,[N]$

{$B \Rightarrow$ 평등자장의 자속밀도$[Wb/m^2]$ }

④ 운동의 주기

$$(T) = \frac{2\pi r}{v} = \frac{2\pi m}{Be} = \frac{1}{n}[\text{sec}]$$

$$\therefore \text{ 회전수 } = \frac{1}{T} = \frac{Be}{2\pi m}[\text{rps}]$$

⑤ 전자의 회전반경

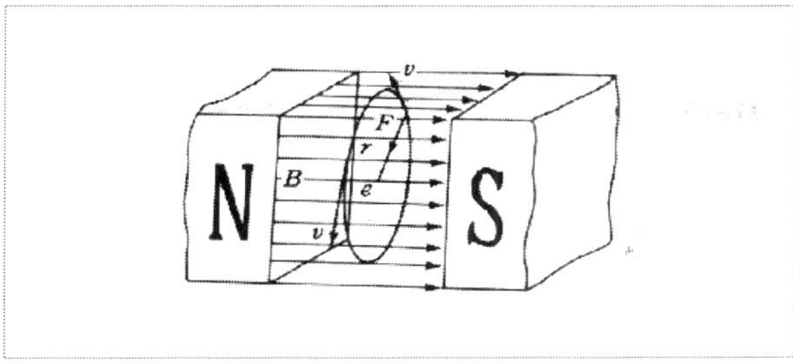

▌ 전자의 회전운동

$$(r) = \frac{mv}{Be}[m] \quad (\therefore\ Bev = \frac{mv^2}{r})$$

⑥ 각속도 $(\omega) = \dfrac{2\pi}{T} = \dfrac{Be}{m}$

2) 나선운동

전자의 운동 방향이 자장의 방향과 θ[rad]각을 이루며 속도 v로 입사하면 자장에 수직성분은 자기력을 받아 원운동을 한다. 평행성분은 힘을 받지 않으므로 직선운동을 하게 되며 전자는 나선운동을 하게 된다.

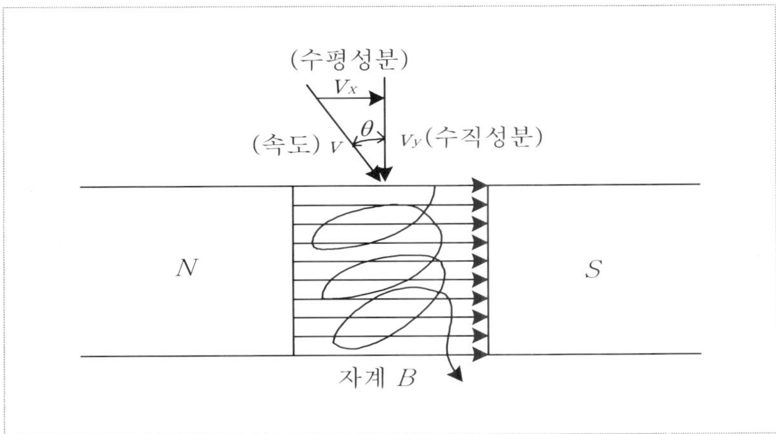

▌ 전자의 나선운동

4 원자의 전자적 구조

(1) Bohr의 가설

1) 정상상태의 조건

원자 내의 전자는 어떤 이산적인(불연속적인) 에너지만 가지며 이러한 이산적인 에너지를 가진 전자는 전자파를 방출하지 않는다. 이때에 전자는 정상상태(Staionary State)에 있다고 한다.

2) 진동수 조건

전자가 한 정상상태에서 다른 정상상태로 천이할 때만 전자파를 방사 또는 흡수한다.

∴ 방사에너지 주파수 $(f) = \dfrac{E_2 - E_1}{h}$

{단, h : Plank 상수로서 6.625×10^{-34}[J · sec]}

3) 양자화 조건

정상상태의 조건은 이 상태에 있는 전자의 각 운동량이 $\dfrac{h}{2\pi}$의 정수배로 되어야 한다.

∴ $mvr = \dfrac{nh}{2\pi}$ (단, n은 양의 정수)

(2) 원자의 전자적 구조

1) 주양자수(n)

원궤도, 타원궤도의 크기를 결정하는 양자수로서 전자의 에너지는 n의 값에 의하여 결정된다. (n =1, 2, 3, ⋯⋯) n = 1은 에너지가 최소이며 가장 안전한 상태로 기저상태라 한다. $n \geq 2$의 상태를 **여기상태**(excited state)라고 한다.

2) 방위(부)양자수(ℓ)

주어진 궤도에서 전자의 각 운동항이 기본량($\dfrac{h}{2\pi}$)의 몇 배가 되는가를 나타내며 타원의 이심률이 클수록 원에 가깝다.

3) 자기 양자수(m)

외부자계와 전자파 사이에 만드는 자계 사이의 각도로 궤도 기울기를 결정한다.

4) 스핀 양자수(s)

전자파 자신의 각도로 시계방향 또는 반시계 방향의 전자 자전을 결정한다.

5 에너지 준위(Energy Level)

원자핵 궤도를 돌고 있는 각각의 전자가 갖는 에너지의 양

(1) 기저 준위

0[K]에서 전자는 가장 낮은 준위부터 차례대로 채워지며, 원자핵과 가장 가까운 궤도의 전자는 최소의 에너지를 갖는다. 이때의 에너지 준위를 말한다.

(2) 페르미 준위(Fermi Level)

① 절대온도 0[K](−273°)에서 전자는 기저상태가 되는데 이때에 전자가 갖는 최고의 에너지 준위를 말한다.

② 절대온도 0[K]에서 전자의 점유 확률은 1이며, T[K]에서는 $\frac{1}{2}$이 된다.

③ 페르미 준위의 전자가 방출되려면 $W = e\phi = W_0 - W_F$[eV]의 에너지가 필요하다.

(3) 탈출 준위

금속 안의 전자가 외부로 탈출하기에 필요한 최저의 에너지 준위(W_0)를 말한다.

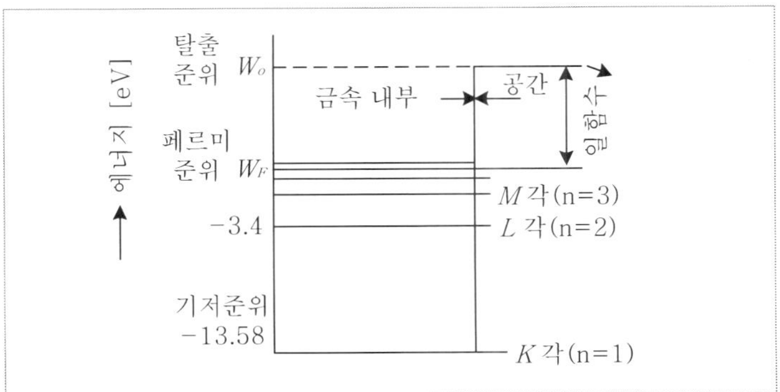

금속 에너지 준위와 일함수

6 전자방출

(1) 전자방출 용어

1) 일함수(ϕ)

0[K](-273°)에서 금속 안의 자유전자를 금속 밖의 자유공간으로 자유전자를 방출시키는 데 필요한 최소의 에너지를 일함수라 한다.

$$(W) = e\phi[\mathrm{J}](e: \text{전기량},\ \phi: \text{일함수})$$

2) 자유전자(Free Electron)

전자가 원자핵의 구속에서 벗어나 자유로이 움직일 수 있는 전자

3) 가전자(Valence Electron)

원자구조의 전자배치에서 최외부의 전자각을 점유하는 전자로 원자가 전자라고도 한다.

(2) 열전자 방출

금속을 가열하면 열에너지에 의해서 금속 안의 자유전자는 전위장벽을 넘어서 공간으로 방출된다. 이것을 열전자 방출이라고 한다.

1) 많은 열전자를 방출하기 위한 재료의 조건

① 일함수(ϕ)가 작을 것
② 용융점이 높을 것
③ 진공중에서 증발이 안 되고 방출 효율이 좋을 것
④ 가공이 쉬울 것

(3) 광전자 방출

금속에 빛을 비추면 그 표면에서 전자(광전자)를 방출하고 기전력을 방출한다.

1) 광전자의 방출량

① $hf - \phi = \dfrac{1}{2}mv^2$

[hf : 광자의 에너지, ϕ : 일함수, v : 전파속도 m : 전자의 질량]

② 광전자의 방출조건

$$hf > \phi$$

(4) 2차전자 방출

① 전자가 금속판 면에 부딪칠 때 에너지가 나타나는데 이 에너지가 어떤 값을 넘으면 금속표면의 전자가 외부로 튀어나온다. 이와 같은 현상을 2차전자 방출이라 한다.

② 2차전자 방출비(δ) $= \dfrac{ns}{np}$ (ns : 1차전자수, np : 2차전자수)

(5) 고전장 방출(High Field Emission)

금속 표면에 아주 강한 전장, 즉 108[V/m] 이상을 가했을 때 상온에서도 금속 표면에서 전자가 방출된다. 이와 같은 현상을 고전장(냉음극) 방출이라고 한다.

예/상/문/제

1. 속도 v로서 등속도 직선운동을 하고 있는 전자가 균일한 자장 B안으로 자장과 직각인 방향으로 입사할 때 자장 내에서의 전자의 운동은 어떻게 되는가?

가. 포물선운동　　나. 역회전운동
다. 직선운동　　라. 원운동

해설

1. 자장의 방향과 직각일 때 : 원운동
2. 직각이 아닐 때 : 나선운동
3. 자장의 방향과 같을 때 : 영향을 받지 않는다.

2. 균일한 자장 내에서 자장과 직각방향으로 속도 v로 등속 원운동을 하는 전자의 운동에 대한 설명 중 틀린 것은?

가. 원운동의 반지름은 v에 비례한다.
나. 원운동의 반지름은 자속밀도에 반비례한다.
다. 주기는 v에 비례한다.
라. 각속도는 v와 관계없다.

해설

자장의 방향과 직각이기 때문에 원운동을 하며 원운동 할 때에 반지름은 $r = \dfrac{mv}{eB}$이고 주기는 $T = \dfrac{1}{f} = \dfrac{2\pi r}{V}$이 된다.

3. 빛의 속도로 운동하고 있는 전자의 질량은 얼마가 되는가?

가. 무한대　　나. 0
다. 정지상태의 질량과 같다　　라. 정지상태의 질량보다 작다.

해설

전자의 운동 시 질량 $m = \dfrac{m_\circ}{\sqrt{1-(v/c)^2}}$에서 전자가 빛의 속도로 운동을 하기 때문에 $c = v = 3\times10^8$[m/sec]가 된다. 그러므로 $m = \dfrac{m_\circ}{\sqrt{1-1}} = \infty$가 된다.

해답 :　1. 라　2. 다　3. 가

4. 전자볼트(electron volt)의 설명으로 적합하지 않은 것은?

가. (전자의 전하량)×1[V]이다.
나. 1[eV] = 1.6×10^{-19}[eV]이다.
다. 일(work)혹은 에너지(energy)의 단위이다.
라. 전자의 가속도 크기이다.

해설
1[eV] = $1.602 \times 10^{-19} \times 1 = 1.602 \times 10^{19}$[J]

5. 전자의 수가 18개라면 원자의 몇 번째 궤도에 해당하는가?(단 Pauli의 원리이다.)

가. 1궤도　　　　나. 2궤도
다. 3궤도　　　　다. 4궤도

해설
1번째 궤도 → $2n^2$ = 2개
2번째 궤도 → $2n^2$ = 8개
3번째 궤도 → $2n^2$ = 18개

6. 전자의 속도 V가 가속된 전자의 자계 B에 직각으로 입사되었을 때 원운동의 반지름 r은 어느 것인가?(단, m : 전자의 질량, e : 전자의 전하이다.)

가. $r = \dfrac{2\pi mV}{eB}$　　　　나. $r = \dfrac{mV2}{B}$
다. $r = \dfrac{mV}{eB}$　　　　라. $r = \dfrac{emV}{B}$

해설
· 원운동의 반지름 $r = \dfrac{mV}{eB}$
· 원운동의 주기 $T = \dfrac{1}{f} = \dfrac{1}{\frac{w}{2\pi}} = \dfrac{2\pi r}{V}$

7. 평행판 전극에 200[V]의 전압을 가했을 때 전자의 운동속도 v[m/s]는?(단, 전자의 질량 m = 9.1×10^{-31}[kg])

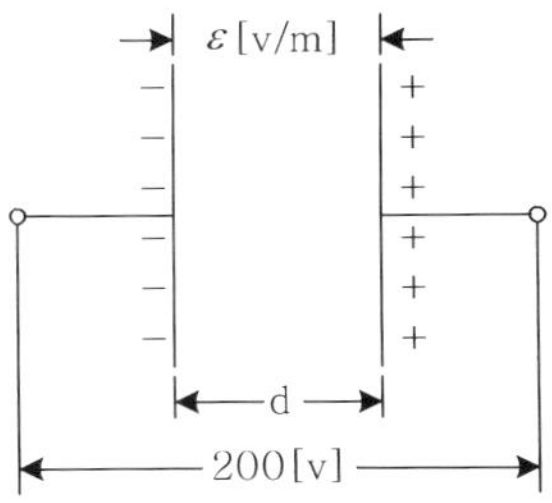

가. 8.39×10^6[m/s]
나. 5.93×10^5[m/s]
다. 4.68×10^4[m/s]
라. 3.14×10^2[m/s]

해설
$v = 5.93 \times 10^5 \sqrt{V} = 5.93 \times 10^5 \sqrt{200} \fallingdotseq 8.39 \times 10^6$[m/sec]

해답 :　4. 나　5. 다　6. 다　7. 가

8. 그림과 같은 평행판 양단에 전압 V가 가해져서 균등한 전장 ϵ가 형성되어 있을 때, 음극에서 초속도 "0"으로 출발한 전자가 양극에 충돌할 때의 속도는?(단, $1[eV] = 1.602 \times 10^{-19}[J]$, 전자의 전하 $e = 1.602 \times 10^{-19}[C]$, 전자의 질량 $m = 9.107 \times 10^{-31}[kg]$)

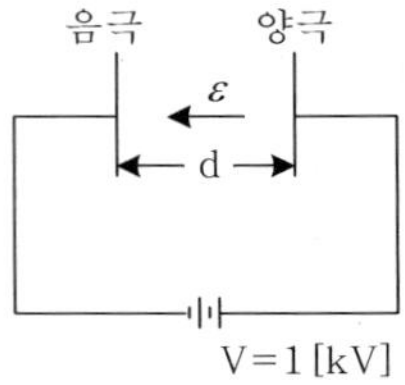

가. $187.5 \times 10^5[m/s]$
나. $75.3 \times 10^6[m/s]$
다. $73.6 \times 10^5[m/s]$
라. $127.3 \times 10^3[m/s]$

해설

$v = 5.93 \times 10^5 \sqrt{V} = 5.93 \times 10^5 \sqrt{10^3} \fallingdotseq 187.5 \times 10^5[m/sec]$

9. 속도 v로 자장 B와 지각 방향으로 운동하는 한 개의 전자에 작용하는 힘은?

가. $F = Bev$
나. $F = \frac{v}{Be}$
다. $F = \frac{1}{Bev}$
라. $F = \frac{m}{Be}$

해설

$F = Bev\sin\theta = Bev\sin 90° = Bev$

해답 : 8. 가 9. 가

02 반도체 소자

1 반도체의 특징

반도체는 절대온도 0[K]에서는 절연체이며 상온에서 저항률은 $10^{7} \sim 10^{-8}[\Omega \cdot \mathrm{m}]$ 정도의 저항을 가지며 도전율은 도체와 절연체의 중간 성질을 갖는다.

- 불순물의 농도가 증가하면 도전율(σ)은 커지고 고유저항(ρ)은 감소한다.
- 정류작용을 한다.
- 부(-)의 온도계수를 갖는다.
- 광전효과가 있다. (반도체가 빛을 받으면 저항이 작아지거나 전기를 일으키는 것을 광전효과라 한다.)
- 자장에 의한 고유저항의 변화가 크며 홀(hall)효과가 있다.
- 열전 효과를 갖고 있다.
- 쇠붙이는 가열하면 저항이 커지지만 반도체는 반대로 작아진다.

2 반도체의 에너지대 구조

원자가 결합하면 원자 상호간의 영향으로 전자의 에너지는 어떤 폭을 갖게 되는데 이 폭을 에너지대라 한다.

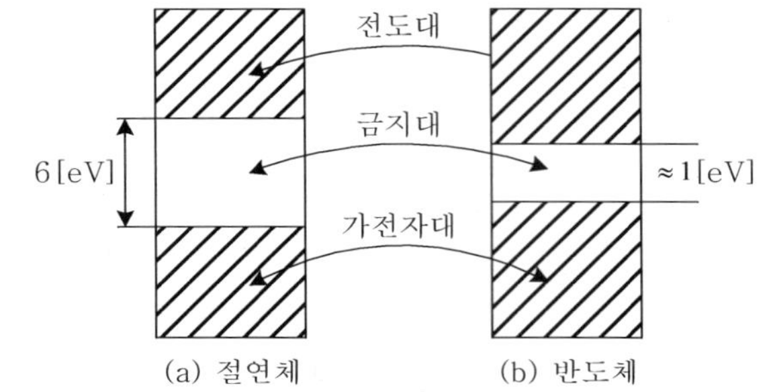

에너지대

(1) 전도대

전자가 존재할 수 있는 허용대이며 여기에 있는 전자는 원자의 속박으로부터 벗어난다. 충만대와는 달리 전자가 자유롭게 이동할 수 있는 밴드이며, 전도대에 존재하는 전자를 자유전자라 한다.

(2) 금지대

전자들에게 허용되지 않는 에너지 범위이며 이 폭을 energy gap이라고 한다.
금지대의 폭은 반도체마다 다르며 각 반도체의 성질을 결정하는 데 중요한 역할을 한다.

(3) 가전자(충만)대

전자가 가득 찬 허용대로서 외부 에너지에 의하여 전자가 전도대로 올라갈 수 있는 에너지대이다.

3 진성 반도체와 불순물 반도체

반도체는 불순물의 존재여부에 따라 진성 반도체와 불순물 반도체로 구분되며 또 불순물의 종류에 따라 P형 또는 N형 반도체로 구분된다.

(1) 진성 반도체(Intrinsic Semiconductor)

불순물이 첨가되지 않은 순수한 반도체로서 4가 원소이다. 진성 반도체에서는 전자의 수와 정공의 수는 같다.

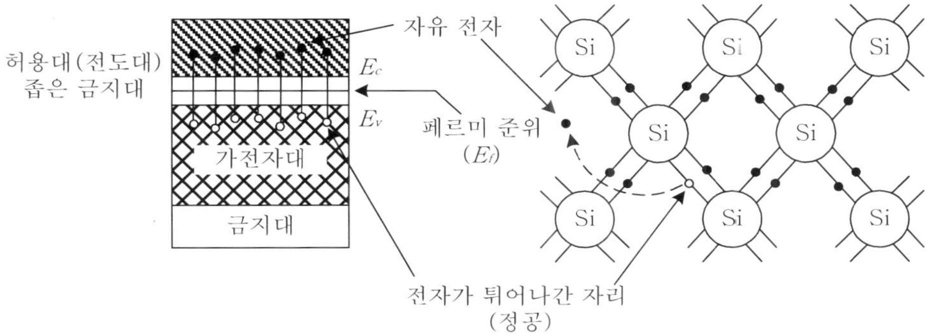

▌ 진성반도체

1) 전자 농도(n_0)와 정공 농도(p_0)

$$n_o = N_c\, \epsilon^{-(Ec - E_f)/kT} m^{-3}$$

$$p_0 = N_v e^{-(E_f - E_v)/kT} m^{-3}$$

{단, N_c, N_v : 비례상수, k : 볼트만상수(1.38×10-23 〔J/K〕), T : 절대온도}

2) 진성 반도체의 페르미 준위(E_f)

전도대의 전자는 모두 가전자대로부터 올라온 것이므로, 전자와 정공의 수가 같아 ($n_o = p_0$) 페르미 준위는 금지대의 중앙에 있게 된다.

$$E_f = \frac{E_c + E_v}{2}$$

참고

진성 반도체의 페르미 준위는 온도에 관계없이 금지대의 중앙에 있다.

(2) 불순물 반도체(Impurity Semiconductor)

Ge, Si의 결정체에 불순물원소 3가나 5가 원소가 도핑(doping)된 경우 이 반도체를 불순물 반도체라 한다.

1) N형 반도체

① 진성 반도체에 도너(doner)에 해당하는 5가 원소인 비소(As), 인(P), 안티몬(Sb), 비스무트(Bi) 불순물을 소량 첨가하여 전자가 과잉된 반도체이다.

② 자유전자를 다수 반송자(carrier), 정공을 소수 반송자라 한다.

③ 도너 준위 : 도너의 과잉전자에 의해서 전도대 아래, 즉 전도대와 페르미 준위 사이에 이루어지는 에너지 준위이다.

④ 실온 또는 절대온도 300K에서는 약 0.026 eV로써 도너 준위의 전자들은 대부분 전도대로 올라갈 수 있다.

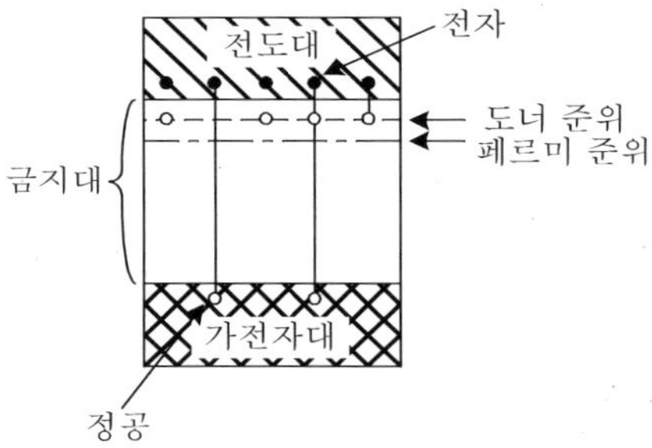

▮ 도너 준위

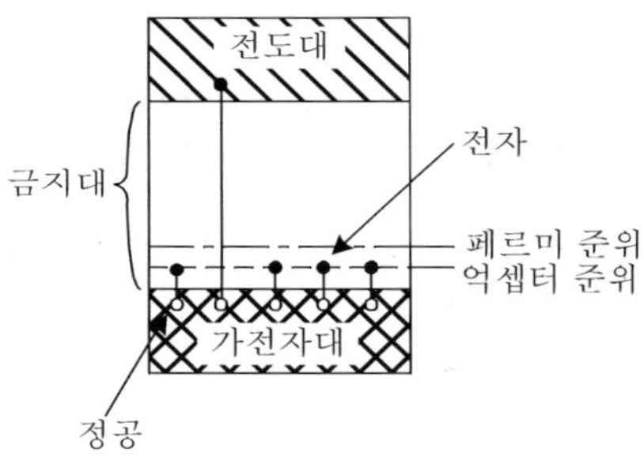

▮ 억셉터 준위

2) P형 반도체

① 진성 반도체에 억셉터(acceptor)에 해당하는 3가 원소인 붕소(B), 인듐(In), 알루미늄(Al), 갈륨(Ga) 불순물을 소량 첨가하여 정공(hole)이 과잉된 반도체이다.

② 정공을 다수 반송자, 자유전자를 소수 반송자라 하다.

③ 억셉터 준위 : 정공에 의해 가전자대 바로 위쪽, 즉 페르미 준위 아래쪽에 존재하는 에너지 준위이다.

④ 3가 원자가 함유되면, 함유된 원자와 같은 수의 정공이 발생하여 전자를 끌어들이게 된다.

4 다이오드

PN접합은 3가 불순물이 도핑된 P형과 5가의 불순물이 도핑된 N형 반도체가 서로 접합된 형태로써 P형 반도체 영역에는 정공의 농도가 전자보다 크며 N형 반도체의 영역에는 전자의 농도가 매우 크며, PN접합은 확산접합에 의해 만들어지며, 공핍영역에서 이온화된 원자들에 의해 공핍영역에 발생되는 전위차를 고유 전위장벽(고유전위)이라 하며, 정류, 검파, 복조, 변조 회로 등에 사용된다.

(1) 바이어스 되지 않은 다이오드

P형 반도체와 N형 반도체를 접합하면 접합 가까이 있던 전자는 P영역으로 확산되어 접합 근처의 정공과 결합한다. 5가 원자는 접합 부근의 N영역에서 +전하로 대전되어 양이온이 되고 3가의 원자는 −전하로 대전되어 음이온이 된다. 이온층이 형성되면 N영역의 전자가 P영역으로 이동하기 위해서는 양이온의 인력과 음이온의 반발력(장벽전위 : si는 0.7 V이고, Ge는 0.3 V)을 극복해야 한다. 전도전자나 정공이 존재하지 않는 이온 영역을 공핍층(Depletion layer) 또는 공간 전하층이라 한다.

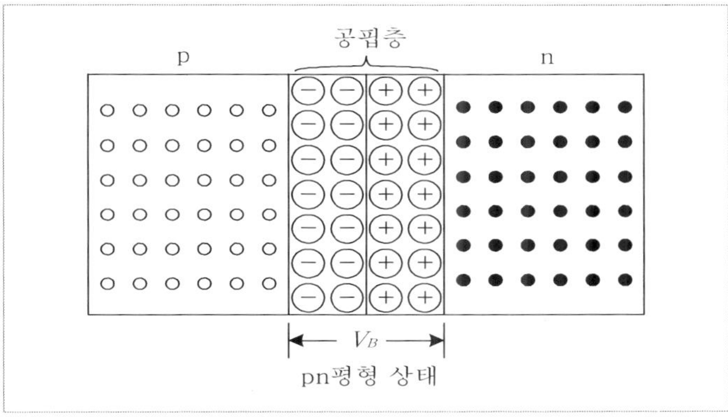

pn 평형 상태

> **확산전류(Diffusion)**
> 외부의 에너지인가 없이 흐르는 전류로서 입자의 농도가 높은 곳에서 낮은 곳으로 이동하며 평형을 시키려고 확산되므로 전기전도 현상이 나타난다.

(2) PN접합의 에너지 다이아그램

P형 반도체의 3가 불순물 원자의 에너지대는 N형의 5가 불순물 원자의 에너지대보다 약간 더 높은 준위에 있다. 이것은 3가 원자의 가전자에 대한 핵의 인력이 5가 원자의 가전자 (+)에 대한 핵의 인력보다 더 약하므로 3가 전자는 약간 더 높은 궤도에 존재하게 되고 에너지 준위도 약간 더 높다.

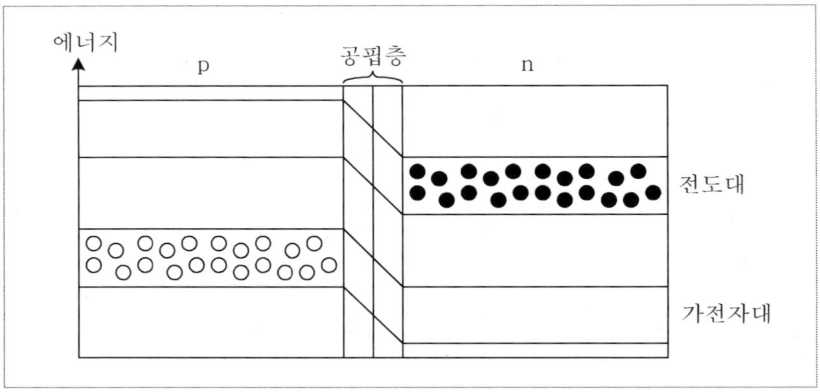

평형상태의 에너지 다이아그램

> 접합부의 온도가 증가하면 장벽 전위는 감소하고 장벽 전위가 감소하면 접합부의 온도는 증가한다.

(3) 순방향 바이어스

전지의 -단자를 N영역에 +단자를 P영역에 연결하면 전지의 -단자는 N영역의 전도전자를 접합 쪽으로 이동시키고 +단자는 P영역의 정공을 접합 쪽으로 이동시킨다. 장벽 전위를 극복하는 외부 전압원이 공급되면 N영역 전자는 공핍층을 통과하여 P영역의 정공과 결합이 이루어진다. N영역을 떠난 전자만큼 전지의 -단자로부터 많은 전자가 공급된다.

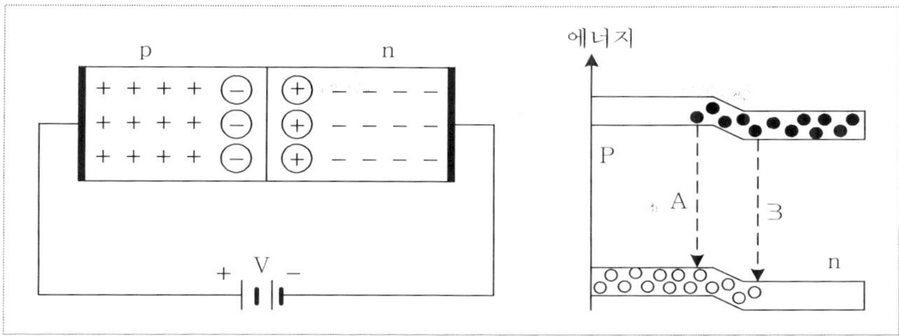

드리프트 전류

전계를 가하면 캐리어는 전계에 의하여 가속되어 전자는 전계의 반대방향으로 정공은 전계의 방향으로 주행함으로써 전기전도 현상이 나타난다.

(4) 역방향 바이어스

P형 쪽에 (-), N형 쪽에 (+) 전압을 걸어주므로 캐리어의 이동을 방해하게 된다. 전지의 -단자는 PN 접합에서 P영역의 정공을 바깥으로 끌어당기고 +단자는 전자를 바깥으로 끌어당긴다. 전자와 정공이 접합에서 바깥으로 이동한 만큼 공핍층도 넓어진다.

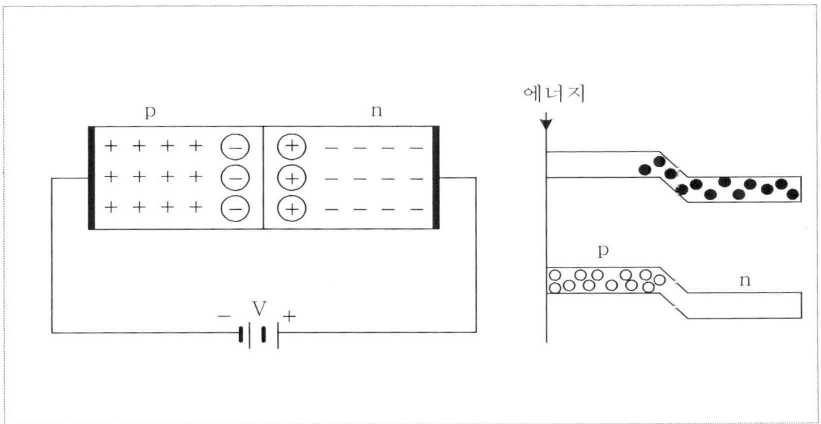

역방향 누설전류

역 바이어스를 인가하면 다수 캐리어에 의한 과도전류는 순식간에 0으로 되지만, 역 바이어스를 인가하는 동안 소수 캐리어에 의하여 생성된 매우 적은 누설 전류가 존재한다. 이것은 열로 인하여 공핍층 내에 생성된 전자-정공 쌍이 외부 전압의 영향을 받아 몇 개의 전자가 재결합되기 전에 PN 접합을 통하여 확산되므로 나타나는 소수 캐리어 전류이다.(게르마늄이 실리콘보다 더 큰 누설 전류를 갖는다. 누설 전류는 역바이어스 전압의 크기와는 무관하며, 온도증가가 누설전류의 증가를 유발한다.)

바이어스란?

반도체 소자에 대한 동작 조건을 맞추기 위하여 인가된 전압을 말한다.

(5) PN 다이오드의 정 특성

이상적 PN다이오드에서 바이어스 전압 V를 걸 때 흐르는 다이오드 전류 I는

$I = I_o\ [e^{eV/kT} - 1]$(I_o : 역 바이어스 포화전류)

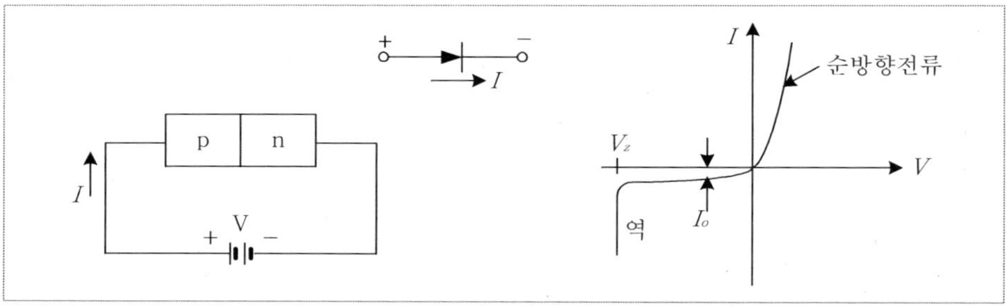

(a) (b)

1) 순 바이어스 전류

$V > 0$일 때 전류 I는 바이어스 전압에 따라 지수 함수적으로 증가한다.

$I \approx I_o\, \epsilon^{eV/kT}$ 단, $V \gg kT/e$

2) 역 바이어스 전류

$V < 0$이며 $e^{-eV/kT} \simeq 0$인 경우 바이어스 전압에 관계없이 전류는 일정한 포화 상태를 나타낸다. $I \approx -I_o$

3) 다이오드의 cutin 전압

Si다이오드는 약 0.7 V, Ge 다이오드는 약 0.9 V 이상에서 전류가 급속히 증가하는데 이 전압을 다이오드의 cutin 전압 또는 문턱전압(threshould voltage)이라고 한다.

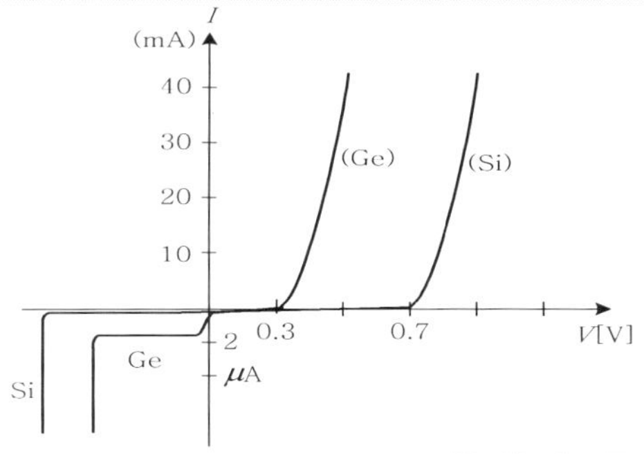

▮ Ge과 Si의 특성

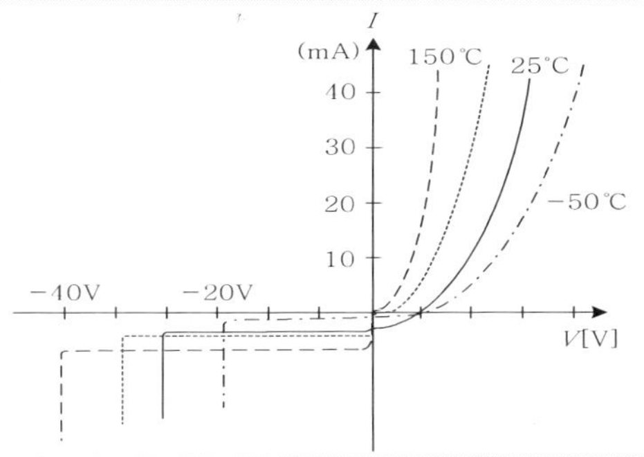

▮ 온도에 따른 변화

(6) 항복현상을 일으키는 두 가지 형태

다이오드에 역방향 전압을 증가시켜 가면 어떤 임계값 V_z(항복전압)에 도달할 때까지 전류는 거의 0이 된다. 그러나 항복전압에서는 역방향 전류가 갑자기 증가하기 시작하여 특성이 거의 수직이 되며 전류가 제한되지 않으면 다이오드는 파괴되고 만다. 이러한 현상을 항복(break down)이라고 한다.

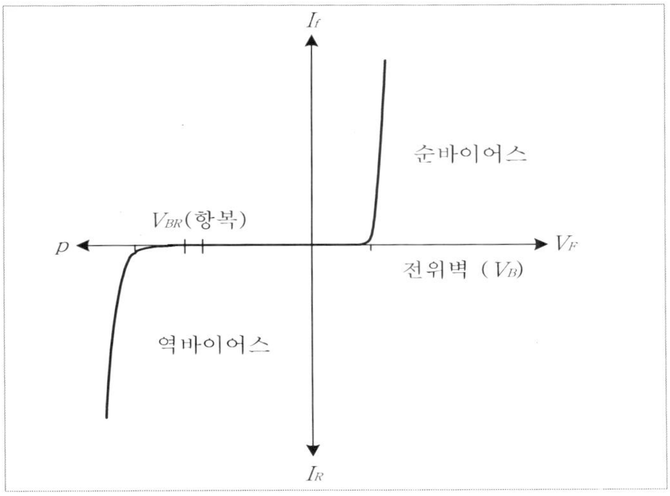

▮ 다이오드의 특성곡선

1) 애벌런치 항복

이온화 충돌에 의한 항복 현상으로 항복 전압은 6[V] 이상이다. 불순물 농도에 따라 넓은 변화를 나나내며, 온도가 상승하면 약간 증가한다.

증배계수(M)은 $M = \dfrac{1}{1-p}$ 단, $p = (V/V_z)^n$

(n : 반도체의 종류에 관계되는 상수, V : 역바이어스 V_z : 항복전압)

2) 제너항복

터널 효과에 의한 항복 현상으로 항복전압은 6[V] 이하이다. PN접합 면에서 불순물의 분포가 비교적 완만하게 변화할 때 애벌런치 항복이 나타나며, 급격히 변화하면 제너 항복이 나타난다.

5 다이오드의 종류

(1) 제너 다이오드(Zener Diode : 정전압 다이오드)

제너다이오드의 역방향 전압을 감소시키기 위하여 불순물의 도우핑 레벨을 높게 하면 매우 좁은 공핍층이 형성되어 강한 전계가 공핍층 내부에 존재하게 된다. 항복전압에 가깝게 되면 전계는 가전자대로부터 전자를 끌어낼 수 있을 만큼 강하게 되어 전류를 생성하게 되며, 전압과 부하저항이 바뀌어도 부하전압을 일정하게 유지시켜주는 전압 조정기 또는 정전압 회로에 많이 사용된다.

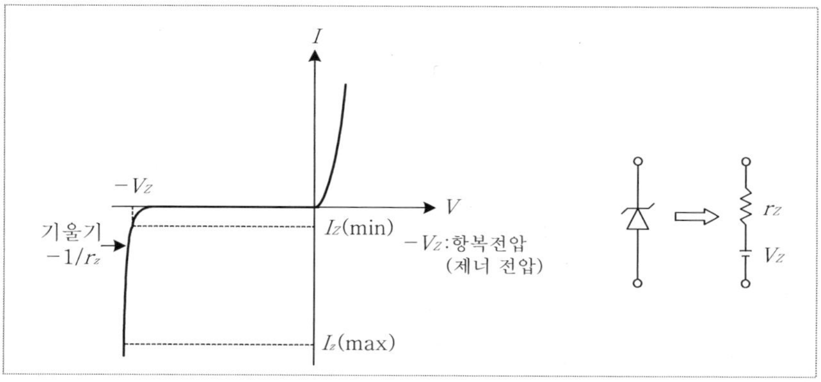

제너다이오드의 특성 및 모델

① 역방향 항복에서 전류가 급속히 변화되더라도 다이오드 양단의 전압은 거의 일정

하여 전압제어 소자로 사용된다.

② 제너 다이오드의 항복전압은 제작 과정 중의 불순물 도우핑 레벨에 의하여 적절히 조절할 수 있다.(불순물의 농도가 높으면 항복 전압이 낮아진다.)

③ 항복 전압(V_z)이 5[V] 이상에서 항복을 일으키는 전압 제어용 다이오드는 애벌런치 효과를 이용한 것이고 5[V] 이하에서는 제너 효과로서 동작한다.

예제

제너 다이오드가 $4mA \sim 40mA$ 사이의 전류 값에 대해 정전압을 유지한다면 입력 전압의 변동치는?

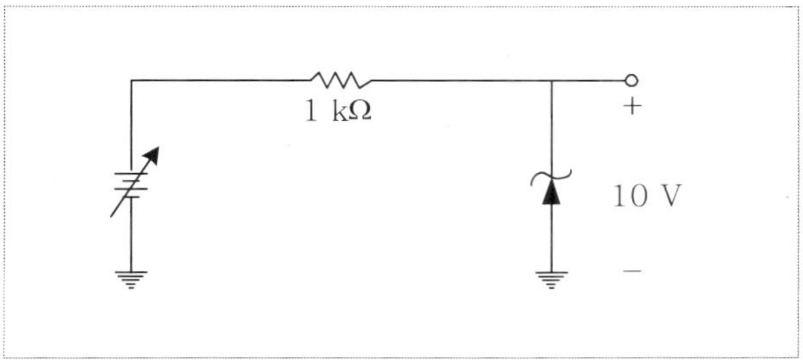

〈풀 이〉

최소전류가 흐를 경우 1$k\Omega$ 양단의 전압은

$V_R = (4mA)(1k\Omega) = 4V, \qquad V_{IN} = V_R + V_z = 14V$

최대전류가 흐를 경우 1$k\Omega$ 양단의 전압은

$V_R = (40mA)(1k\Omega) = 40V, \qquad V_{IN} = 40V + 10V = 50V$

이것은 제너다이오드가 14V에서 50V까지의 입력 전압을 조정할 수 있으며 대략 10V의 출력 전압을 유지할 수 있다는 것을 나타낸다.

(2) 터널 다이오드(Tunnel Diode)

일반 정류용 다이오드보다 더 많은 불순물을 도핑시킨 것으로 매우 좁은 공핍층을 형성하며, 항복 효과가 존재하지 않고 모든 역방향 전압에 대하여 우수한 도전성을 가진다.

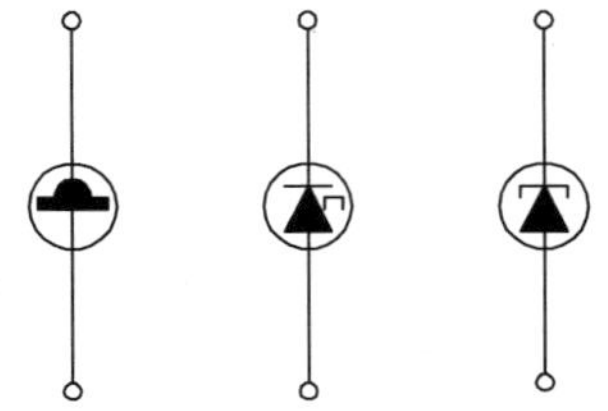

▌ 터널 다이오드의 기호

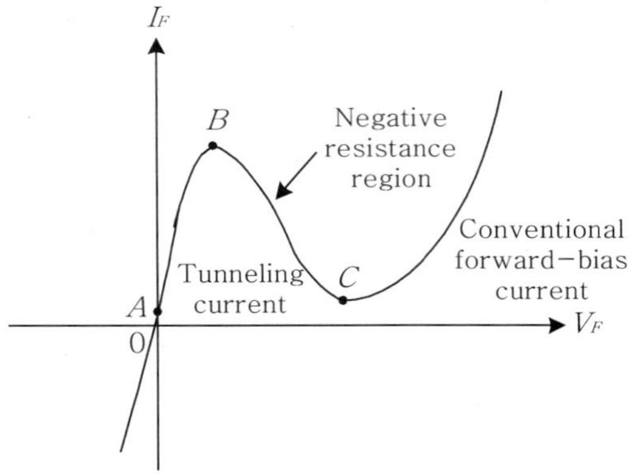

▌ 터널 다이오드의 특성

특성 곡선의 B~C 영역이 부성저항 특성을 나타내고 있다. 이것은 순방향 전압의 증가로 인하여 N형의 준위가 올라가 N형의 전도대의 전자와 P형의 가전자대의 전자레벨의 차가 커져서 터널 효과에 의한 전자류가 감소하기 때문에 일어나는 현상이다. 부성저항 영역에서는 옴의 법칙이 성립하지 않는다.

$$R_F = -\frac{\Delta V_F}{\Delta I_F}$$

특징

① 발진, 증폭, 스위칭(개폐) 회로에 응용된다.
② 역 바이어스 상태에서 훌륭한 도체이다.
③ 작은 순 바이어스 상태에서 저항은 대단히 작다.

(3) 가변용량 다이오드(Variable Capacitance Diode)

PN 접합 다이오드의 공간 전하용량이 양단에 가한 역방향 전압에 의하여 변화되는 특성을 이용한 것으로 바렉터(varactor) 다이오드라고도 한다.

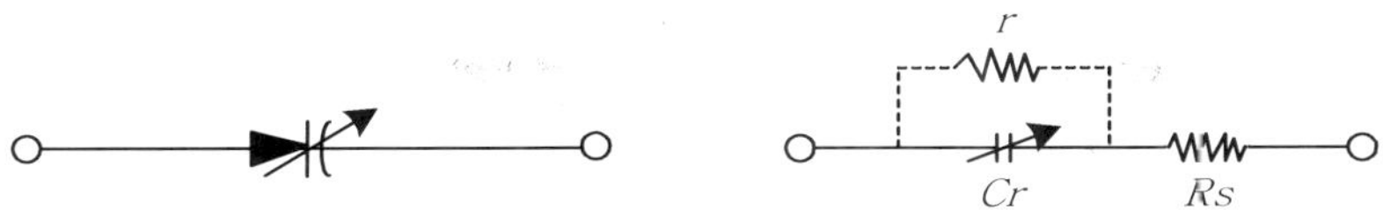

(a) 심벌 (b) 소신호 모델

▌ 가변용량 다이오드

1) 용도

초고주파의 발진, 증폭, 공진회로의 전압동조, 주파수 변환소자, 주파수 변조회로, 주파수 체배기 등에 사용한다.

2) 가변용량(접합용량)

$C_T \propto \dfrac{K}{\sqrt{V}}$ {단, V : 가해준 역전압}

(4) 쇼트키 다이오드

독일의 물리학자인 Walter H. Schottky의 이름을 딴 다이오드 소자이며, 쇼트키가 발견한 금속과 반도체의 접촉면에 생기는 장벽(쇼트키 장벽)의 정류 작용을 이용하여 만들어졌다. 즉 금, 은, 백금과 같은 금속에 반도체를 도핑한 것으로 금속 반도체 접합이다.

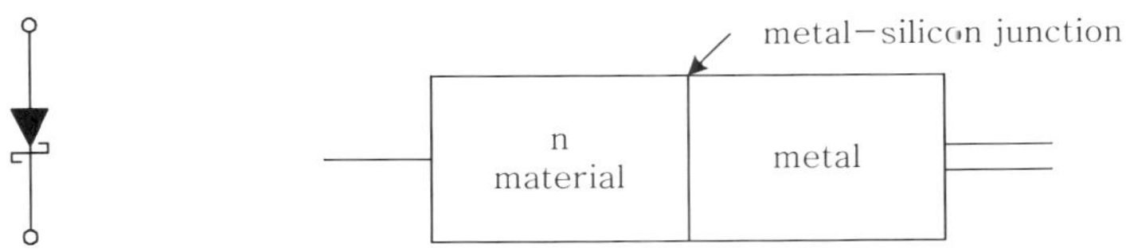

▌ 쇼트키 다이오드의 기호 ▌ 쇼트키 다이오드의 내부구조

금속 영역은 전도대의 전자로 매우 조밀하게 점유되어 있고 N형 반도체 영역은 약하게 도핑되어 있다. 순방향으로 바이어스 되면 N형 영역의 매우 높은 에너지를 갖는 전자는 금속 영역으로 주입되고, 과잉 에너지를 급속히 방출시킨다.

특징

① 다수캐리어만으로 동작한다.(소수 캐리어가 없다.)
② 일반 다이오드에 비해 마이크로파(고주파)에서의 특성이 좋고 매우 좁은 쇼트키 장벽 내에서 전류제어작용이 행해지기 때문에 고속 동작(고속 스위칭)에 적합하다.
③ 커트인 전압이 더 낮다
④ 역방향 포화전류는 더 높다.
⑤ 마이크로파 수신 혼합기, 고속 논리용 다이오드 등에 사용.

(5) 실리콘 제어정류기

규소를 재료로 한 PNPN 다이오드의 P_2 영역에 게이트 전극을 붙여 게이트 전류 I_G로써 브레이크오버(breakover)전압을 제어할 수 있도록 한 소자이다.

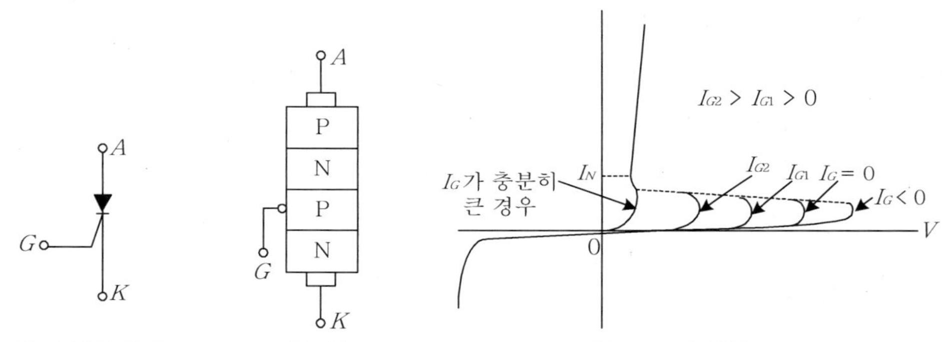

(a) SCR의 기호 (b) 구조 (c) SCR의 특성

실리콘 제어 정류기의 구조와 특성

도통상태를 차단시킬 때는 양극(anode) 전압을 제거하든가 또는(-)로 할 때 및 유지전류 이하로 낮추어야 가능하다.

예/상/문/제

1. P형 불순물은?

가. 과잉전자를 만든다.
나. 5개의 가전자만을 갖는다.
다. acceptor 불순물이라 한다.
라. Si에 첨가할 수 있으나 Ge에는 첨가할 수 없다.

해설
P형은 4가 원자인 Si이나 Ge에 3가인 붕소(B), 갈륨(Ga), 인듐(In) 등의 원소들을 첨가한 것으로 첨가한 불순물을 억셉터(acceptor)라고 한다.

2. 반도체 내부에 잉여전자를 가지고 있는 불순물 반도체는?

가. 4족의 원소만으로 구성되어 있는 반도체
나. 3족 및 5족의 불순물들로 구성되어 있는 물질
다. 진성반도체 내에 3족의 불순물을 침투시킨 반도체
라. 진성반도체 내에 5족의 불순물을 침투시킨 반도체

해설
4가 원자인 Ge이나 Si에 5가인 비소(As), 안티몬(Sb), 인(P), 비스무트(Bi) 등의 불순물을 첨가하면 과잉전자가 발생한다.(N형 반도체)

3. 다음 중 반도체의 에너지 갭에 관한 설명으로 옳은 것은?

가. 온도가 상승하면 감소한다.
나. 온도가 상승하면 증가한다.
다. 온도에 관계없이 일정하다.
라. 온도상승에 따라 증가도 하고 감소도 한다.

해설
에너지 갭 (Ge)⇒ $E_g = 0.782 - 3.9 \times 10^{-4}T[eV]$
(Si)⇒ $E_g = 1.205 - 2.8 \times 10^{-4}T[eV]$

해답 : 1. 다 2. 라 3. 가

4. 어떤 절연물의 금지대폭이 $E_g = 1000KT$라고 할 때, 도전상태가 되려면 에너지가 얼마나 필요한가?(단, $K = 1.38 \times 10^{-23}$ [J/K], $T = 27$ [℃] $= 300$[K]이다.)

가. 4.3 [eV] 나. 13 [eV]
다. 26 [eV] 라. 41 [eV]

해설

전자 1개 방출시 필요한 에너지(ω) $= e\Phi$ [J]
도전 조건은 $\Phi \geq E_g$일 경우이다.

$$W = 1000KT = 1000 \times 1.38 \times 10^{-23} \times 300 = 4.14 \times 10^{-18} \,[J]$$

$$\therefore \Phi = \frac{\omega}{e} = \frac{4.14 \times 10^{-18}}{1.602 \times 10^{-19}} \fallingdotseq 26 \,[eV]$$

5. 반도체에 관한 설문이다. 틀리게 설명된 것은?

가. 반도체에는 진성 반도체와 불순물 반도체가 있다.
나. 진성 반도체는 성질에 따라 P형 반도체와 N형 반도체가 있다.
다. N형 반도체를 만들기 위해 첨가하는 불순물을 도너(donor)라 한다.
라. P형 반도체를 만들기 위하여 첨가하는 불순물을 억셉터(acceptor)라 한다.

해설

- 반도체
  - 진성반도체
  - 외인성 반도체 (불순물 반도체)
    - Negative Type(N형 반도체)
    - Positive Type(P형 반도체)

6. 반도체에 있어서 다음 설명 중 옳지 않은 것은?

가. 전도대의 전자는 비어 있는 에너지 준위가 있기 때문에 전계에 의해서 가속될 수 있다.
나. 금지대의 에너지 폭이 넓으면 열에 의한 영향을 그만큼 크게 받는다.
다. 금지대의 에너지 폭은 가전자의 구속에너지 정도를 나타낸다.
라. 과잉 소수 캐리어는 열평형 상태보다 과잉된 소수 캐리어이다.

해설

온도의 영향은 금지대의 에너지 폭이 넓을수록 적게 된다.

해답 : 4. 다 5. 나 6. 나

7. 진성반도체에서 페르미 준위(Fermi level)는 온도에 어떠한 영향을 받는가?

가. 온도가 상승하면 전도대 쪽으로 접근한다.
나. 온도가 하강하면 가전자대 쪽으로 접근한다.
다. 온도가 상승하면 도우너 준위에 접근한다.
라. 온도에 관계없이 금지대 중앙에 위치한다.

해설

① P형 반도체 : 온도가 상승하면 금지대의 중앙으로 접근하고 억셉터(N_a)가 증가하면 가전자대(E_V)로 접근한다.
② n형 반도체 : 온도가 상승하면 금지대의 중앙으로 접근하고 도우너(N_d)가 증가하면 전도대(E_c)로 접근한다.
③ 진성 반도체 : 온도에 관계없이 금지대 중앙($E_c + E_V$)/2에 위치한다.

8. 진성 반도체의 고유저항을 ρ, 전자 농도를 n이라 하면 다음 중 옳은 것은?

가. $\rho \propto n$
나. $\rho \propto n^2$
다. $\rho \propto \frac{1}{n}$
라. $\rho \propto \frac{1}{n^2}$

해설

저항률 : $(\rho) = \frac{1}{ne\mu} = \frac{1}{\sigma}$
도전률 : $(\sigma) = ne\mu = ne(\mu_p + \mu_n)$

9. 다음 중 p형 불순물 반도체에서 전자의 농도를 나타낸 것은? (단, N_a는 억셉터의 농도, n_i는 진성 반도체에서 캐리어 농도)

가. $\frac{n_i^2}{N^a}$
나. $\frac{N_a^2}{N_i}$
다. $N_a - n_i^2$
라. $N_a + n_i$

해설

(1) P형 반도체의 캐리어 농도
① 다수캐리어 (P_{po}) ≅ Na(억셉터 농도)(P_{po} : P형 반도체 정공농도)
② 소수캐리어(n_{po}) ≅ n_i^2/Na (n_i : 진성 반도체의 캐리어 농도, n_{po} : p형 반도체 전자농도)
(2) n형 반도체의 캐리어 농도
① 다수캐리어 : (n_{no}) ≅ N_d(도우너 농도) (n_{no} : N형 반도치 전자농도)
② 소수캐리어 : (P_{no}) ≅ N_i^2/N_d (P_{no} : N형 반도체 정공농도)

해답 : 7. 라 8. 다 9. 가

10. PN 접합 다이오드의 접합부 정전 용량(junction capacitance)은 역바이어스 전압에 어떠한 관계를 갖는가?

가. 비례한다. 나. 반비례한다.
다. 평방근에 비례한다. 라. 평방근에 반비례한다.

해설

공간전하용량 $(C_T) \cong K\frac{1}{\sqrt{V}}$(k : 비례상수, V : 역전압)

11. P-N 접합 다이오드의 접촉 전위차가 0.2[V]이고, 공간 전하층의 폭이 W_0이었다. 이 다이오드에 역전압 1.6[V]를 가하면 공간 전하층의 폭 W는?

가. $W = \sqrt{0.2}\, W_0$ 나. $W = \sqrt{1.6}\, W_0$
다. $W = 3W_0$ 라. $W = 2W_0$

해설

공간전하층의 폭$(\omega_0) = K\sqrt{\Phi_0} = K\sqrt{0.2}$

1.6[V]의 역전압을 가했을 때의 공간 전하층의 폭

$(\omega) = K\sqrt{\Phi_0 - V} = K\sqrt{0.2 + 1.6} = K\sqrt{1.8}$

$\frac{\omega}{\omega_0} = \frac{K\sqrt{1.8}}{K\sqrt{0.2}} = \sqrt{9} = 3$

$\therefore \omega = 3\,\omega_0$

12. 전위 장벽(potential barrier)에 대한 설명 중 옳은 것은?

가. PN 접합 사이의 접촉 전위차의 값
나. 다이오드에 인가할 수 있는 최대 전압
다. 다이오드에 인가할 수 있는 최소 전압
라. 다이오드 파괴 전압

해설

PN 접합에서 다수 캐리어의 확산전류로 접합부에는 억셉터 이온과 도너 이온이 존재하여 전위차가 발생하는데 이것을 전위장벽이라 한다.

13. 상온에서 PN 접합 다이오드에 인가 전압을 0.1[V] 이상 가했을 때 순방전류 특성은?

가. 인가 전압에 비례한다.
나. 인가 전압의 제곱에 비례한다.
다. 인가 전압의 3/2 제곱에 비례한다.
라. 인가 전압의 지수함수에 비례한다.

해답 : 10. 라 11. 다 12. 가

해설

다이오드 순방향 전류 : $(I) = I_0(\epsilon^{ev/KT} - 1)$

상온(300[K])일 때 $(I) = I_0(\epsilon^{40v} - 1)$

(I : 역포화 전류, V : 순방향 전압)

14. PN접합 다이오드의 역 방향 전류는 무엇인가?

가. 다수캐리어에 의한 전류이다.
나. 역 전압의 상승에 따라 증가하다가 곧 포화된다.
다. 역 전압의 상승에 따라 지수 함수적으로 증가한다.
라. 역 전압의 상승에 따라 직선적으로 증가한다.

해설

역바이어스가 걸리면 역방향 전류가 흐른다. 미약한 전류에서 포화되며 역포화 전류라고 한다.

15. PN접합에서 전류가 0일 때 설명으로 가장 적합한 것은?

가. 접합면을 지나는 다수 반송자(carrier)가 없다.
나. 접합면을 지나는 소수 반송자가 없다.
다. 접합면을 지나는 반송자의 농도가 적다.
라. 접합면을 지나는 소수 반송자와 다수 반송자가 같다.

해설

다수 캐리어의 확산전류로 형성된 전위장벽(접촉전위차)에 의해서 소스 캐리어에 해당되는 드리프트 전류가 흐른다. 서로 반대방향으로 흐르는 전류의 크기가 같으면 총 전류는 0이 되며 열평형 상태가 된다.

16. 정공의 확산계수가 $Dp = 50[cm^2/sec]$이고, 평균수명 Ip가 $10^{-6}[sec]$일 때의 확산거리는?

가. $7.07 \times 10^{-3}[cm]$　　나. $8.24 \times 10^{-3}[cm]$
다. $7.07 \times 10^{-6}[cm]$　　라. $8.24 \times 10^{-3}[cm]$

해설

$L_p = \sqrt{D_p \times I_p} = \sqrt{50 \times 10^{-6}} = 7.07 \times 10^{-3}$

해답 : 13. 라　14. 나　15. 라　16. 가

17. PN접합에 관한 다음의 설명 중 옳은 것은?

가. 접합 용량은 역 방향 바이어스가 증가하면 커진다.
나. 접합 용량은 불순물 농도가 증가하며 감소한다.
다. 공간 전하 영역은 역 방향 바이어스가 커지면 증가한다.
라. 공간 전하 영역은 불순물 농도에 비례하여 커진다.

해설
역방향 전압을 걸면 접촉 전위차(전위장벽)가 높아지고, 공간전하 영역은 증가하고, 정전용량은 작아진다.

18. 터널 다이오드의 특징이다. 맞지 않는 것은?

가. 역 바이어스 상태에서 훌륭한 도체이다.
나. 작은 순 바이어스 상태에서 저항은 대단히 크다.
다. 부성저항특성을 갖는다.
라. 펄스회로 및 계수회로에 유익하게 응용된다.

해설
작은(50[mV] 순방향 바이어스 상태에서 저항은 5[Ω] 정도로 매우 작다.

19. 광 다이오드 및 트랜지스터는 어떤 효과를 이용한 것인가?

가. 광도전 효과　　나. 광기전 효과
다. 광전자 방출 효과　　라. 루미네 센스

해설
광기전 효과 : 물체에 빛을 조사하면 기전력(광전류)이 발생하는 현상

20. 다이오드의 종류에 따른 관계사항이다. 상호 관계가 맞지 않는 항은?

가. 터널(Tunnel) 다이오드-증폭 작용
나. 임팩트(Impatt) 다이오드-정류 작용
다. 제너(Zener) 다이오드-정전압 특성
라. 바렉터(Varactor) 다이오드-FM 변조 특성

해설
부성저항 특성이 매우 큰 임팩트 다이오드는 극초단파용 발진소자로 사용된다.

21. 전원 전압을 안정하게 유지하기 위해서 사용하는 다이오드는?

가. 본드형 다이오드　　나. 터널 다이오드
다. 제너 다이오드　　라. 바랙터 다이오더

해답 : 17. 다 18. 나 19. 나 20. 나 21. 다

22. 그림에서 D가 8[V] 제너 다이오드일 때 D를 흐르는 전류는?

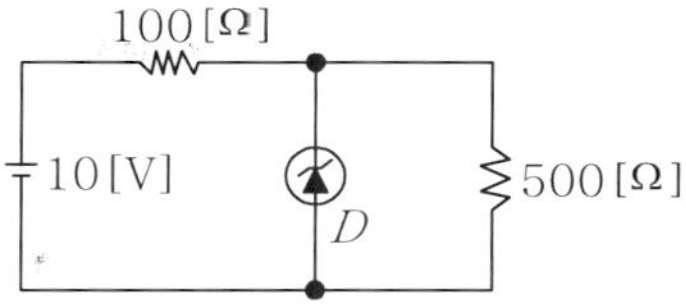

가. 1.2 [mA] 나. 4 [mA]
다. 10 [mA] 라. 18 [mA]

해설

100[Ω]에 흐르는 전류 I_R는 $I_R = \frac{V_i - V_z}{R} \frac{10-8}{100} = 0.02 = 20[mA]$

500[Ω]에 흐르는 전류 : $\therefore I_L = \frac{V_z}{R_L} = \frac{8}{500} = 0.016 = 16[mA]$

제너다이오드 D에 흐르는 전류 : $\therefore I_z = I_R - I_L = 20 - 16 = 0.016 = 4[mA]$

23. 높은 전압에서 작은 저항을 나타내며 낮은 전압에서는 큰 저항을 나타내는 소자는?

가. 서미스터(themistor) 나. 바랙터(varactor)
다. 바리스터(varistor) 라. 센시스터(sensistor)

해설

서지(surge) 전압에 대한 회로 보호용 소자로 바리스터가 사용된다.

24. 다음 그림의 직렬 다이오드회로에서 다이오드에 흐르는 전류 I_D는? 단, Si과 Ge의 문턱 전압은 각각 0.7[V], 0.3[V]이다.

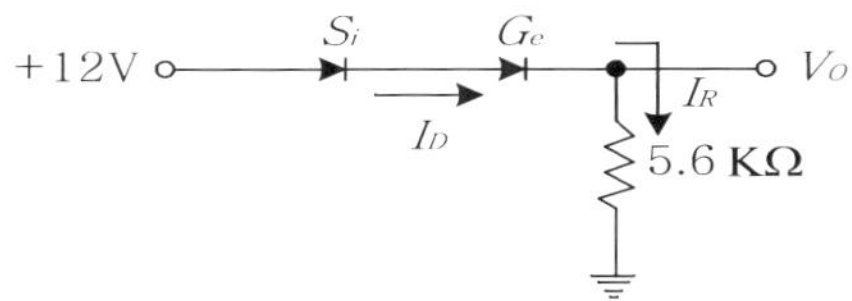

가. 0.73 [mA] 나. 1.96 [mA]
다. 2.5 [mA] 라. 3.32[mA]

해설

저항 5.6 [KΩ]의 전압(V_o) = 12 − 0.7 − 0.3 = 11[V]

$\therefore I_D = I_R = V_R/R = V_0/R = 11/5.6[K] \cong 1.96[mA]\Omega$

25. 다이오드(diode)의 전류에 관한 설명으로 옳은 것은?

가. 온도가 증가하면 역방향 전류는 증가한다.
나. 애버런치(avalanche) 효과가 생기면 역방향 전류는 거의 일정하게 흐른다.
다. 역방향 전류는 소수 캐리어의 흐름에 기인하므로 전압에는 전혀 관계없이 일정하다.
라. 순방향 전류는 전압의 증가에 따라 증가하며, 온도에는 전혀 무관하다.

해설

역방향 전류 $I_{0(T)} = 2^{T - \frac{T_0}{10}} \times I_{0(T_0)}$ 온도가 10[℃] 증가하면 역방향 전류는 2배 증가한다.

해답 : 22. 나 23. 다 24. 나 25. 가

26. 상온에서 진성 반도체에 전압을 인가했을 때 나타나는 현상으로 가장 적합한 것은?

가. 정공은 음(-) 전극으로 이동하고, 전자는 양(+) 전극으로 이동한다.
나. 정공은 양(+) 전극으로 이동하고, 전자는 음(-) 전극으로 이동한다.
다. 정공과 전자는 모두 양(+) 전극으로 이동한다.
라. 정공과 전자는 모두 음(-) 전극으로 이동한다.

해설

상온에서 진성반도체에 전압을 인가하면 정공은 음(–) 전극으로 이동하고, 전자는 양(+) 전극으로 이동한다.

해답 : 26. 가

03 전원회로

전원 회로의 구성은 다음과 같다.

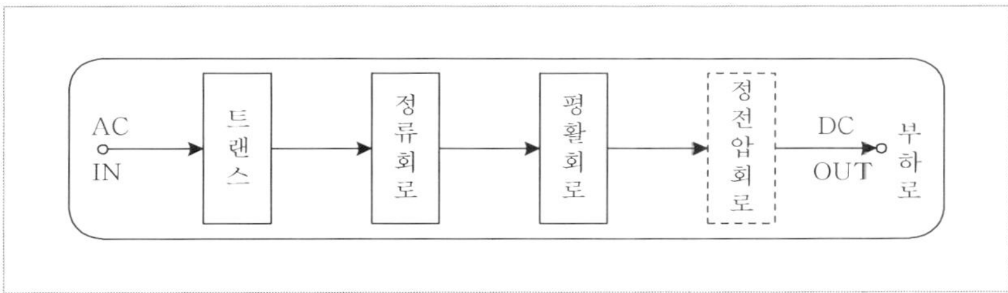

1 정류회로

교류에서 직류를 얻는 회로를 정류회로(rectifier)라고 하며, 정류회로는 전원변압기, 정류기, 평활회로 등으로 구성된다. 이러한 직류는 각종 통신기기를 동작시키는 직류 전원으로 사용된다.

(1) 정류회로의 특성

1) 맥동률(ripple factor)

정류된 직류 전압이나 전류에 교류 성분이 얼마나 포함되어 있는지를 나타내는 것으로 정류된 직류 성분의 좋고 나쁨을 나타내는 표준이 된다.

즉 정류된 전압의 교류성분을 나타낸다.

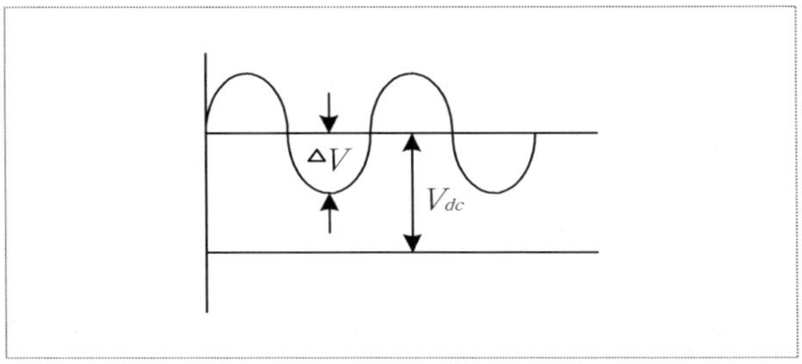

$$r = \frac{\text{출력 교류전압(전류)의 실효값}}{\text{출력 직류전압(전류)의 평균값}} \times 100[\%]$$

$$\therefore\ r = \frac{\Delta V}{V_{dc}} \times 100[\%] = \sqrt{F^2 - 1} \times 100[\%] = \sqrt{\left(\frac{I_{rms}}{I_{dc}}\right)^2 - 1} \times 100[\%]$$

$$\left(F : \text{파형률} = \frac{\text{실효값}}{\text{평균값}}\right)$$

2) 전압 변동률(ΔV)

출력 전압이 부하의 변동에 대하여 어느 정도 변화하는지를 나타내는 비율을 전압 변동률이라고 한다.

$$\Delta V = \frac{V_0 - V_L}{V_L} \times 100[\%]$$

V_L : 부하시의 직류 출력전압, V_0 : 무부하시의 직류 출력 전압

3) 정류 효율(η)

입력의 교류 전력이 출력의 직류 전력으로 바뀔 수 있는 비율을 정류 효율이라 한다.

$$\eta = \frac{P_{dc}(\text{부하에 공급된 직류 출력전력})}{P_{ac}(\text{교류입력전력})} \times 100[\%]$$

4) 최대 역전압(PIV : Peak Inverse Voltage)

다이오드에 걸리는 최대 역전압을 말한다.

5) 맥동주파수

· 단상
- 반파정류회로 : 60Hz
- 전파정류회로 : 120Hz

· 3상
- 반파정류회로 : 180Hz
- 전파정류회로 : 360Hz

(2) 반파 정류회로

입력에 가해진 교류 전압이 변압기를 거쳐 다이오드에서 정류되며, 다이오드는 양(+)의 반주기에만 전류가 흐른다.

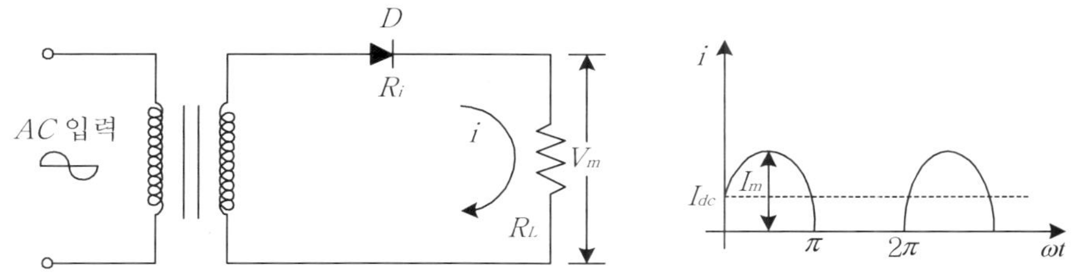

(a) 반파 정류 회로 (b) 출력 파형

▌ 반파 정류 회로와 출력 파형

1) 다이오드 및 부하 R_L에 흐르는 전류(i)

$i = I_m \sin\omega t \quad \cdots \quad 0 < \omega t < \pi$ (다이오드가 on 상태)

$i = 0 \quad \cdots \quad \pi \leqq \omega t \leqq 2\pi$ (다이오드가 off 상태)

단, $I_m = V_m / (R_f + R_L)$

$R_f =$ 다이오드의 순방향 저항

$v_i = V_m \sin\omega t$ (전원전압)

2) 출력 전류의 직류분 및 전압의 직류분(평균값) : I_{dc}, V_{dc}

$$I_{dc} = \frac{1}{2\pi}\int_0^{2\pi} i\,d\omega t = \frac{1}{2\pi}\int_0^{\pi} i_m \sin\omega t\,d\omega t = \frac{I_m}{2\pi}[-\cos\omega t]_0^{\pi} = \frac{I_m}{\pi}$$

$$V_{dc} = R_L I_{dc} = \frac{I_m}{\pi} R_L = \frac{V_m R_L}{\pi(R_f + R_L)}$$

3) 실효치 전류(I_{rms} : root mean square value)

$$I_{rms} = \sqrt{\frac{1}{2\pi}\int_0^{2\pi} i^2\,d\omega t} = \sqrt{\frac{1}{2\pi}\int_0^{\pi} {I_m}^2 \sin^2\omega t\;d\omega t}$$

$$= \sqrt{\frac{{I_m}^2}{2\pi}\int_0^{\pi}\frac{1-\cos 2\omega t}{2}d\omega t} = \sqrt{\frac{{I_m}^2}{2\pi}\left[\frac{\omega t - 1/2\;\sin\omega t}{2}\right]_0^{\pi}} = \frac{I_m}{2}$$

4) 맥동률(ripple factor) : r

반파 정류파에는 직류, 기본파 및 고조파 성분이 포함되어 있어 맥류파(pulsating current wave)라고 하며, 이 정류파 속에 포함 되어있는 교류 성분의 비율을 맥동률 또는 리플률이라 한다.

$$r = \frac{\text{출력전류(전압)의 교류성분의 실효값}}{\text{출력전류(전압)의 직류성분(평균값)}} = \frac{I'_{rms}}{I_{dc}} = \frac{V'_{rms}}{V_{dc}}$$

$$= \sqrt{\left(\frac{I_{rms}}{I_{dc}}\right)^2 - 1} \times 100[\%]$$

반파 정류파의 교류 성분의 실효값 I'_{rms} 는

I^2_{rms}(출력전류실효치) $= I^2_{dc}$ (직류평균값) $+ I'^2_{rms}$(교류성분실효치)

$\therefore\ I'_{rms} = \sqrt{I^2_{rms} - I^2_{dc}}$

맥동률 r을 구하면

$$r = \frac{I'_{rms}}{I_{dc}} = \frac{\sqrt{I^2_{rms} - I^2_{dc}}}{I_{dc}} = \sqrt{\left(\frac{I_{rms}}{I_{dc}}\right)^2 - 1}$$

$$= \sqrt{\left(\frac{I_m/2}{I_m/\pi}\right)^2 - 1} = 1.21$$

5) 정류 효율(rectification efficiency) ; η

교류 전원으로부터 정류회로에 공급되는 교류 입력전력 P_i와 부하에서 소비되는 직류 전력 P_{dc}와의 비율이다.

교류입력 전력은

$$P_i = I^2{}_s \cdot (R_f + R_L) = \left(\frac{I_m}{2}\right)^2 \cdot (R_f + R_L)$$

직류출력 전력은

$$P_{dc} = I_{dc}{}^2 \cdot R_L = \frac{I^2_m}{\pi^2} \cdot R_L$$

$$\eta = \frac{P_{dc}}{P_i} = \frac{4}{\pi^2} \cdot \frac{R_L}{R_f + R_L} = \frac{0.406}{1 + \frac{R_f}{R_L}} \times 100[\%]$$

① 부하저항 $R_L \rightarrow \infty$ 일 때 이론적 최대 효율은 40.6[%]이다.

② 직류 출력전력이 최대가 되기 위한 조건은 $R_L = R_f$이며, 정류 효율은 $\eta = 20.3[\%]$이다.

(3) 전파 정류회로

변압기의 2차 측에 중간 탭(tap)을 설치하고 이단자를 기준으로 2차 측에 유기된 전압을 v_1과 v_2로서 다이오드 $D_1(0 \leq \omega t \leq \pi$일 때 on)과 $D_2(\pi \leq \omega t \leq 2\pi$일 때 on)를 교대로 동작시킨다.

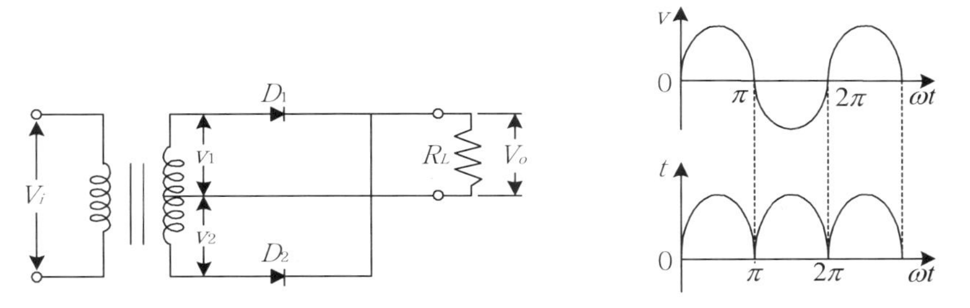

(a) 전파 정류 회로 (b) 출력 파형

1) 출력 직류분(평균값) ; I_{dc}

$$I_{dc} = \frac{1}{2\pi}\int_0^{2\pi} i d\omega t = \frac{1}{\pi}\left[\int_0^{\pi} I_m \sin\omega t \ d\omega t\right] = \frac{2I_m}{\pi} = \frac{2}{\pi}\frac{V_m}{R_f + R_L}$$

2) 실효치 전류 ; I_{rms}

$$I_{rms} = \sqrt{\frac{1}{2\pi}\int_0^{2\pi} i^2 d\omega t} = \sqrt{\frac{1}{\pi}\int_0^{\pi} i^2 \sin^2\omega t \ d\omega t} = \frac{I_m}{\sqrt{2}}$$

3) 맥동률 ; r

$$r = \frac{I'_{rms}}{I_{dc}} = \sqrt{\left(\frac{I_{rms}}{I_{dc}}\right)^2 - 1} = \sqrt{\left(\frac{\frac{2I_m}{\pi}}{\frac{I_m}{\sqrt{2}}}\right)^2 - 1} = 0.482$$

4) 정류효율 ; η

교류 입력전력은 $P_i = I^2{}_{rms} \cdot (R_f + R_L) = \left(\frac{I_m}{2}\right)^2 \cdot (R_f + R_L)$

직류 출력전력은

$$P_{dc} = I_{dc}{}^2 \cdot R_L = \left(\frac{2I_m}{\pi}\right)^2 \cdot R_L$$

$$\eta = \frac{P_{dc}}{P_i} = \frac{8}{\pi^2}\cdot\frac{R_L}{R_f + R_L} = \frac{0.812}{1+\dfrac{R_f}{R_L}} \times 100[\%]$$

① 부하저항 $R_L \rightarrow \infty$일 때 이론적 최대 효율은 $81.2[\%]$이다.

② 직류 출력전력이 최대가 되기 위한 조건은 $R_L = R_f$이며, 최대 정류 효율은 $40.6[\%]$이다.

5) 최대 역 전압 ; PIV

D_1이 on 상태이고 D_2가 off상태일 때 D_2에 걸리는 역전압은

$$V_m \sin\omega t - (-V_m \sin\omega t) = 2V_m \sin\omega t$$

여기서, $\omega t = \pi/2$일 때 $\sin\omega t = 1$이므로 최대 역전압 PIV는

$$\therefore\ PIV = 2V_m$$

전파정류 회로의 출력 전력은 반파 정류회로의 4배이며, 정류 효율은 2배이다.

(4) 브리지형 정류회로

브리지형 정류회로는 교류 입력전압의 전주기를 이용하므로 평균값, 실효치, 맥동률, 정류효율이 전파 정류회로와 같다.

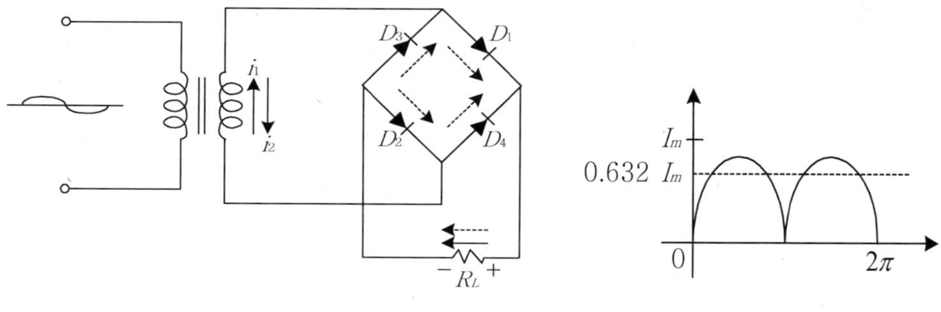

(a) 브리지 정류 회로　　　(b) 출력 파형

- $0 \leqq \omega t \leqq \pi$일 때 D_1이 동작하여 $R_L \rightarrow D_2$로 전류가 흐른다.
- $\pi \leqq \omega t \leqq 2\pi$일 때 D_4가 동작하여 $R_L \rightarrow D_3$로 전류가 흐른다.
- 출력 파형 : 중간 탭이 없으므로 최대값 그대로 출력된다.
  부하 쪽의 전류 방향이 같으므로 전파 신호 출력된다.

1) 장점

① 작은 트랜스에 사용된다.
② 큰 전압의 정류가 가능하다.
③ PIV가 2차 전압의 값 V_m밖에 안 되므로 고압 정류회로에 적합하다.
④ 전원 변압기의 2차 코일에 중간탭(tap)이 필요하지 않다.
⑤ 리플계수 : 17[%]

2) 단점

① 정류 효율이 낮다.
② 많은 다이오드가 필요하므로 값이 비싸다.
③ 낮은 전압은 사용할 수 없다.

(5) 배전압 정류회로

입력 교류전압에 대하여 2배 이상의 출력 직류전압을 얻으며, 반파 배전압 정류회로, 전파 배전압 회로, 전압 체배회로 등이 있다.

▶ 배전압 정류 회로 특성

- 별도의 승압기를 사용하지 않고 정류 시, 높은 직류 전압 필요시 사용된다.
- 부하 전류는 적으나 고전압 직류가 필요한 경우 이용된다.

1) 반파 및 전파 배전압 정류회로

▶ 반파 배전압 회로의 동작 설명

(+)반주기 동안 D_1이 on 되어 C_1은 최대값 V_m까지 충전된다. (-)반주기 동안 D_2가 on 되며, C_2에는 C_1 단자에 이미 충전되었던 V_m과 교류 입력 전압원의 최대치인 V_m이 합하여져 $2V_m$이 충전된다.

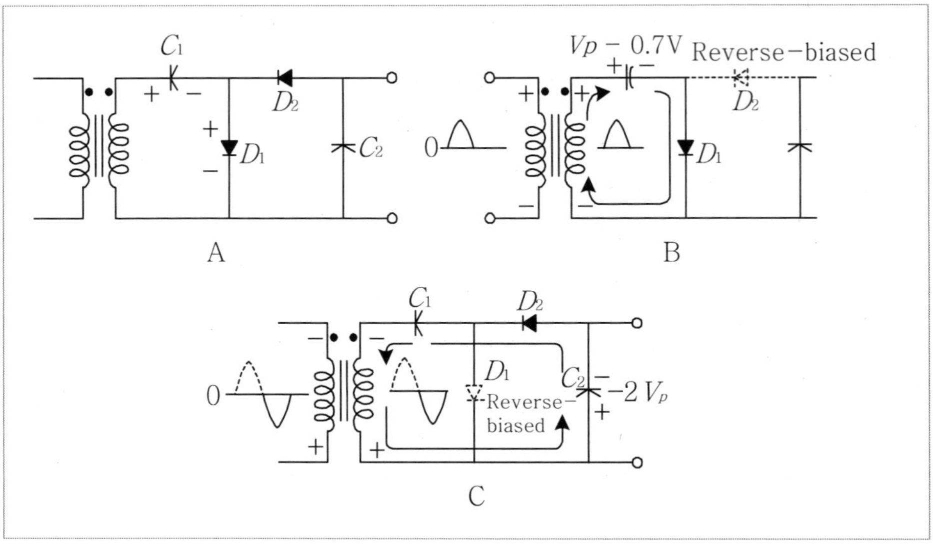

▶ 전파 배전압 회로의 동작 설명

+반주기와 -반주기 동안 다이오드가 교대로 on되어 C_1, C_2를 충전시킨다.

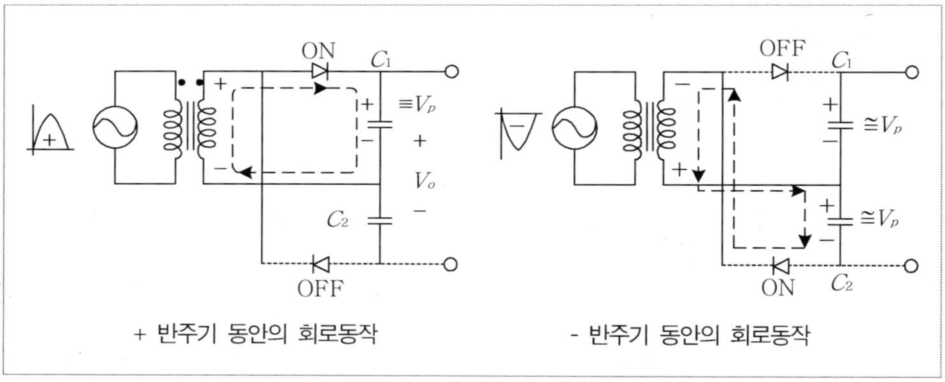

▮ 전파 배전압 회로

2) 전압 체배 회로(3배 전압기와 4배 전압기)

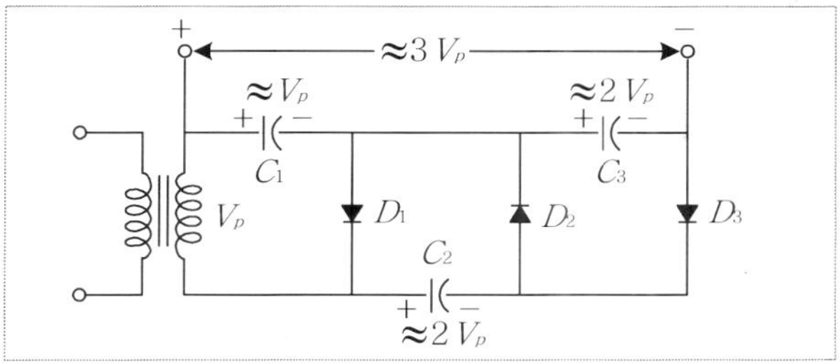

▮ 3배 전압 회로의 동작

▶ 3배 전압 회로의 동작 설명

(-) 반주기 동안 C_2는 D_2를 통하여 최대값 $2V_p$까지 충전된다. (+) 반주기 동안 C_3는 D_3를 통하여 $2V_p$까지 충전된다. 출력전압은 C_1과 C_3의 양단에 나타난다.

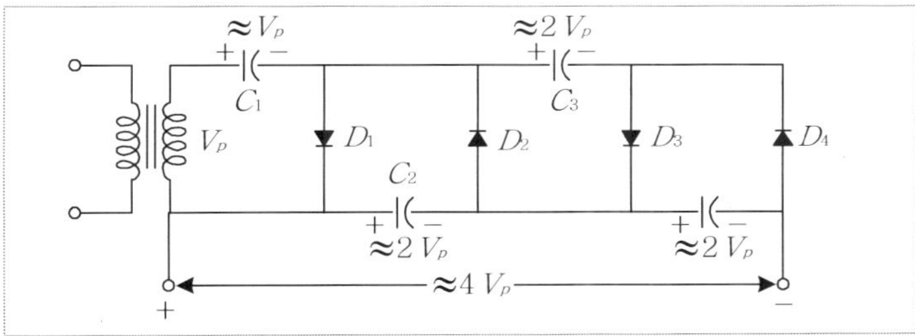

▮ 4배 전압 회로의 동작

▶ 4배 전압 회로의 동작 설명

(-) 반주기 동안 C_4는 D_4를 통하여 $2V_p$까지 충전된다. 출력전압은 C_2와 C_4의 양단에 나타난다.

(6) 정류회로에서 활용

1) 다이오드를 연속적으로 직렬접속

: PIV가 n배로 증가로 순간적인 과전압으로부터 회로 보호할 수 있다.

2) 다이오드를 연속적으로 병렬접속

: 부하전류를 증가시키기 위한 방법으로 순간적으로 발생하는 과전류로부터 회로 보호할 수 있다.

2 평활회로

정류회로의 출력에는 약간의 교류 성분인 맥류(ripple)가 포함되어 있다. 이 맥류를 줄이기 위하여 사용되는 회로가 평활회로이며, 교류 성분을 저지하는 작용을 하므로 필터회로(filter circuit)라고 한다. 여기서 평활 회로를 LPF(Low Pass Filter) 또는 저역 통과 여파기(저역필터)라고 한다.

(1) 유도성 평활회로(인덕터 필터)

그림과 같이 부하저항 R_L에 직렬로 쵸크코일(높은 주파수의 전류는 저지하고 낮은 주파수의 전류만을 통과시키는 코일)을 넣으면 전류의 급격한 변화를 막을 수 있으므로(L은 전류가 급변하지 못한다.) 부하 전류의 리플이 작아진다.

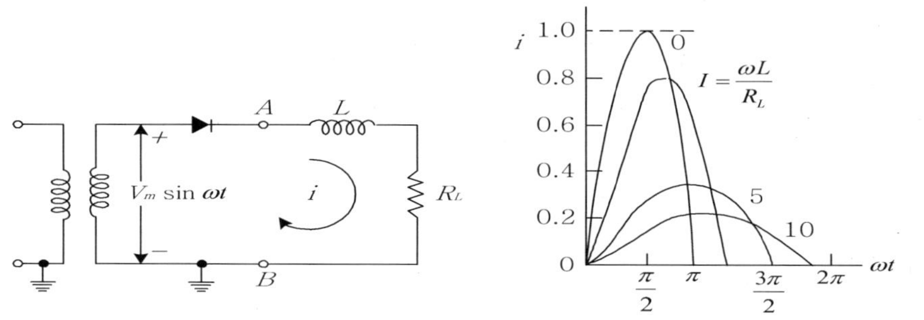

(a) 반파 정류회로 (b) 평활 특성

L 필터를 넣은 반파 정류회로

맥동률 r은

$$r = \frac{2}{3\sqrt{2}} \frac{1}{\sqrt{1+(2wL/R_L)^2}} = \frac{1}{3\sqrt{2}} \frac{R_L}{wL}$$

맥동률은 L에 반비례하고 부하 R_L이 작을수록, 즉 부하전류가 클수록 리플이 작아진다.

회로의 시상수가 클수록 리플감소 $(\tau = \frac{L}{R_L})$

- L용량이 클수록, 부하저항이 작을수록 리플 감소
- 직류 출력은 콘덴서 입력형보다 작지만 전압변동이 적다.

(2) 콘덴서 입력형(용량성) 평활회로

L 입력형보다 높은 직류 출력전압과 낮은 맥동률을 얻고자 할 때 사용된다.

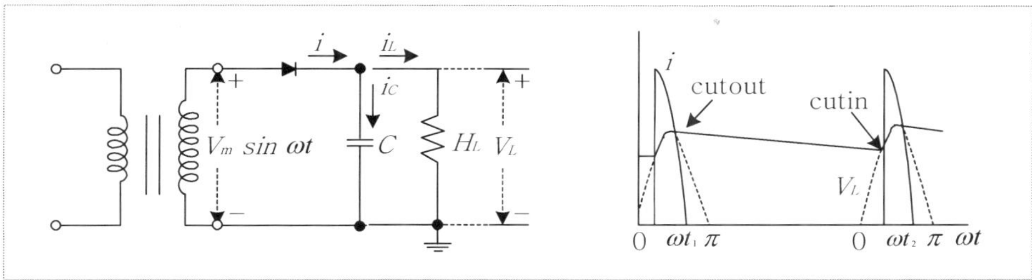

맥동률 r은

$$r = \frac{T}{2\sqrt{3}\,R_L C} = \frac{1}{2\sqrt{3}\,fCR_L} \quad \text{(반파 정류회로)}$$

$$r = \frac{\pi}{2\sqrt{3}} \cdot \frac{X_C}{R_L} = \frac{1}{4\sqrt{3}\,fCR_L} \quad \text{(전파 정류회로)}$$

맥동률은 R_L 또는 C에 반비례하므로 용량이 큰 콘덴서를 사용하면 맥동률이 작아진다.

- 높은 출력 전압이 요구될 때 사용된다.
- 이론적으로 ∞의 용량이면 출력파형에는 리플이 없다.
- C용량을 크게 하거나 부하저항이 클수록 출력 리플 감소한다.

▌ 표 3.1 유도성 평활 회로와 용량성 평활회로의 비교

항목 \ 방식	유도성 평활회로	용량성 평활회로
리플 함유률	많다	적다
전압변동률	작다	크다
정류소자의 이용률	좋다	나쁘다
직류 출력전압	낮다	높다
정류기에 가해지는 역전압	낮다	높다
정류소자의 전류	연속적으로 흐른다	단속적으로 흐른다

3 전원 안정화 회로(정전압 회로)

입력측 전원전압의 변동과 부하의 변동에 의하여 출력측 부하에 공급되는 전압이 변화하게 된다. 전원 및 부하의 변동에 관계없이 항상 일정한 출력전압을 유지하기 위하여 전원 안정화 회로가 필요하다. 이 회로를 정전압 회로라고 하며 직렬 제어형 및 병렬 제어형의 두 종류가 있다.

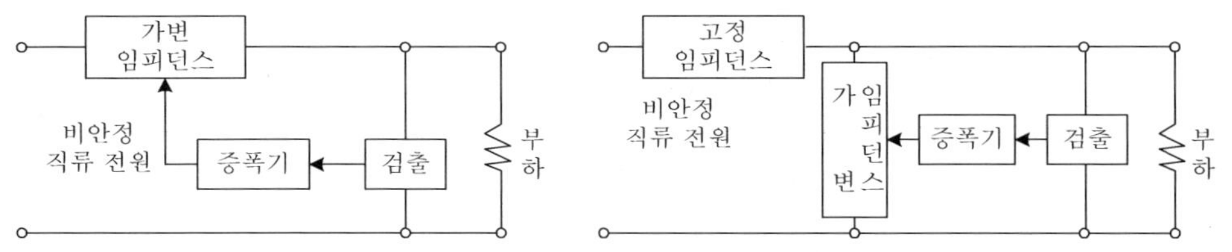

(a) 직렬 제어형 (b) 병렬 제어형

▌ 전원 안정화(=정전압)회로의 종류

직렬 제어형은 제어용 소자인 가변 임피던스와 부하가 직렬로 연결되어 있고, 병렬 제어형은 병렬로 접속되어 있다.

(1) 정전압 회로의 동작원리

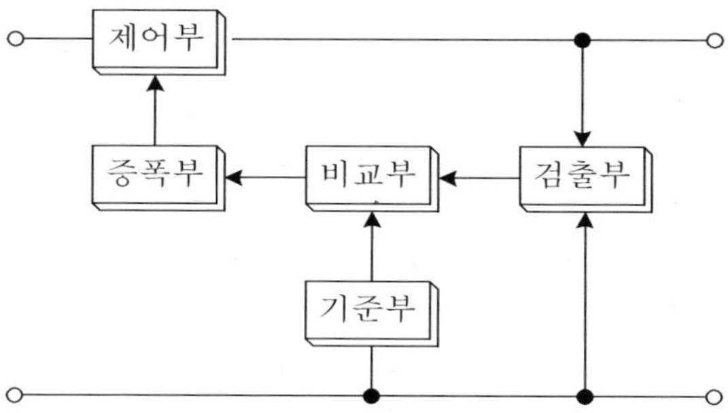

▌ 전원 안정화 회로의 구성도

부하에서의 출력 전압 변동이 있으면 검출부에서 그 변동분이 검출되고 비교부에서 기준 전압과 비교되어 그 차 전압이 증폭부에서 증폭된다. 제어부는 증폭부에서 증폭한 차 신호만큼 출력전압이 일정한 값으로 유지되도록 제어한다.

(2) 정전압 회로의 파라미터

1) 출력 전압의 변화(ΔV_L)

① 출력 직류전압 V_L은 입력 전원전압과 출력전류 및 온도의 함수이다.

$$\therefore\ V_L = f(V_S,\ I_L,\ T)$$

② 출력 전압의 변화

$$\Delta V_L = \frac{\partial V_L}{\partial V_S}\Delta V_S + \frac{\partial V_L}{\partial I_L}\Delta I_L + \frac{\partial V_L}{\partial T}\Delta T$$

(3) 정전압 전원의 안정도를 나타내는 파라미터

① 전압 안정계수 : $S_V \equiv \dfrac{\partial V_L}{\partial V_S} = \dfrac{\Delta V_L}{\Delta V_S} \mid_{\Delta I_L = \Delta T = 0}$

② 온도 안정계수 : $S_T \equiv \dfrac{\partial V_L}{\partial T} = \dfrac{\Delta V_L}{\Delta T} \mid_{\Delta V_L = \Delta I_L = 0}$

③ 출력저항 : $R_0 \equiv -\dfrac{\partial V_L}{\partial I_L} = -\dfrac{\Delta V_L}{\Delta I_L} \mid_{\Delta V_S = \Delta T = 0}$

이 식들로부터 출력 전압의 변화 ΔV_L을 구하면

$$\therefore\ \Delta V_L = S_V \Delta V_S + S_T \Delta T - R_0 \Delta I_L$$

(4) 제너 다이오드를 사용한 정전압 회로

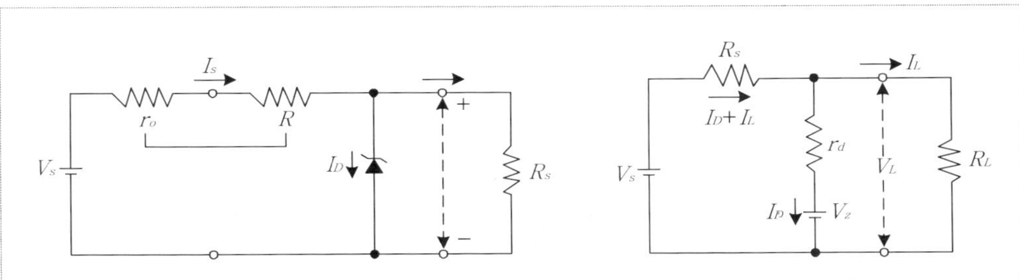

(a) 간단한 정전압 회로

(b) 등가회로

▮ 제너 다이오드를 사용한 정전압 회로

1) 정전압 특성 이용

가장 간단한 정전압 회로로서 역바이어스된 다이오드의 정전압 특성(다이오드 전류에 관계없이 전압이 일정하게 유지되는 특성)을 이용하였다.

2) 안정계수 구하기

$V_L = r_d I_d + V_Z, \;\; V_S = R_S(I_D = I_L) = r_d I_D + V_Z$

위 두식에서 I_D를 소거하여 V_L에 대하여 풀면 다음 식을 얻는다.

$$V_L = \frac{r_d}{r_d + R_S} V_S - \frac{r_d R_S}{r_d + R_S} I_L + \frac{R_S}{r_d + R_S} V_Z$$

① 전압 안정계수 : $S_V = \dfrac{r_d}{r_d + R_s} \simeq \dfrac{r_d}{R_s}$

② 출력저항 : $R_o = \dfrac{r_d R_s}{r_d + R_s} \simeq r_d$

③ 온도 안정계수 : $S_T = \dfrac{R_s}{r_d + R_s} \dfrac{dV_z}{dT} \simeq \dfrac{dV_z}{dT}$

(단, $r_d \ll R_s$로 가정하였다.)

(5) 병렬 제어형 정전압 회로

제어용 Tr(가변임피던스)이 부하 R_L과 병렬로 접속되어 있다.

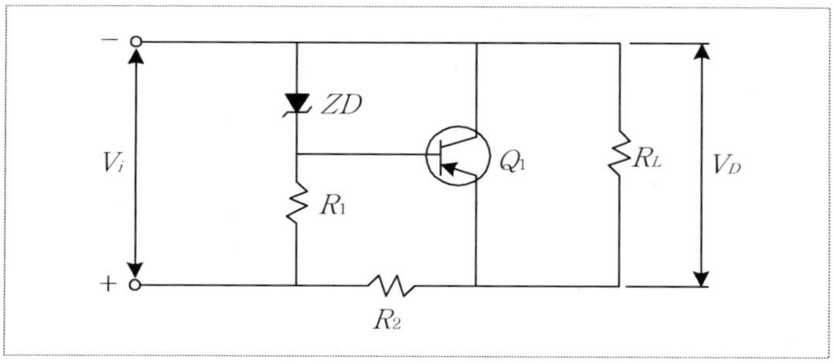

▮ 병렬 제어형 정전압 회로

▶ **동작원리**

① 전원전압 V_i 또는 R_L의 변동에 의해서 V_o가 감소하면 V_{BC} 전압은 제너다이오드 ZD에 의하여 일정하게 유지된다.

② 이때 V_{BE} 전압이 제너다이오드에 의하여 감소되므로 Tr의 베이스 전류가 감소한다.

③ 베이스 전류가 감소하면 I_E가 감소되며, R_2의 단자 전압도 감소되어 V_o의 감소가 보상되어 V_o는 일정하게 된다.

특징

① R_2와 R_L이 직렬 연결되어 있어 전력 소비가 커서 효율이 나쁘다.
② 출력 전압은 Tr 내압(BVCEO)을 넘지 못한다.
③ 부하의 변동폭을 크게 할 수 없다.

(6) 직렬 제어형 정전압회로

제어용 Tr이 부하 R_L과 직렬로 접속되어 있다.

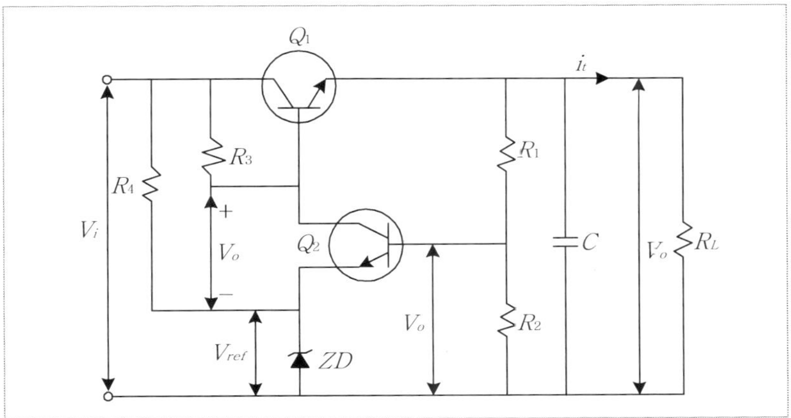

직렬 제어형 정전압 회로

▶ **동작원리**

① Q_1은 직렬제어용 Tr이고 Q_2는 증폭용 Tr, V_a는 Q_2의 V_{CE} 전압 V_b는 R_2의 전압강하이고 V_{ref}는 기준 전압을 나타낸다.

② V_i가 변동하거나 R_L이 변동하여 V_o가 상승하면 Q_1의 V_{BE}의 전위차(역바이어스)가 크게 되므로 Q_1의 이미터와 컬렉터 사이의 내부 저항이 증대하여 V_o의

증가를 억제한다.

③ Q_1의 V_{BE} 전압은 Q_2의 컬렉터 I_C에 따르며, Q_2의 V_{BE} 전압은 V_b와 V_{ref}의 차가되며, V_o가 상승하면 V_b(또는 Q_2의 V_{BE})가 증가하여 Q_2의 컬렉터 전류가 증가한다.

④ 컬렉터 전류의 증가는 R_3에서의 전압 강하를 크게 일으키며 이 때문에 V_o는 감소하고 R_3의 전압(Q_1의 $V_{CB} \simeq V_{CE1}$)이 증가하여 V_o의 상승을 억제한다.

특징

① 경부하시 효율이 병렬 제어형보다 크다.
② 출력 전압의 안정 범위가 넓다.
③ V_{BE} 및 V_z의 온도 변화가 그대로 출력에 나타난다.
④ S_V를 좋게 하기 위해 R_b를 크게 하면 Tr의 V_{CE}가 증가하여 컬렉터 손실이 커진다.

예/상/문/제

1. 주된 맥동전압 주파수가 전원 주파수의 6배가되는 정류방식은?

가. 단상 전파 정류　　　　나. 단상 브리지 정류
다. 3상 반파 정류　　　　라. 3상 전파 정류

해설

1) 단상 반파 정류회로 : 60Hz　　　2) 단상 전파 정류회로 : 120Hz
3) 3상 반파 정류회로 : 180Hz　　　4) 3상 전파 정류회로 : 360Hz

2. 무부하시 전압이 200[V], 전부하시 전압이 150[V]였다. 전압 변동률은?

가. 33%　　　　나. 35%
다. 43%　　　　라. 45%

해설

전압 변동률

$$\delta = \frac{\text{무부하시전압} - \text{부하시전압}}{\text{부하시전압}} \times 100\% = \frac{200-150}{150} \times 100\%$$

$$= \frac{50}{150} \times 100\% \fallingdotseq 33\%$$

3. 정류 회로의 블록도를 보고 (a) 및 (b)의 파형으로 적합한 것은?

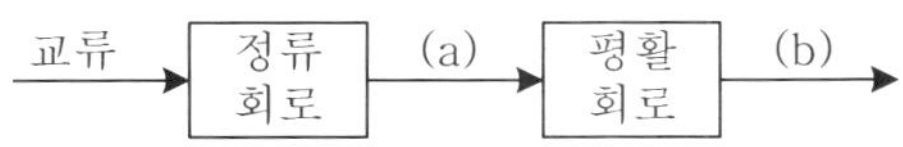

가. 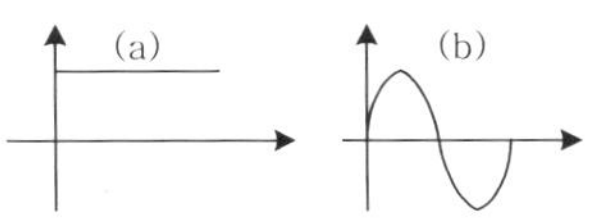

나. 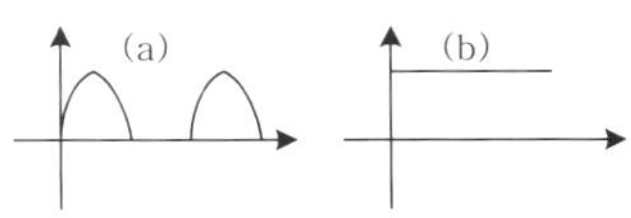

다. 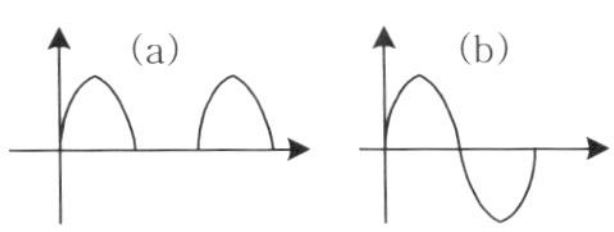

라. 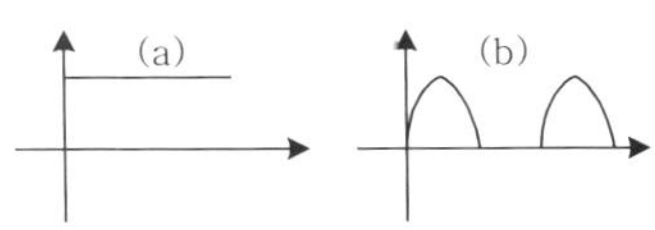

해답 : 1. 라　2. 가　3. 나

해설

교류입력을 정류회로에서 정류하면 1) 단상 반파일 때 : 반파만 출력 2) 단상전파일 때 : 전파를 출력한다. 평활회로는 주로 Low Pass Filter(LPF : 저역여파기)를 사용하며 전류된 전압은 직류에 가깝게 만들어 주는 회로이다.

4. 정류회로의 기본 구성도이다. 다음 중 해당되는 것은?

가. 반파정류회로 → 정전압회로 → 평활회로
나. 평활회로 → 전파정류회로 → 정전압회로
다. 브리지정류회로 → 평활회로 → 정전압회로
라. 정전압회로 → 전파정류회로 → 평활회로

해설

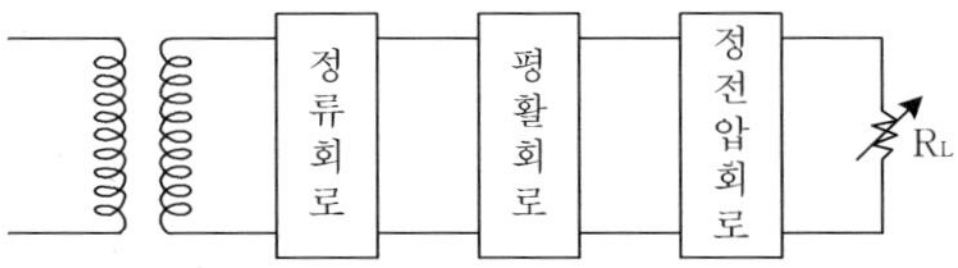

5. 전원전압 6[V], 내부저항 2[Ω]인 전원회로에서 부하저항 $R = 8\,[\Omega]$일 때 전원전압 변동률은?

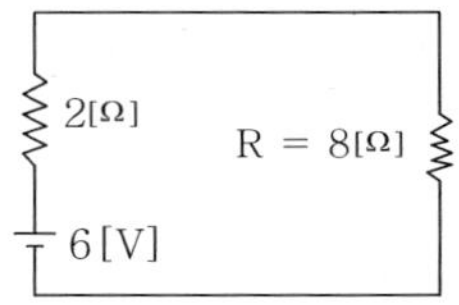

가. 20　　나. 25
다. 50　　라. 80

해설

$$\text{전원전압변동률} = \frac{\text{내부저항}}{\text{부하저항}} \times 100\% = \frac{r}{R} \times 100\%$$
$$= \frac{2}{8} \times 100\% = \frac{1}{4} \times 100\% = 25\%$$

6. 그림에서와 같은 정류회로에서 부하 R_L에서의 전압변동률은?(단, $R_L = 200\,[\Omega]$, Diode의 순방향 저항은 $r = 5[\Omega]$ Diode의 역방향 저항은 무한대이다.)

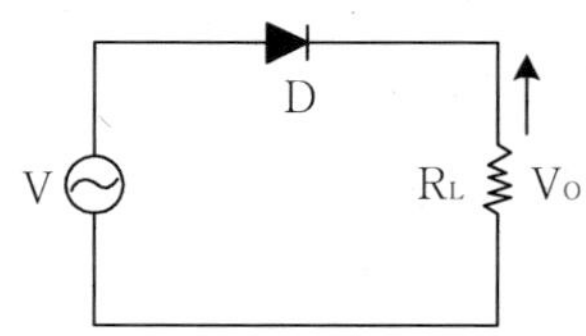

가. 1.25 [%]　　나. 2.5 [%]
다. 5 [%]　　라. 12.5 [%]

해설

$$\text{전원전압변동률} = \frac{\text{내부저항}}{\text{부하저항}} \times 100\% = \frac{r}{R_L} \times 100\% = \frac{5}{200} \times 100\%$$
$$= \frac{5}{2} \times 100\% = 2.5\%$$

해답 : 4. 다 5. 나 6. 나

7. 정류회로의 부하 평균전압이 200[V]이고 맥동률이 4[%]일 때 교류성분은 얼마가 되는가?

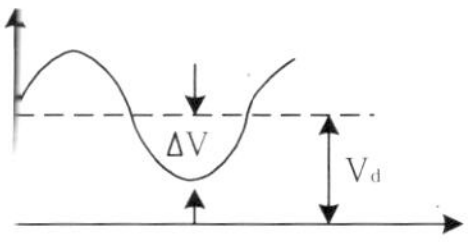

가. 2 [V] 나. 4 [V] 다. 6 [V] 라. 8 [V]

해설

맥동률이란 : 정류된 전압의 교류성분을 나타낸다.

$$r = \frac{\Delta V}{Vd} \times 100\%$$

$$4 = \frac{\Delta V}{200} \times 100\% \qquad \therefore \Delta V = 8\,[V]$$

8. 그림과 같이 2 [kΩ]의 저항과 실리콘(Si) 다이오드의 직렬 회로에서 다이오드 양단의 전압은 얼마인가?

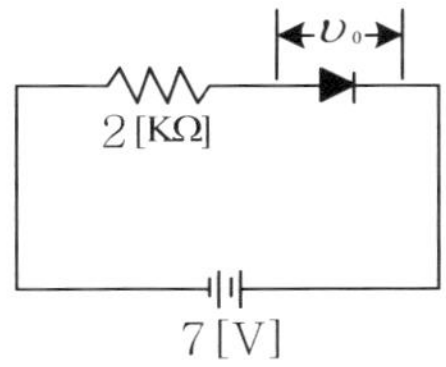

가. 0 [V] 나. 1 [V] 다. 5 [V] 라. 7 [V]

해설

다이오드 양단에 걸리는 전압이 역방향이므로 전압은 7 [V]가 된다.

9. 단상 반파 정류회로에서 정류효율은 얼마인가?(단, 다이오드의 내부저항은 부하저항에 비해서 극히 적다)

가. 20.3 % 나. 40.6 % 다. 81.2 % 라. 88.5 %

해설

정류효율 $\eta = \dfrac{40.6\,\%}{1 + \dfrac{r_f}{R_L}}$

if) 1. $R_L = r_f \Rightarrow \eta = 20.3\,\%$

2. $R_L \gg r_f \Rightarrow \eta \fallingdotseq 40.6\,\%$

10. 그림과 같은 단상 반파정류 회로에서 출력 전력은? (단, $v_i = V_m \sin wt$)

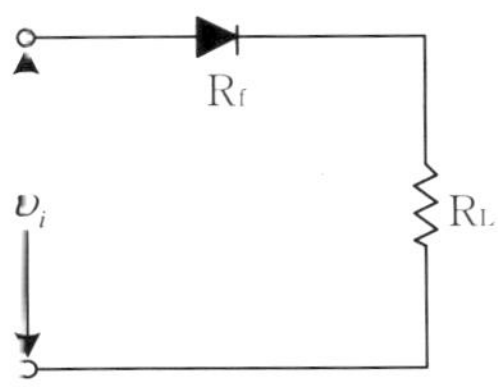

가. 입력 전압의 자승에 비례한다.
나. 입력 전압에 비례한다.
다. 부하 저항에 반비례한다.
라. 부하 임피던스와 관계없다.

해설

출력전력 $P_o = Pdc = Idc^2 R_L$이다. 여기서 Idc를 구하면

$$Idc = \frac{I_m}{\pi} \text{ 이며 } I_m = \frac{V_m}{R_o} = \frac{V_m}{R_f + R_L} \text{ 이 된다.}$$

해답 : 7. 라 8. 라 9. 나 10. 가

즉 $Pdc = Idc^2 R_L = \left(\frac{V_m}{\pi(R_f + R_L)}\right)^2 R_L$이 된다. 출력전력은 입력전압의 제곱에 비례한다.

11. 단상 반파정류회로에서 100 [V]의 교류를 가하여 정류하였을 때 다이오드에 인가된 역내전압은 얼마인가?(단, 평활회로는 π형을 사용한다.)

가. 100 [V]　　나. 140 [V]　　다. 200 [V]　　라. 241 [V]

해설

$$\text{PIV(Peak Inverse Voltage)} = V_m = \sqrt{2}\,Vrms = \sqrt{2} \times 100 \fallingdotseq 141.4\,[\text{V}]$$

12. 다음 정류회로에 출력 전류가 흐르지 않은 범위는?
(단, $v_i = V_m \cos wt$이다.)

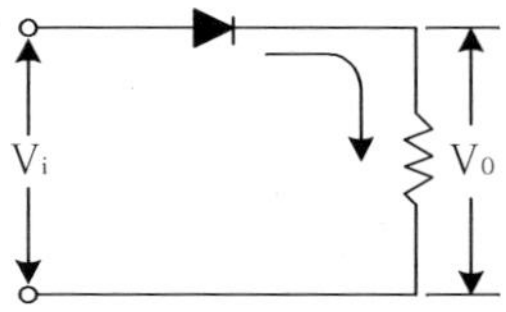

가. $0 < wt < \pi$
나. $\pi/2 < wt < 3\pi/2$
다. $0 < wt < \pi/2$
라. $\pi/2 < wt < 2\pi$

해설

단상 반파 정류회로로서 (-)반주기는 출력에 나타나지 않는다.

13. 그림과 같은 회로에서 C의 용량이 ∞라면 R 양단에 어떤 전류가 나타나는가?

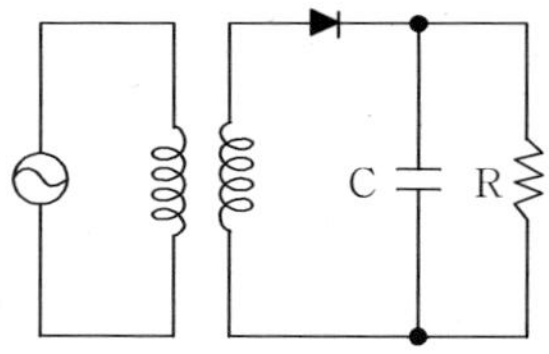

가. 직류　　나. 저주파
다. 고조파　　라. 고주파

14. 그림과 같은 회로명은 무엇인가?

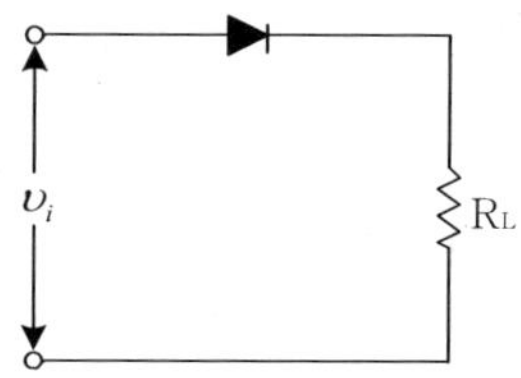

가. 단상 반파 정류회로
나. 단상 전파 정류회로
다. 정전압 회로
라. 평활 회로

해답 :　11. 나　12. 나　13. 가　14. 가

15. 그림(a)와 같은 회로를 써서 그림(b)에 보인 전류-전압관계를 얻고자 한다. 다이오드는 이상적인 것으로 가정하면 R의 값은 얼마인가?

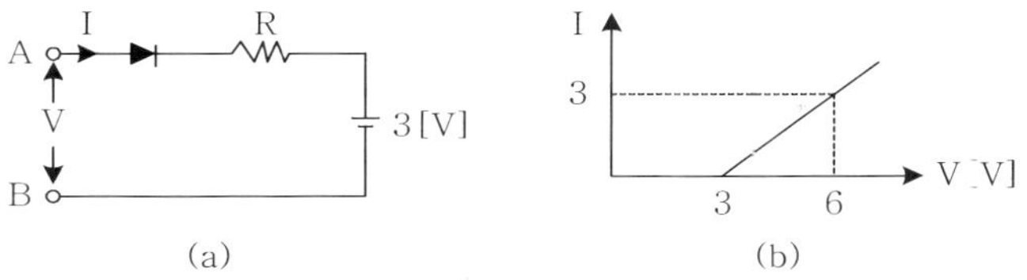

(a) (b)

가. 1 [Ω] 나. 1/2 [Ω] 다. 2 [Ω] 라. 3 [Ω]

해설

$R=\frac{V}{I}$에서 그래프를 살펴보면 V는 3~6V로 변화되었고 I는 $3A$이다

$\therefore R=\frac{V}{I}=\frac{6-3}{3}=1\ [\Omega]$

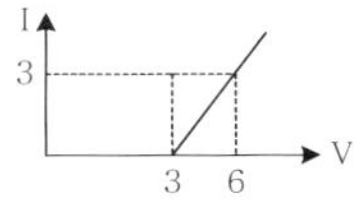

16. 그림에서 $v_i = V_m \sin wt$ 일 때 부하저항 R_L 양단에 나타나는 직류출력 전압은 얼마인가?(단, $I_m = \frac{V_m}{R_f + R_L}$ 이고, R_f는 다이오드의 순방향 저항이다.)

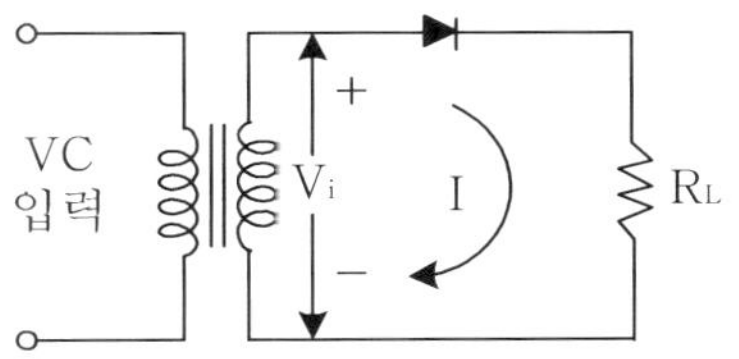

가. $\frac{I_m R}{\sqrt{2}}$ 나. $I_m R_L$ 다. $\frac{2I_m R_L}{\pi}$ 라. $\frac{I_m R_L}{\pi}$

해설

그림의 회로는 반파정류회로이므로 직류 출력 전압 Vdc는

$$Vdc = Idc\, R_L = \frac{I_m}{\pi}R_L = \frac{V_m}{\pi(P_f+R_L)}R_L$$

17. 다음 그림과 같이 용량 평활회로를 가진 반파 정류회로에서 다이오드에 걸리는 최대 역전압은 얼마인가?

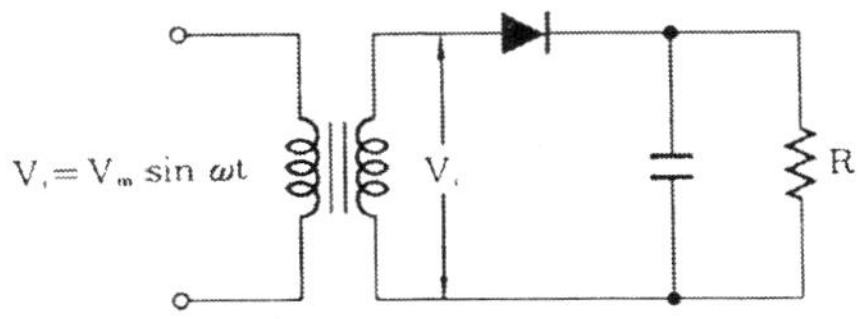

가. V_m/π 나. $V_m/\sqrt{2}$

다. V_m 라. $2V_m$

해설

그림은 반파정류회로로서 $PIV = V_m$이다.

해답 : 15. 가 16. 라 17. 다

18. 그림의 단상 반파 정류회로에서 직류전압 평균치 E_{dv}와 직류전류 평균치 I_{dv}는 얼마인가?(단, $e = \sqrt{2} \cdot 100 \sin 50 \text{times} 2\pi t[V]$, $R = 10[\Omega]$, 정류 소자의 전압 강하는 무시)

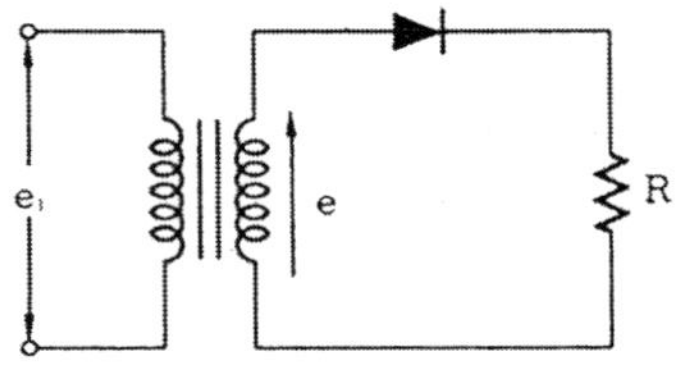

가. $E_{dv} = 25[V]$, $I_{dv} = 1.5[A]$
나. $E_{dv} = 35[V]$, $I_{dv} = 3.5[A]$
다. $E_{dv} = 45[V]$, $I_{dv} = 4.5[A]$
라. $E_{dv} = 55[V]$, $I_{dv} = 6.5[A]$

해설

반파 정류회로에서 직류전압 평균치 Eav는 $Eav = \frac{E_m}{\pi} = \frac{100\sqrt{2}}{\pi} \fallingdotseq 45[V]$ 이며

직류전류평균치 Iav는 $Iav = \frac{Eav}{R} = \frac{45}{10} = 4.5[A]$이다.

19. 양파 정류회로에서 정류 효율은 다음 중 어느 것인가?(단, 다이오드 저항은 부하 R_L에 비해서 극히 작다고 한다.)

가. 41.5 [%] 나. 67.3 [%] 다. 78.5 [%] 라. 81.2 [%]

해설

전파 정류회로의 정류효율은 $\eta = \frac{81.2\%}{1 + \frac{r_f}{R_L}}$이다.

여기서 $r_f = R_L$이 되면 효율은 $\eta = 40.6\%$이고

$R_L \gg r_f$가 되면 효율은 $\eta \fallingdotseq 81.2\%$가 된다.

20. 그림과 같은 정류회로에서 다이오드는 저항을 r, 부하저항을 R_L, 부하 전류를 i_L이라 한다. i_L의 평균치 및 실효치를 각각 I_d 및 I라 하면 정류 능률은 어떻게 되는가?

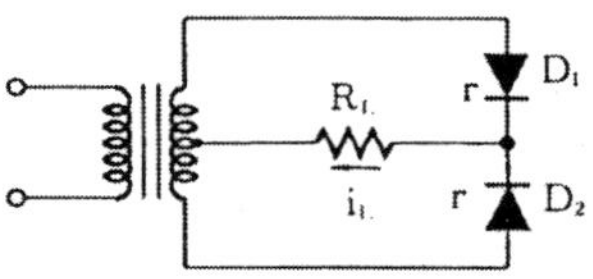

가. $\frac{I_d^2 R_L}{I^2(R_L + r)}$

나. $I_d^2(R_L + r) - I_d^2 R_L$

다. $I_d^2 R_L - I^2 r$

라. $\frac{I^2(R + r)}{I_d^2 R_L}$

해설

전파 정류회로로써 정류효율은 $\eta = \frac{P_o}{P_i} \times 100\% = \frac{Pdc}{Pac} \times 100\% = \frac{Id^2 \cdot R_L}{I^2(R_L + r)}$이 된다.

해답 : 18. 다 19. 라 20. 가

21. 단상 전파 정류회로에서 정류효율은 얼마인가?(단, 다이오드 저항(r_f)와 부하저항 (R_L)은 서로 같다.)

가. 40.6%　　나. 67.2%　　다. 78.5%　　라. 81.2

해설

전파 정류회로의 정류효율은 $\eta = \dfrac{81.2\%}{1+\dfrac{r_f}{R_L}} = \dfrac{81.2\%}{1+1} = 40.6\%$가 된다.

22. 단상 전파 정류회로의 맥동률은 얼마인가?

가. 1.21　　나. 1　　다. 0.482　　라. 0.24

해설

단상 반파 정류회로의 맥동률 $r = 1.21$이 단상 전파 정류회로의 맥동률 $r = 0.482$이다.

23. 그림과 같은 전파 정류회로에서 V = 35[V]일 때 부하 양단에 걸리는 전압의 평균치는 얼마인가? (단, 정류소자의 전압강하는 무시하며 V는 실효치이다.)

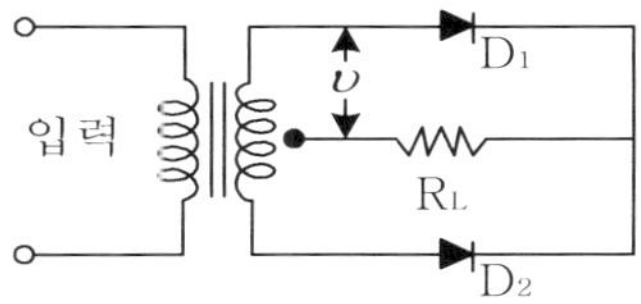

가. 35.5 [V]　　나. 33 [V]
다. 31.5 [V]　　라. 30 [V]

해설

전파 정류회로이기 때문에 $Vdc = \dfrac{2V_m}{\pi}$이 된다.(반파인 경우 $Vdc = \dfrac{V_m}{\pi}$)

문제에서 실효치를 주었기 때문에 식을 다시 정리해보면

$Vdc = \dfrac{2V_m}{\pi} = \dfrac{2\sqrt{2}\,V_{rms}}{\pi} = \dfrac{2\sqrt{2}\times 35}{\pi} \fallingdotseq 31.5[V]$가 된다.

24. 그림과 같은 정류회로에서 최대 역전압은 어떻게 되는가?

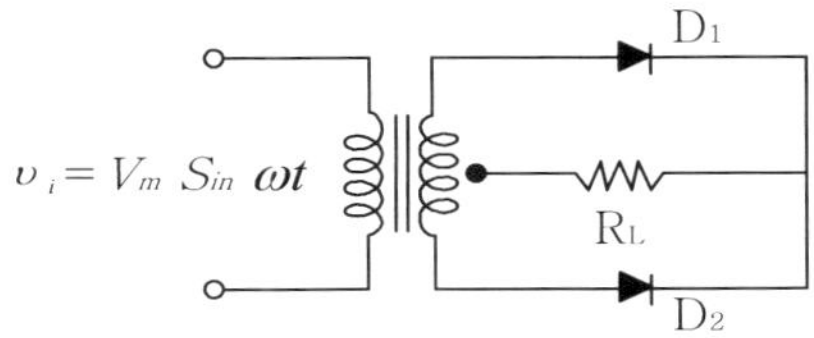

가. $4V_m$　　나. $3V_m$
다. $2V_m$　　라. $1V_m$

해설

전파 정류회로로써 $PIV = 2V_m$이다.

해답 : 21. 가　22. 다　23. 다　24. 다

25. 브리지 정류기의 출력전압의 실효치가 20[V]이다. 각 다이오드 양단의 최대 역전압은 몇[V]인가?

가. 20　　나. 28.28
다. 40　　라. 46.5

해설

$PIV = V_m = \sqrt{2} \cdot V_{rms} = \sqrt{2} \times 20 \fallingdotseq 28.28[V]$

26. 그림과 같은 전파 정류회로의 각 다이오드에 걸리는 최대 역전압의 크기는 얼마인가?(단, $n_1 = n_2$ 이다.)

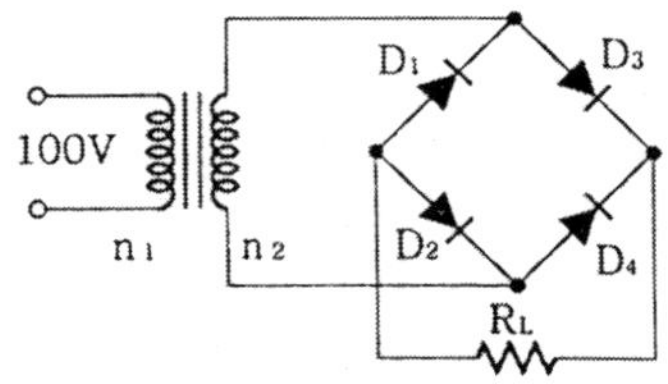

가. 100 [V]　　나. 141 [V]
다. 230 [V]　　라. 282 [V]

해설

$PIV = V_m = \sqrt{2} \cdot V_s = \sqrt{2} \times 100 \fallingdotseq 141.4[V]$

27. 그림의 정류 회로에서 트랜스 2차측 전압의 최대값이 25[V]이며 사용된 다이오드들은 순방향 전압이 1[V]일 때 순방향 전류가 1.5[A]이다. 트랜스 2차측 권선저항이 0.8[Ω]일 때 서지전류(surge curent)는 몇 [A]인가?(단, 사용된 다이오드는 실리콘 다이오드이며 임계전압(Knee Voltage)은 0.7[V]이다.)

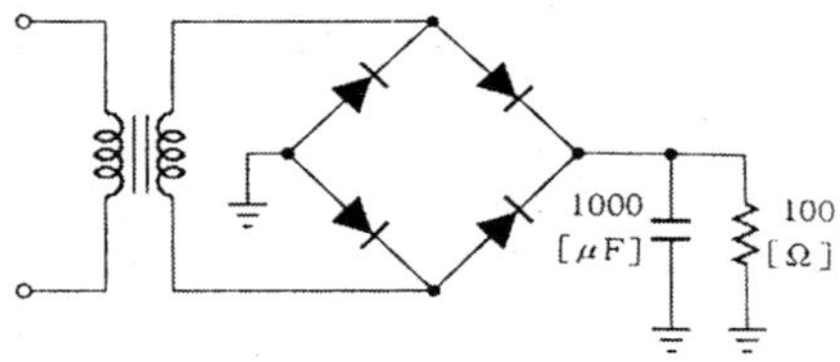

가. 11.7　　나. 16
다. 20.8　　라. 25

해설

서지 전류 I_s는

$$I_s = \frac{V_m}{R_o} = \frac{V_m}{r_f \times 2 + R_T} = \frac{25}{0.2 \times 2 + 0.8} \fallingdotseq 20.8\,[A]$$

(r_f (다이오드 저항) $= \frac{1-0.7}{1.5} = 0.2\,[\Omega]$이다.)

해답 : 25. 나　26. 나　27. 다

28. 다음과 같이 브리지형 정류회로에서 직류출력전압이 10[V], 부하가 5[Ω]이라고 하면 각 정류 소자에 흐르는 첨두 전류값은 얼마인가?

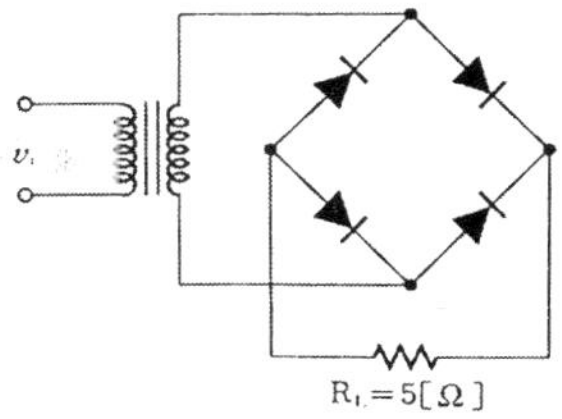

가. 3.23 [A]　　나. 3.14 [A]
다. 1/3 [A]　　라. 3.14/2 [A]

해설

첨두전류(최대전류) $I_m = \dfrac{V_m}{R_L}$이다. 여기서

$$V_m = \frac{\pi}{2}\cdot Vdc\left(Vdc = \frac{2}{\pi}V_m\right) = \frac{\pi}{2}\times 10 = 25\pi\,[\mathrm{V}]\text{이다.}$$

$$\therefore I_m = \frac{V_m}{R_L} = \frac{5\pi}{5} = \pi \fallingdotseq 3.14\,[\mathrm{A}]$$

29. 다음의 회로에서 입력전압 $v_i = 100\ \sin wt[\mathrm{V}]$일 때 출력 전압 v_o는?

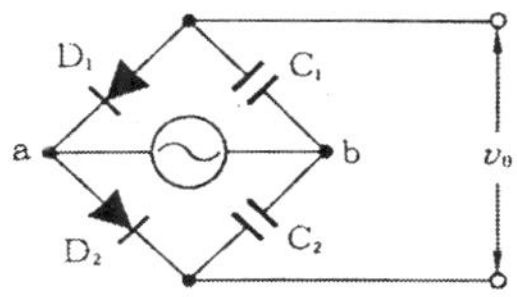

가. 100 [V]　　나. 141 [V]
다. 200 [V]　　라. 282 [V]

해설

전파 배압 정류회로로써 출력전압 $v_o = 2\ V_m$이다.

$$\therefore v_o = 2\ V_m = 2 \times 100 = 200[\mathrm{V}]$$

30. 다음 회로에서 V는 실효치가 100 [V]인 교류전압이다. R_L에 걸리는 전압은 얼마인가?

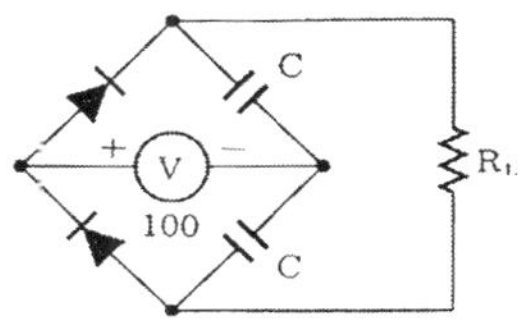

가. 71 [V]　　나. 141 [V]
다. 200 [V]　　라. 283 [V]

해설

전파 배압 정류회로로 출력 전압은 $2V_m$이다.

$\therefore v_o = 2\ V_m = 2\sqrt{2}\ V_{rms} = 2\sqrt{2}\times 100 \fallingdotseq 282.8[\mathrm{V}]$

31. 아래 회로는 정류회로이다. 단자 간에 가장 높은 전압이 나오는 단자는 어느 것인가?

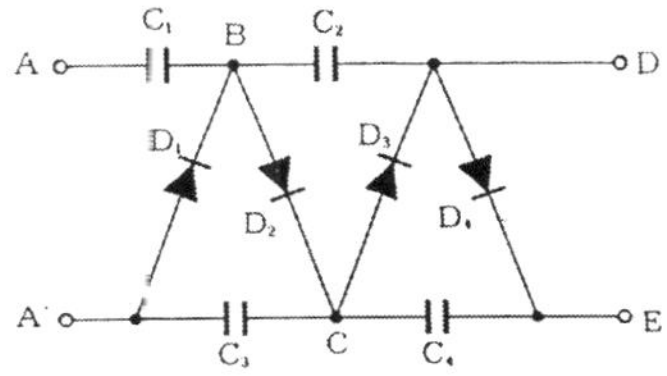

가. AB　　나. CE
다. BD　　라. AE

해설

η배압 정류회로로써 AE 간 가장 높은 전압이 나타난다.

해답 : 28. 나　29. 다　30. 라　31. 라

32. 다이오드를 사용한 정류회로에서 여러 다이오드를 직렬로 연결하여 사용하면?

가. 과전류로부터 보호할 수 있다.
나. 관전압으로부터 보호할 수 있다.
다. 부하 출력의 맥동률을 감소시킬 수 있다.
라. AC 전원으로부터 많은 전력을 공급받을 수 있다.

해설

다이오드를 직렬 연결을 해서 사용하면 과전압으로부터 보호할 수 있다.

33. 다이오드를 사용하는 정류회로에서 여러 다이오드를 병렬로 연결하여 사용하면?

가. 과전류로부터 보호할 수 있다.
나. 과전압으로부터 보호할 수 있다.
다. 부하 출력의 맥동률을 감소시킬 수 있다.
라. AC 전원으로부터 많은 전력을 공급받을 수 있다.

해설

과전류로부터 보호하기 위해서 다이오드를 병렬로 연결하여 사용한다.

34. 다음 그림과 같은 R-C 필터회로에서 리플함유율을 줄이려면, 어떻게 하는 것이 좋은가?

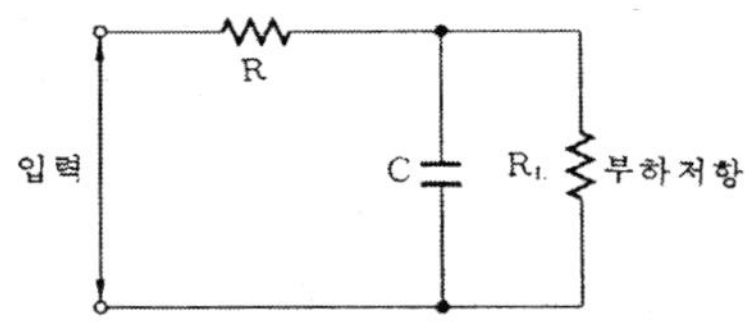

가. RC의 값을 크게 한다.
나. RC의 값을 작게 한다.
다. R+C의 값을 작게 한다.
라. R+C의 값을 크게 한다.

해설

맥동률 1. 단상 전파 정류회로 $r = \dfrac{T}{2\sqrt{3}R_L C} = \dfrac{1}{2\sqrt{3}R_L Cf}$

2. 단상 전파 정류회로 $r = \dfrac{\pi}{2\sqrt{3}} \cdot \dfrac{X_c}{R_L} = \dfrac{1}{4\sqrt{3}R_L Cf}$

R–C 필터회로에서 R_L과 C가 크면 맥동률은 감소한다.

35. 정류회로에서 다음 그림과 같은 평활회로를 사용했을 때 맥동률이 적은 조건은?

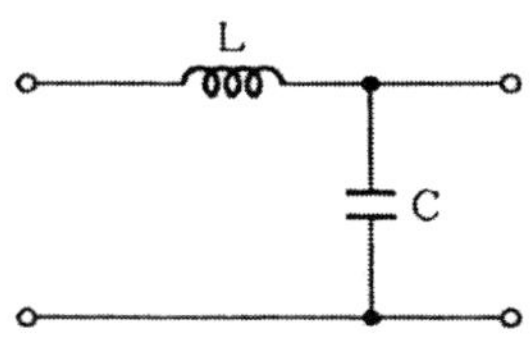

가. L과 C를 모두 크게 한다.
나. L과 C를 모두 적게 한다.
다. L를 적게 하고 C를 크게 한다.
라. L를 크게 하고 C를 적게 한다.

해답 : 32. 나 33. 가 34. 가 35. 가

해설

평활회로의 맥동률은 $r = \frac{\sqrt{2}}{3} \cdot \frac{X_C}{X_L} = \frac{\sqrt{2}}{3} \cdot \frac{1}{4\omega C\omega L}$ 이다.

즉 L과 C에 반비례하기 때문에 L과 C는 커야 한다.

36. 직류 출력 전압(무부하)이 가장 적은 평활회로는?

가. L형과 평활회로　　나. L입력형 평활회로
다. C형 평활회로　　라. π형 평활회로

해설

가. L형 필터회로 : $\frac{2V_m}{\pi}$　　나. L입력형 평활회로 : V_m

다. C형 평활회로 : V_m　　라. π형 평활회로 V_m

37. 다음 그림에서 제너 다이오드 전압 $V_Z = 10[\mathrm{V}]$일 때 다이오드 근사방법에 의한 제너 전압 V_Z의 변화(ΔV_Z)를 계산하면?

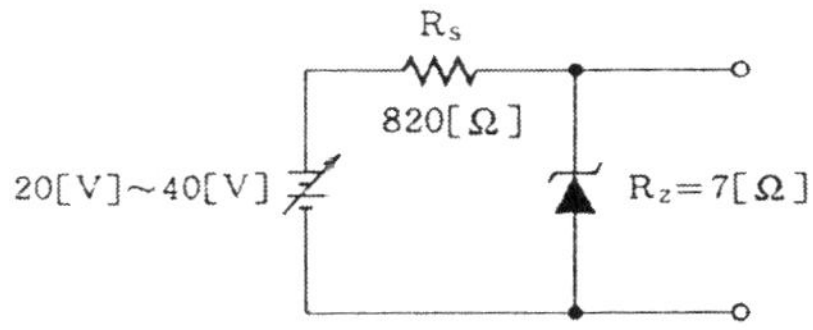

가. $\Delta V_Z = 0.017[\mathrm{V}]$　　나. $\Delta V_Z = 0.171[\mathrm{V}]$
다. $\Delta V_Z = 20[\mathrm{V}]$　　라. $\Delta V_Z = 40[\mathrm{V}]$

해설

1. 최소치 전류 $I_{\min} = \frac{V - V_Z}{R_S} = \frac{20 - 10}{820} = 12.2[\mathrm{mA}]$

2. 최대치 전류 $I_{\max} = \frac{V - V_Z}{R_S} = \frac{40 - 10}{820} = 36.6[\mathrm{mA}]$

$\therefore \Delta V_Z = \Delta I_Z \cdot R_Z = (36.6 \times 10^{-3} - 12.2 \times 10^{-3}) \times 7 = 0.171[\mathrm{V}]$

38. 다이오드를 사용하여 그림과 같은 회로를 구성하고 입력 전압(V_{in})을 -6 [V]에서 +6 [V]까지 변화시킬 때 출력 전압(Volt)의 변화는?(단, 이 다이오드의 커트-인 전압(cut-in voltage)은 0.6 [V]이다.)

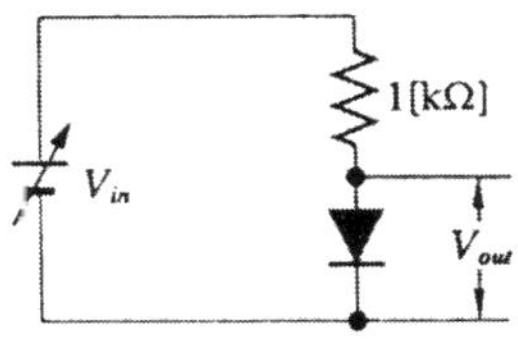

가. +6[V]에서 +6[V]까지　　나. -6[V]에서 +6[V]까지
다. -6[V]에서 0[V]까지　　라. -6[V]에서 +0.6[V]까지

해답 :　36. 가　37. 나　38. 라

해설

1. V_{in}이 −6 [V]일 때 다이오드는 역방향이 되어 $V_{out} = -6[V]$이다.
2. V_{in}이 +6 [V]일 때 다이오드 순방향이 되어 $V_{out} = +6[V]$이다.

∴ 출력 전압의 범위는 +0.6 [V]에서 −6 [V]가 된다.

39. 아래 그림에서 부하 R에 최대로 전력을 공급하려면 R과 R_s는 어떠한 관계가 있어야 하는가?(단, R_s는 전원 내부저항)

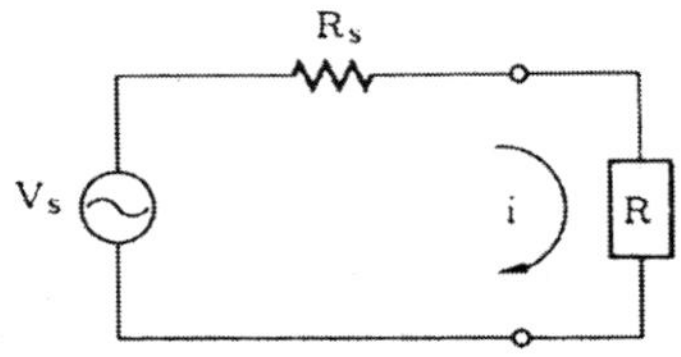

가. $R = 1/2R_s$　　나. $R = R_s$
다. $R = 2R_s$　　라. $R = 4R_s$

해설

최대 전력을 공급할 수 있는 조건
부하저항 = 전원내부저항 즉 $R_s = R$이 된다.

40. 그림과 같은 회로에서 Zenner 다이오드의 파괴 전압은 40 [V]이며, 그 전류범위는 5~40 [mA]이다. 부하저항 R_L에 흐르는 전류 I_L의 최대값은 얼마인가?

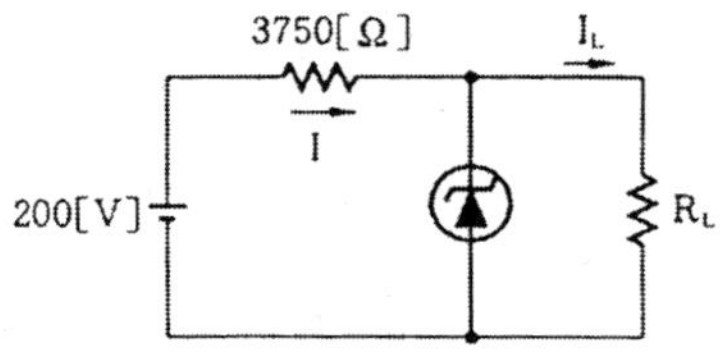

가. 40[mA]　　나. 35[mA]
다. 25[mA]　　라. 15[mA]

해설

1. 전체전류 $I = \frac{V - V_Z}{R} = \frac{200 - 50}{3750} = 40[mA]$
2. 최대전류 $I_L = 40[mA] - 5[mA] = 35[mA]$

해답 : 39. 나　40. 나

04 트랜지스터

1 트랜지스터 종류

▶ BJT : Bipolar Junction Transistor

(전자와 정공의 상호 작용으로 전류가 제어되므로 전류 지어형 소자이다.)

- N형과 P형으로 도우핑된 3개의 반도체 영역과 2개의 PN 접합을 가지고 있다.
- 이미터(Emitter), 베이스(Base), 컬렉터(Collector) 세 개의 단자를 가지고 있다.
- NPN형 BJT와 PNP형 BJT로 나누며, 3층 구조로 되어 있으며 베이스 층의 두께가 매우 얇다.
- 이미터의 화살표는 BJT에서 정공의 이동을 나타낸다.
- 용도 : 스위칭과 증폭(전류)

(1) pnp형 트랜지스터

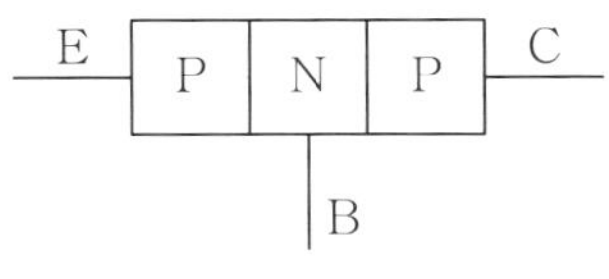

(pnp형 구조)

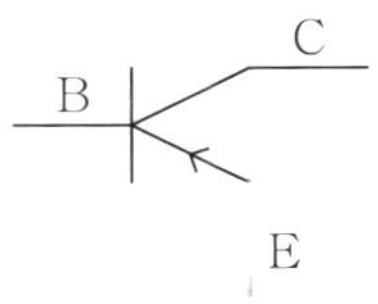

(pnp형 기호)

(2) npn형 트랜지스터

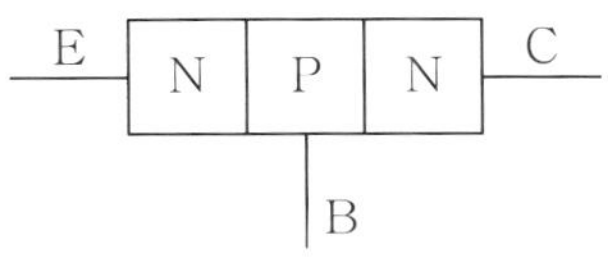

(npn형 구조)

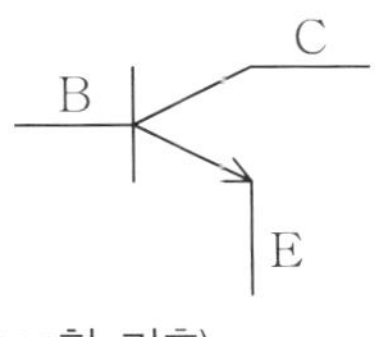

(npn형 기호)

> **E(Emitter, 에미터)**
> 전류의 반송자인 자유전자와 전공이 주입하는 전극을 나타낸다.
>
> **C(Collector, 콜렉터)**
> 반송자를 제어시켜서 전류를 공급하는 전극을 나타낸다.
>
> **B(Base, 베이스)**
> 전류의 반송자를 모으는 역할을 나타내는 전극이다.

2 트랜지스터 동작영역

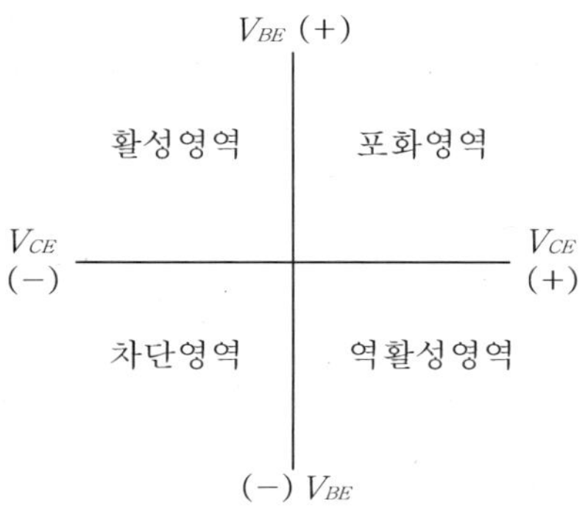

동작영역

동작영역	EB 접합	CB접합	용도
포화영역	순 Bias	순 Bias	Pulse Switching용
활성영역	순 Bias	역 Bias	증폭작용
차단영역	역 Bias	역 Bias	Pulse Switching용
영활성영역	역 Bias	순 Bias	사용하지 않음

3 트랜지스터 접지 상태

(1) 에미터 접지(Common Emitter : CE)

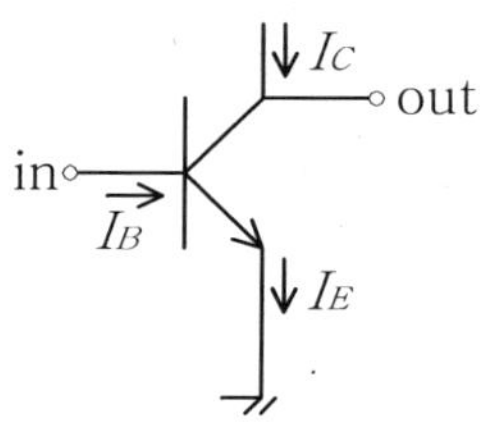

Emitte 접지

입력 : Base
출력 : Collector

Emitter 접지 시 전류 증폭률

1. 에미터 접지 시 출력전류(I_C)

   $I_C = \beta I_B + (1+\beta) I_{CO}$

   (β : 에미터 접지 시 전류증폭률$=h_{fe}$)

2. $I_C \gg I_{CO}$인 경우

   $I_c \simeq \beta I_B$

   $\therefore \ \beta = \left. \frac{\triangle Ic}{\triangle I_B} \right|_{V_{CE}=\text{일정}}$

(2) 베이스 접지(Common Base : CB)

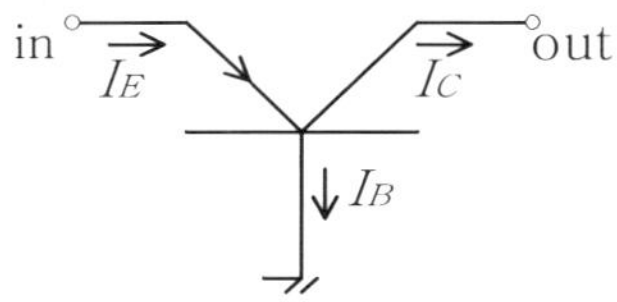

입력 : Emitter

출력 : Collector

Base 접지

Base 접지 시 전류 증폭률

1. 베이스 접지 시 전류 증폭률

   $I_c = \alpha I_E + I_{co}$

   (α : 베이스 접지 시 전류 증폭률 $=h_{fb}$)

2. $I_c \gg I_{co}$인 경우

   $I_c \fallingdotseq \alpha I_E$

   $\therefore \alpha = \left. \frac{\triangle I_c}{\triangle I_E} \right|_{V_{CB}=\text{일정}}$

◉ α 와 β 와의 관계

1) α 와 β 의 크기

α : 0.95~0.99 정도, β : 20~200 정도.

2) 전류증폭률의 관계

① $\therefore \ \beta = \left. \frac{\triangle Ic}{\triangle I_B} \right|_{V_{CE}=\text{일정}}$

여기서 CE에 키르히호프 제 1법칙을 적용하면

$I_E = I_B + I_C$

이 식을 β에 대입하면

$$\beta = \frac{I_C}{I_B} = \frac{I_C}{I_E - I_C} = \frac{\frac{I_C}{I_E}}{I_E - \frac{I_C}{I_E}} = \frac{\frac{I_C}{I_E}}{1 - \frac{I_C}{I_E}} = \frac{\alpha}{1-\alpha}$$

② $\alpha = \frac{\Delta I_C}{\Delta I_E} = \frac{\text{출력전류}}{\text{입력전류}}\Big|_{V_{CB}=\text{일정}}$

여기서 CB에서 키르히로프 제 1법칙을 적용하면 $I_E = I_B + I_C$ 이다. 이 식을 α에 대입하면

$$\alpha = \frac{I_C}{I_B} = \frac{I_C}{I_B + I_C} = \frac{\frac{I_C}{I_B}}{\frac{I_B}{I_B} + \frac{I_C}{I_B}} = \frac{\frac{I_C}{I_B}}{1 + \frac{I_C}{I_B}} = \frac{\beta}{1+\beta}$$

③ I_{CO} : 컬렉터 역바이어스 전류

a. I_{CBO} → Collector to Base, Emitter open을 나타낸다.

b. I_{CEO} → Collector to Emitter, Base open을 나타낸다.

(3) 콜렉터 접지(Common Collector : CC)

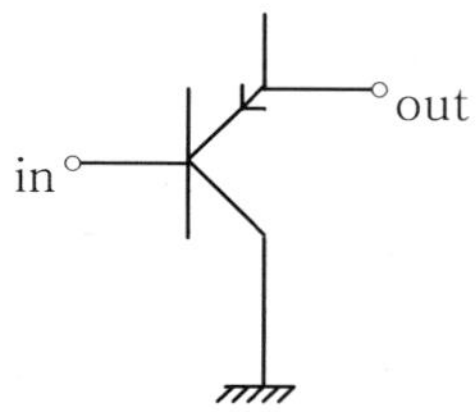

입력 : Base

출력 : Emitter

(4) 에미터 플로워(Emitter follower)

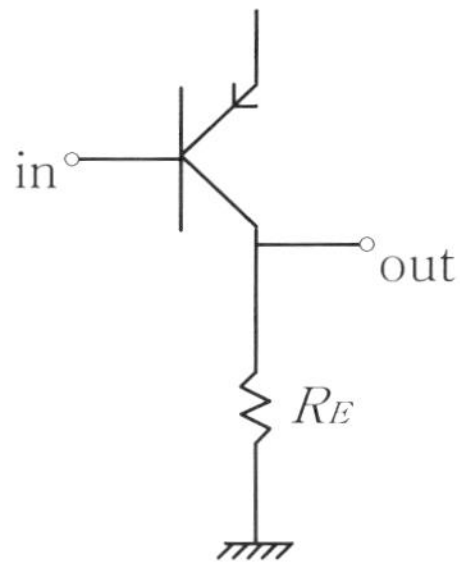

입력 : Base

·출력 : Emitter

4 저주파 증폭회로의 소신호 모델

(1) Hybrid Parameter(h 파라미터)

입력은 테브닌 정리, 출력은 노튼의 정리를 이용한다.(단, 선형회로이어야 한다.)

1) h정수에 의한 소신호 증폭기의 해석

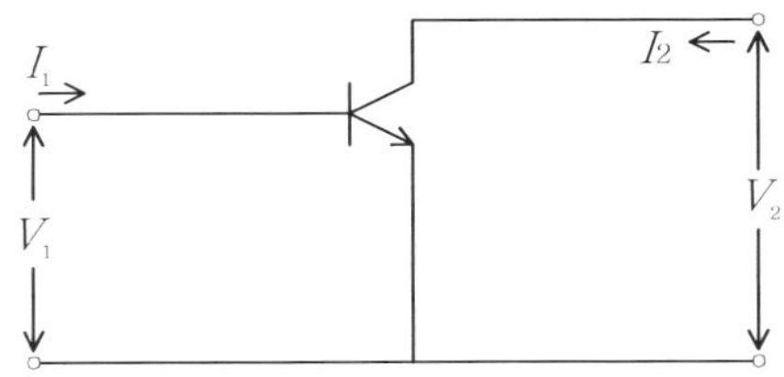

▮ CE

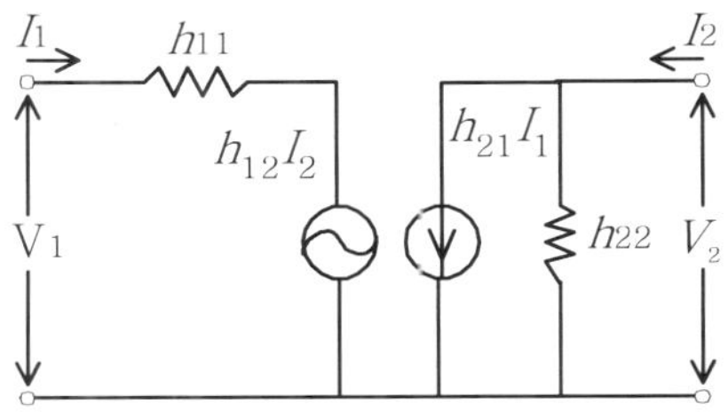

▮ 등가회로

$$V_1 = I_1 h_{11} + h_{22} V_2 \qquad \cdots ①$$

$$I_{12} = h_{21} I_1 + h_{22} V_2 \qquad \cdots ②$$

여기서 h_{11}, h_{12}, h_{21}, h_{22}를 h 파라미터의 h정수라 한다.

h 파라미터

$h_{11} = \left. \dfrac{V_1}{I_1} \right|_{V_2 = 0}$ ⇒ 출력단 단락 시 입력임피던스이며 단위는 [Ω]이다.

$$h_{12} = \left.\frac{V_1}{V_2}\right|_{I_1 = 0}$$ ⇒ 입력단 개방 시 전압 궤환율이며 단위는 없다.

$$h_{21} = \left.\frac{I_2}{I_1}\right|_{V_2 = 0}$$ ⇒ 출력단 단락 시 전류증폭률이며 단위는 없다.

$$h_{22} = \left.\frac{I_2}{V_2}\right|_{I_1 = 0}$$ ⇒ 입력단 개방 시 출력어드미턴스이며 단위는[℧]이다.

여기서 $h_i = h_{11}$, $h_r = h_{12}$, $h_f = h_{21,}$ $h_o = h_{22}$와 같다.

(2) h−Parameter에 의한 기본 증폭기의 해석

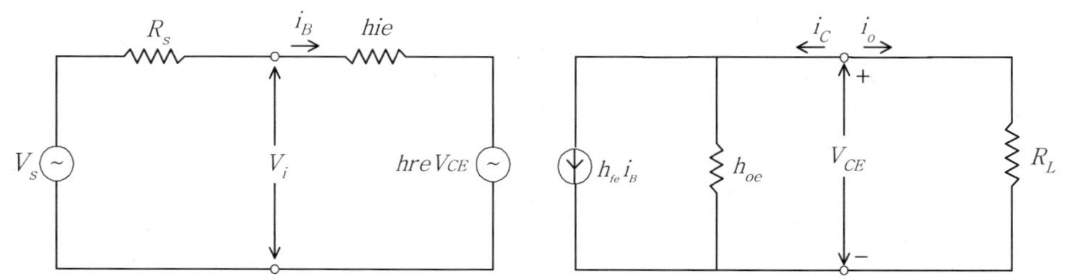

1) 전류이득

$$A_i = \frac{i_o}{i_B} = \frac{-i_c}{i_B} = \frac{-i_o}{i_B} = -\frac{-(h_{fe}\, i_B + h_{oe} \cdot V_{ce})}{i_B} = -\left(h_{fe} + h_{oe}\frac{V_{CE}}{i_B}\right)$$

($\because V_{CE} = i_o R_L = -i_c R_L$을 위의 식에 대입)

$$= -\left(h_{fe} + h_{oe}\frac{i_o R_L}{i_B}\right)$$

$$= A_i + h_{oe} A_i R_L = -h_{fe}, \quad A_i(1 + h_{oe} R_L) = -h_{fe}$$

$$\therefore\ A_i = \frac{-h_{fe}}{1 + h_{oe} R_L}$$

if) $h_{oe} R_L \ll 1$

$$\therefore\ A_i \approx -h_{fe}$$

2) 입력임피던스

$$Z_i = \frac{V_i}{i_B} = \frac{V_{BE}}{i_B} = \frac{i_B h_{ie} + h_{re} V_{CE}}{i_B} = h_{ie} + h_{re}\frac{V_{CE}}{i_B}$$

($\because V_{CE} = i_o R_L = -i_c R_L$을 위의 식에 대입하면)

$$= h_{ie} + h_{re}\frac{-i_c R_L}{i_B} = h_{ie} + A_i h_{re} R_L$$

3) 전압이득

$$A_V = \frac{V_{CE}}{V_i} = \frac{V_{CE}}{i_B h_{ie} + h_{re} V_{CE}} = \frac{\frac{V_{CE}}{V_{CE}}}{\frac{i_B h_{ie} + h_{re} V_{CE}}{V_{CE}}} = \frac{1}{h_{ie}\frac{i_B}{V_{CE}} + h_{re}}$$

($\because$ $V_{CE} = i_o R_L = -i_c R_L$을 위의 식에 대입)

$$= \frac{1}{\frac{h_{ie} i_B}{(-i_c R_L)} + h_{re}} = \frac{1}{h_{ie}\frac{1}{R_L} \times \frac{1}{Ai} + h_{re}} = \frac{1}{\frac{h_{ie} + h_{re} A_i R_L}{A_i R_L}}$$

$$= \frac{A_i R_L}{h_{ie} + h_{re} A_i R_L} = \frac{A_i}{Z_i} R_L \quad (\because \ Z_i = h_{ie} + h_{re} A_i R_L)$$

4) 출력어드미턴스

$$V_s = i_B R_s + i_B h_{ie} + h_{re} V_{CE} = (R_s + h_{ie}) i_B + h_{re} V_{CE}$$

위의 식에서 $V_s = 0$일 때

$$(R_s + h_{ie}) i_B + h_{re} V_{CE} = 0 \qquad \cdots ①$$

$i_C = h_{fe} i_B + h_{oe} V_{CE}$에서 i_B를 구하면

$$i_B = \frac{i_C - h_{oe} V_{CE}}{h_{fe}}$$

가 된다. 이 식을 ①의 식에다 대입하면

$$(R_S + h_{ie})\frac{(i_C - h_{oe} V_{CE})}{h_{fe}} + h_{re} V_{CE} = 0$$

에서 양변에 h_{fe}을 곱하면

$$(R_S+h_{ie})(i_C-h_{oe}V_{CE})+h_{re}V_{CE}h_{fe}=0$$
$$R_Si_C-R_Sh_{oe}V_{CE}+i_Ch_{ie}-h_{oe}h_{ie}V_{CE}+h_{re}V_{CE}h_{fe}=0$$
$$i_C(R_S+h_{ie})-(R_S+h_{ie})h_{oe}V_{CE}+h_{re}h_{fe}V_{CE}=0$$
$$i_C(R_S+h_{ie})=(R_S+h_{ie})h_{oe}-h_{re}h_{fe}V_{CE}$$
$$\therefore\ Y_o=\frac{i_C}{V_{CE}}=\frac{(R_s+h_{ie})h_{oe}-h_{re}h_{fe}}{R_S+h_{ie}}=h_{oe}-\frac{h_{re}h_{fe}}{R_s+h_{ie}}$$

(3) 트랜지스터의 접지방식에 의한 증폭기 해석

1) 에미터 접지(Conmon Emitter : CE) 증폭회로

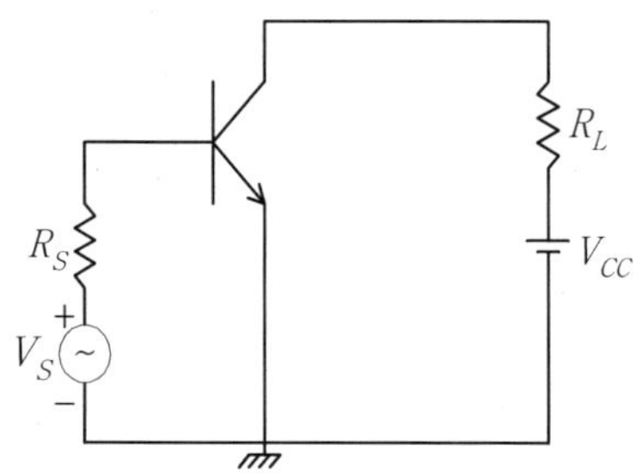

■ CE 트랜지스터

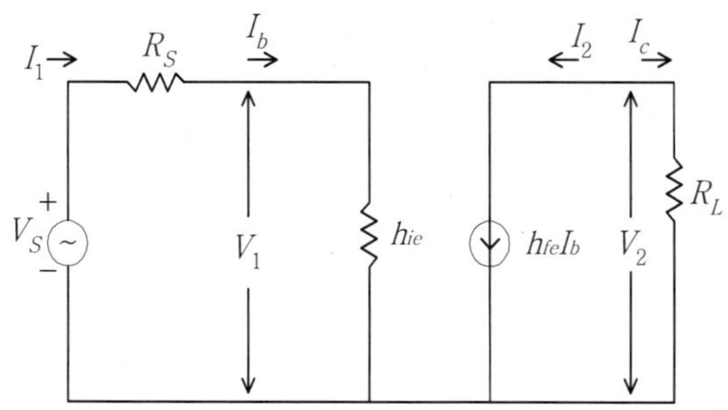

■ h 등가회로

① 전류이득

$$A_i=\frac{I_2}{I_1}=-h_{fe}\frac{I_b}{I_b}=-h_{fe}$$

② 입력임피던스

$$R_i=\frac{V_1}{I_1}=\frac{I_bh_{ie}}{I_b}=h_{ie}$$

③ 전압이득

$$A_V=\frac{V_2}{V_1}=-h_{fe}I_b\frac{R_L}{I_b}h_{ie}=-h_{fe}\frac{R_L}{h_{ie}}=\frac{A_i}{R_i}R_L=-g_mR_L$$

$$(\because V_2=I_CR_L=-h_{fe}I_bR_L\ ,\quad g_m(\text{상호 콘덕턴스})=\frac{h_{fe}}{h_{ie}})$$

④ 출력저항

$$R_O = \left.\frac{V_2}{I_2}\right|_{V_s=\text{일정}} = \infty$$

출력저항은 Vs=0 일 때, 출력측의 전압과 출력측 전류의 비를 나타낸 것이다.

2) 에미터 저항(Re)을 가진 CE 증폭회로

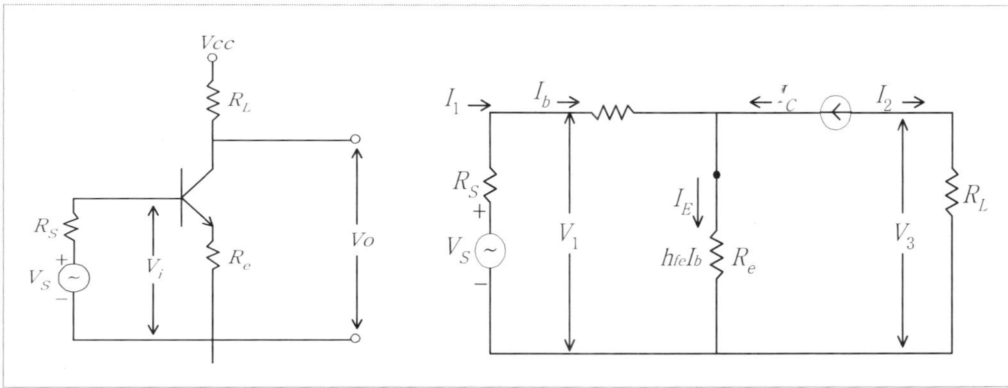

▮ Re 저항을 갖고 있는 CE회로　　▮ 등가회로

① 전류이득

$$A_i = \frac{I_2}{I_1} = \frac{-h_{fe}I_b}{I_b} = -h_{fe}$$

② 입력 임피던스

$$R_i = \frac{V_1}{I_1} = \frac{h_{ie}I_b + (1+h_{fe})I_bR_e}{I_b} = h_{ie} + (1+h_{fe})R_e = h_{ie} + (1+\beta)R_e$$

③ 전압이득

$$A_V = \frac{V_2}{V_1} = \frac{-h_{fe}I_bR_L}{h_{ie}I_b + (1+h_{fe})I_bR_e} = \frac{-h_{fe}R_L}{h_{ie} + (1+h_{fe})R_e}$$

$$= \frac{-h_{fe}}{R_i}R_L = -\frac{R_i}{R_i}R_L$$

if) $(1+h_{fe}) \gg h_{ie}$ 이면

$A_V \fallingdotseq \dfrac{-h_{fe}}{1+h_{fe}} \times \dfrac{R_L}{R_e}$ 이 된다. 여기서 $h_{fe} \gg 1$ 이면

$\therefore A_V \fallingdotseq \dfrac{-R_L}{R_e}$ 이 된다.

> **특징**
>
> ① 전류 이득은 Re가 없는 CE회로와 비교하여 변화하지 않는다.
>
> ② CE $\rightarrow R_i = h_{ie}$ 이며 Re가 있는 CE$\rightarrow R_i = h_{ie} + (1+h_{fe})R_e$ 이기 때문에 입력 임피던스가 매우 많이 증가한다.
>
> ③ 출력저항은 매우 증가한다.
>
> ④ $A_V = -h_{fe}\dfrac{R_L}{h_{ie}}$ 이며 Re가 있는 $A_V = \dfrac{-h_{fe}R_L}{h_{ie} + (1+h_{fe})R_e}$ 이기 때문에 전압이득은 감소하며 안정성은 향상된다.

3) 베이스 접지(Common Base : CB) 증폭회로

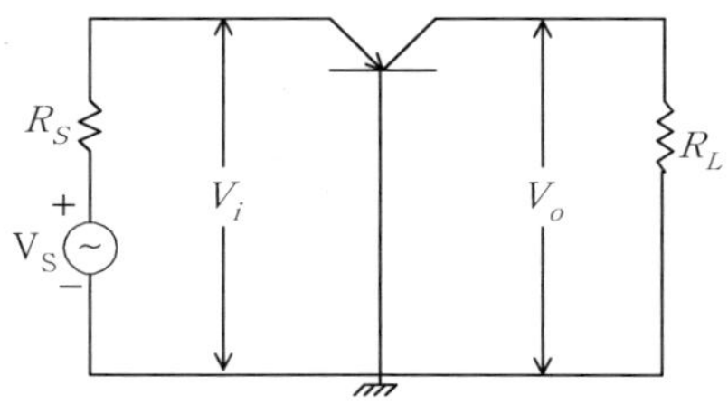

▌ CB 트랜지스터

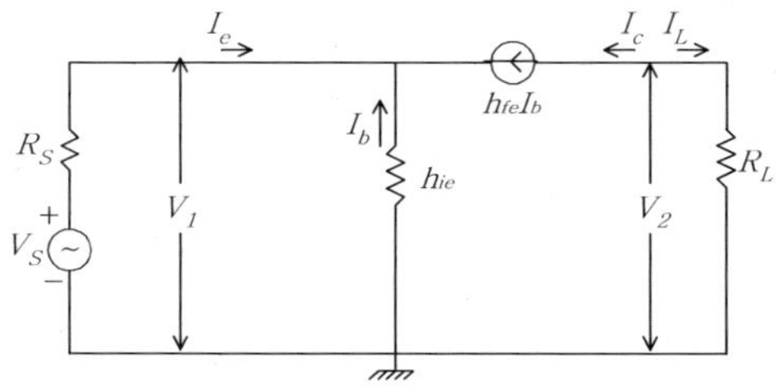

▌ 등가회로

① 전류이득

$$A_i = \frac{I_L}{I_e} = \frac{-I_c}{I_e} = \frac{-h_{fe}I_b}{I_b(1+h_{fe})} = \frac{-h_{fe}}{(1+h_{fe})}$$

② 입력임피던스

$$R_i = \frac{V_l}{I_e} = h_{ie}\frac{I_b}{I_b(1+h_{fe})} = \frac{h_{ie}}{1+h_{fe}}$$

③ 전압이득

$$A_V = \frac{V_2}{V_1} = h_{fe}I_b\frac{R_L}{h_{ie}}I_b = \frac{h_{fe}}{h_{ie}}R_L$$

> **특징**
> 1) 입력 임피던스 작다. : (수Ω~ 수십Ω)
> 2) 출력 임피던스 : 크다. (수십)KΩ
> 3) 전류 증폭도 : 약 1
> 4) 전압 증폭도 : 크다.
> 5) 전력 증폭도 : 낮다.
> 6) 용도 : 전압증폭용
> 7) 입력과 출력 위상 : 동상 (0°)

4) 콜렉터 접지(Common Collector : CC) 증폭회로

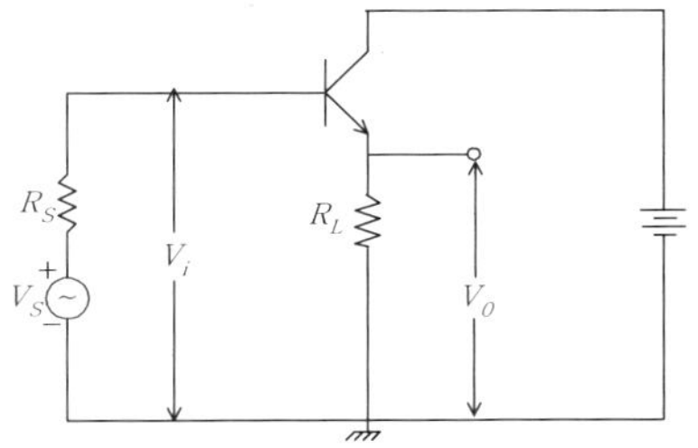

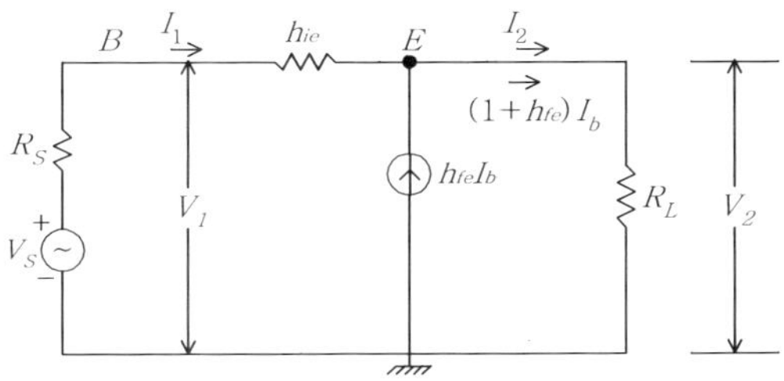

▮ CC 트랜지스터

▮ 등가회로

① 전류이득

$$A_i = \frac{I_2}{I_1} = \frac{I_b + h_{fe} I_b}{I_b} = \frac{(1+h_{fe})I_b}{I_b} = (1+h_{fe})$$

② 입력저항

$$R_i = \frac{V_1}{I_1} = \frac{h_{ie}I_b + (1+h_{fe})I_b R_L}{I_b} = I_b \frac{(h_{ie} + (1+h_{fe})R_L)}{I_b}$$

$$= h_{ie} + (1+h_{fe})R_L$$

③ 전압이득

$$A_V = \frac{V_2}{V_1} = \frac{I_b R_L}{h_{ie}I_b + (1+h_{fe})I_b R_L} = \frac{I_b R_L}{I_b[h_{ie} + (1+h_{fe})R_L]}$$

$$= \frac{I_b}{I_b} \times \frac{R_L}{h_{ie} + (1+h_{fe})R_L}$$

$$= A_i \frac{R_L}{R_i} = \frac{(1+h_{fe})R_L}{R_i} = \frac{(1+h_{fe})R_L}{h_{ie}+(1+h_{fe})R_L}$$

위의 입력저항을 나타내는 식을 보면 $R_i = h_{ie} + (1+h_{fe})R_L$이다. 이 식에서 h_{ie}를 이항하면 $R_i - h_{ie} = (1+h_{fe})R_L$과 같이 된다.
이 식을 전압이득에 대입하면 다음과 같이 된다.

$$A_V = \frac{(1+h_{fe})R_L}{h_{ie}(1+h_{fe})R_L} = \frac{(R_i - h_{ie})}{R_i} = 1 - \frac{h_{ie}}{R_i}$$

특징

① 콜렉터 접지 증폭회로는 고주파 특성이 좋다.
② TV회로는 주로 버퍼(buffer)로서 사용된다.
③ 주파수 범위에서 전압이득이 1인 저항 변환기의 역할을 한다.
④ 전류이득이 가장 크며, 출력저항은 작고 입력저항은 크다.
⑤ CC회로는 버퍼(Buffer) 증폭기로 사용된다.
⑥ 저 임피던스 회로에서 고전류 이득을 얻기 위해서 사용되는 방식이다.

5) 에미터 플로워(Emitter Follower) 증폭회로

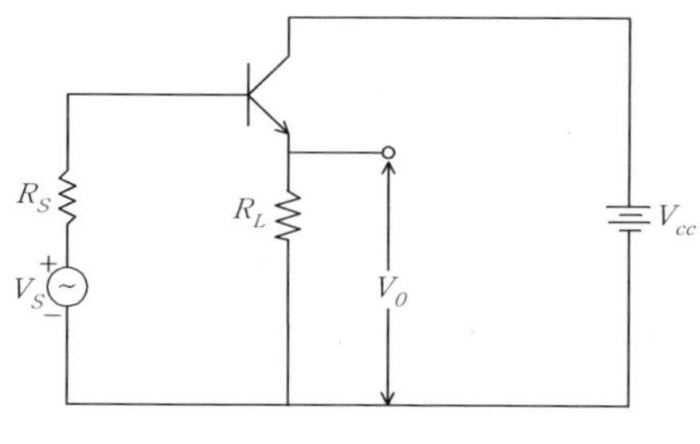

▮ Emitter follower

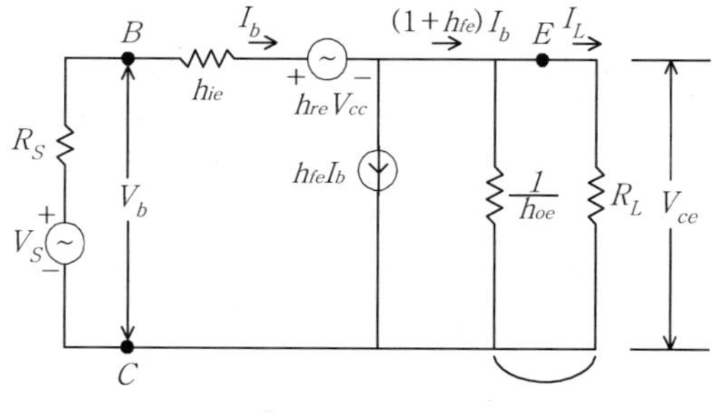

▮ 등가회로

① $R = R_L // \frac{1}{h_{oe}} = \frac{\frac{R_L}{h_{oe}}}{R_L + \frac{1}{h_{oe}}} = \frac{\frac{R_L}{h_{oe}}}{\frac{h_{oe}R_L+1}{h_{oe}}} = \frac{R_L}{1+h_{oe}R_L}$

② 전류이득

$$A_i = \frac{I_L}{I_b} = \frac{\dfrac{(1+h_{fe})I_b \times R}{R_L}}{I_b} = \frac{(1+h_{fe})R}{R_L}$$

$(\because \; V_{CE} = (1+h_{fe})I_bR$이고 $I_L = \dfrac{V_{ce}}{R_L}$가 된다)

$$= \frac{\dfrac{R_L}{1+h_{oe}R_L} \times (1+h_{fe})}{R_L} = \frac{1+h_{fe}}{1+h_{oe}R_L}$$

if) $R_L \gg h_{oe}$가 되면 $h_{oe} \cdot R_L \approx 0$에 가깝게 된다.

$\therefore \; A_i \fallingdotseq 1+h_{fe}$

③ 입력저항

$$R_i = \frac{V_b}{I_b} = \frac{h_{ie}I_b + (1+h_{fe})I_bR}{I_b} = \frac{I_b[h_{ie} + (1+h_{fe})R]}{I_b}$$

$$= h_{ie} + (1+h_{fe})R = h_{ie} + \frac{R_L}{1+h_{oe}R_L} \times (1+h_{fe})$$

$$\fallingdotseq h_{ie} + (1+h_{fe})R_L = h_{ie} + A_iR_L$$

④ 전압이득

$$A_V = \frac{V_{ce}}{V_b} = \frac{(1+h_{fe})I_bR}{h_{ie}I_b + (1+h_{fe})I_b \times R} = \frac{(1+h_{fe})I_bR}{I_b[h_{ie} + (1+h_{fe})R]}$$

$$= \frac{(1+h_{fe})R}{h_{ie} + (1+h_{fe})R} = \frac{(1+h_{fe})R}{R_i} = \frac{A_i}{R_i}R$$

특징

① 전류이득이 크다.
② 입력 임피던스가 크고 출력임피던스가 낮다.
③ 전력증폭기로 이용한다.
④ 전압이득이 1보다 낮다.
⑤ 고임피던스 전원과 저임피던스 부하사이의 완충단(Buffer stuge)으로서 사용이 되고 있다.

(4) 각 증폭회로의 특징비교

구　　분	에미터 접지(CE)	컬렉터 접지(CC)	베이스접지(CB)
전류증폭도(Ai)	$-h_{fe}$ (높다)	$1+h_{fe}$(높다)	$-h_{fe} \fallingdotseq 1$(낮다)
전압증폭도(Av)	높다	낮다	높다
입력저항(Ri)	중간	가장 크다	가장 작다
출력저항(Ro)	중간	가장 크다	가장 크다
입출력 위상	180° (위상반전)	0° (동상)	0° (동상)
전력증폭도(Ap)	높다	낮다	낮다
용도	전압증폭용	임피던스 변환용	전압증폭용

(5) 달링톤(Darlington)회로

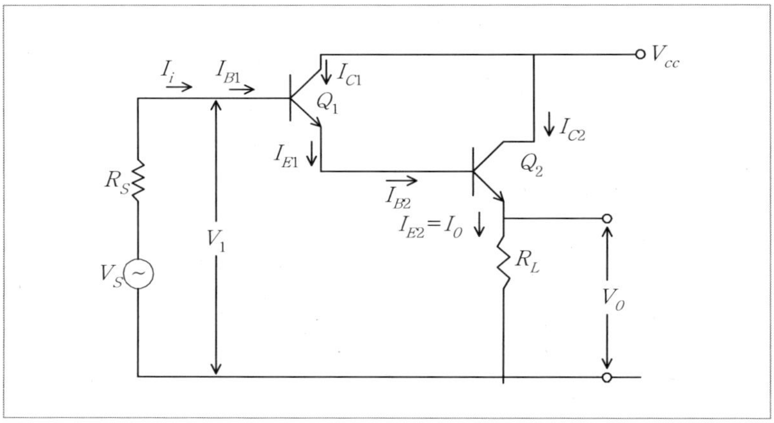

1) 전류이득

① Q_1의 회로에서 키르히로프 제1법칙을 적용

$$I_{e_1} = I_{B_1} + I_{C_1} \quad (\because \; I_{C_1} = h_{fe1} I_{B_1})$$
$$= I_{B_1} + h_{fe1} I_{B_1} (1 + h_{fe1})$$

② Q_2의 회로에서 키르히호프 제1법칙을 적용

$$I_{E_2} = I_{B_2} + I_{C_2} \quad (\because \; I_{C_2} = h_{fe2} I_{B_2}, \; I_{B_2} = Ie_1)$$

$$= I_{B_2} + h_{fe2} I_{B_2} = I_{B_2}(1+h_{fe2}) = I_{B_1}(1+h_{fe1})(1+h_{fe2})$$

$$A_i = \frac{I_o}{I_i} = \frac{I_{E2}}{I_{B1}}$$

$$= (1+h_{fe1})(1+h_{fe2}) = 1 + h_{fe1} + h_{fe2} + h_{fe1} h_{fe2}$$

if) $h_{fe1} h_{fe2} \gg (1 + h_{fe1} + h_{fe2})$

$\therefore\ A_i \approx h_{fe1} h_{fe2}$

특징

① 입력 임피던스가 매우 높다.
② 전압이 이득은 1 보다 적어진다.
③ 전류 증폭률은 대단히 커진다.
④ 출력 임피던스는 1단 CE 또는 CC 증폭기 보다 높게 할 수 있고 낮게 할 수도 있다.
⑤ 전단 TR의 누설전류가 다음 단에서 증폭되어 전체의 누설전류가 크므로 다단 증폭기에는 사용이 곤란하다.

5 TRANSISTOR BIAS 회로

◉ 바이어스(bias)란?

증폭기에 직류전압을 가하여 직류전류를 흘려줌으로써 증폭기로 동작할 수 있도록 하는 것이다.

(1) 바이어스의 안정계수(Stability factor)

1) 안정계수 S

컬렉터 전류 I_c는 I_{co}, V_{BE}및 β의 함수이다.

$$I_c = f(I_{co},\ V_{BE},\ \beta)$$

온도 등의 변화로 ΔI_{co}, ΔV_{BE}, $\Delta\beta$만큼 변화할 때 I_c의 변화는 다음과 같다.

$$\Delta I_c = \frac{\partial I_c}{\partial I_{co}} \Delta I_{co} + \frac{\partial I_c}{\partial V_{BE}} + \frac{\partial I_c}{\partial \beta} \Delta\beta$$

바이어스회로의 안정계수는 다음과 같다.

$$S = \frac{\partial I_c}{\partial I_{co}} = \frac{\Delta I_{co}}{\Delta I_{co}} \Bigg|_{V_{BE},\ \beta = \text{con}}$$

여기서 S를 안정계수라고 하며 안정계수는 역포화 전류 변화에 대한 콜렉터 전류의 변화량 비를 말한다.

2) 에미터 접지 시 바이어스 회로의 안정계수

에미터 접지 시 출력전류 I_C는 $I_C = \beta I_B + (1+\beta) I_{CO}$에서 양변을 I_C에 대해 미분해서 정리하면

$$\frac{\Delta I_C}{\Delta I_C} = \beta \frac{\Delta I_B}{\Delta I_C} + (1+\beta)\frac{\Delta I_{CO}}{\Delta I_C}$$

$$1 = \beta \frac{\Delta I_B}{\Delta I_C} + (1+\beta)\frac{\Delta I_{CO}}{\Delta I_C}$$

$$1 - \beta \frac{\Delta I_B}{\Delta I_C} = (1+\beta)\frac{\Delta I_{CO}}{\Delta I_C}$$

$$\therefore\ S = \frac{\Delta I_C}{\Delta I_{CO}} = \frac{1+\beta}{1 - \beta \dfrac{\Delta I_B}{\Delta I_C}}$$

> **참고**
> 안정지수(stability factor)
> 1. 가장 이상적인 경우 $S = 1$
> 2. 실제의 경우 $S > 1$

(2) 트랜지스터의 바이어스 회로

1) 고정 Bias회로(fixed Bias)

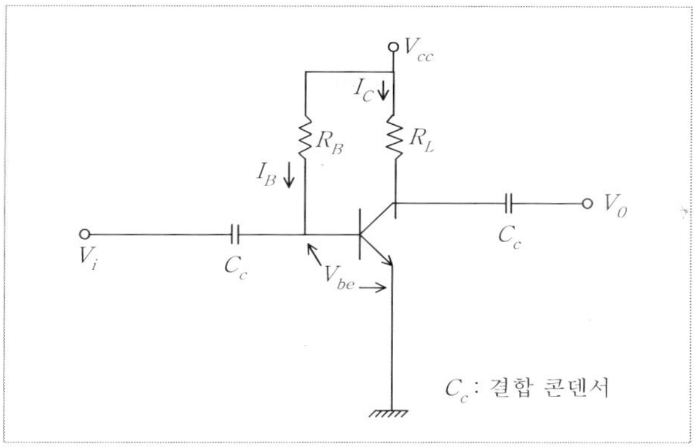

V_{be}

Ge : 0.2~0.3V

Si : 0.6~0.7V

① I_B (입력전류)

키르히호프 제2법칙을 적용하여 V_{CC}를 구하면

$$V_{cc} = I_B R_B + V_{be}, \qquad V_{cc} - V_{be} = I_B R_B$$

$$\therefore \; I_B = \frac{V_{CC} - V_{be}}{R_B} \text{[A]}$$

if) $V_{cc} \gg V_{be}$

$$\therefore \; I_B \fallingdotseq \frac{V_{cc}}{R_B}$$

② 안정지수

$$S = \frac{\Delta I_C}{\Delta I_{CO}} = \frac{1+\beta}{1-\beta\dfrac{\Delta I_B}{\Delta I_C}} = \frac{1+\beta}{1-0} = 1+\beta$$

($\because \; I_B = \dfrac{V_{CC} - V_{be}}{R_B}$ 에서 I_C에 대해서 미분을 하면 $\dfrac{\Delta I_B}{\Delta I_C} = 0$이다)

특징

① 회로가 간단하다.
② 안정지수 $S = 1 + \beta$로서 크다.
③ 안정도와 충실도가 나쁘다.

2) 전압 궤환 Bias회로(Voltage feedback Bias)

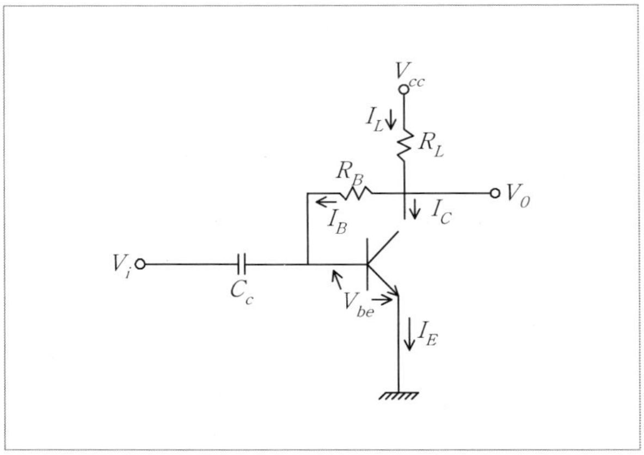

① I_B (입력전류)

키르히호프 제2법칙을 적용하여 V_{CC}를 구하면

$$V_{cc} = I_L R_L + I_B R_B + V_{Be}$$

$$= (I_B + I_C) R_L + I_B R_B + V_{Be} = I_B R_L + I_C R_{L+} I_B R_B + V_{Be} + I_B R_B$$

$$= I_{B(R_B} + R_L) + I_C R_L + V_{Be}$$

$$\therefore\ I_B = \frac{V_{cc} - I_c R_L - V_{be}}{R_B + R_L}$$

② 안정지수

위의 식

$$I_B = \frac{Vcc}{R_B + R_L} - \frac{I_C R_L}{R_B + R_L} - \frac{V_{be}}{R_B + R_L}$$

를 양변에 I_C에 대해서 미분하면

$$\frac{\Delta I_B}{\Delta I_C} - 0 = -\frac{R_L}{R_B + R_L}$$

이 된다. 이 값을 S에 대입하면

$$S = \frac{\Delta I_C}{\Delta I_{CO}} = \frac{1+\beta}{1-\beta\frac{\Delta I_B}{\Delta I_C}} = \frac{1+\beta}{1+\beta\frac{R_L}{R_B+R_L}} = \frac{(1+\beta)(R_B+R_L)}{R_B+R_L+\beta R_L}$$

if) 1) $R_L = \infty$인 경우

$$S = \frac{1+\beta}{1+\beta\frac{R_L}{R_B+R_L}} = 1$$

2) $R_L = 0$인 경우

$$S = \frac{1+\beta}{1+\beta\frac{R_L}{R_B+R_L}} = 1+\beta$$

∴ R_L의 값이 크면 클수록 안정지수가 감소한다.

특징

① 회로가 간단하다.
② 안정지수가 고정 Bias보다 좋다.
③ 찌그러짐이 적어진다.

3) 전류 궤환 바이어스회로(current feddback bias)

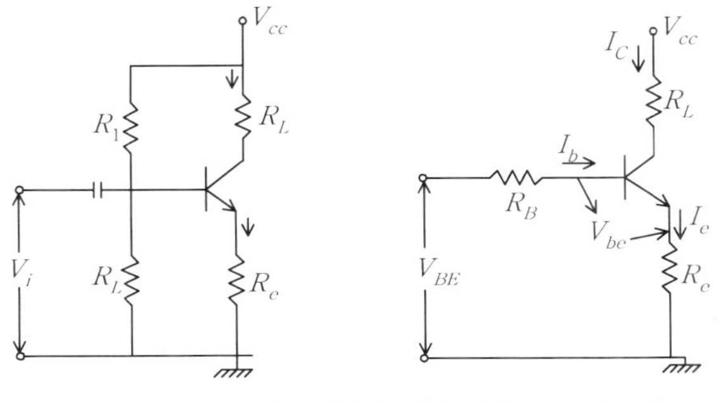

$$R = R_B = R_1 // R_2 = \frac{R_1 R_2}{R_1 + R_2}$$

$$V_{ab} = \frac{R_2}{R_1 + R_2} \cdot V_{cc}$$

a 전류궤환 Bias회로 b. 등가회로

등가회로에서 입력 측을 키르히호프 제2법칙을 적용하면

$$V_{BE}=I_bR_B+V_{be}+I_eR_e=I_bR_B+V_{be}+(I_b+I_c)R_e=I_bR_b+V_{be}+I_bR_e+I_cR_e$$
$$=I_b(R_b+R_e)+I_cR_e+V_{be}$$

① I_b

$$\therefore\ I_b=\frac{V_{BE}}{R_b+R_e}-\frac{I_cR_e}{R_b+R_e}-\frac{V_{be}}{R_b+R_e}$$

② 안정지수

$$I_b=\frac{V_{BE}}{R_b+R_e}-\frac{I_cR_e}{R_b+R_e}-\frac{V_{be}}{R_b+R_e}$$

이 식 양변을 I_c에 미분하면

$$\frac{\Delta I_b}{\Delta I_c}=0-\frac{R_e}{R_b+R_e}-0=-\frac{R_e}{R_b+R_e}$$

$$S=\frac{\Delta I_c}{\Delta I_{co}}=\frac{1+\beta}{1-\beta\dfrac{\Delta I_B}{\Delta I_C}}=\frac{1+\beta}{1+\beta\dfrac{R_e}{R_b+R_e}}=\frac{(1+\beta)(R_b+R_e)}{R_b+R_e+\beta R_e}$$

$$=\frac{(1+\beta)(R_b+R_e)/R_e}{(R_b+R_e+\beta R_e)/R_e}=\frac{(1+\beta)\left(\dfrac{R_b}{R_e}+1\right)}{\dfrac{R_b}{R_e}+(1+\beta)}$$

1) $\dfrac{R_b}{R_e}=\infty$일 때 $\quad S=\dfrac{(1+\beta)\left(\dfrac{R_b}{R_e}+1\right)}{\dfrac{R_b}{R_e}+(1+\beta)}=1+\beta$ (최대값)

2) $\dfrac{R_b}{R_e}=0$일 때 $\quad S=\dfrac{(1+\beta)\left(\dfrac{R_b}{R_e}+1\right)}{\dfrac{R_b}{R_e}+(1+\beta)}=1$ (최소값)

3) $\dfrac{R_b}{R_e}\ll 1+\beta$일 때 $\quad S\fallingdotseq 1+\dfrac{R_b}{R_e}$

$\therefore\ \dfrac{R_b}{R_e}$을 작게 해야 되고 또는 R_e가 클수록 안정도가 향상된다.

4) 전압–전류 궤환(조합 Bias)회로

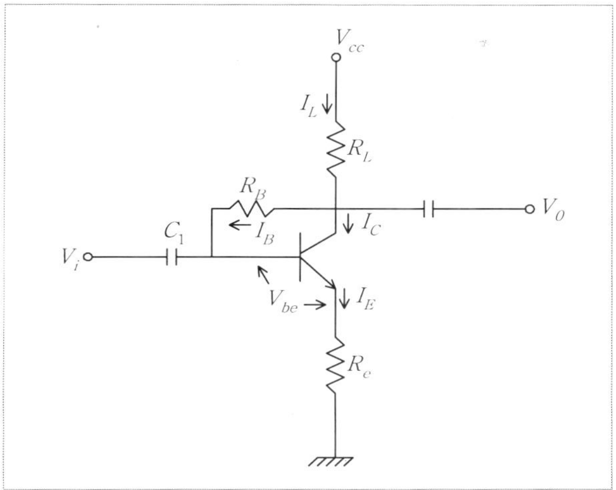

① 입력측에 키르히호프 제2법칙을 적용하면

$$
\begin{aligned}
V_{CC} &= I_LR_L + I_BR_B + I_ER_E + V_{be} = (I_B + I_C)R_L + I_BR_B + I_ER_E + V_{be} \\
&= (I_B + \beta I_B)R_L + I_BR_B + I_ER_E + V_{bc} = I_BR_L + \beta I_BR_L + I_BR_B + I_ER_E + V_{be} \\
&\qquad (\because I_E = I_B + I_C = I_B + \beta I_B = I_B(1+\beta)) \\
&= I_BR_L + \beta I_BR_L + I_BR_B + (1+\beta)I_BR_E + V_{be} \\
&= I_B(R_L + \beta R_L + R_B + (1+\beta)R_E) + V_{be}
\end{aligned}
$$

$$
\therefore I_B = \frac{V_{cc}}{R_L + \beta R_L + R_B + (1+\beta)R_E} - \frac{V_{be}}{R_L + \beta R_L + R_B + (1+\beta)R_E}
$$

② 안정지수

$$
\begin{aligned}
V_{CC} &= I_LR_L + I_BR_B + V_i = (I_B + I_C)R_L + I_BR_B + V_i \\
&= I_BR_L + I_CR_C + I_BR_B + V_i = I_B(R_B + R_L) + I_CR_L + V_i
\end{aligned}
$$

$$
I_B = \frac{V_{CC}}{R_B + R_L} - I_C\frac{R_L}{R_B + R_L} - \frac{Vi}{R_B + R_L}
$$

이 식을 양변에 I_C에 대해서 미분하면

$$\frac{\Delta I_B}{\Delta I_C}=0-\frac{R_L}{R_B+R_L}-0=-\frac{R_L}{R_B+R_L}$$

$$\therefore\ S=\frac{\Delta I_C}{\Delta I_{CO}}=\frac{1+\beta}{1-\beta\dfrac{\Delta I_B}{\Delta I_C}}=\frac{1+\beta}{1+\beta\dfrac{R_L}{R_B+R_L}}$$

5) 열폭주(Thernal runaway) 현상

① I_B가 항상 일정하게 유지된다면 동작점이 β에 의해서 변환될 수 있다. β가 달라진다면 동작점을 안정하게 할 수 없다.

∴ 안정한 동작점을 얻기 위한 방법은 β는 달라져도 I_C와 V_{CE}가 일정하게 유지될 수 있도록 I_B의 값을 변화시켜 주어야 한다.

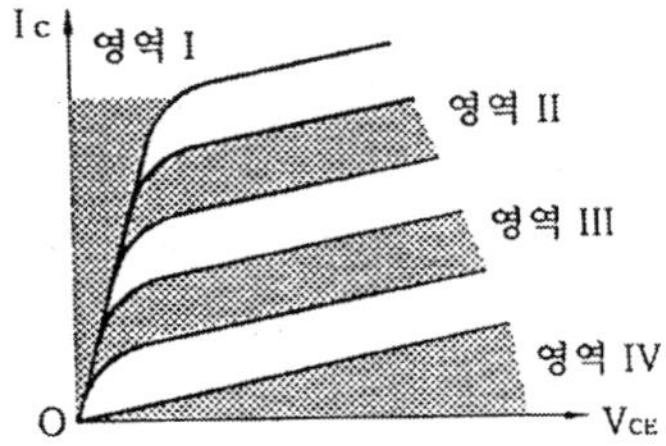

② 온도의 변화 접합부의 온도가 10° C 상승할 때마다 I_{CO}는 2배 증가한다. 다시 말해서 I_C가 증가하면 컬렉터 접합의 온도가 상승하게 되어 I_{CO}가 증가하게 된다. I_{CO}가 증가하면 I_C가 증가하게 되고 따라서 접합부의 온도가 더욱더 증가한다. 이것과 같은 현상이 계속되면 컬렉터 전류는 계속 증가되어 결국에 가서는 트랜지스터가 파괴가 되는 것이다.

예/상/문/제

1. 그림은 에미터 접지 트랜지스터 회로의 $V_{CE} - I_C$ 정특성곡선이다. 포화영역에 해당하는 것은?

가. 영역 I　　　　나. 영역 II
다. 영역 III　　　　라. 영역 IV

해설

1. 영역 I : 포화영역　　2. 영역 II : 활성영역
3. 영역 III : 활성영역　　4. 영역 IV : 차단영역

2. 그림은 NPN 트랜지스터의 $I_C - V_{BE}$ 특성이다. 차단 영역은 어느 것인가?

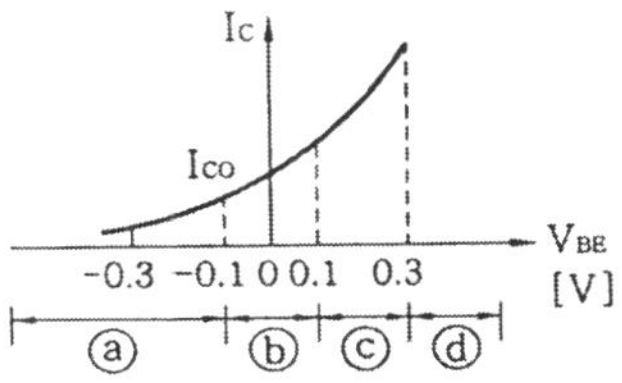

가. ⓐ　　　　나. ⓑ
다. ⓒ　　　　라. ⓓ

해설

1. a 영역 : 차단영역　　2. b 영역 : 활성영역
3. C 영역 : 활성영역　　4. d 영역 : 포화영역

3. 다음 중 포화상태의 개념을 가진다고 분석되는 것은?

가. 활성상태와 역할성 상태가 중첩된 동작상태
나. 포화상태와 차단상태가 중첩된 동작상태
다. 활성상태와 차단상태가 중첩된 동작상태
라. 역할성 상태와 차단상태가 중첩된 동작상태

해설

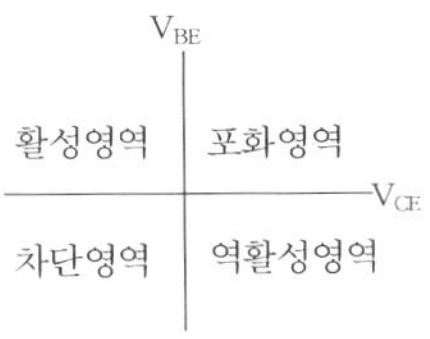

즉 포화상태는 활성상태와 역할성 상태가 중첩되어 동작한다.

해답 : 1. 가　2. 가　3.가

4. 이상적인 접합 트랜지스터의 경우 α(베이스접지)출력단자 단락전류 증폭률의 값은?

가. 0　　나. 약 1　　다. 약 100　　라. ∞

해설

$\alpha(=hfb)$: 베이스 접지시 전류 증폭률 : 0.95~0.99
$\beta(=hfb)$: 에미터 접지시 전류 증폭률 : 20~200

5. 트랜지스터를 빠른 속도로 스위칭 동작을 시키려면 어떠한 상태가 적합한가?

가. 포화 영역　　나. 차단 영역
다. 불포화 영역　　라. 비직선 특성영역

해설

· 포화 영역, 차단 영역 : pulse switching용
· 활성 영역 : 증폭용
· 불포화 영역 : 빠른 속도의 스위칭동작에 사용

6. TR이 EB 접합과 CB 접합 모두 순방향 바이어스 시 TR의 동작영역은?

가. 포화 영역 나. 활성 영역
다. 차단 영역 라. 역할성 영역

해설

동작 영역	EB 접합	CB 접합
포화 영역	순방향 Bias	순방향 Bias
활성 영역	순방향 Bias	역방향 Bias
차단 영역	역방향 Bias	역방향 Bias
역할성 영역	역방향 Bias	순방향 Bias

7. 트랜지스터 증폭회로에서 콜렉터 회로의 바이어스 설명 중 적당한 것은 어느 것인가?

가. 항상 순방향으로 공급하다.
나. 항상 역방향으로 공급한다.
다. PNP는 역방향, NPN은 순방향으로 공급한다.
라. PNP는 순방향, NPN은 역방향으로 공급한다.

해설

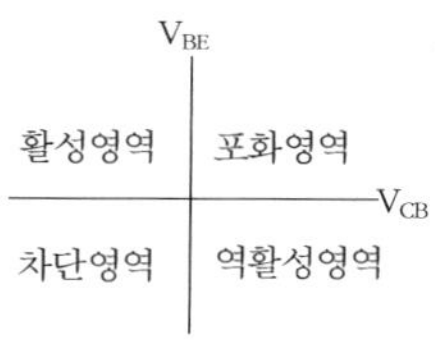

트랜지스터를 증폭용으로 사용하기 때문에 동작 영역은 활성 영역으로써 콜렉터 회로는 항상 역방향으로 공급한다.

해답 : 4. 나　5. 다　6.가　7. 나

8. $V_{CE} = 5\,[V]$에서 I_B를 $100\,[\mu A]$에서 $200\,[\mu A]$로 변화시켰더니 I_C는 4.5[mA]에서 8[mA]로 변했다. 이때 트랜지스터의 전류 증폭률은 얼마인가?

가. 35　　　　나. 26
다. 2835　　　라. 57

해설

$$\beta = \frac{dI_C}{dI_B} \mid V_{CE=\text{일정}} = \frac{(8-4.5)\times 10^{-3}}{(200-100)\times 10^{-6}} = 35[\text{mA}]$$

9. PNP형 접합 트랜지스터에서 베이스 접지시 컬렉터 전압을 일정하게 유지하면서 에미터 전류를 1[mA] 변화시켰을 때 콜렉터 전류가 0.89[mA]변화했다. 이때 전류증폭률 α를 구하시오.

가. 0.86　　　나. 0.93
다. 0.07　　　라. 0.89

해설

$$\alpha = hfb = \frac{\triangle I_C}{\triangle I_E} = \frac{0.89\times 10^{-3}}{1\times 10^{-3}} = 0.89$$

10. 어떤 트랜지스터를 베이스 접지형 접속에서 에미터 접지형 접속으로 하였더니 컬렉터 차단 전류가 60배로 되었다. 이 트랜지스터의 베이스 접지형 출력단락전류 증폭률 α의 값은?

가. 0.983　　　나. 0.971
다. 0.960　　　라. 0.951

해설

$I_C = \beta I_B + (1+\beta)\times I_{CO} = \alpha I_E + I_{CO}$에서 $I_{CEO} = (1+\beta)I_{CBO}$가 된다.

여기서 $(1+\beta) = 60$배가 되어 $\beta = 59$이다.

따라서 $\alpha = \frac{\beta}{1+\beta} = \frac{59}{1+59} \fallingdotseq 0.983$이 된다.

11. 트랜지스터를 베이스 접지에서 에미터 접지로 하였더니 콜렉터 차단전류가 20배로 증가되었다. 이 트랜지스터의 전류 증폭률 α값은?

가. 0.98　　　나. 0.96
다. 0.95　　　라. 0.94

해설

문10번 해설 참고

해답 : 8. 가　9. 라　10.가　11. 다

12. TR의 바이어스 회로를 설계하는데 있어서 안정계수란 콜렉터 전류(I_C)가 다음 값들의 변화에 따르는 변화를 의미한다. 이에 해당하지 않는 것은?

가. β　　나. V_{BE}　　다. I_{CO}　　라. V_{BC}

해설

안정계수

$$I_C = f(I_{CO}, V_{BE}, \beta)$$

$$\Delta I_C = \frac{\partial I_C}{\partial I_{CO}} \Delta I_{CO} + \frac{\partial I_C}{\partial V_{BE}} \Delta V_{BE} + \frac{\partial I_C}{\partial \beta} \Delta \beta$$

$$S = \frac{\Delta I_C}{\Delta I_{CO}}, \quad S' = \frac{\Delta I_C}{\Delta V_{BE}}, \quad S'' = \frac{\Delta I_C}{\Delta \beta}$$

13. 트랜지스터 직류증폭에 있어서 드리프트(Drift)를 초래하는 주된 원인이 아닌 것은 어느 것인가?

가. h_{fe} 온도변화　　나. h_{re} 온도변화
다. V_{BE} 온도변화　　라. I_{CO} 온도변화

해설

$$I_C = f(I_{CO}, V_{BE}, \beta = hfe)$$

$$S = \left.\frac{\Delta I_C}{\Delta I_{CO}}\right|_{V_{BE}, \beta = \text{일정}}, \quad S' = \left.\frac{\Delta I_C}{\Delta V_{BE}}\right|_{I_{CO}, \beta = \text{일정}}, \quad S'' = \left.\frac{\Delta I_C}{\Delta h_{fe}}\right|_{I_{CO}, V_{BE} = \text{일정}}$$

14. 트랜지스터의 실제 특성 곡선에서 전류증폭률 h_{fe}는?

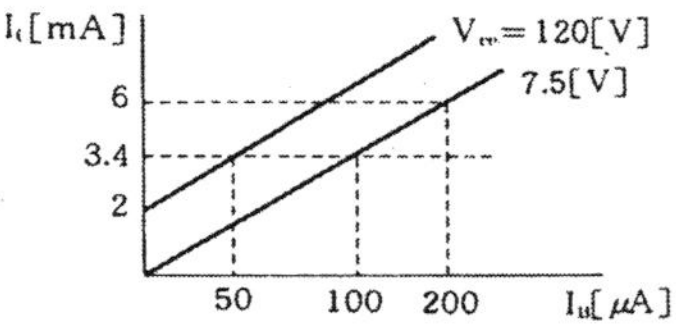

가. 14　　나. 26
다. 38　　라. 52

해설

$$h_{fe} = \left.\frac{\Delta I_C}{\Delta I_B}\right| V_{CE = \text{일정}} = \frac{(6-3.4)\times 10^{-3}}{(200-100)\times 10^{-6}} = 26$$

15. 다음 중 h 파라미터는 소신호 모델로 옳은 것은?

가. 입력측에 데브난의 정리를 출력측에 노톤의 정리를 적용한다.
나. 입력측에 노톤의 정리를 출력측에 데브난의 정리를 적용한다.
다. 입력측과 출력측에 데브난의 정리를 적용한다.
라. 입력측과 출력측에 노톤의 정리를 적용한다.

해설

입력은 데브난 정리를 적용하며 출력은 노톤의 정리를 적용한다.(단, 선형회로 이어야 한다.)

해답 : 12. 라　13. 나　14. 나　15. 가

16. 다음 중 트랜지스터의 h정수 등가회로에 나타나지 않는 것은?

가. 전류등가원　　　　　　나. 전압등가원
다. 직류 바이어스 전압　　라. 입출력 공통단자

해설

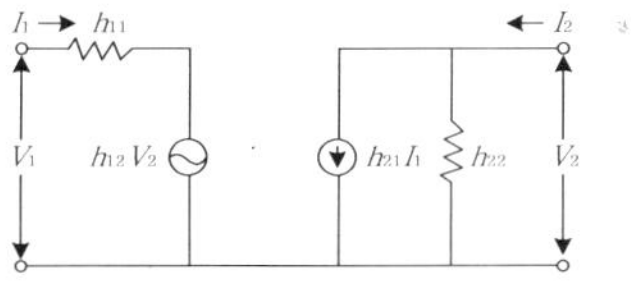

17. 그림의 트랜지스터 등가회로에 관한 설명으로 옳지 않은 것은?

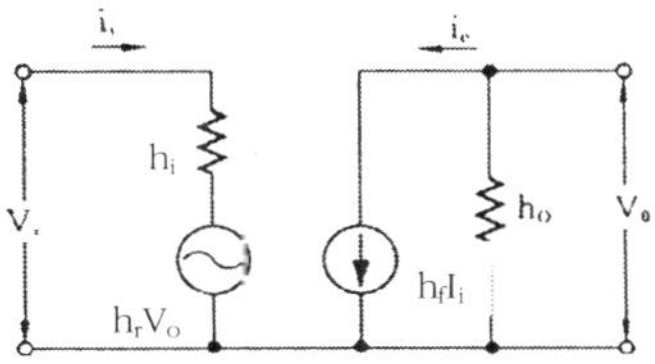

가. h_r 의 값은 적을수록 좋다.
나. $h_f\ I_i$는 트랜지스터가 능동소자임을 나타낸다.
다. h_o의 단위는 [℧]이다.
라. $h_r\ V_o$는 전류전원을 나타낸다.

해설
h_i 의 단위는 [Ω]이며 h_o의 단위는 [℧], h_r 과 h_f 는 단위가 없다. h_r 은 전압궤환율로써 적을수록 좋으며 $h_r\ V_o$는 전압원이다.

18. 다음 트랜지스터의 등가회로에 관한 설명 중 옳지 않은 것은?

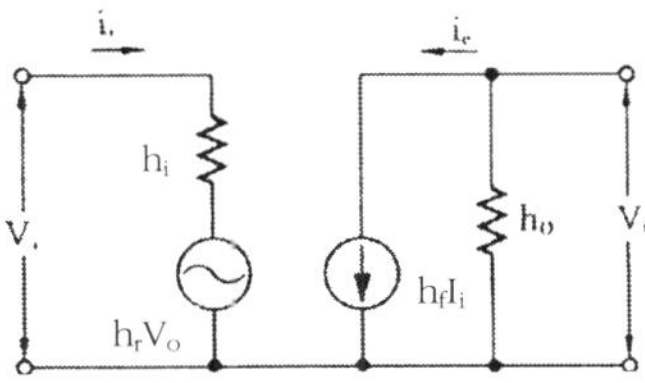

가. $h_f\ i_i$는 트랜지스터가 능동소자임을 나타낸다.
나. 하이브리드-파라미터 등가회로이다.
다. h_o의 단위는 [Ω]이다.
라. h_r가 작은 것이 바람직하다.

해설
Hybrid-Parameter(h 파라미터)로써 $h_f\ i_i$는 능동소자이며 h_i의 단위는 [Ω]이며 h_o의 단위는 [℧]이다.

19. 그림과 같은 트랜지스터의 등가회로에서 부하저항이 5[kΩ]일 때 이 회로의 전류 증폭도를 구하시오.(단, $h_{fe}=50$, $h_{ie}=2$[kΩ]이다.)

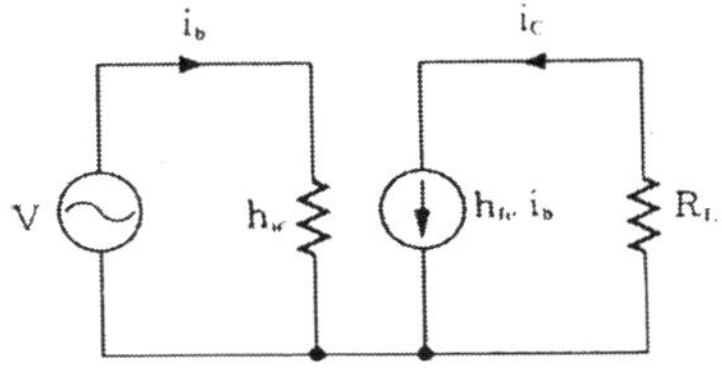

가. 25　　나. 50
다. 100　　라. 250

해답 : 16. 다　17. 라　18. 다　19. 나

해설

$$A_i = \frac{-h_{fe}}{1 + h_{oe} R_L} \fallingdotseq -h_{fe}$$

20. 에미터 접지형 증폭기에서 부하저항이 $5[\text{k}\Omega]$이고 $h_{fe} = 55$, $h_{ie} = 2[\text{k}\Omega]$, $h_{oe} = 20 \times 10^{-6}[\mho]$일 때의 전류이득의 크기는?

가. 31　　나. 55　　다. 44　　라. 50

해설

$$A_i = \frac{-h_{fe}}{1 + h_{oe} R_L} = \frac{-55}{1 + 20 \times 10^{-6} \times 5 \times 10^3} = -50$$

21. 다음과 같은 트랜지스터 등가회로에서 I_C을 옳게 표현한 것은 어느 것인가?
(단, $\beta = \alpha/(1-\alpha)$이다.)

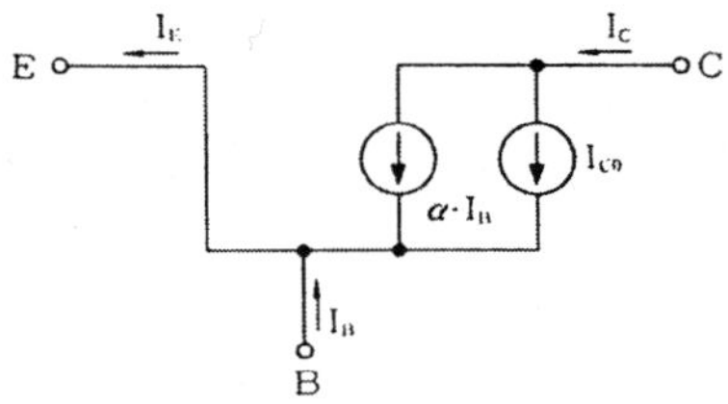

가. $I_C = (\beta + 1)(I_B + I_{CO})$
나. $I_C = \beta(I_B + I_{CO})$
다. $I_C = (\beta + 1)\, I_B + \beta \cdot I_{CO}$
라. $I_C = \beta \cdot I_B + (1 + \beta)\, I_{CO}$

해설

$$I_C = \alpha I_E + I_{CO} = \beta I_B + (1+\beta) I_{CO}$$

22. 다음 중 전압궤환율을 나타내는 것은?

가. h_{ie}　　나. h_{fe}　　다. h_{re}　　라. h_{oe}

해설

h_{ie} : 입력 임피던스　　h_{fe} : 전류증폭률
h_{re} : 전압궤환율　　h_{oe} : 출력어드미턴스

23. 그림과 같은 에미터 접지 트랜지스터 증폭기에서
$h_{ie} = 2{,}000[\Omega]$, $h_{oe} = 30[\text{mA}]$,
$h_{fe} = 100$, $R_L = 1[\text{k}\Omega]$일 때
전압이득 $|A_V| = \left|\frac{V_O}{V_i}\right|$는 얼마인가?

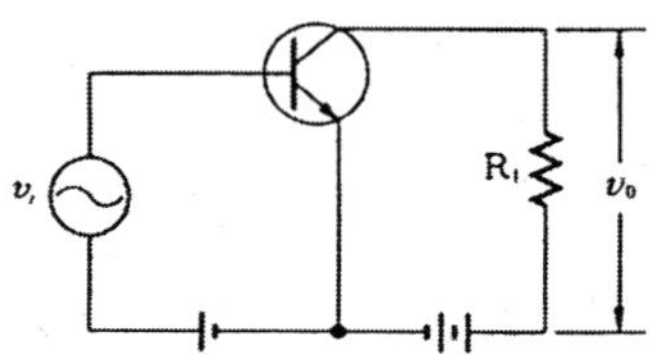

가. 10　　나. 20　　다. 50　　라. 100

해답 : 20. 라　21. 라　22. 다　23. 다

해설

전압증폭도

$$A_V = \frac{V_O}{V_i} = \frac{R_L}{h_{ie} + h_{re} A_i R_L} A_i \fallingdotseq \frac{-h_{fe} R_L}{h_{ie}} \quad (A_i = \frac{-h_{fe}}{1 + h_{oe} R_L} \fallingdotseq -h_{fe})$$

$$= \frac{-100 \times 1 \times 10^3}{2000} = -50$$

24. 그림의 회로에서 입력 임피던스 R_i는?
(단, 소신호 증폭기이며 $R_e = 2[k\Omega]$, $R_C = 5[k\Omega]$, $R_s = 3[k\Omega]$, $h_{ie} = 1[k\Omega]$, $h_{fe} = 50$, $h_{re} = 0$이다.)

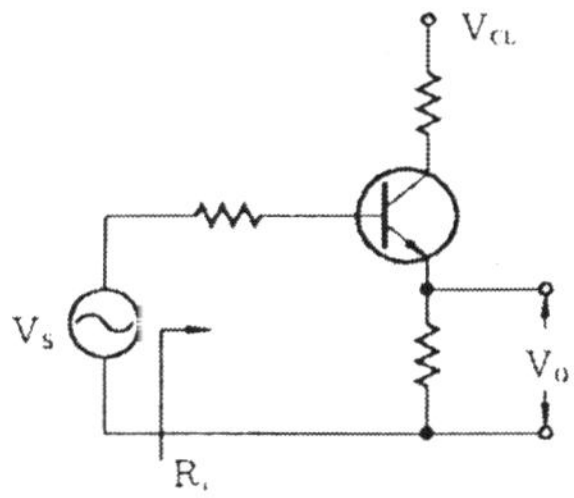

가. 약 104 [kΩ]　　나. 약 250 [kΩ]
다. 약 200 [kΩ]　　라. 약 15 [kΩ]

해설

회로는 에미터 플로워로써 입력 임피던스는

$R_i = h_{ie} + (1 + h_{fe}) R_e = 1 \times 10^3 + (1 + 50) \times 2 \times 10^3 = 104[k\Omega]$

25. 그림과 같은 소신호 증폭기의 입력 임피던스 R_{in}는 어느 것에 가장 가까운가?(단, $h_{ie} = 1[k\Omega]$, $h_{fe} = 100$이다.)

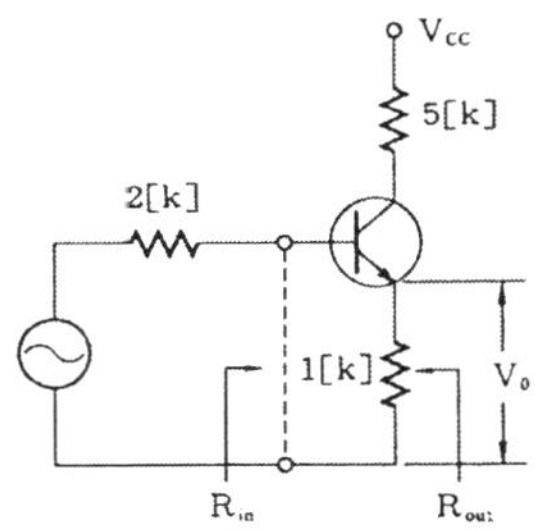

가. $R_{in} \simeq 100$ [kΩ]　　나. $R_{in} \simeq 2$ [kΩ]
다. $R_{in} \simeq 1.5$ [kΩ]　　라. $R_{in} \simeq 200$ [kΩ]

해설

$$R_{in} = h_{ie} + (1 + \beta) R_e$$
$$= 1k\Omega + (1 + 100) \times 1k\Omega$$
$$\fallingdotseq 100[k\Omega]$$

26. 그림에 나타낸 회로의 전압이득은?
(단, $R_i = h_{ie} + (1 + h_{fe}) R_e$, h_{ie} : 입력 임피던스, h_{fe} : 전류 증폭률)

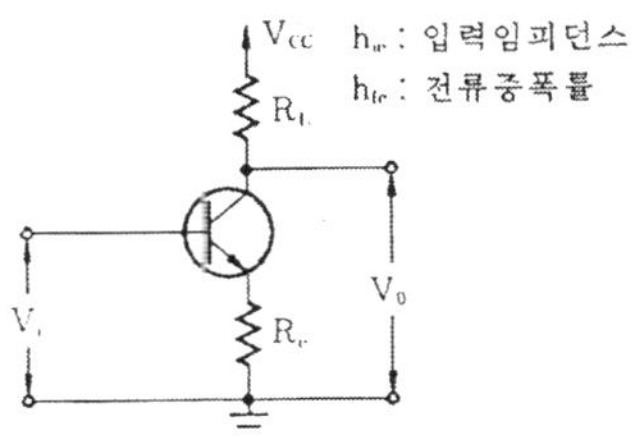

가. $-\frac{h_{fe}}{h_{ie}} \cdot R_L$　　나. $-\frac{h_{fe}}{R_i} \cdot R_L$

다. $-\frac{h_{fe}}{h_{ie}} \cdot R_i$　　라. $-\frac{h_{fe}}{R_e} \cdot R_L$

해답 : 24. 가　25. 가　26. 가

해설

전압이득

$$A_v = \frac{V_o}{V_i} = \frac{R_L}{R_i} A_i = -\frac{h_{fe}}{h_{ie}} R_L$$

$$(\because R_i = h_{ie} + (1 + h_{fe}) R_e \fallingdotseq h_{ie},\ A_i = \frac{-h_{fe}}{Ah_{oe} R_L} \fallingdotseq -h_{fe}$$

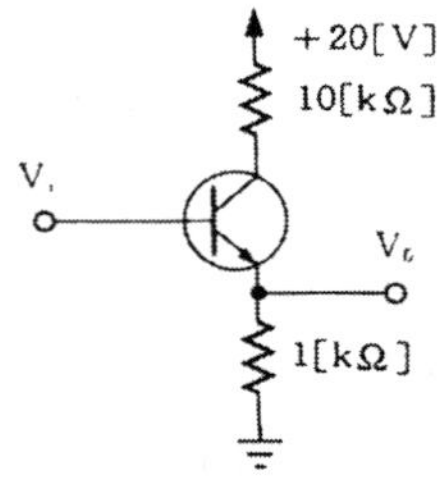

27. 다음 회로에서 전압 이득은 얼마인가?
(단, $R_i \gg h_{ie}$, h_{fe} : 50, R_i : 10kΩ, h_{ie} : 100Ω)

가. 5000　　나. 50　　다. 10　　라. 1이하

해설

전압이득

$$A_v = \frac{R_L}{R_i} A_i = \frac{-h_{fe}}{h_{ie} + (1 + h_{fe})R_e} R_L = \frac{-50}{100 + (1+50) \times 1\text{k}\Omega} \times 10\text{k}\Omega$$

$$\fallingdotseq 10$$

28. CE TR 증폭기에서 부하저항(R_L)이 10[kΩ]일 때, 이 증폭기의 입력저항은 얼마인가?(단, $h_{fe} = 50$, $h_{oe} = 25[\mu A/V]$, $h_{re} = 10^{-4}$, $h_{ie} = 104[\Omega]$)

가. 550 [Ω]　　나. 1[kΩ]　　다. 12[kΩ]　　라. 15[kΩ]

해설

증폭기의 입력저항 $R_i = h_{ie} + h_{re} R_L A_i = h_{ie} + h_{re} R_C \frac{-h_{fe}}{1 + h_{oe} R_L}$

$$= 1040 + 10^{-4} \times 10 \times 10^3 \times (-40) = 1000\Omega$$

29. 베이스 접지 증폭기에서 다음과 같은 h 정수를 준다면 h_{ib}의 값은?
($h_{ie} = 1000[\Omega]$, $h_{fe} = 49$, $h_{oe} = 5 \times 10^{-5}$ [℧], $h_{re} = 16 \times 10^{-4}$)

가. 3.125　　나. 20　　다. 30　　라. 40

해설

$$h_{ib} = \frac{h_{ie}}{1 + h_{fe}} = \frac{1000}{1+49} = 20$$

30. 다음과 같은 회로에서 I_C의 표현을 옳게 설명한 것은? (단, 전류 증폭률은 β이고, 콜렉터 차단 전류는 I_{CO}이다.)

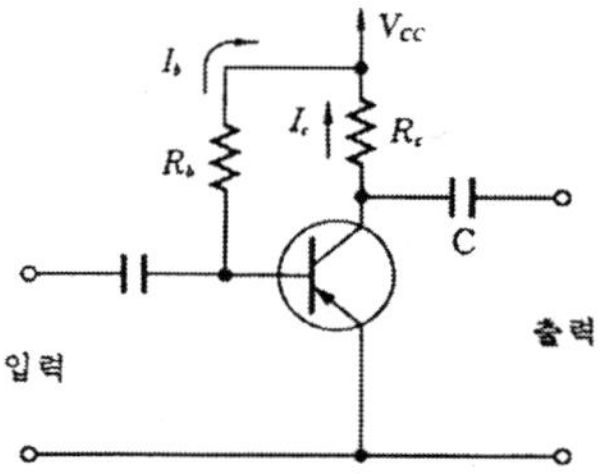

해답 :　27. 다　28. 나　29. 나　30. 라

가. $I_C = \alpha I_B$　　　　나. $I_C = \beta I_B$

다. $I_C = \beta I_B + \beta I_{CO}$　　　　라. $I_C = \beta I_B + (1+\beta)I_{CO}$

해설

고정 Bias 회로로써 $I_C = \beta I_B + (1+\beta)I_{CO}$이다.

31. 다음 바이어스 회로에서 I_C가 1[mA]이고 β가 50일 때 R_b값은?(단, $V_{cc} = 10$[V], V_{BE}는 0.5[V]이다.)

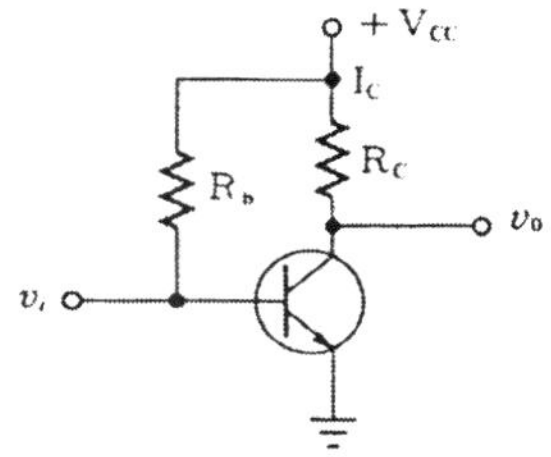

가. 22[kΩ]　　　　나. 225[kΩ]

다. 475[kΩ]　　　　라. 1.2[kΩ]

해설

$V_{CC} = I_B R_b + V_{BE}$에서

$$\therefore R_b = \frac{V_{CC} - V_{BE}}{I_B} = \frac{10 - 0.5}{20 \times 10^{-6}} = 475 \times 10^3 = 475[\text{k}\Omega]$$

$$(\because I_B\text{를 구하면 } I_c \fallingdotseq \beta I_B\text{에서 } I_B = \frac{I_c}{\beta} = \frac{1 \times 10^{-3}}{50} = 20[\mu\text{A}])$$

32. 다음 고정 바이어스 회로의 안정계수 $(s = \partial I_c / \partial I_{co})$는?
(단, $\beta = 50$, $V_{CC} = -9[V]$, $R_L = 2$ [kΩ]

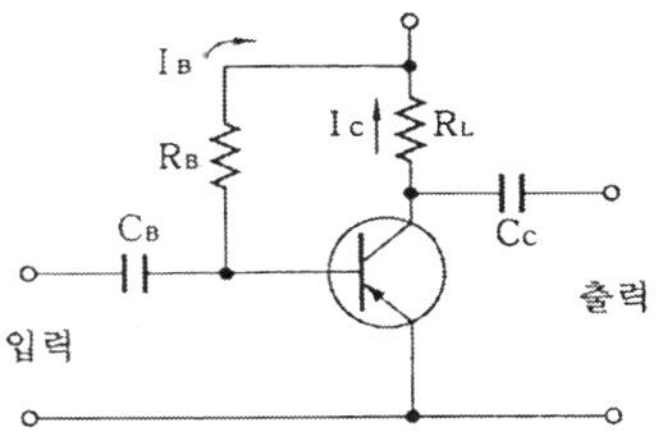

가. 51　　　　나. 80

다. 90　　　　라. 250

해설

$$S = \frac{\partial I_c}{\partial I_{co}} = (1+\beta) = (1+50) = 51$$

33. 그림과 같은 고정 바이어스 CE 증폭기에서 $S = \dfrac{\Delta I_c}{\Delta I_{co}}$를 구하시오?

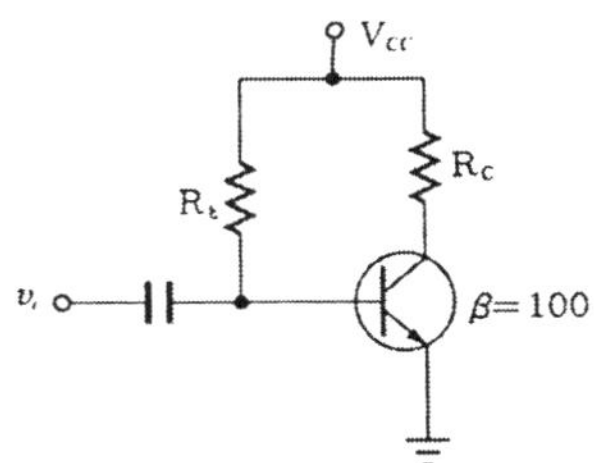

가. 101　　　　나. $\dfrac{1}{101}$

다. $\dfrac{100}{101}$　　　　라. $\dfrac{99}{101}$

해설

고정 바이어스 회로의 안정지수는 다음과 같다.

$$S = \frac{\Delta I_c}{\Delta I_{co}} = (1+\beta) = (1+100) = 101$$

해답 : 31. 다　32. 가　33. 가

34. 다음 트랜지스터 인버터(Transistor inverter)회로에서 저항 $R_B = 10[k\Omega]$, $V_{BE} = 0.7[V]$일 때 저항 R_B에 흐르는 전류 I_B는?

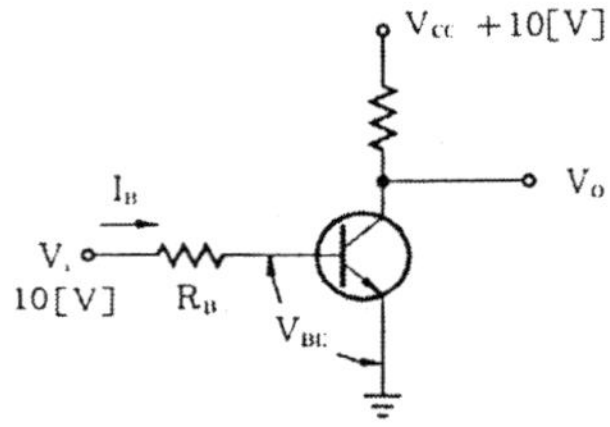

가. 9.3[mA]　　나. 0.3[A]
다. 0.93[mA]　　라. 1.93[mA]

해설

R_B에 흐르는 베이스전류 I_B는

$$I_B = \frac{V_{CC} - V_{BE}}{R_B} = \frac{10 - 0.7}{10 \times 10^3} = 0.93 \times 10^{-3} = 0.93[mA]$$

35. 다음 회로의 $S\left(\equiv \frac{\partial I_c}{\partial I_{co}}\right)$를 구하시오?(단, $\beta = 99$ 이다)

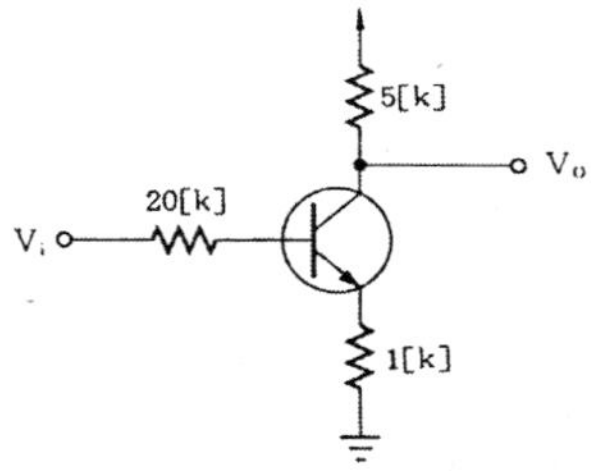

가. 12.5　　나. 15.5
다. 17.5　　라. 9.5

해설

$$S = \frac{\Delta I_c}{\Delta I_{co}} = \frac{1+\beta}{1+\beta\frac{R_e}{R_e + R_b}} = \frac{1+99}{1+99\frac{1\times10^3}{1\times10^3 + 20\times10^3}} = \frac{100}{1+\frac{99}{21}} \fallingdotseq 17.5$$

36. 다음 회로에서 R_e의 값과 관계없는 사항은?

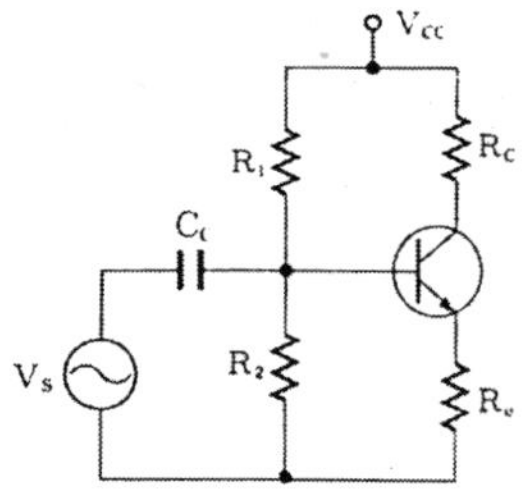

가. R_e가 크면 클수록 입력임피던스는 커진다.
나. R_e가 크면 클수록 안정계수 S는 적어진다.
다. R_e가 크면 클수록 증폭된 콜렉터 전류는 적어진다.
라. R_e가 크면 클수록 전압증폭도는 커진다.

해설

가. $R_i = h_{ie} + (1 + h_{fe})R_e \rightarrow R_e$가 크면 입력 임피던스는 증가한다.

나. $S = \frac{\Delta I_c}{\Delta I_{co}} = \frac{(1+\beta)}{1+\beta\frac{R_e}{R_e+R_b}} \rightarrow$ (1)$R_e = 0$일때 $s = (1+\beta)$가된다
(2)$R_e = \infty$일때 $s = 1$이된다.

즉 R_e가 크면 클수록 s는 감소한다.

다. $I_C \approx I_E$ 이 때문에 R_e가 크면 콜렉터 전류는 감소한다.

라. $A_V = A_i\frac{R_L}{R_i} = A_i\frac{R_L}{h_{ie} + (1+h_{fe})R_e} \rightarrow R_e$가 크면 전압증폭도는 감소한다.

37. 그림에서 R_E에 대한 설명을 잘못한 것은?

해답 : 34. 다　35. 다　36. 라

가. 온도변화로 인한 컬렉터 전류의 변화를 줄인다.
나. 바이어스 전압을 공급한다.
다. 안정화에 기여한다.
라. 분압기 작용을 한다.

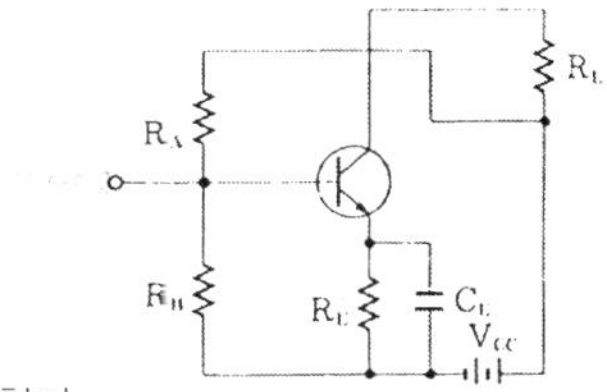

해설

그림은 전류 궤한 바이어스 회로로써 R_E는 분압기 작용은 못한다.

38. 그림과 같은 트랜지스터 소신호 증폭기의 전압이득 (V_o / V_s)은 어느 값에 가까운가?(단, $h_{fe} = 50$ 이다.)

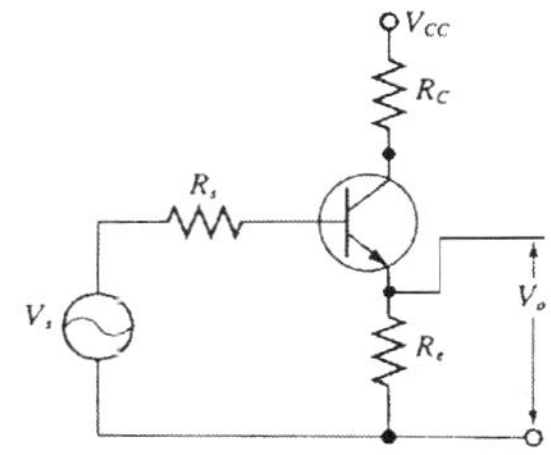

가. 1　　나. 5
다. 10　　라. 50

해설

그림은 에미터 플로워이기 때문에 전압이득 $A_v = \frac{V_o}{V_s} \fallingdotseq 1$이 된다.

39. 트랜지스터를 사용한 에미터 접지 증폭기에서 전압 증폭도를 나타내는 간략식은?(단, R_L은 부하저항, h_{ie}는 입력 임피던스, h_{fe}는 전류 증폭률이다.)

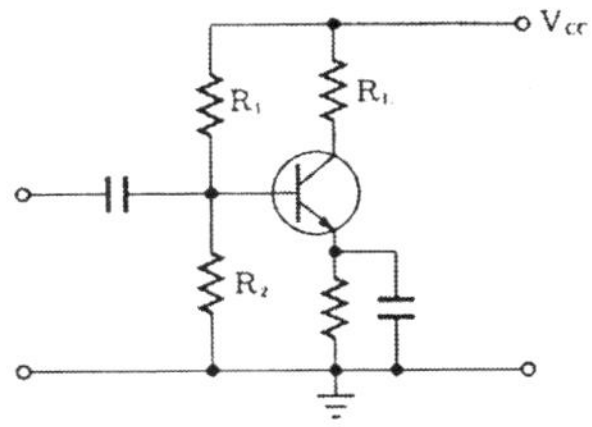

가. $A_v = h_{fe} \cdot R_L$　　나. $A_v = -h_{fe} \cdot R_L$
다. $A_v = -\frac{h_{fe}}{h_{ie}} \cdot R_L$　　라. $A_v = -\frac{h_{ie}}{h_{fe}} \cdot R_L$

해설

$$A_v = A_i \frac{R_L}{R_i} \fallingdotseq -h_{fe} \frac{R_L}{h_{ie}}$$

40. 회로에서 $I_c = 2[\text{mA}]$가 되게 하려면 I_B는 대략 얼마가 되는가? (단, β는 50이다)

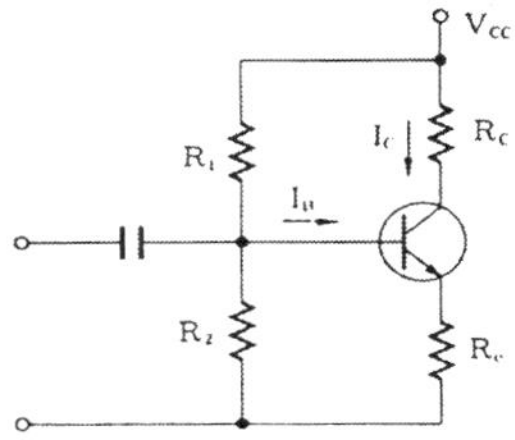

가. 20[μA]　　나. 30[μA]
다. 40[μA]　　라. 50[μA]

해설

$I_c = \beta I_B$에서 $I_B = \frac{I_c}{\beta} = \frac{2 \times 10^{-3}}{50} = 40[\mu\text{A}]$

해답 : 37. 라　38. 가　39. 다　40. 다

41. 다음 회로에서 입력 임피던스 Z_i는?
(단, $h_{ie} = 1[\text{k}\Omega]$, $h_{fe} = 49$)

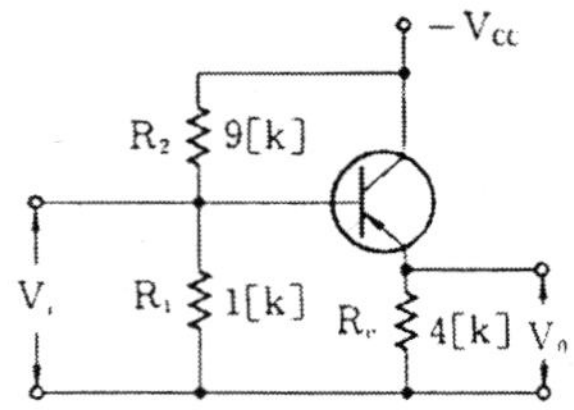

가. 196[kΩ]　　　나. 201[kΩ]
다. 214[kΩ]　　　라. 300[kΩ]

해설

$$Z_i = h_{ie} + (1 + h_{fe})R_e = 1\times10^3 + (1+49)\times4\times10^3$$
$$= 1\times10^3 + 50\times4\times10^3 = 201\times10^3 = 201[\text{k}\Omega]$$

42. 그림과 같은 증폭회로에 있어서 전압이득의 근사식으로 적합한 것은? (단, $(1 + h_{fe})\ R_e \gg h_{ie}$)

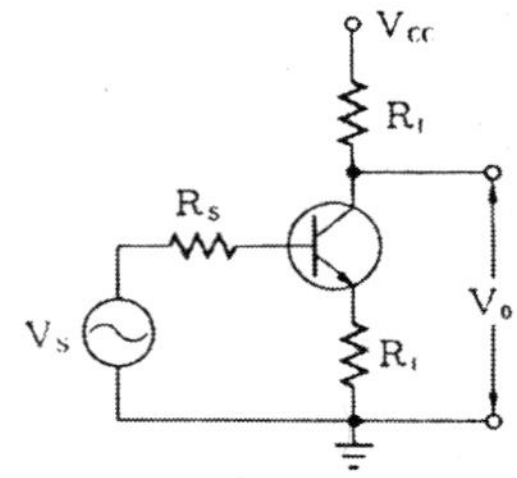

가. $A_v \fallingdotseq h_{fe}$
나. $A_v \fallingdotseq h_{fe}\ R$
다. $A_v \fallingdotseq R_L / R_e$
라. $A_v \fallingdotseq -R\cdot R_e$

해설

전류 궤한 바이어스 회로로써 전압이득 $A_v = A_i \dfrac{R_L}{R_i}$에서 $(1+h_{fe})R_e \gg h_{ie}$가 되기 때문에 전압이득의 근사식은 $A_v \fallingdotseq \dfrac{R_L}{R_e}$이 된다.

43. $I_C = 12[\text{mA}]$일 때 $V_C = 6[\text{V}]$이고, $\beta = 100$, $V_{BE} = 0.7[\text{V}]$라고 하고 역포화 전류(reverse saturation current)를 무시하는 경우 R_C를 구하시오.

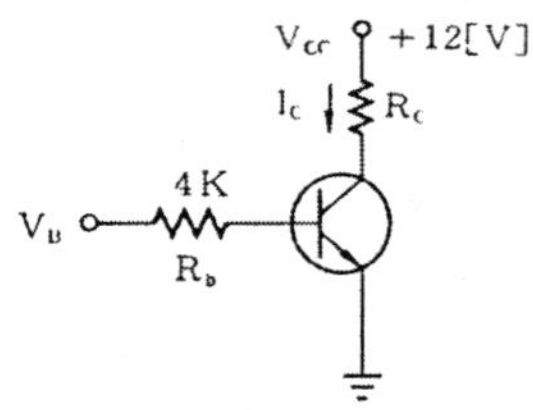

가. $R_C = 1.5[\text{k}\Omega]$
나. $R_C = 1[\text{k}\Omega]$
다. $R_C = 500\ [\Omega]$
라. $R_C = 100\ [\Omega]$

해설

$V_{CC} = I_C R_C + V_C$에서 R_C를 구하면

$$\therefore R_C = \frac{V_{CC} - V_C}{I_C} = \frac{12-6}{12\times10^{-3}} = 0.5\times10^3 = 500\ [\Omega]$$

해답 :　41. 나　42. 다　43. 가

44. 그림과 같은 소신호 증폭기의 입력 임피던스 $R_{\in}$는 어느 값에 가장 가까운가? (단, $h_{ie} = 1[\mathrm{k}\Omega]$, $h_{fe} = 100$이다.)

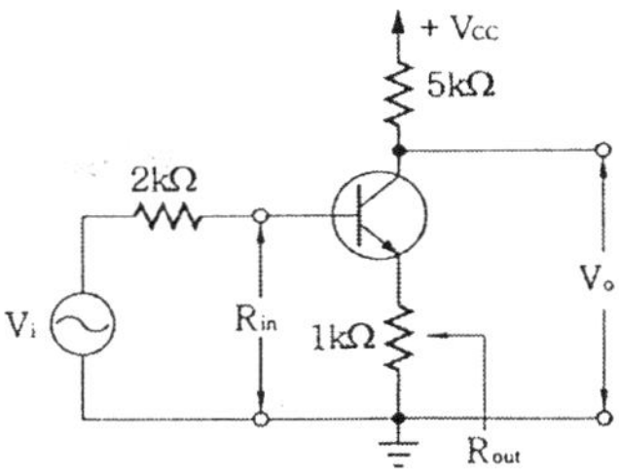

가. $R_{\in} \cong 102[\mathrm{k}\Omega]$
나. $R_{\in} \cong 2[\mathrm{k}\Omega]$
다. $R_{\in} \cong 1.5[\mathrm{k}\Omega]$
라. $R_{\in} \cong 200[\mathrm{k}\Omega]$

해설

$$R_{\in} = h_{ie} + (1 + h_{fe}) + R_e = 1 \times 10^3 + (1 + 100) \times 1 \times 10^3$$

$$= 1 \times 10^3 + 101 \times 10^3 = 102[\mathrm{k}\Omega]$$

45. 그림의 증폭기에서 전압이득 $A_v = V_o / V_i$를 계산하면?(단, h 정수는 $h_i = 1,100\ [\Omega]$, $h_r = 2.5 \times 10^{-4}$, $h_f = 50$)

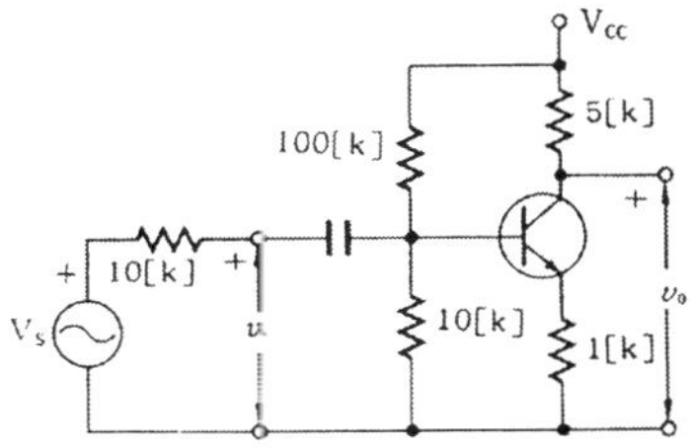

가. 6.2　　　　나. 4.8
다. 12.4　　　　라. 3.6

해설

$$A_v = \frac{V_o}{V_i} = A_i \frac{R_L}{R_i} = h_{fe} \frac{R_L}{h_{ie} + (1 + h_{fe})R_e}$$

$$= \frac{50 \times 5 \times 10^3}{1000 + (1 + 50) \times 1 \times 10^3} \fallingdotseq 4.8$$

46. 그림과 같은 트랜지스터 소신호 증폭기의 입력(R_i) 및 출력 (R_0) 임피던스는 어느 값에 가장 가까운가? (단, $h_{ie} = 1[\mathrm{k}\Omega]$ $h_{fe} = 100$이다.

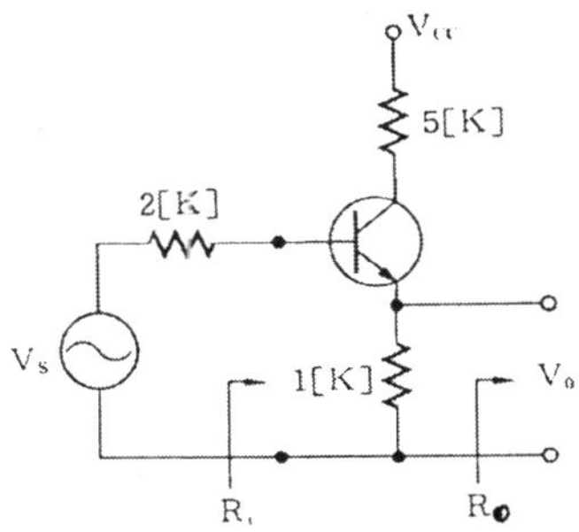

가. $R_i = 4\ [\Omega]$, $R_o = 1\ [\Omega]$
나. $R_i = 102\ [\mathrm{k}\Omega]$, $R_o = 30\ [\Omega]$
다. $R_i = 1\ [\mathrm{k}\Omega]$, $R_o = 4\ [\Omega]$
라. $R_i = 30\ [\Omega]$, $R_o = 102\ [\Omega]$

해설

그림은 에미터 플로워이다.

$$R_i = h_{ie} + (1 + h_{fe})R_e = h_{ie} + (1 + \beta)R_e$$

$$= 1\mathrm{k} + (1 + 100) \times 1\mathrm{k} = 1 \times 10^3 + 101 \times 10^3 = 102[\mathrm{k}\Omega]$$

$$R_0 = \frac{h_{ie} + R_s}{1 + h_{fe}} = \frac{1 \times 10^3 + 2 \times 10^3}{1 + 100} = \frac{3 \times 10^3}{101} \fallingdotseq 30\ [\Omega]$$

해답 : 44. 가　45. 나　46. 나

47. 다음 중 에미터 플로워(emitter follower)의 특징이 아닌 것은?

가. 입·출력 임피던스가 대단히 높다.
나. 부하 저항이 변화해도 전류, 전압, 전력 이득은 일정하게 유지된다.
다. 전압 이득은 1에 가깝다.
라. 전류 이득이 크다.

해설

에미터 플로워의 특징
1. 입력 임피던스는 높다.($R_i = \infty$)
2. 출력 임피던스는 낮다.($R_0 = 0$)
3. 전압이득이 작다.($A_v \leq 1$)
4. 전류이득이 크다.($A_i = \infty$)
5. 전류, 전압, 전력이득이 부하저항의 변동에 영향을 거의 받지 않는다

48. 다음 중 에미터 플로워(emitter follower) 회로의 일반적 특성이 아닌 것은?

가. 입력 저항이 대단히 크다.
나. 출력 저항이 대단히 작다.
다. 전류 이득이 상당히 크다.
라. 전압 이득이 -1에 가깝다.

해설

에미터 플로워의 특징
1. $R_i = \infty$　2. $R_0 = 0$　3. $A_i = \infty$　4. $A_v \leq 1$

49. 그림과 같은 증폭 회로에서 입력 임피던스 $R_{\in}$은 대략 [kΩ]인가? 여기서, $R_e = 2$[kΩ], $R_s = 1$[kΩ], $h_{ie} = 1$[kΩ], $h_{fe} = 50$

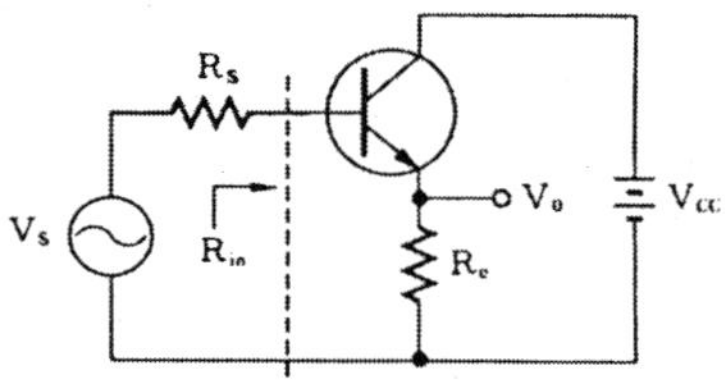

가. 100　　나. 150
다. 200　　라. 250

해설

$R_{\in} = h_{ie} + (1 + h_{fe})R_e$

$= 1\times10^3 + (1+50)\times2\times10^3 = 1\times10^3 = 1\times10^3 + 102\times10^3 \fallingdotseq 100[\mathrm{k}\Omega]$

해답 : 47. 가　48. 라　49. 가

50. 다음과 같은 트랜지스터 회로에서 $V_{BE} = 0.5\,[V]$, $\alpha = 0.998$, $I_{CBO} = 2[\text{mA}]$일 때, I_C의 값은?

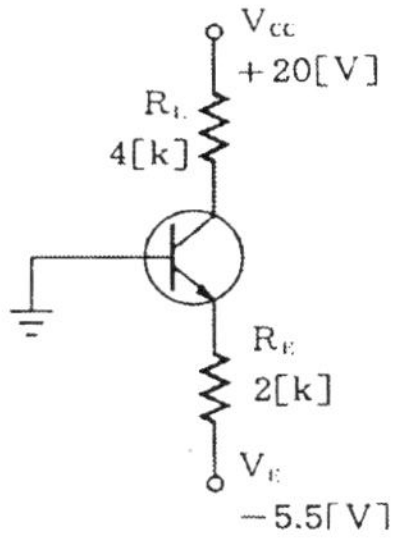

가. 2.5[mA] 나. 3.5[mA]
다. 4.5[mA] 라. 1.5[mA]

해설

$I_C = \alpha I_E + I_{CO}$ ($V_E = I_E R_E + V_{BE}$ 에서 $I_E = \dfrac{V_E - V_{BE}}{R_E}$

$I_E = \dfrac{5.5 - 0.5}{2 \times 10^3} = 2.5[\text{mA}]$

$I_E = \alpha I_E + I_{CO} = 0.998 \times 2.5 \times 10^{-3} + 2 \times 10^{-3}$

$\fallingdotseq 4.5[\text{mA}]$

51. CE 증폭기와 CB 증폭기와의 입력, 출력 전압의 위상 관계는?

가. 모두 동상이다. 나. 모두 역상이다.
다. CE는 동상, CB는 역상이다. 라. CE는 역상, CB는 동상이다.

해설

CE 증폭기의 입력과 출력 전압의 위상차는 역위상 (180°)이며 CB 증폭기의 입력과 출력 전압의 위상차는 동상(0°)이다.

52. 다음 중 전압이득이 부하저항의 값에 가장 관계가 적은 증폭방식은?

가. 베이스 접지 나. 콜렉터 접지
다. 에미터 접지 라. 소오스 접지

해설

증폭기 특성	CB 증폭기	CC 증폭기	CE 증폭기
입력 임피던스(R_i)	낮다	높다	중간
출력 임피던스(A_i)	높다	낮다	중간
전류 이득(A_i)	작다	크다	크다
전류 이득 식(A_i)	$\dfrac{h_{fe}}{1+h_{fe}}$	$1+h_{fe}$	$-h_{fe}$
전압 이득(A_v)	크다	작다	크다
전압 이득 식(A_v)	$h_{fe}\dfrac{R_L}{h_{ie}}$	$1-\dfrac{h_{ie}}{R_i}$	$-\dfrac{h_{fe}\cdot R_L}{h_{ie}}$

해답 : 50. 다 51. 라 52. 나

53. 다음 중 입력 저항이 가장 큰 증폭방식은 어느 것인가?

가. 에미터 접지회로　　나. 베이스 접지회로
다. 컬렉터 접지회로　　라. 소오스 접지회로

해설
입력 임피던스가 큰순서 CC>CE>CB 순서이다.
출력 임피던스가 큰순서 CB>CE>CC 순서이다.

54. 다음 중 출력 저항이 가장 큰 증폭방식은 어느 것인가?

가. 에미터 접지회로　　나. 베이스 접지회로
다. 컬렉터 접지회로　　라. 소오스 접지회로

해설
출력 임피던스가 큰 순서는 CB>CE>CC 순서이다.

55. 접합 트랜지스터의 스위칭 속도를 빠르게 하기 위한 방법으로 적당한 것은?

가. 베이스 회로에 직렬로 저항을 접속한다.
나. 베이스 회로에 인덕턴스를 접속한다.
다. 베이스 회로에 저항과 콘덴서를 병렬 접속하여 연결한다.
라. 베이스 회로에 제너 다이오드를 접속하다.

해설
스위칭 속도를 빠르게 하기 위한 방법은 베이스회로 저항과 콘덴서(speed up condenser)를 병렬로 접속한다.

56. 다음 접지회로 방식 중에서 전류이득과 전압이득을 동시에 얻을 수 있는 회로 접지 방식은?

가. 에미터 접지　　나. 베이스 접지
다. 콜렉터 접지　　라. 캐소우드 접지

해설
전류이득과 전압이득을 동시에 얻을 수 있는 접지방식은 에미터 접지방식이다.

57. 다음에서 틀린 것은?

가. 공통 컬렉터 회로는 입력 임피던스가 높고 출력 임피던스가 낮다.
나. 공통 이미터 회로는 전력 이득이 가장 크다.
다. 공통 컬렉터 회로는 전압 이득이 1보다 적으며 출력 임피던스가 낮다.
라. 공통 베이스 회로는 전류 이득이 1보다 크며 입력 임피던스가 크다.

해답 : 53. 다　54. 나　55. 다　56. 가　57. 라

해설

CB 증폭기는 전류이득은 $A_i \leq 1$이며 전압이득 $A_v > 1$이며 R_i는 낮고 R_o는 크다.

58. 트랜지스터를 다알링톤(Darlington)으로 접속하였을 때 다음 중 어떤 현상이 가장 두드러지게 나타나는가?

가. 역내전압이 증가한다.　　　　나. 전류용량이 증가한다.
다. 역내전압이 감소한다　　　　라. 전류용량이 감소한다.

해설

트랜지스터를 다알링톤으로 접속할 때의 특징은 전류이득과 입력저항이 크게 증가하며 출력저항은 감소하고 전압이득은 1이하로 감소한다.

59. 다음 Darlington 접속 회로에서 부하 R_L에 흐르는 출력 전류 I_0는?

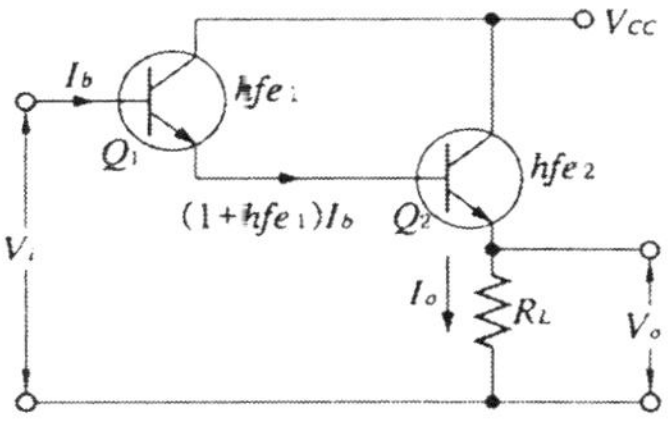

가. $h_{fe1} I_b + h_{fe2} (1 + h_{fe1}) I_b$
나. $(1 + h_{fe1})(1 + h_{fe2}) I_b$
다. $h_{fe1} \cdot h_{fe2} \cdot I_b$
라. $h_{fe2} (1 + h_{fe1}) I_b$

해설

$$I_0 = (1 + h_{fe1}) I_b + h_{fe2} I_{b2} = (1 + h_{fe1}) I_b + h_{fe2} (1 + h_{fe1}) I_b$$
$$= (1 + h_{fe1}) I_b + (h_{fe2} + h_{fe1} h_{fe2}) I_b$$
$$= I_b((1 + h_{fe1}) + h_{fe2} + h_{fe1} \cdot h_{fe2})$$
$$= I_b(1 + h_{fe1})(1 + h_{fe2})$$

60. 그림과 같은 Darlington 접속 회로에서 전류이득 I_o / I_b는 얼마인가?(단, Q_1과 Q_2의 h_{fe}는 50이며 $h_{oe}\ h_{fe}\ R_e << 1$이다.)

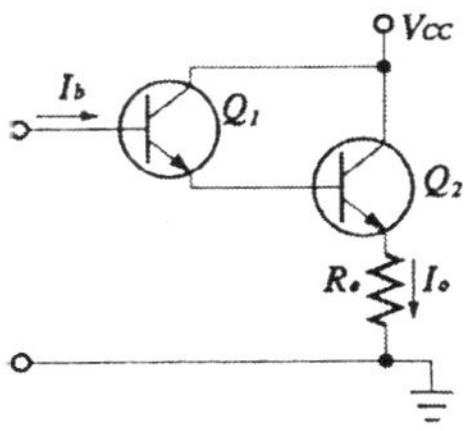

가. 2301　　　　나. 2401
다. 2501　　　　라. 2601

해설

$I_o = (1 + h_{fe1})(1 + h_{fe2}) I_b$에서 $\frac{I_o}{I_b} = (1 + h_{fe1})(1 - h_{fe2})$가 된다.

여기서 $h_{fe1} \cdot h_{fe2} \gg (1 + h_{fe1} + h_{fe2})$가 된다면 $\frac{I_o}{I_b} \approx (h_{fe1} \cdot h_{fe2})$가 된다.

$$\frac{I_o}{I_b} = 1 + h_{fe1} \cdot h_{fe2} = 1 + 50 \times 50 = 2501$$

해답 : 58. 나　59. 나　60. 다

61. CE TR 증폭기에서 출력단락 전류이득이 1이 되는 주파수 f_T가 80[MHz]인 트랜지스터를 사용하여 충분히 낮은 저주파의 전류이득(hfe)이 40이라면 β차단 주파수 f_β는 얼마나 되는가?

가. 8[MHz]　　나. 6[MHz]　　다. 2[MHz]　　라. 1[MHz]

해설

$f_T = \alpha f_\alpha = \beta f_\beta$에서 f_β를 구하면

$$\therefore f_\beta = \frac{\alpha f_\alpha}{\beta} = \frac{f_T}{\beta} = \frac{80[\text{MHz}]}{40} = 2[\text{MHz}]$$

62. 베이스 접지시 고역차단 주파수가 $f_{hfb} = 18[\text{MHz}]$일 때 에미터 접지시 차단 주파수 f_{hfe}는 얼마인가?(단, $\alpha = 0.90$)

가. 약 2[MHz]　　나. 약 20[MHz]　　다. 약 16.2[MHz]　　라. 약 162[MHz]

해설

$f_T = \alpha f_\alpha = \beta f_\beta$에서 f_β는 $f_\beta = \dfrac{\alpha \cdot f_\alpha}{\beta} = \dfrac{\alpha \cdot f_\alpha}{\dfrac{\alpha}{1-\alpha}} = (1-\alpha) f_\alpha$

$$= (1-0.90) \times 18 \times 10^6 = 1.8[\text{MHz}]$$

63. 베이스 접지 증폭회로에서 차단주파수가 30[MHz]인 트랜지스터를 에미터 접지로 했을 때의 주파수는 얼마인가?(단, $\beta = 99$라 한다.)

가. 800[kHz]　　나. 600[kHz]　　다. 400[kHz]　　라. 300[kHz]

해설

$f_T = \alpha f_\alpha = \beta f_\beta$에서 f_β를 구하면

$$f_\beta = \frac{\alpha f_\alpha}{\beta} = \frac{0.99 \times 30 \times 10^6}{99} = 300[\text{kHz}]$$

64. 다음 그림에서 캐패시터 C를 제거하면?

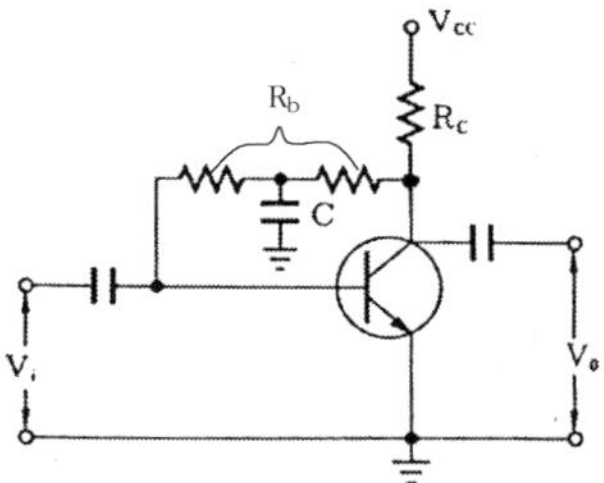

가. 이득이 증가한다.
나. 이득이 감소한다.
다. 이득의 변동은 없다.
라. 발진한다.

해설

그림의 회로는 전압 궤환 Bias 회로로써 콘덴서 C는 교류신호의 궤환을 방지하여 주는 by pass condenser이므로 콘덴서 C가 제거되면 R_B가 감소하며 이득이 감소한다. 즉 부궤환이 걸리게 된다.

해답 :　61. 다　62. 가　63. 라　64. 나

65. 그림과 같은 전압궤환 바이어스 회로에서 안정계수 S중 맞는 것은? (단, $V_{CC} = 10\,V$, $V_{CC} = 10\,V, R_C = 250\,[\Omega]$, $R_b = 10[\text{k}\Omega]$, $\beta = 50$)

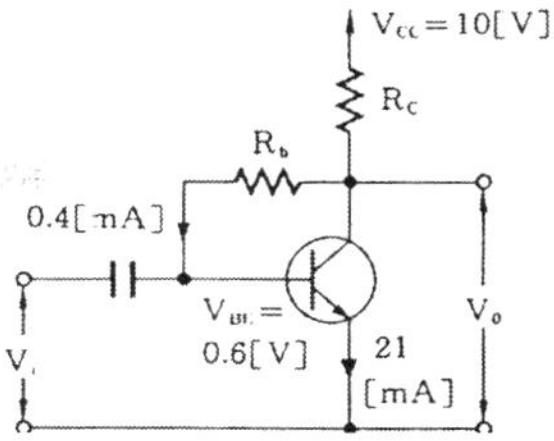

가. 13　　　나. 23
다. 46　　　라. 52

해설

$$S = \frac{\triangle I_C}{\triangle I_{CO}} = \frac{1+\beta}{1+\beta\dfrac{R_C}{R_b + R_c}} = \frac{1+50}{1+50\cdot\dfrac{250}{10\times10^3+250}}$$

$$= \frac{51}{1+\dfrac{50\times250}{10.25\times10^3}} \fallingdotseq 23$$

66. 다음 회로에서 콘덴서 C의 역할은?

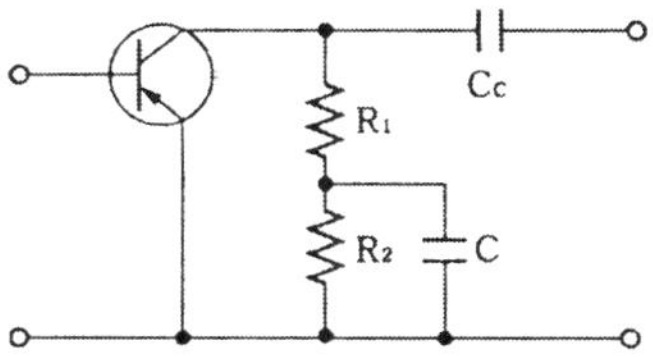

가. 중화용　　　나. 기생진동방지용
다. peaking용　　　라. 저주파특성 개선용

해설

콘덴서 C는 저주파 특성을 개선하기 위해서 사용된다.

67. 증폭기의 전류이득이 50이고, 입력저항 및 부하저항이 모두 1000[Ω]일 때, 전력이득은 얼마인가?

가. 25×10^5　　　나. 50000　　　다. 4500　　　라. 2500

해설

전력이득

$$A_p = A_i^2\cdot\frac{R_o}{R_i} = 50^2\times\frac{1000}{1000} = 2500$$

68. 그림과 같은 에미터 접지 트랜지스터 증폭기에서 $h_{ie} = 2{,}000[\Omega]$, $h_{oe} = 30[\mu\mho]$, $h_{fe} = 100$, $R_L = 1[\text{k}\Omega]$일 때 전압이득 $|A_v| = |V_o / V_i|$는 얼마인가?

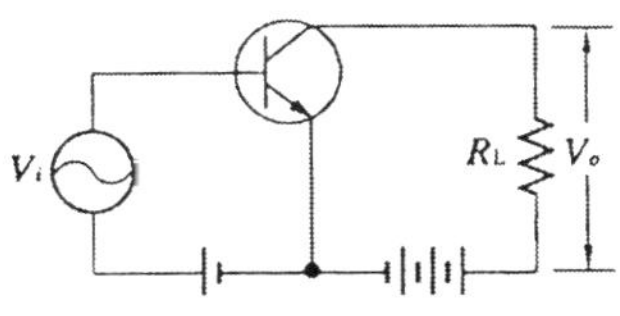

가. 10　　　나. 20　　　다. 50　　　라 100

해설

$$A_v = \left|\frac{V_o}{V_i}\right| = A_i\cdot\frac{R_L}{R_i} \fallingdotseq h_{fe}\cdot\frac{R_L}{h_{ie}} = 100\times\frac{1\times10^3}{2000} = 50$$

해답 :　65. 나　66. 라　67. 라　68. 다

69. 트랜지스터 증폭기의 입력전력이 4[mW]이고, 출력 전력이 8[W]일 때 이 증폭기의 전력이득은?

가. 20[dB]　　나. 36[dB]　　다. 65[dB]　　라. 85[dB]

해설

$$G_p = 10\log_{10}\frac{P_o}{P_i} = 10\log_{10}\frac{8}{4\times10^{-3}} = 10\log_{10}4\times10^3$$

$$\fallingdotseq 36[\text{dB}]$$

70. 다음은 S/Nql(신호대 잡음비)의 영향의 정도를 나타낸 것이다. 무잡음 상태라고 볼 수 있는 것은?

가. 0[dB]　　나. 30[dB]　　다. 10[dB]　　라. 60[dB]

해설

S/Nql(신호대 잡음비)영향의 정도

1. 0[dB] : 잡음이 많으며 신호음이 들리며 통화가 불능상태
2. 10[dB] : 잡음이 크며 통화는 가능한 상태
3. 30[dB] : 잡음은 조금 있으나 통화에는 별 지장이 없는 상태
4. 60[dB] : 무잡음 상태

71. 어떤 증폭기의 이득이 $V_2/V_1 = \sqrt{2}$일 때 V_2와 V_1과의 전력 레벨(level)차는 몇[dB]인가?(단, V_1은 입력전압이고 V_2는 출력전압이며, 이때 입력과 출력 임피던스는 같다.)

가. 20.20[dB]　　나. 14.14dB]　　다. 5.41dB]　　라. 3.01dB]

해설

$$G_V = 20\log_{10}\frac{V_2}{V_1} = 20\log_{10}\sqrt{2} \fallingdotseq 3.01[\text{dB}]$$

72. 트랜지스터의 고주파 특성으로 α차단 주파수(f_α)는 어느 것에 의하여 결정되는가?

가. 베이스폭의 자승에 반비례하고 확산계수에 비례한다.
나. 콜렉터에 인가하는 전압에 비례한다.
다. 콜렉터 용량에만 반비례한다.
라. 베이스폭과 콜렉터 용량에 각각 반비례한다.

해설

α차단 주파수

$$f_\alpha = \frac{1}{2\pi C_e\cdot r_e} = \frac{D_p}{\pi\cdot W_b^2} = \frac{1}{2\pi t_b}$$

여기서 C_e : 에미터 확산용량과 접합 용량의 합 D_p : 확산계수 t_b : 베이스 주행시간

해답 : 69. 나　70. 라　71. 라　72. 가

73. 다음의 회로는 I_c를 안정하게 하기 위한 회로이다. 무슨 보상법인가?

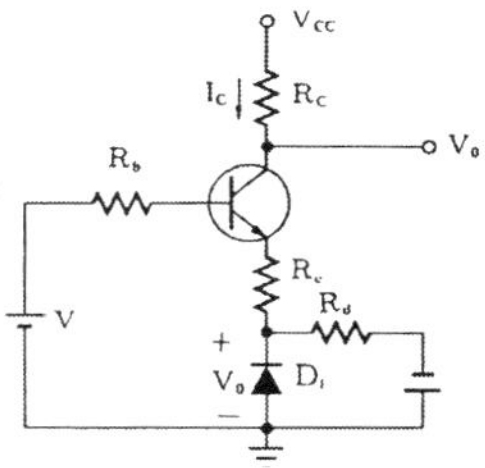

가. 전류 보상법　　나. 온도 보상법
다. 전압 보상법　　라. 궤환 보상법

해설

다이오드를 이용한 온도 보상회로이다.

74. 다음 회로의 주위온도가 실온에서 상승할 때 에미터 전위는?

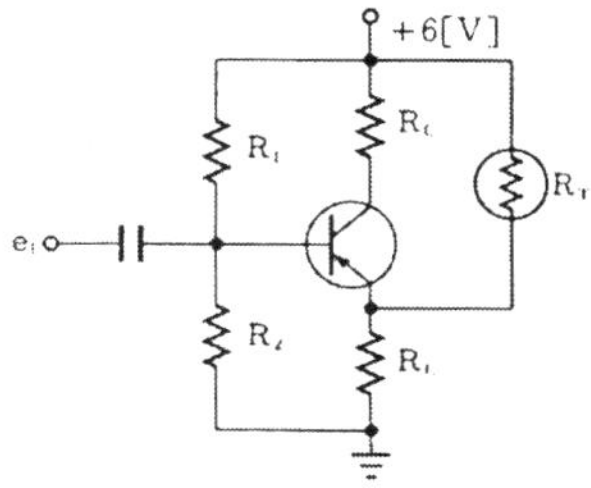

가. 일정하다.　　나. 증가하다 감소한다.
다. 감소한다.　　라. 증가한다.

해설

회로에서 R_T는 부의 온도계수 소자인 터어미스터이다. 주위에 온도가 상승하면 R_T의 저항값이 감소하여 R_T에 흐르는 전류가 증가하게 되므로 에미터 전위는 증가하게 된다.

75. 그림의 회로에서 트랜지스터 Q_1의 역할은 무엇인가?

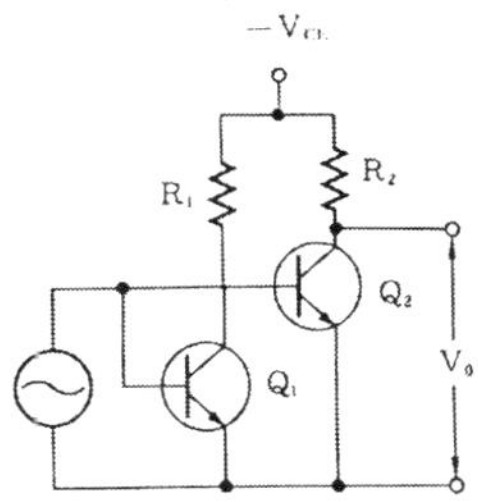

가. 전류증폭률을 크게 한다.
나. 회로의 안정도를 개선한다.
다. 잡음을 감소한다.
라. 증폭기의 대역폭을 넓힌다.

76. 다음 회로에서 트랜지스터 Q_1의 역할은 어떤 것인가? (단, Q_1과 Q_2의 특성은 동일하다고 한다.)

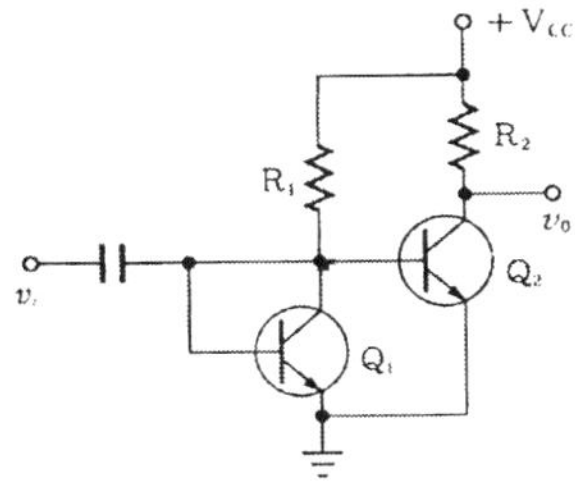

가. Q_2의 콜렉터 전류 I_C에 대한 온도 보상 역할을 한다.
나. 다아링턴 회로 구성을 하기 위한 입력 트랜지스터이다.
다. 증폭작용을 한다.
라. 입력 임피던스를 증대한다.

해답 : 73. 나 74. 라 75. 나 76. 가

77. 그림과 같은 트랜지스터 회로에서 Q_1의 주된 역할은 다음 중 어느 것인가? (단, Q_1과 Q_2의 특성은 동일하다고 한다.)

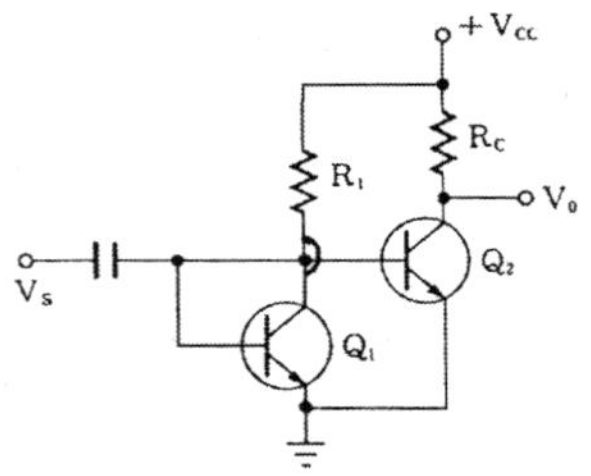

가. 입력신호를 증폭한다.
나. Q_2와 함께 한 개의 NPN 트랜지스터 역할을 한다.
다. 출력 전압 V_o를 일정히 유지하는 역할을 한다.
라. 온도가 변화하여도 Q_2의 콜렉터 전류를 일정히 유지하는 역할을 한다.

78. 다음 그림에서 베이스단자의 콘덴서 C를 설명한 것 중 맞는 것은 어느 것인가?(단, 신호전원은 이상적이 아니다.)

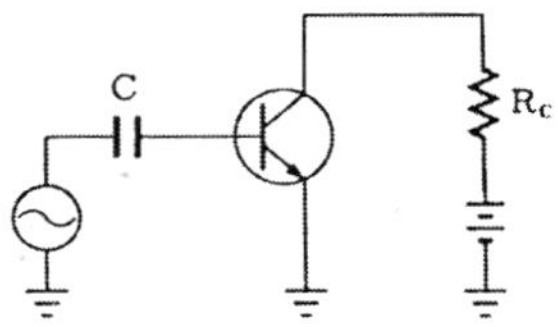

가. 에미터와 베이스 사이의 바이어스 전압에 관계한다.
나. 베이스와 콜렉터 사이의 분포용량을 나타낸 것이다.
다. 교류전원에 포함된 직류를 막아 트랜지스터를 교류적으로 동작시킨다.
라. 부궤환 되는 것을 막기 위한 것이다.

79. Emitter follower의 바이어스 회로를 bootstrap 회로로 하면 어떤 효과가 나는가?

가. 실효 입력저항이 높아진다.
나. 실효 출력저항이 높아진다.
다. 전력이득이 높아진다.
라. 전류 이득이 높아진다.

해설

bootstrap 회로의 실효저항(R_{eff})

$R_{eff} = \dfrac{R_3}{1 - A_V}$ 여기서 A_V가 1에 가까워질수록 R_{eff}는 무한대에 가까워진다.

80. 트랜지스터의 에미터 접지 증폭기와 FET의 소오스 접지 증폭기의 차이를 설명한 것 중에 틀린 것은 어느 것인가?

	트랜지스터	FET
가	전류 증폭기로 동작한다	전압 증폭기로 동작한다
나	입력 임피던스가 작다	입력 임피던스가 크다
다	전류 바이어스를 걸어준다.	전압 바이어스를 걸어준다
라	전압이득은 거의 0이다.	전류이득은 거의 0이다.

해설

트랜지스터는 전류 제어형소자이며 FET 전압 제어형소자이다.

해답 : 77. 라 78. 다 79. 가 80. 라

81. 트랜지스터에서 베이스변조(Base width modulation)에 관한 설명으로 가장 적합한 것은?

가. 트랜지스터를 제조할 때 베이스 두께를 조정해주는 것을 말한다.
나. 트랜지스터의 베이스에 변조전압을 걸어서 동작시키려는 것을 말한다.
다. 트랜지스터의 정선에 가해지는 바이어스에 의해 베이스 두께가 변하는 것을 말한다.
라. 트랜지스터의 포장에 의해 베이스가 영향을 받는 것을 말한다.

해설

베이스 변조란 트랜지스터에 가해지는 바이어스에 의해서 베이스두께 또는 베이스폭이 변화하는 현상을 말한다.

82. $\alpha_0 = 0.96$, $f_\alpha = 10$[kHz]인 트랜지스터가 $f = 20$[kHz]에서 동작할 때 고역에서 전류 증폭도의 크기는 얼마인가?

가. 0.34　　나. 0.43　　다. 0.46　　라. 0.65

해설

고역 전류 증폭도

$$A_H = \frac{A_M(\text{중역이득})}{\sqrt{1+(\frac{f}{f_\alpha})^2}} = \frac{0.96}{\sqrt{1+(\frac{20}{10})^2}} = 0.43$$

해답 : 81. 다 82. 나

Note

05

각종 증폭회로

1 동조형 증폭회로

(1) 공진회로

1) R-L-C 직렬회로

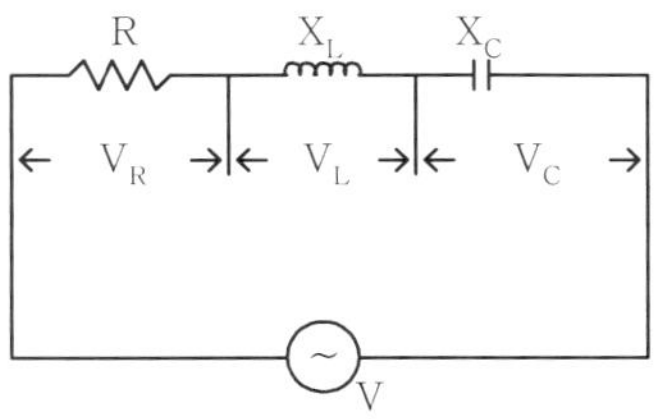

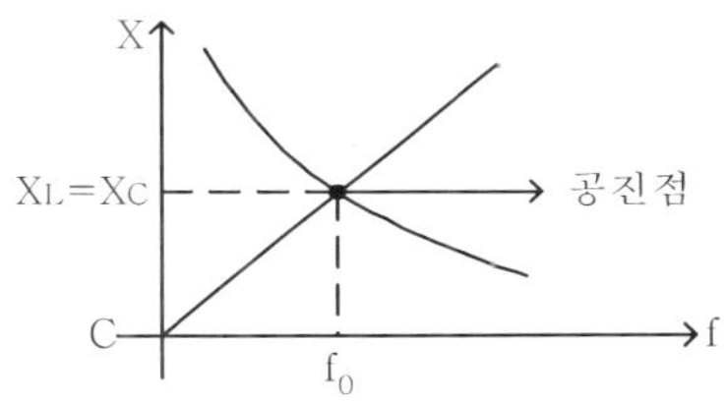

▮ RLC 직렬 회로 ▮ 직렬공진의 특성곡선

① 임피던스

$\dot{Z}$ = R + j(XL ~ XC)

{XL (유도성리액턴스) = ωL = $2\pi fL$, XC (용량성리액턴스)=$\frac{1}{\omega c}$=$\frac{1}{2\pi fc}$}

유도성 회로	용량성 회로
XL 〉 XC	XL 〈 XC

② 공진주파수 : 허수부 = 0

XL ~ XC = 0 → XL = XC → $2\pi f_o L = \frac{1}{2\pi f_o c}$

$\therefore\ f_o = \frac{1}{2\pi\sqrt{LC}}$[Hz]

③ 주파수 대역폭

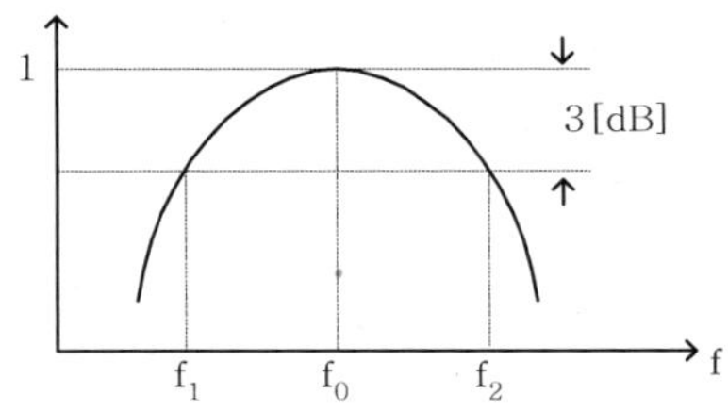

$$\therefore \ \mathrm{Bw} = \frac{f_o}{Q} = \frac{f_o}{f_2 - f_1}$$

④

임피던스	전류	전압
감소	증가 (최대)	감소 (최소)

2) R-L-C 병렬회로

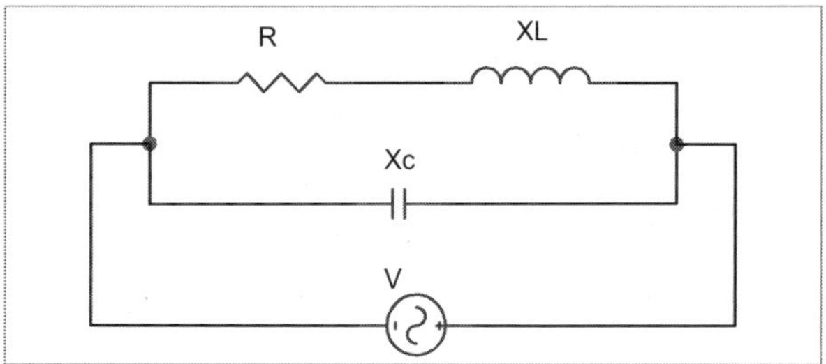

RLC 병렬회로

① 어드미턴스

$$\dot{Y} = \dot{Y}_1 + Y_2 \ \left(\therefore \ \dot{Y}_1 = \frac{1}{Z_1} = \frac{1}{R + jX_L}, \ \dot{Y}_2 = \frac{1}{jX_C} = \frac{1}{\frac{1}{jwC}} = jwC\right)$$

$$= \frac{1}{R + jX_L} + jwC = \frac{(R - jX_L)}{(R + jX_L)(R - jX_L)} + j\omega C = \frac{(R - jX_L)}{R^2 + X_L^2} + jwC$$

$$= \frac{R}{R^2 + X_L^2} + j\left(wC - \frac{X_L}{R^2 + X_L^2}\right)$$

② 공진주파수 : 허수부 = 0

$$wC - \frac{X_L}{R^2 + X_L^2} = 0 \ \rightarrow \ wC = \frac{X_L}{R^2 + X_L^2} = \frac{wL}{R^2 + w^2L^2}$$

$$C(R^2 + \omega^2L^2 = L \ \rightarrow \ \frac{L}{C} = (R^2 + \omega^2L^2) \ \rightarrow \ \frac{L}{C} - R^2 = \omega^2L^2$$

$$\omega^2 = \frac{\frac{L}{C} - R^2}{L^2} = \frac{1}{LC} - \frac{R^2}{L^2} = (2\pi)^2 (f_o)^2$$

$$\therefore f_o = \frac{1}{2\pi}\sqrt{\frac{1}{LC} - \frac{R^2}{L^2}} \text{ [Hz]}$$

if) $L > R \rightarrow (\frac{R}{L})^2 \fallingdotseq 0$

$$\therefore f_o = \frac{1}{2\pi\sqrt{LC}} \text{ [Hz]}$$

③ 공진 시 임피던스와 어드미턴스 : 허수부 = 0

$$\dot{Y} = \frac{R}{R^2 + X_L^2} = \frac{R}{R^2 + \omega^2 L^2} = \frac{R}{R^2 + (\frac{1}{LC} - \frac{R^2}{L^2})L^2}$$

$$= \frac{R}{R^2 + \frac{1}{LC} \cdot L^2 - \frac{R^2}{L^2} L^2}$$

$$= \frac{R}{R^2 + \frac{L}{C} - R^2} = \frac{R}{\frac{L}{C}} = \frac{CR}{L} [\mho]$$

$$Z = \frac{1}{\dot{Y}} = \frac{1}{\frac{CR}{L}} = \frac{L}{CR} [\Omega]$$

④

임피던스	전류	전압
증가	감소 (최소)	증가 (최대)

⑤ 대역폭

$$BW = \frac{f_o}{Q} = \frac{f_o}{f_2 - f_1}$$

3) 공진회로의 선택도(Q)

회로	병렬회로	직렬회로
R−L	$\frac{R}{wL}$	$\frac{wL}{R}$
R−C	wCR	$\frac{1}{wCR}$
R·L−C	$R\sqrt{\frac{C}{L}}$	$\frac{1}{R}\sqrt{\frac{L}{C}}$

4) 공진회로의 공진효율

$$\eta = \frac{\text{부하에 공급된전력}}{\text{공진회로에 공급된전력}} = \frac{Q_o - Q_L}{Q_o} \times 100\%$$

(Q_o : 무부하시의 Q, Q_L : 부하시의 Q)

(2) 동조형 결합회로

1) 단일 동조 증폭회로

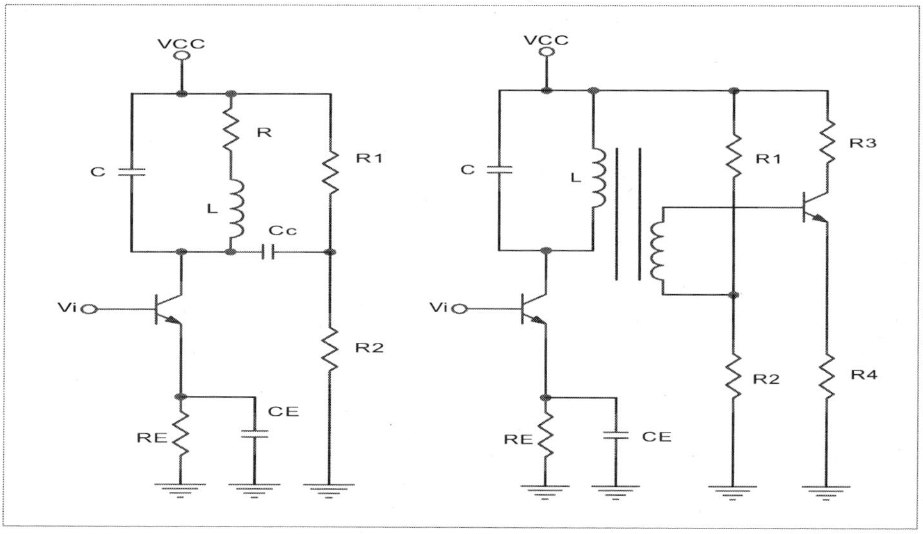

▌ 단일 동조 RC 결합회로 ▌ 단일동조 유도 결합 증폭회로

① 최대 전력을 얻기 위해서 임피던스정합(Matching)이 필요하다.

② 중간 tap을 사용하는 목적 선택도를 높인다. 임피던스 정합

③ 대역폭 (Bw) = $\frac{f_o}{Q}$

2) 복동조 증폭회로

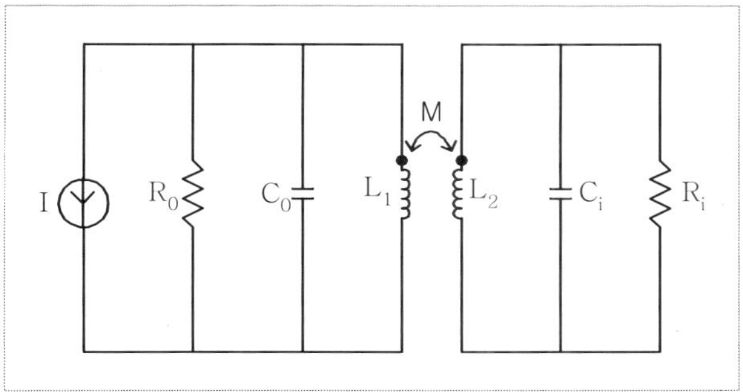

▌ 복동조 증폭회로

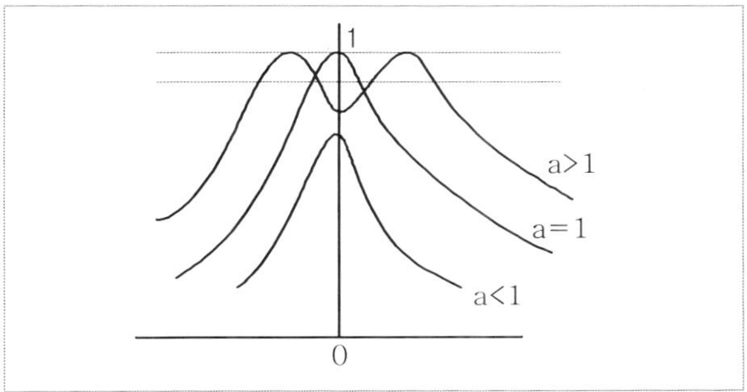

▌ 복동조 증폭회로의 주파수 특성, $Q_1 = Q_2 = Q_3$

① 소결합 일 경우

a 〈 1 이며 단봉 특성으로 이득이 저하하고 K 〈 $\frac{1}{Q}$이 된다.

② 밀결합일 경우

a 〉 1 이며 쌍봉특성을 가지며 K 〉 $\frac{1}{Q}$이 된다.

③ 임계결합일 경우

a = 1 이며 단봉특성을 가지며 이득이 최대가 되며 K = $\frac{1}{Q}$이 된다.

④ 결합계수

a = $K\sqrt{Q_1 Q_2} = KQ_o$

$\therefore\ K = \dfrac{a}{Q_o}$

⑤ 대역폭(Bw)

ㄱ. 1단인 경우

$$B = \frac{f_o}{Q}\sqrt{2}$$

ㄴ. n단인 경우

$$Bn = \frac{B}{1.1\sqrt{n}} \quad (n \geq 2)\ (n : 증폭기\ 단수)$$

⑥ 복동조 증폭회로의 특징

ㄱ. 결합계수 K가 크면 클수록 대역폭이 넓어진다.

ㄴ. 쌍봉특성의 진폭은 임계결합의 경우와 같다.

ㄷ. 임계결합인 경우 이득이 최대가 된다.

ㄹ. 단일동조 증폭회로 보다 조정이 어렵다.

ㅁ. 광대역 동조 증폭기이다.

ㅂ. 선택도가 향상이 된다.

2 전력증폭회로

(1) A급 전력증폭회로

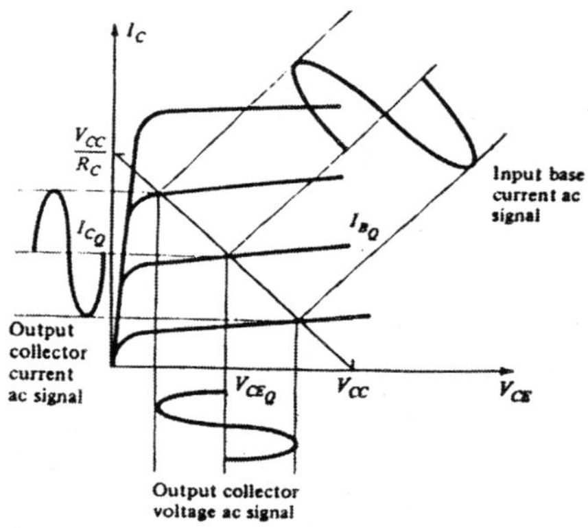

■ 동작 특성

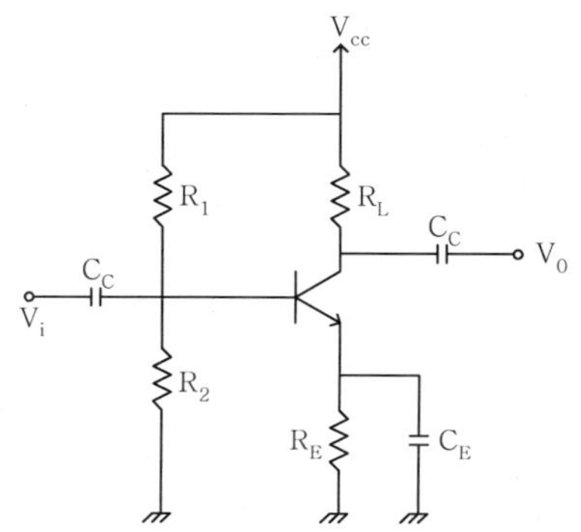

■ A급 전력증폭 회로

① 접지 방식에 관계없이 360° 전체의 입력에 대해서 직선영역에 동작하는 증폭기이다.

② 효율

$P_{dc} = V_{cc}I_{cc}$

$$\eta = \frac{P_{out}}{P_{dc}} = \frac{0.5\,V_{CEQ}I_{CQ}}{V_{cc}I_{cc}} = \frac{0.5\,V_{CEQ}I_{CQ}}{2\,V_{CEQ}I_{CQ}} = \frac{0.5}{2} = 0.25$$

I_{CQ} : 동작점 Q에서의 출력

V_{CEQ} : 동적점 Q에서의 VCE이다

∴ 최대효율은 25% 이며 Q점이 교류부하선의 중앙에 있어야만 최대효율을 얻을 수 있다.

③ 비직선 왜곡이 감소하고 효율이 비교적 낮다

④ 완충 증폭기로 사용된다.

▶ 임피던스 정합의 조건

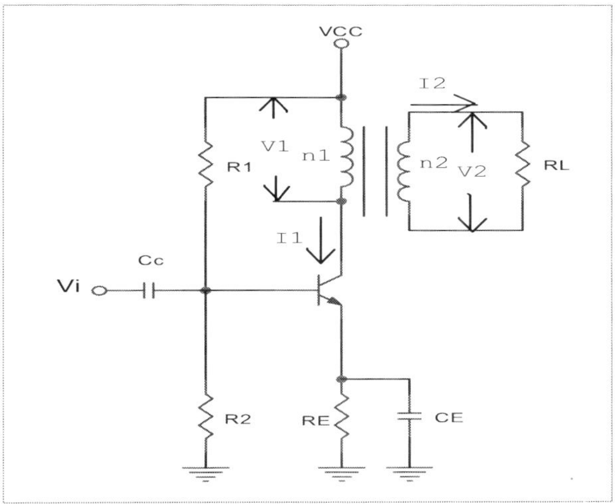

$n_1 : n_2 = V_1 : V_2$

$n_1 : n_2 = I_2 : I_1$

$n_1 : n_2 = \sqrt{R' : R_L}$

$$(\frac{n_1}{n_2}) = \sqrt{\frac{R'}{RL}} \rightarrow (\frac{n_1}{n_2})2$$

$$= n = \frac{R'}{R_L}$$

∴ $R' = n \cdot R_L$

i) 최대출력전력 $P_{out} = \dfrac{Vcc^2}{2R'}$[W]

ii) 직류최대 입력전력 $P_{dc} = \dfrac{Vcc^2}{2R'}$[W]

iii) 효율 $\eta = \dfrac{P_{dc}}{P_{out}} \times 100\% = 50\%$

(2) B급 전력 증폭기

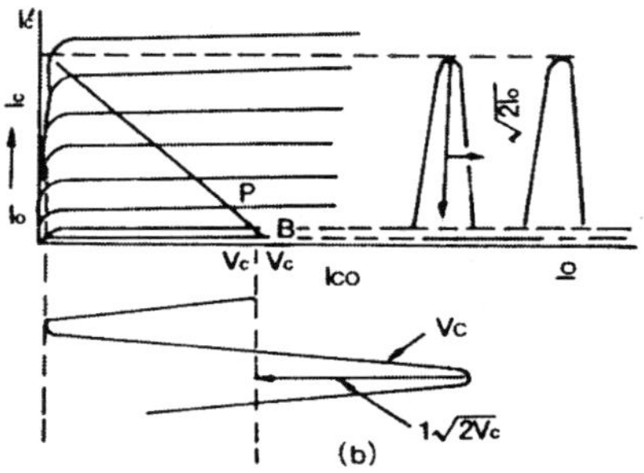

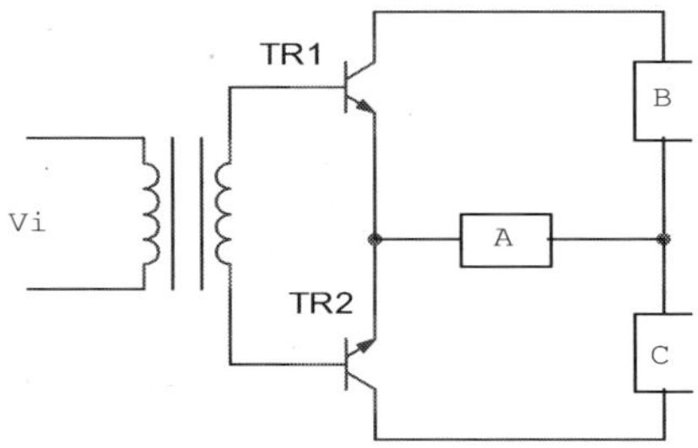

▌ 동작 특성

▌ B급 푸시플 기본 구성 회로

① 트랜지스터 2개를 사용하여 입력의 신호를 반주기씩 증폭하는 방식이다. 즉 TR_1과 TR_2가 교번동작을 한다.

②

A	B	C	회로명
부하	전원($\frac{1}{2}$VCC)	전원($\frac{1}{2}$VCC)	SEPP (Single Ended push-pull)
전원(VCC)	부하	부하	DEPP (Double Ended push-pull)

③ push-pull 증폭기의 특징

ㄱ. 증폭기의 입력신호 180° 에 대해서 직선영역에서 동작을 하나 나머지 180° 에서는 동작을 하지 않도록 한 것이 B급 증폭기이다.

ㄴ. 효율은 78.5% 이하이다.

ㄷ. B급에서는 교차 일그러짐(cross over distortion)이 발생하여 A·B급으로 동작을 시킨다.

ㄹ. 출력신호가 일그러짐이 주어질 때에는 보다 큰 출력을 얻을 수 있다.

ㅁ. 기수차 고조파(홀수)만 나타나고 우수차 고조파(짝수)는 상쇄되기 때문에 일그러짐이 감소한다.

ㅂ. 용도 : 고주파 전력증폭기

ㅅ. SEPP회로와 DEPP회로(OTL : Out Transformer Less 회로)

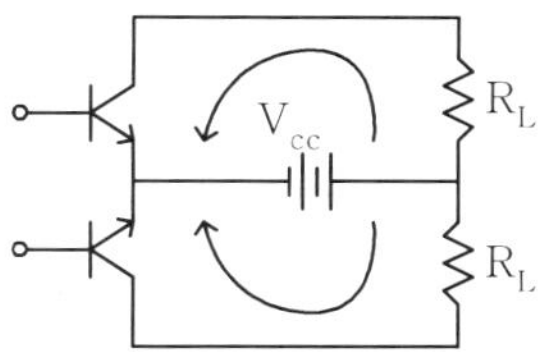

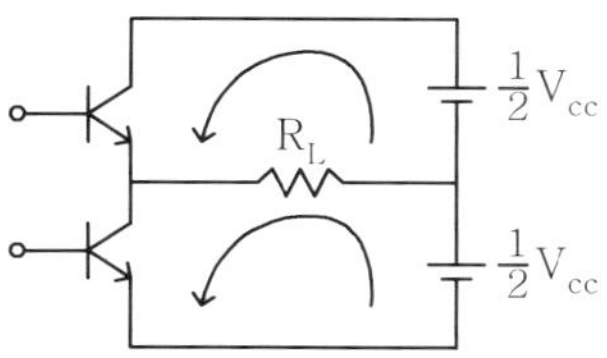

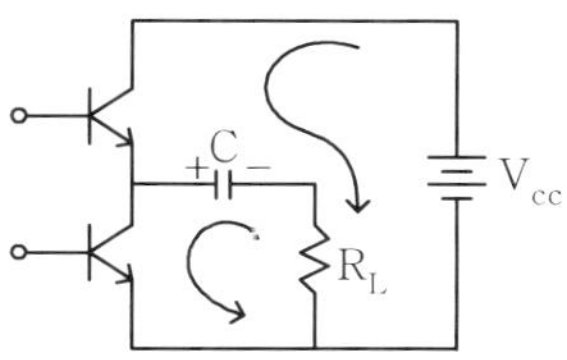

▮ DEPP ▮ 2전원방식 SEPP ▮ 1전원 방식 SEPP

(3) C급 전력 증폭기

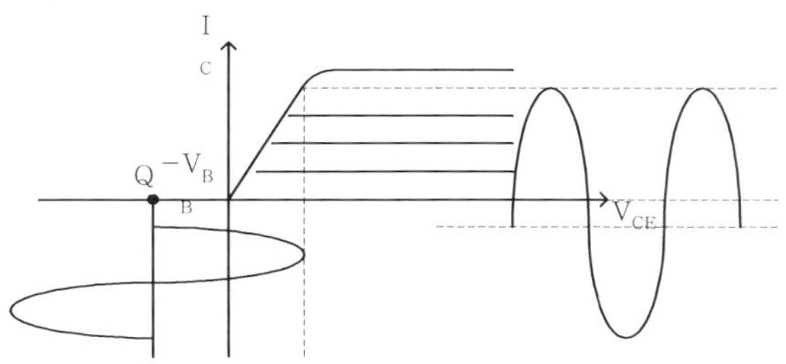

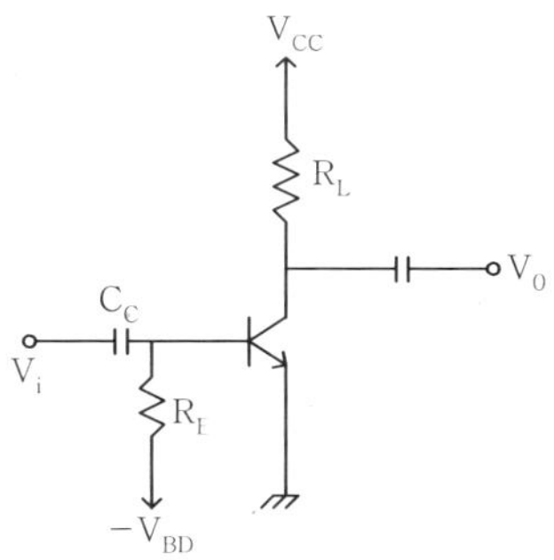

▮ 동작 특성 ▮ C급 기본 증폭회로

① 증폭기에서 입력신호의 180° 이하에 대해서 증폭하는 방식이다.

② 일그러짐이 적다.

③ 전력 손실이 거의 없으며 효율은 78.5% 이상이다.

④ 용도 : 체배증폭기, 고주파 전력 증폭기

예/상/문/제

1. 고주파 증폭회로에서 중화에 대한 설명으로 틀린 것은?

가. 중화용 콘덴서는 용량이 클수록 좋다.
나. 콜렉터 용량을 통한 궤환과 크기는 같고 위상이 반대되는 궤환을 시켜준다.
다. Base(베이스)접지에서는 중화를 할 필요가 없다.
라. 자기발진을 방지하기 위해 중화회로를 사용한다.

해설
자기발진을 방지하고 안전한 출력을 얻기 위해서 사용되는 회로가 중화회로이다.

2. 고주파 증폭기로써 사용하는 데 적합하지 않은 증폭기는?

가. 단일·동조 RC 결합 증폭기
나. 단일 동조 상호유도 결합 증폭기
다. 복동조 증폭기
라. 완충(Buffer)증폭기

해설
고주파 증폭기로는 동조형 증폭기이다.

3. L, C, R 직렬회로의 공진주파수에 대한 Q 값은?(단, w = 각속도)

가. $\frac{L}{CR}$　　나. $\frac{wL}{R}$
다. $\frac{R}{wC}$　　라. $\frac{1}{R}\sqrt{\frac{C}{L}}$

해설

회로명	R-L 회로	R-C 회로	R-L-C 회로
직렬회로	$Q = \frac{wL}{R}$	$Q = \frac{1}{wCR}$	$Q = \frac{1}{R}\sqrt{\frac{L}{C}}$
병렬회로	$Q = \frac{R}{wL}$	$Q = wCR$	$Q = R\sqrt{\frac{C}{L}}$

해답 :　1. 라　2. 라　3. 라

4. 어떤 공진회로에서 가변용량 C를 조정하여 $L = 400[\mu H]$, $R = 20[\Omega]$일 때 800[kHz]의 주파수에서 공진되었다고 한다. 이 회로의 Q는 약 얼마인가?

가. 100　　나. 150　　다. 200　　라. 250

해설

$$Q = \frac{\omega L}{R} = \frac{2\pi f_L}{R} = \frac{2\pi \times 800 \times 10^3 \times 400 \times 10^{-6}}{20} \fallingdotseq 100.48L$$

5. Q가 10이고, 공진 주파수가 1[MHz]인 동조회로의 공진시 임피던스(impedance)는 얼마인가?(단, $L = 1[\mathrm{mH}]$라 한다.)

가. 15.7[kΩ]　　나. 38.2[kΩ]　　다. 31.4[kΩ]　　라. 62.8[kΩ]

해설

$$Z = \frac{L}{CR} = \omega LQ(Q = \frac{1}{\omega CR}) = 2\Pi fLQ$$

$$= 2\Pi \times 1 \times 10^6 \times 1 \times 10^{-3} \times 10 \fallingdotseq 62.8[\mathrm{k}\Omega]$$

6. 그림의 회로에서 차단 주파수 f_c를 구한 값은 몇 [MHz]인가?

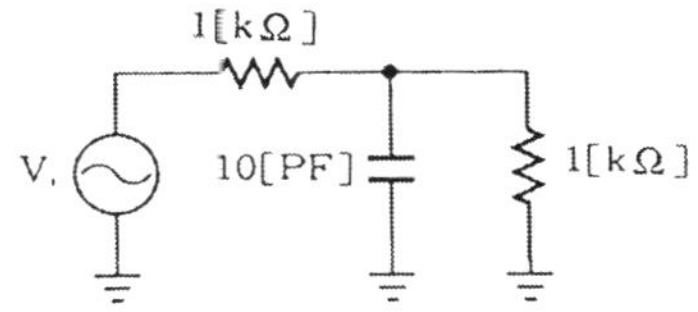

가. 7.96　　나. 31.85
다. 43.12　　라. 55.55

해설

차단주파수

$$f_c = \frac{1}{2\pi CR} = \frac{1}{2\pi \times 10 \times 10^{-12} \times 500} \fallingdotseq 31.85[\mathrm{MHz}]$$

7. 동조형 증폭기에서 공진주파수 f_0, 주파수 대역폭 B, 코일의 Q와의 관계를 설명한 것 중 맞는 것은?

가. B와 f_0는 비례한다.　　나. Q는 f_0는 반비례한다.
다. B와 f_0의 자승에 비례한다.　　라. Q는 B의 자승에 비례한다.

해설

$Q = \frac{f_0}{B} = \frac{f_0}{f_1 \sim f_2}$ Q와 f_0비례, Q와 B는 반비례, B와 f_0는 비례

해답 : 4. 가　5. 라　6. 나　7. 가

8. 중심주파수가 455[kHz]이고, 대역폭이 10[kHz]가 되는 단동조회로를 만들려면 이 회로 부하의 Q로 옳은 것은?

가. 42.3　　나. 45.5　　다. 52.3　　라. 55.4

해설

$$Q = \frac{f_0}{Bw} = \frac{f_0}{f_1 \sim f_2} = \frac{455 \times 10^3}{10 \times 10^3} = 45.5$$

9. 공진 주파수가 456[kHz]이고, 실효 결합계수가 0.02인 대역 통과 필터(Band pass Filter)회로의 대역폭은 약 얼마인가?

가. 9.12[Hz]　　나. 9.12[Hz]　　다. 4.56[Hz]　　라. 4.56[Hz]

해설

실효 결합계수에서 Q를 구하면 $k = \frac{1}{Q}$에서 $Q = \frac{1}{k} = \frac{1}{0.02} = 50$이다.

$Q = \frac{f_0}{Bw}$에서 대역폭 $Bw = \frac{f_0}{Q} = \frac{456 \times 10^3}{50} = 9.12 \times 10^3 = 9.12[\text{kHz}]$

10. 트랜지스터의 고주파 특성으로 α차단 주파수는 (f_α) 어느 것에 의하여 결정되는가?

가. 베이스폭의 자승에 반비례하고 확산계수에 비례한다.
나. 콜렉터에 인가하는 전압에 비례한다.
다. 콜렉터 용량에만 반비례한다.
라. 베이스폭과 콜렉터 용량에 각각 반비례한다.

해설

α 차단 주파수

$$f_\alpha = \frac{D_B}{\pi\, \omega_b^2} = \frac{1}{2\pi\, t_B}$$

w_b : 베이스 폭, D_B : 소수캐리어 확산계수, t_B : 베이스 주행시간

11. 결합 증폭기에서 주파수 대역폭을 8배로 하려면 증폭이득을 몇 [dB]감소시켜야 하는가?

가. -9[dB]　　나. -18[dB]　　다. -24[dB]　　라. -36[dB]

해설

이득 대역폭 적 (GB적)은 일정하다. 그러므로 증폭이득은 $\frac{1}{8}$배가 된다.

$$G = 20\log_{10}\frac{1}{8} \fallingdotseq -18[\text{dB}]$$

해답 : 8. 나　　9. 나　　10. 가　　11. 나

12. RC 결합증폭회로에서 증폭 대역폭을 4배로 하려면 증폭이득을 몇 dB을 감소시켜야 하는가?

가. 0.5[dB]　　나. 4[dB]　　다. 6[dB]　　라. 12[dB]

해설

이득 대역폭적(GB적)이 일정하다. 증폭 대역폭이 4배이면 증폭이득은 $\frac{1}{4}$배가 된다.

$G = 20 \log_{10} \frac{1}{4} \fallingdotseq -12[dB]$

13. 공진회로를 설계할 때 가장 중요시하여야 할 사항은?

가. 충실도　　나. 안정도　　다. 선택도　　라. 증폭도

해설

공진회로 설계시 가장 중요한 것은 선택도이다.

14. 그림과 같은 증폭기의 회로에서 동조회로의 탭(A점)의 위치를 위, 아래로 옮길 때 변동하는 것은?

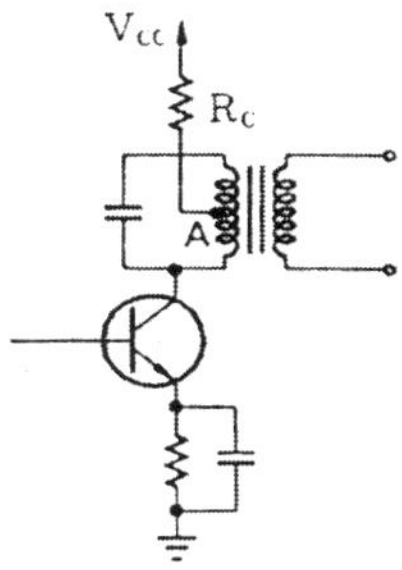

가. 동조회로의 공진 주파수가 변동한다.
나. 동조회로의 Q가 변화한다.
다. 임피던스가 변화한다.
라. 주파수 대역폭이 변화한다.

해설

동조회로의 탭의 위치를 변동시킬 때

1. 공진 주파수는 변동하지 않는다.　2. 동조회로의 Q는 변화하지 않는다.
3. 임피던스는 변화한다.　4. 주파수 대역폭은 변화하지 않는다.

15. 각단의 고역차단주파수가 f_H일 때 n단 증폭기에서 고역차단 주파수특성은?

가. $\sqrt{2^{1/n}-1}\, f_H$　　나. $\frac{1}{\sqrt{2^{1/n}-1}} f_H$　　다. $\sqrt{1-2^{1/n}}\, f_H$　　라. $\frac{1}{\sqrt{1-2^{1/n}}} f_H$

해설

다단 증폭기 상한 3[dB] 주파수(f_H^*)

$\frac{f_H^*}{f_H} = \sqrt{2^{1/n}-1}$ 이므로 $f_H^* = \sqrt{2^{1/n}-1} \cdot f_H$이다.

다단 증폭기의 하한 3[dB] 주파수 (f_L^*)

$\frac{f_L}{f_L^*} = \sqrt{2^{1/n}-1}$ 이므로 $f_L^* = \frac{f_L}{\sqrt{2^{1/n}-1}}$ 이다.

해답 : 12. 라　13. 다　14. 다　15. 가

16. 어떤 증폭기의 이득이 $V_2 / V_1 = \sqrt{2}$ 일 때, V_2와 V_1과의 레벨(level)차는 몇 [dB]인가?(단, V_1은 입력전압이고, V_2는 출력전압이며, 이때 입력과 출력 임피던스는 같다.)

가. 20.20[dB]　　나. 14.14[dB]　　다. 5.4[dB]　　라. 3.01[dB]

해설

$$G = 20\log_{10} A = 20\log_{10}\frac{V_2}{V_1} = 20\log_{10}\sqrt{2} \fallingdotseq 3.01[\text{dB}]$$

17. 어느 증폭기의 입력전압의 S/N비가 80, 출력전압의 S/N비는 40이라면 이증폭기의 잡음지수는?

가. 6　　나. 4　　다. 2　　라. 0.5

해설

$$NF = \frac{\frac{S_i}{N_i}}{\frac{S_o}{N_o}} = \frac{S_i N_o}{N_i S_o} = \frac{\text{입력전압}S/N\text{비}}{\text{출력전압}S/N\text{비}} = \frac{80}{40} = 2$$

18. 회로의 하한 주파수(Lower cut-off frequency)의 변화 상태는?

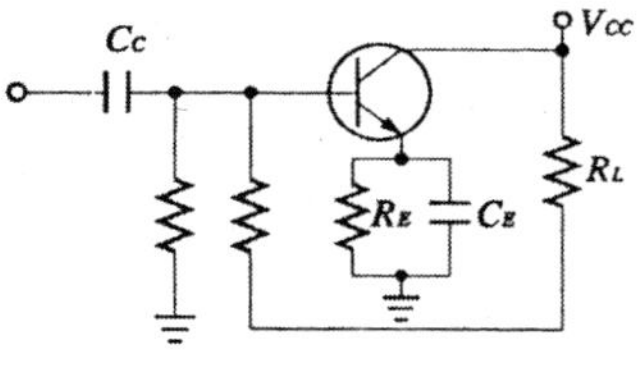

가. C_C가 적고 R_E가 적을수록 낮아진다.
나. C_C가 크고 C_E가 클수록 낮아진다.
다. C_E가 크고 R_E가 클수록 낮아진다.
라. R_L가 크고 R_E가 클수록 낮아진다.

해설

C_C는 결합 콘덴서이고 C_E는 by pass 콘덴서이므로 회로의 하한주파수는 C_C는 커야 하고 C_E가 커야 하한 주파수는 높아진다.

$f_L = \frac{1}{2\pi CR}[\text{Hz}]$: 하한 주파수

19. 다음 회로 중 증폭기의 동작 주파수를 훨씬 높게 할 목적으로 사용되는 회로는?

가. 다링톤(Darlington) 접속 회로
나. 부우스트랩핑(bootstrapping) 회로
다. 캐스코우드(cascode) 회로
라. 복동조 회로

해설

캐스코드 증폭기는 동작 주파수 높게 하기 위해 사용하고 발진을 방지하기 위해 사용한다.

해답 :　16. 라　17. 다　18. 나　19. 다

20. 그림과 같은 고주파 전압 증폭 회로에서 콜렉터 부하 저항은?

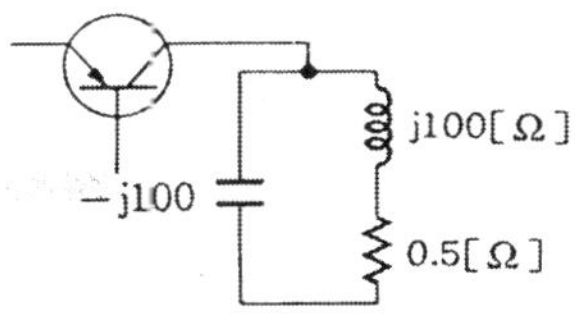

가. 20,000[Ω] 나. 10,000[Ω]
다. 500[Ω] 라. 100[Ω]

해설

$$Z=\frac{L}{CR}=\frac{100}{\frac{1}{100}\times 0.5}=20000\ [\Omega]$$

21. 그림의 증폭기에 대한 설명 중에서 틀린 것은?

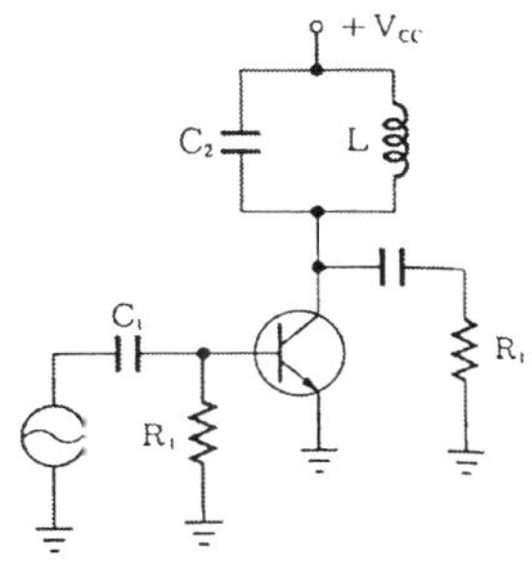

가. 클램핑(clamping) 회로를 갖는 C급 전력증폭기회로이다.
나. 양호한 회로동작을 하려면 시정수 R_1, C_1은 입력신호의 주기보다 훨씬 작아야 한다.
다. C_2, L의 공진회로는 입력신호의 주파수를 동조시킨다.
라. 병렬공진회로의 Q가 클수록 공진주파수 전후에서 전압이득의 감소가 커진다.

해설

1. 클램핑 회로를 갖는 C급 동조 증폭기이며 콜렉터에 공진회로를 구성하고 있다.
2. 양호한 회로동작을 하기 위해서 Q가 커야한다. 즉, 공진주파수가 커야한다.
3. 공진주파수 $f_o \fallingdotseq \frac{1}{2\pi\sqrt{L_C}}$[Hz]
4. 병렬 공진회로에서 공진주파수 전후에서 전압이득이 감소하며 동조회로의 Q가 클수록 전압이득이 감소한다.

22. 그림에서 병렬공진회로의 공진주파수가 5[MHz]이다. 입력 주파수가 5[MHz]일 때 콜렉터 전류는 어떻게 되는가?

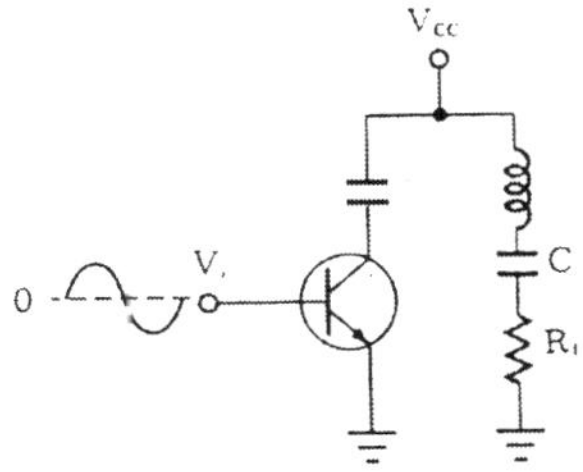

가. 증가한다. 나. 감소한다.
다. 최대가 된다. 라. 최소가 된다.

해설

병렬공진 시 임피던스, 전류, 전압의 변화

임피던스	전류	전압
증가	감소(최소)	증가(최대)

∴ 공진이 되었을 때 콜렉터 전류는 최소가 된다.

해답 : 20. 가 21. 나 22. 라

23. 동조형 공진 결합 증폭기에서 대역폭 B를 넓게 하는 방법은?

가. 공진 회로의 용량을 증가시킨다.
나. 공진 결합 회로의 Q를 낮게 한다.
다. 공진 회로의 저항을 감소시킨다.
라. 공진 결합 회로의 인덕턴스를 증가시킨다.

해설

$$Q = \frac{f_o}{B} = \frac{f_o}{f_1 \sim f_2}$$

대역폭을 넓게 하기 위해서 Q를 낮게 한다.

24. 전력 증폭기의 직류 공급전력은 10[V], 400[mA]이고, 부하에서의 출력전력은 3.2[W]일 때 이 증폭기의 능률은?

가. 60[%] 나. 65[%] 다. 80[%] 라. 85[%]

해설

· $P_{dc} = I_{dc} \cdot V_{dc} = 10 \times 400 \times 10^{-3} = 4[\mathrm{W}]$
· $P_o = 3.2[\mathrm{W}]$
· 효율 $\eta = \frac{P_o}{P_{dc}} \times 100\% = \frac{3.2}{4} \times 100\% = 80\ [\%]$

25. 전력증폭기의 직류공급 전압은 12[V], 전류는 400[mA]이고 능률은 60[%]일 때 부하에서의 출력전압은?

가. 0.7[W] 나. 1.44[W] 다. 2.88[W] 라. 4.8[W]

해설

· $P_{dc} = I_{dc} \cdot V_{dc} = 12 \times 400 \times 10^{-3} = 4.8[\mathrm{W}]$ $\cdot \eta = 60\%$
· 효율 $\eta = \frac{P_o}{P_{dc}} \times 100\%$에서 $P_o = \frac{\eta \times P_{dc}}{100\%} = \frac{60 \times 4.8}{100\%} = 2.88[\mathrm{W}]$이다.

26. A급 증폭기의 최대 효율은?

가. 20[%] 나. 40[%] 다. 50[%] 라. 60[%]

해설

A급 증폭기 : 50%, B급 증폭기 : 78.5% 이하, C급 증폭기 : 78.5% 이하

해답 : 23. 나 24. 다 25. 다 26. 다

27. 다음 중에서 효율이 가장 좋은 증폭기는 어느 것인가?

가. A급　　나. B급　　다. A, B급　　라. C급

해설

문26 보기 참조

28. A급 증폭회로에서 얻어지는 출력전력에 관해서 옳은 것은?

가. 입력 신호 전압에 비례한다.
나. 부하저항의 값에 비례한다.
다. 전원 전압의 제곱에 비례한다.
라. 직류 소비전력에 비례한다.

해설

출력전력 $P_{max} = \dfrac{V_{CC}^2}{2R_L'}$ 이다. (V_{CC} : 전원전압, $R_L' = \left(\dfrac{N_1}{N_2}\right)^2 \cdot R_2$)

29. 그림과 같은 전력 증폭기의 최대 부하전력(최대 교류 출력 전력) $P_o(\max)$는 얼마인가?

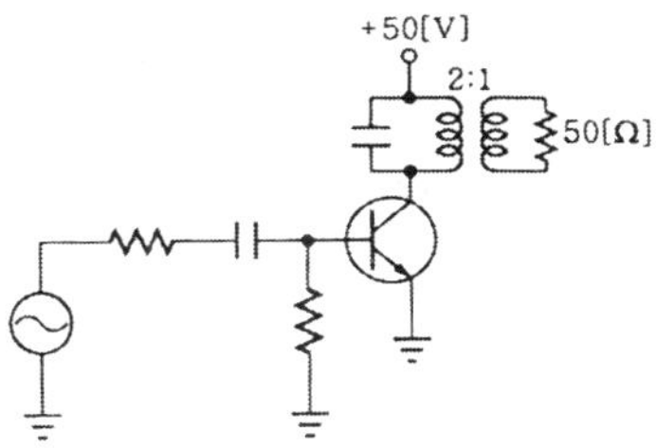

가. 3.1[W]　　나. 6.25[W]
다. 7.3[W]　　라. 8.4[W]

해설

문제의 회로는 직결합 A급 증폭기이다.

최대 부하 전력 $P_o(\max) = \dfrac{V_{CC}^2}{8R_L} = \dfrac{50^2}{8 \times 50} = \dfrac{2500}{400} = 6.25[\mathrm{W}]$

30. 그림의 회로에서 $R_L = 100[\Omega]$이며, a, b에서 본 부하저항 R_{ab}는 $10[\mathrm{k}\Omega]$이다. 변압기의 권선비 n_1/n_2의 값을 계산하면?

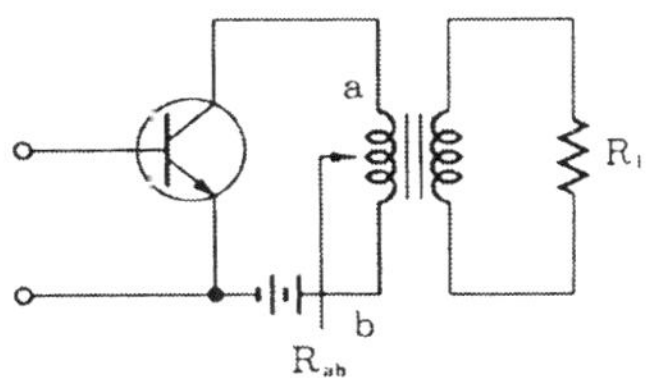

가. 10　　나. 100
다. 0.1　　라. 0.01

해설

$$\left(\frac{n_1}{n_2}\right) = \sqrt{\frac{R_{ab}}{R_L}} = \sqrt{\frac{10 \times 10^3}{100}} = 10$$

해답 : 27. 라　28. 다　29. 나　30. 가

31. 200[kHz] 신호에 의해 C급 증폭기가 구동되고 있다. 트랜지스터는 1[μs]동안 도통되고 증폭기는 전부하직선에 대하여 동작하고 있다. 만일 $I_c(sat) = 100[mA]$이고 $V_{CE}(sat) = 0.2[V]$이며 평균 전력손실은 얼마인가?

가. 0.2[mW]　나. 0.4[mW]　다. 4[mW]　라. 20[mW]

해설

평균전력손실

$P_l = I_c(sat) \cdot V_{CE}(sat) = 100 \times 10^{-3} \times 0.2 = 20[mW]$

32. 에미터 플로우(emitter follow)증폭기에서 그림과 같은 전류 신호를 얻었다면 어느 방식에 해당하는가?

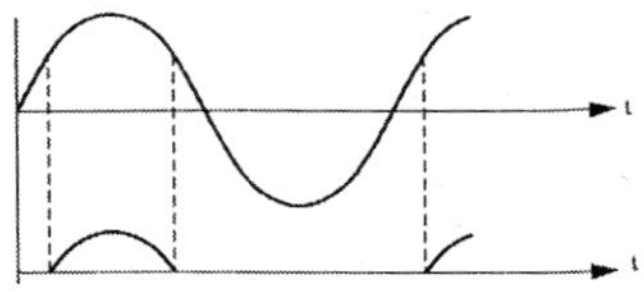

가. A급　나. B급

다. C급　라. AB급

해설

C급 전력 증폭기 특징

1. 효율 : 78.5% 이상(이론상 효율은 100% 이다)
2. 유동각 : $\theta < 180°$또는 $\theta < \pi$
3. 용도 : 고주파 증폭기, 고주파 전력 증폭기 등

33. FM 증폭방식으로 사용하고 저주파 증폭기에는 사용되지 않는 증폭방식은?

가. A급 푸쉬풀(push-pull)　나. C급 푸쉬풀(push-pull)

다. B급　라. AB급

해설

C급 증폭기는 고주파 증폭기나 고주파 전력 증폭기에 사용된다.

34. 그림은 B급 푸시풀(push-pull)전력 증폭회로이다. 최대 출력 신호전력은 몇 [W]인가?(단, $2N_1 = N_2$, $V_{cc} = 10\ [V]$, $R_L = 8\ [\Omega]$이다.)

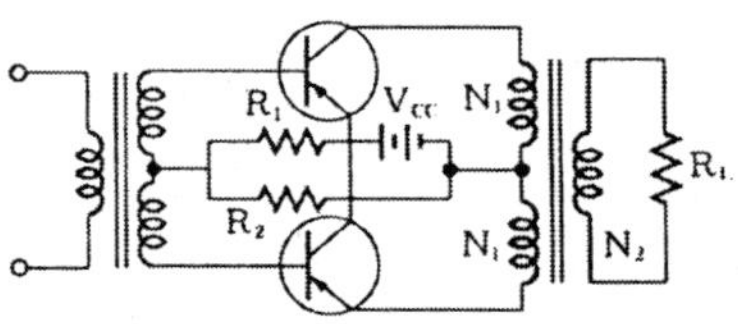

가. 2.5[W]　나. 5[W]

다. 10[W]　라. 25[W]

해설

최대 출력 전력

$$P_o = \frac{V_{cc}^2}{2R} = \frac{V_{cc}^2}{2 \cdot \left(\frac{N_1}{2N_1}\right)^2 \cdot 8} = \frac{10^2}{2 \times \frac{1}{4} \times 8} = 25[W]$$

해답 : 31. 라　32. 다　33. 나　34. 라

35. BTL-AMP(Balanced Transformer Less Amplifier)와 관계가 있는 것은 다음 중 어떤 것인가?

가. 부궤환 증폭기　나. DEPP　다. 고입력 저항회로　라. SEPP

해설

BTL-AMP(OTL 회로) : 출력측에 트랜스를 사용하지 않고 직접 부하를 구동할 수 있는 증폭기이다. 그 예로 SEPP회로가 있다.

36. 그림과 같은 증폭기에서 최대 출력 전력(maximum output signal power)을 구하시오.

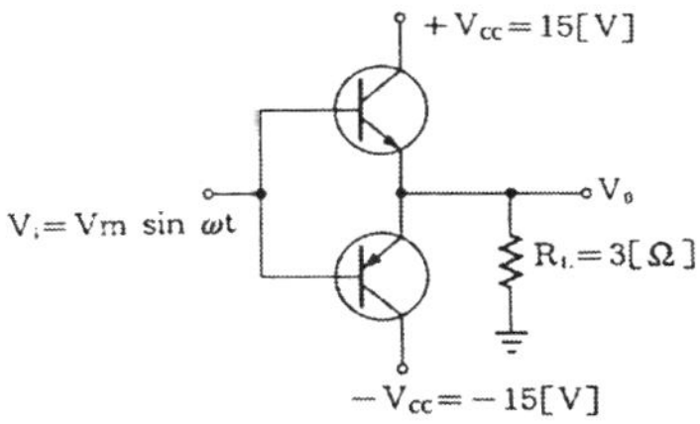

가. 112.5[W]　나. 56.25[W]
다. 37.5[W]　라. 14.06[W]

해설

문제의 회로는 B급 푸쉬풀 증폭기이며 최대출력전력은

$$P_{max} = \frac{V_{cc}^2}{2R_L} = \frac{15^2}{2\times3} = \frac{225}{6} = 37.5[W]$$

37. PNP와 NPN 트랜지스터를 조합하여 이루어진 Push-Pull(푸쉬풀) 증폭회로를 무슨 회로라 하는가?

가. OTL　나. OCL　다. 위상 반전회로　라. 콤프리멘타리 회로

해설

NPN와 PNP 트랜지스터를 조합하여 이루어진 Push-Pull 승폭회로를 complementary (상보대칭형)SEPP 회로이다.

38. B급 푸쉬풀 전력 증폭기에서 바이어스를 완전 B급으로 하지 않는 가장 타당한 이유는 무엇인가?

가. 안정한 동작점을 갖기 위해
나. 출력을 크게 하기 위하여
다. 증폭 효율을 높이기 위하여
라. 교차 찌그러짐(crossover distortion)

해설

B급 Push-Pull 증폭기의 특징

1. 증폭기의 입력신호 180° 에 대해서 직선영역에서 동작을 하나 나머지 180° 에서는 동작을 하지 않도록 한 것이다.
2. 효율은 78.5% 이하이다.
3. B급에서는 교차 일그러짐이(Cross over distortion) 발생한다
4. 출력신호가 일그러짐이 주어질 때에는 보다 큰 출력을 얻을 수 있다.

해답 : 35. 라　36. 다　37. 라　38. 라

5. 기수차 고조파(홀수)만 나타나고 우수차 고조파(짝수)는 상쇄되어 일그러짐이 감소한다.
6. B급 Push-pull에는 SEPP가 있다.

39. Push-pull 증폭기에서 출력파형의 찌그러짐이 작아지는 이유는?

가. 기수 고조파가 상쇄되기 때문
나. 우수 고조파가 상쇄되기 때문
다. 기수차 및 우수차 고조파가 상쇄되기 때문
라. 직류성분이 없어지기 때문

해설
Push-pull 증폭기에서 찌그러짐이 작아지는 이유는 기수차 고조파가 나타나고 우수차 고조파가 상쇄되기 때문이다.

40. 푸쉬풀형 주파수 체배기(push-pull frequency multiplier)의 정상 동작시 출력은 다음 어떤 고조파인가?

가. 기수 고조파만　　나. 우수 고조파만
다. 제2, 제3 고조파만　　라. 우수와 기수 고조파 모두

해설
push-pull 증폭기는 우수차 고조파는 상쇄되고 기수차 고조파만 나타나므로 찌그러짐이 감소한다.

41. 회로는 B급 SEPP 증폭기의 출력 회로이다. 단자 T_1, T_2 앞단에 어느 회로가 있어야 푸시풀 동작을 하는가?

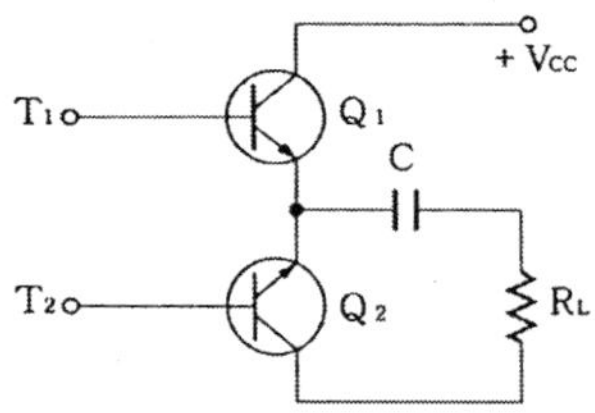

가. 전원 회로　　나. 위상 반전 회로
다. 주파수 보상 회로　　라. 궤환 회로

해설
B급 SEPP 증폭기에서 T_1,과 T_2 전단에는 위상 반전회로가 필요하다.

42. 그림과 같이 2개의 트랜지스터를 접속하여 사용한 회로의 명칭은?

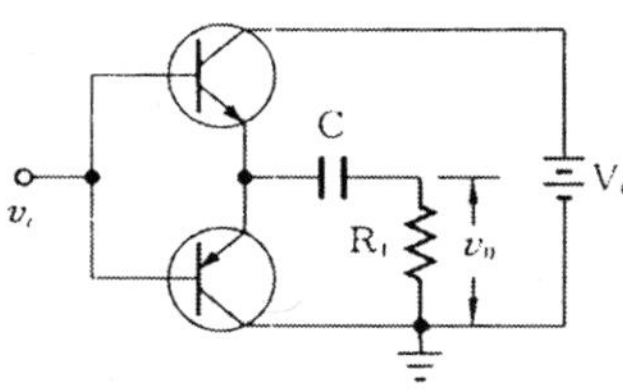

가. 캐스코우드(Cascode)회로
나. 다알링톤(Darlington)회로
다. 부우트스트랩(Bootstrap)회로
라. SEPP(Single-ended push pull)회로

해설

해답 : 39. 나　40. 가　41. 나　42. 라

SEPP 회로

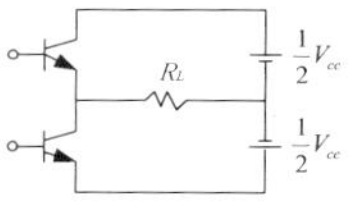

(2전원 방식 SEPP)

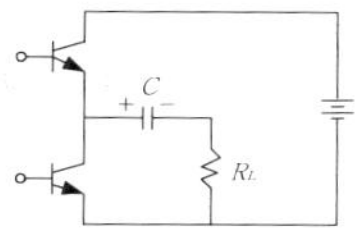

(1전원 방식 SEPP)

43. 다음 회로의 명칭은 무엇인가?

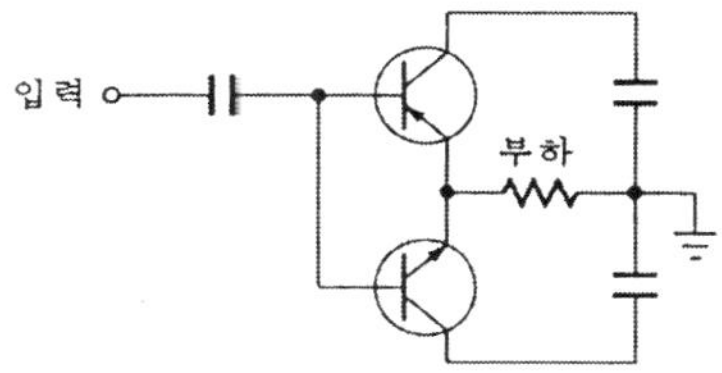

가. Darlington 회로
나. push-pull 회로
다. Complementary Symmetry 회로
라. 차동 증폭회로

해설

문제의 회로는 2전원 방식의 SEPP 이다.

44. 다음 중 DEPP 회로의 장점이라고 하기에 가장 관계가 먼 것은?

가. 우수 고조파의 제거　　나. 효율이 좋다
다. 대역폭이 넓다　　라. 의율이 감소된다.

해설

DEPP 장점
1. 효율 : 78.5% 이상
2. 우수차 고조파 제거되고 기수차 고조파가 나타난다.
3. 큰출력을 얻을 수 있다.
4. 의율이 감소한다.

45. 그림의 푸쉬풀 증폭기에서 정현파 입력에 대하여 출력 파형은 정상인 점선의 파형이 되지 못하고 실선과 같은 파형이 되었다면 그 원인은?

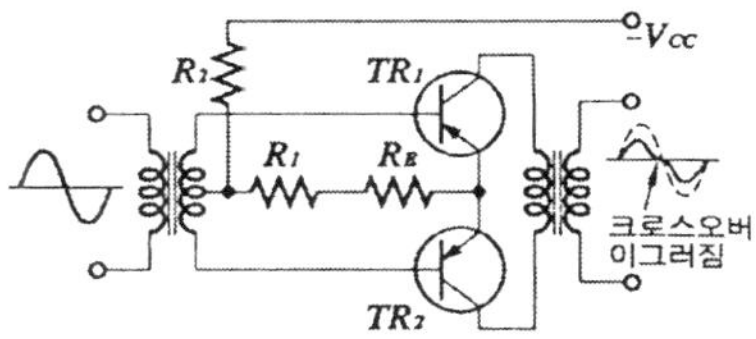

가. R_1 증가 또는 개방　나. R_2 증가 또는 개방
다. TR_1 불량　라. TR_2 불량

46. 푸쉬풀(Push-pull)증폭기의 이점으로 옳지 않은 것은?

가. 비교적 출력이 크다.
나. 출력 변성기에서의 직류자화가 상쇄된다.
다. 전원전압에 포함된 hum이 상쇄된다.
라. 기수차 고조파 성분이 제거된다.

해답 : 43. 나 44. 다 45. 가 46. 라

해설

push-pull 증폭기 특징
1. 효율 : 78.5% 이상
2. B급에서는 교차 일그러짐이 나타난다.
3. 출력신호가 일그러짐이 주어질 때에는 보다 큰 출력을 얻을 수 있다.
4. 기수차 고조파는 나타나고 우수차 고조파는 상쇄된다.
5. 일그러짐이 감소한다.

47. B급 전력 증폭기를 설계함에 있어서 트랜지스터 1개의 콜렉터 최대 손실 정격 P_{cmax} 일 때 두 개의 트랜지스터를 B급 푸시풀(push pull)로 동작시킬 때 최대 출력은 어느 정도 기대할 수 있는가?

가. $2P_{cmax}$ 나. $3P_{cmax}$ 다. $4P_{cmax}$ 라. $5P_{cmax}$

48. 그림과 같은 전력증폭회로의 동작에 관하여 설명한 것 중 틀린 것은?

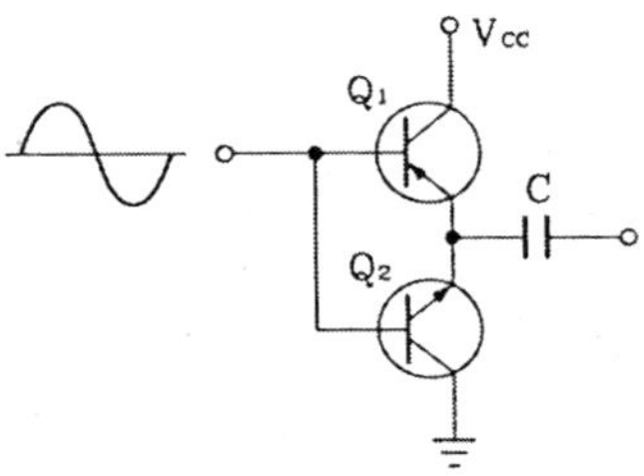

가. Q_1은 양(+)의 반주기 신호에 Q_2는 부(-)의 반주기 신호에 동작한다.
나. V_{cc}에 부(-)의 전원전압을 공급한다.
다. 단일(single) 출력회로에 비하여 약 2배의 이득을 얻는다.
라. 낮은 출력 임피던스로 스피커와 직접 결합할 수 있다.

해설

(+) 반주기 입력시 : Q_2 : on, Q_1 : off
(–) 반주기 입력시 : Q_1 : on, Q_2 : off

49. 다음은 전력 증폭기애 대한 설명이다. 옳은 것은?

가. A급의 경우가 전력효율이 가장 좋다.
나. B급은 동작점이 포화영역 부근에 존재한다.
다. C급은 반송 증폭용과 주파수 체배용으로 사용이 된다.
라. C급의 효율은 50% 이하로 AB급보다 낮다.

해설

반송파 증폭용이나 주파수 체배기는 고주파용 이므로 C급 전력 증폭기가 된다.

해답 : 47. 라 48. 가 49. 다

06
전계효과 트랜지스터(FET)

트랜지스터의 동작은 (-)전기를 띠고 있는 자유전자와 (+) 전기를 띠고 있는 정공에 의하여 전류의 흐름이 결정되므로, 극성이 2개 존재하는 쌍극성 접합 트랜지스터(BJT : Bipolar Juction Transistor)이다. 전기장 효과 트랜지스터(FET : Field Effect Transistor)의 동작은 다수 캐리어인 자유전자나 정공 중 어느 하나에 의해서 전류의 흐름이 결정되므로, 극성이 1개만 존재하는 단극성 트랜지스터(Unipolar Transistor)라고 한다.

1 FET의 분류 및 특성

(1) FET의 분류

- FET
  - JFET(Junction Field Effect Transistor)
  - DMOS-FET(공핍형 : Depletion)
  - MOSFET(Metal Oxide-Semiconductor FET)
    - EMOS-FET(증가형 : Enhancement)
    - CMOS-FET : r채널 CMOS-FET + p채널 CMOS - FET

(2) FET와 BJT의 특성 비교

특성 / 구분	FET(Field Effect Transistor)	BJT(Bipolar Junction Transistor)
동작원리	다수캐리어에 의해 동작	다수 및 소수 캐리어에 의해 동작
소자특성	단극성(Unipolar) 소자	쌍극성 (bipolar)소자
제어방식	전압 제어 방식	전류 제어 방식
이득 대역폭 적	작다(주파수 특성이 나쁨)	크다
입력저항	수십~수백 MΩ	1~2KΩ
잡음	적으므로 저전력 증폭기의 입력단에 적합함	크다
동작속도	느리다	빠르다
집적도	아주 높아 IC화에 유리함	낮다
방사능 영향	영향을 받지 않음	방사능에 민감함(β선에 심함)
디지털 시스템	MOS소자만으로 구성가능	별도의 소자를 부가해야 함
용도	chopper증폭기, 컴퓨터기억소자 완충폭기, 마이크로프로세서	논리게이트, TTL소자, 기본회로소자

(3) FET의 주요한 특징

① TR에 비해 입력 및 출력 임피던스가 크므로 다단의 증폭기를 구성하는 경우에는 임피던스 정합이 용이하며, 전압 증폭 소자로 적합하다.

② 드레인 전류가 0일 때 off-set전압 전류가 없으므로 매우 좋은 신호 초퍼(chopper)로 사용될 수 있다.

③ 자유전자나 정공 중 다수 캐리어만으로 동작하며 게이트의 역전압에 의하여 드레인 전류를 제어하므로, 전압 제어방식이다.

④ 잡음특성이 양호하여 소신호를 취급하기 좋으나, 고주파 특성이 나쁘다.

2 J-FET(Junction)와 MOS-FET(Metal Oxide Semiconductor)의 비교

(1) J-FET

① 저잡음 특성을 이용한 저잡음 증폭기 및 가변저항으로 사용된다.

② MOS형에 비하여 입력임피던스가 낮은 편이다.

③ 저잡음 특성을 이용한 저잡음 증폭기와 낮은 주파수의 정현파에 동작하여 구형파를 출력하는 초퍼(chopper) 증폭기에 사용된다.

④ 소스플로워는 입력 임피던스가 높고 출력 임피던스는 낮으므로 완충증폭기로 사용된다.
⑤ 과전류에 대하여 부하를 보호하는 전류 제한기에 사용된다.
⑥ 부하선상의 차단점과 포화점에 해당하는 두 점만을 이용한 스위칭 작용으로 아날로그 스위치 회로에 사용된다.
⑦ 많은 입력 신호 중에 어느 한 출력 신호만을 선택하여 전송하는 아날로그 멀티프로세서를 적용한 다중화 통신에 이용된다.

(2) MOS-FET

① 소비전력이 적고, 칩으로 만들 때 점유면적이 적으므로, 디지털 회로에 널리 응용된다.
② 증가형 MOS-FET는 일반적으로 OFF 스위치와 같이 동작하므로, 마이크로 프로세서와 컴퓨터 기억 소자로 사용된다.
③ CMOS-FET는 전력소비가 극히 적어서 휴대용 계산기나 디지털 손목시계, 인공위성 등에 이용된다.
④ V-MOS (Vertical: 수직)FET는 가청주파 증폭기를 포함한 무선주파수 증폭기 등의 큰부하 전력을 요하는 응용에 이용된다.
⑤ I_D가 (-)의 온도 계수를 가지므로 열폭주의 우려가 없다.

3 접합형 전계효과 트랜지스터(J-FET)

(1) 구조

그림(a)와 같이 n형 반도체 기판 양쪽에 p형 불순물을 강하게 도핑시켜 p-n 접합 회로를 구성하고, 각 단자에 리이드를 연결시킨다. p형 영역 단자를 게이트(gate), n형 저항체(기판)의 양쪽 전극을 소스(source), 드레인(drain)이라 한다.

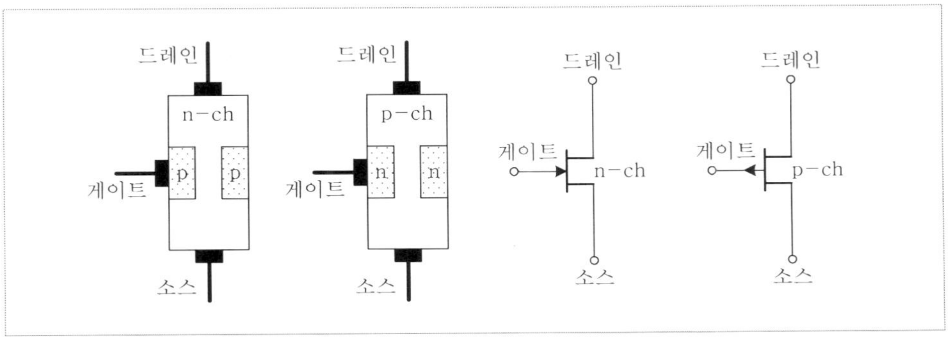

(a) n 채널 (b) p 채널 (c) JFET의 기호

(2) 동작원리

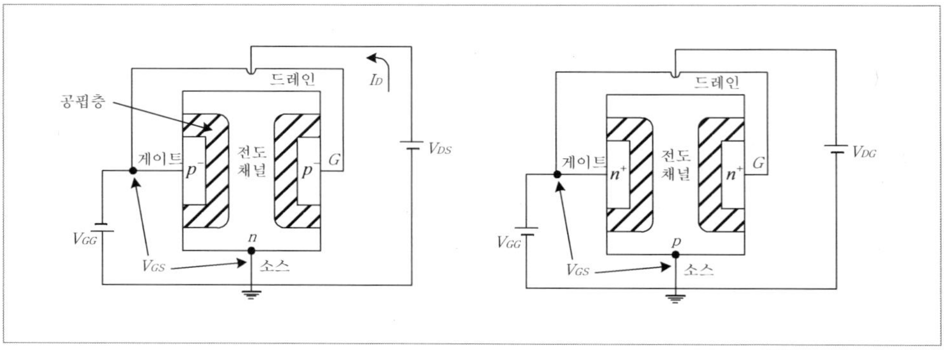

(a) n 채널 J-FET의 구조 (b) p채널 J-FET의 구조

그림(a)와 같이 게이트와 소스 사이는 p-n접합 다이오드와 같고, V_{GS}는 둘 사이의 바이어스 전압으로 p형인 게이트에 (-)전압을 n형인 소스에 (+)전압으로 역 바이어스를 가할 경우, 게이트-소스 간의 pn접합에는 공핍층이 형성되어 전도 채널의 폭이 좁아진다. n형 반도체인 전도 채널에는 방전된 다수 캐리어인 자유전자들이 드레인과 소스 사이의 전압 V_{DS}에 의하여 소스에서 출력인 드레인 쪽으로 흘러나가 전류(I_D)가 흐르게 된다.

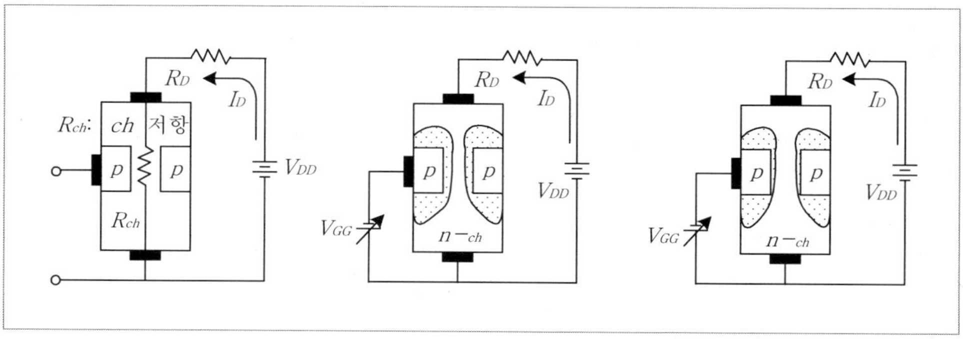

(a) (b) (c)

(a) 게이트의 개방으로 채널은 저항으로 작용하며 일정한 전류가 흐른다.
(b) 역바이어스된 V_{cc} 증가로 채널 폭은 좁아지고 I_D는 감소한다.
(c) 역바이어스된 V_{cc} 감소로 채널폭이 넓어져 I_D가 증가한다.

그림(a)는 게이트-소스 간을 개방시킨 경우로 전도채널은 단순한 저항의 기능을 하며, 채널저항 R_D에는 일정 전류 I_D가 흐른다. 게이트와 소스 사이의 역바이어스 전압

V_{GG}를 변화시키면 그림(b), (c)와 같이 공핍층의 폭이 변화된다. 결국 전류가 흐를 수 있는 전도채널의 폭이 변화되어 전류 I_D가 채널 폭의 넓이에 따라 변화하게 된다. $V_{GG}=0V$일 때 채널 폭이 가장 넓으므로 최대 전류가 흐른다.

> **게이트란?**
> 채널 폭을 조절하여 전류 흐름의 통로를 조절하는 대문의 기능을 한다는 의미

(3) JFET의 출력 특성

$V_{GS}=0$이면 공핍층의 폭이 가장 좁고 채널 폭은 가장 넓으므로 전도 채널의 저항은 거의 일정하다. V_P에 이르기 전까지 V_{DS}를 서서히 증가시키면 V_{DS}와 I_D는 옴의 법칙이 성립하므로 I_D는 선형적으로 증가한다.(저항성 영역)

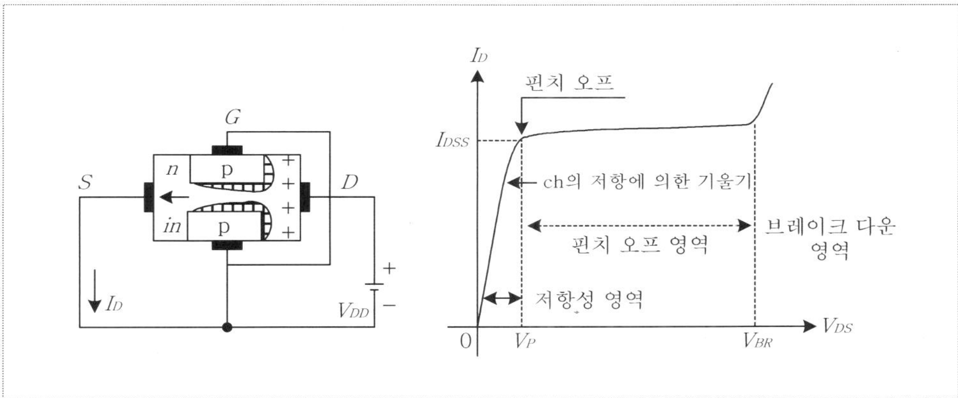

(a) (b) $V_{GS}=OV$에 대한 드레인 특성곤선

그림(a)에서 $V_{GS}=0$일 때 n채널의 드레인에서 소스로 흐르는 전류 I_D는 채널을 따라 전압강하를 일으키며 드레인-게이트 접합 쪽에서 더 높은 전우를 갖는다. 드레인-게이트 접합에서 (+)전압은 PN접합에 역바이어스가 되어 공핍층을 만들며 V_{DS}를 증가시키면 드레인-소스 사이의 채널 저항이 증가된다. 계속 V_{DS}를 증가시켜 $V_{DS}=V_P$가 되면 공핍층의 폭이 최대가 되어 드레인 끝 쪽에서부터 채널이 막혀버려(pinch-off) 드레인 전류는 포화된다. 이 전류를 드레인-소스 포화 전류(drain-source saturation current) I_{DSS}라 한다. V_{DS}를 V_P 이상 증가시켜도 $I_D \simeq I_{DSS}$로 포화되어 증가하지 않는다. V_{BR}을 넘으면 게이트-전도채널의 pn 접합이 파괴되는 항복현상이 일어난다.

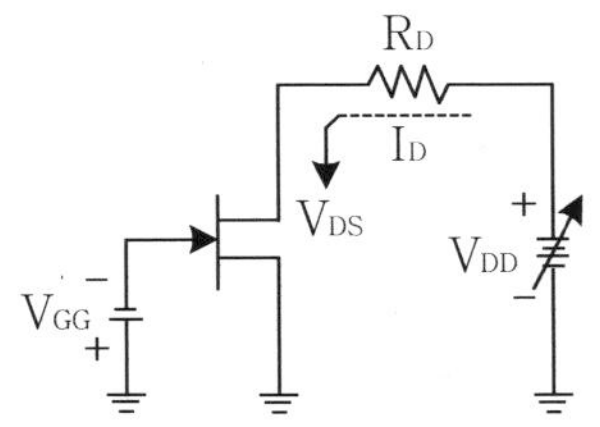

(a) $V_{GS} = -1V$로 바이어스

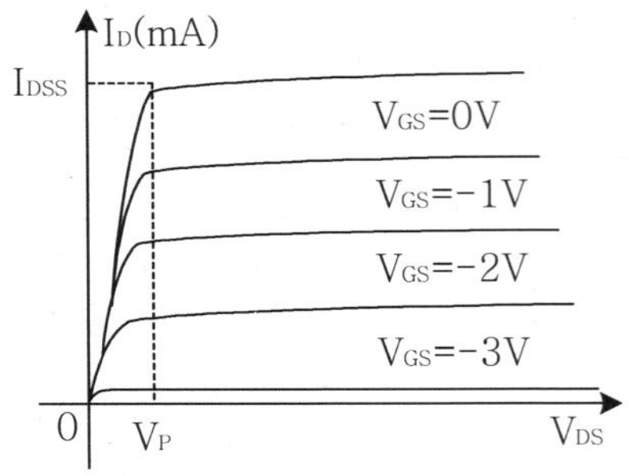

(b) $n-n-chI_D-V_{DS}$ 특성 곡선

$V_{GS} \neq 0$이면 게이트-소스 사이에는 역바이어스 전압만큼 어느 정도의 공핍층이 형성된 상태이다. V_{DS}를 증가시키면 공핍층은 급속히 최대치에 이르게 된다. 결국 I_D의 포화 값은 $V_{GS}=0$인 경우에 비해 적게 된다. V_{GS}의 역바이어스 전압을 증가시키면 I_D의 포화 값은 더욱 낮아진다.

V_{GS}를 계속 증가시켜 $V_{GS}=V_P$가 되면 전도채널은 완전히 막혀 $I_D \simeq 0$가 된다.

핀치 오프(pinch-off) 상태란?

게이트의 역 바이어스 전압 V_{GS}를 증가시키면, p-n 접합을 이루고 있는 게이트와 소스 사이의 공핍층 폭이 점점 넓어지고 전도채널의 폭은 점점 좁아진다. 결국은 채널이 완전히 막히게 되는데 이 현상을 핀치오프 상태라고 한다.

4 금속 산화물 반도체 FET(MOS-FET : Metal Oxide Semiconductor)

FET의 두 번째 범주에 속하는 금속산화물 반도체 전계효과 트랜지스터(MOSFET)는 pn접합으로 되어있는 JFET와는 다르게 게이트가 산화실리콘(SiO_2)층에 의해 채널과 격리되어 있다. MOSFET에는 두 가지 기본 형태로 공핍형과 증가형이 있다.

(1) 공핍형(Depletion) MOSFET ⇒ D-MOSFET

1) 기본구조

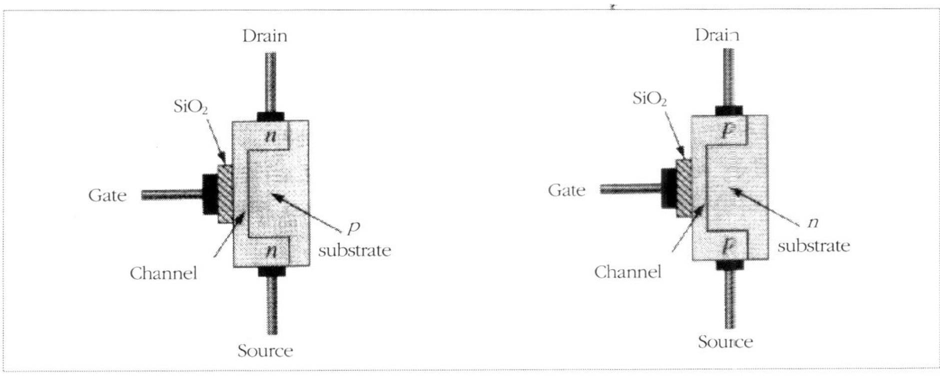

▌ n 채널 ▌ p 채널

p형 실리콘 기판 위에 n채널을 형성시켜 그 양 끝에 소스와 드레인 단자를 만들고 채널 위에 산화 실리콘(SiO_2)을 형성시켜 절연층을 만든 후 그 위에 게이트 단자를 붙였다. 게이트는 채널과 격리되어 있으며, (-)음의 게이트-소스 전압이 가해지면 MOSFET는 공핍모드로 동작하고 (+)양의 게이트-소스 전압이 가해지면 증가 모드로 동작한다.

① 공핍모드(Depletion Mode)
게이트에 (-)전압을 인가하면 n채널의 전자는 V_{GG}의 (-)극성에 반발되어 n채널 밖으로 밀려나고 그 자리엔 양이온이 생성되어 공핍층이 만들어진다. 결국 n채널의 전자가 줄어들어 채널의 전도도가 떨어지게 된다. V_{GG}의 증가는 공핍층의 증가를 초래하여 드레인 전류 I_D를 계속 감소시키며, $I_D=0$가 되면 핀치오프 상태가 된다.

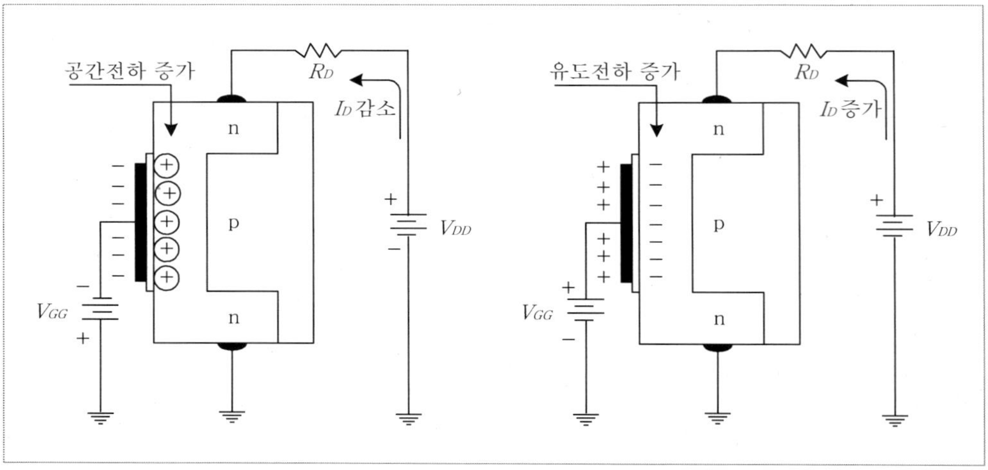

(a) 공핍모드(V_{GS} 음)　　　(b) 증가모드(V_{GS} 양)

② 증가모드

게이트에 (+)전압을 인가하면 p기판의 소수전자가 n채널로 끌려오게 된다. n채널의 전자 증가는 채널의 전도도 증가를 가져와 결국은 드레인 전류 I_D가 증가한다.

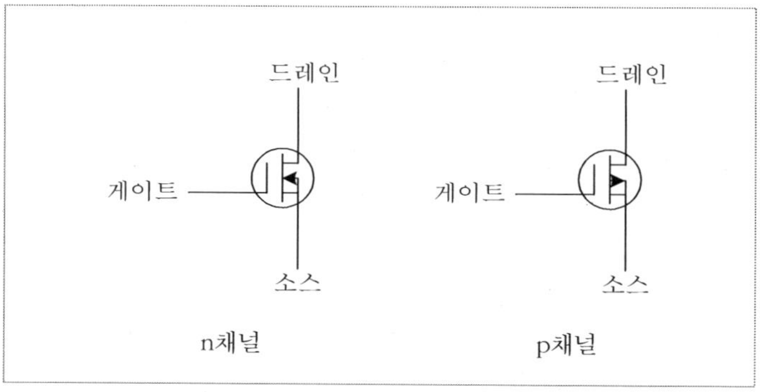

공핍형 MOSFET의 도식적 기호

도식 기호에서 화살표가 붙은 표시는 기판이며 소스와 내부적으로 연결되어 있다.

2) 전달특성

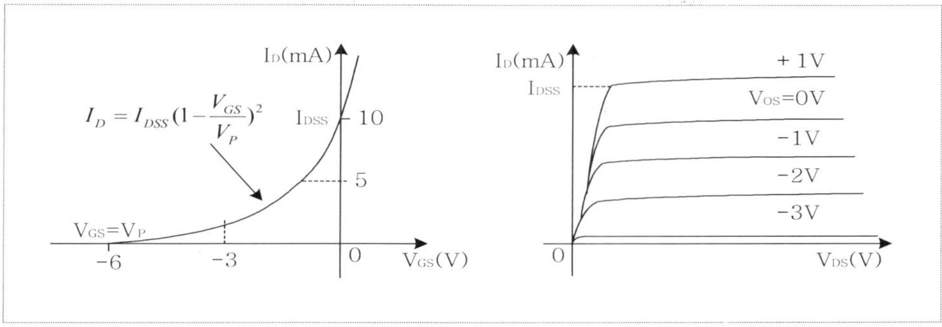

(a) n-ch 공핍형 MOSFET의 전달특성　　(b) 공핍형 MOSFET의 $I_D - V_{DS}$ 특성곡선

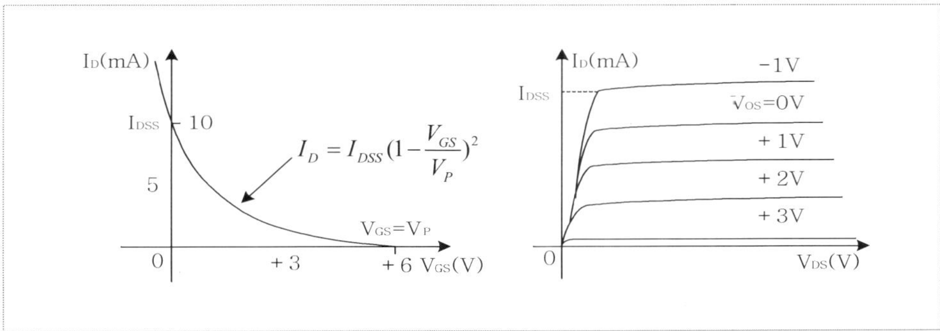

(c) p-ch 공핍형 MOSFET의 전달특성　　(d) 공핍형 MOSFET의 $I_D - V_{DS}$ 특성곡선

JFET의 게이트-소스 사이는 역바이어스가 걸리나 공핍형 MOSFET는 ± 전압을 인가할 수 있으므로 V_{GS}의 (+)전압에 대해서도 출력이 있다. $V_{GS}=0$이면 $I_D = I_{DSS}$가 되고 $I_D = 0$인 점은 $V_{GS} = V_P$에 해당한다.

(2) 증가형(Enhancement) MOSFET ⇒ E-MOSFET

1) 기본구조

증가형 MOSFET는 증가모드(Enhancement Mode)로만 동작하고 공핍모드는 없다. E-MOSFET는 캐리어가 흐를 수 있는 전도 채널이 소자를 만들 때 형성되어 있지 않고 기판은 SiO_2층으로 확장되어 있다. SiO_2층은 금속으로 된 게이트와 기판 사이에서 절연체로써 작용하며, 콘덴서 양극판 사이에서 유전체로 작용하는 원리와 같다.

그림(b)와 같이 게이트와 소스 사이에 (+)전압을 인가하면 SiO_2 층은 콘덴서 양극판 사이에서 유전체로 작용하여, SiO_2 층과 인접한 p형 기판 영역에 음(-) 전하층을 형성하여 n채널이 형성된다. 게이트-소스 전압이 클수록 채널로 더 많은 전자가 잡아 당겨지므로 채널의 전도도가 증가한다. 게이트 전압이 문턱전압 이하일 경우에는 채널이 형성되지 않는다.

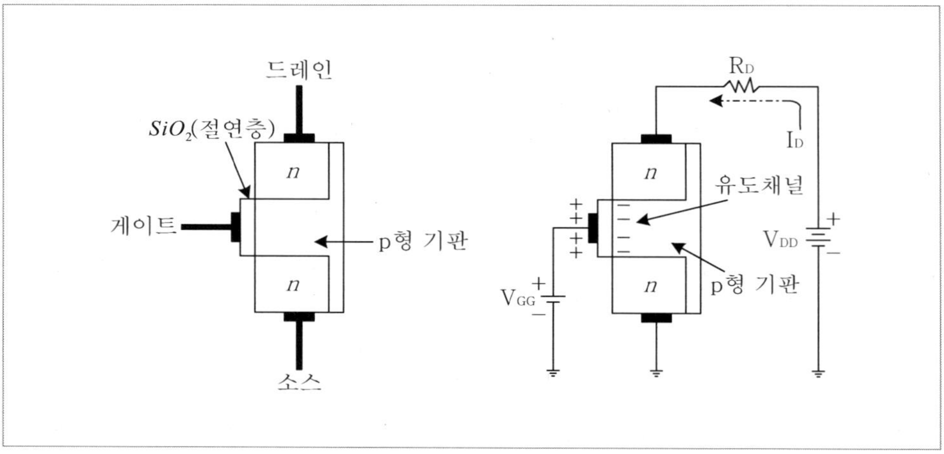

E-MOSFET의 도식 기호는 다음과 같으며 점선은 물리적인 채널이 없음을 의미한다.

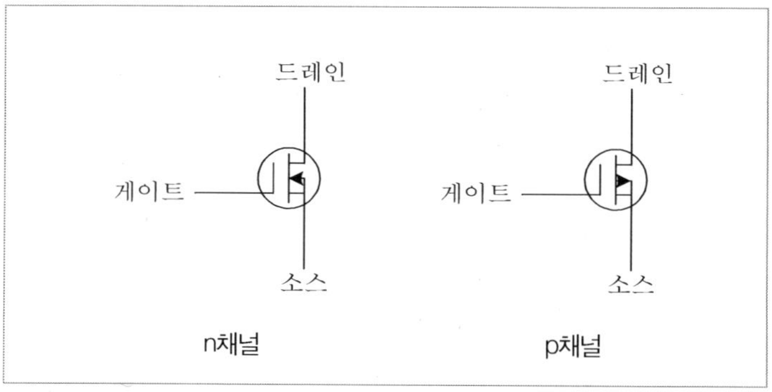

2) 전달특성

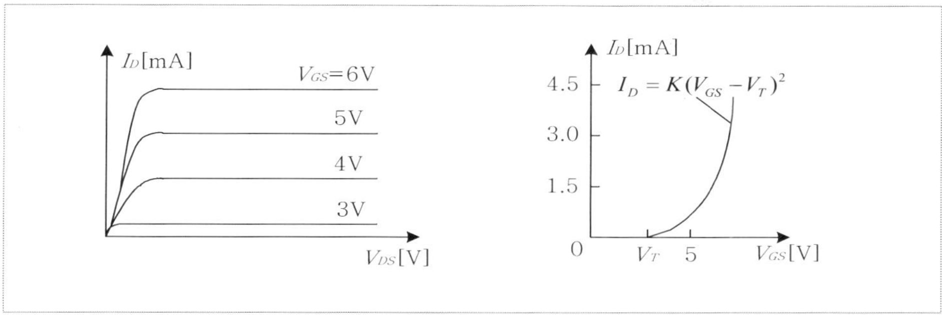

(a) n채널 EMOS의 출력 특성 (b) n채널 EMOS의 전달 특성

(3) CMOS(Complementary MOS)

증가형 pMOS와 nMOS 트랜지스터로 구성되어 있는 CMOS의 입력은 두 게이트가 공통으로 연결되어 있다.

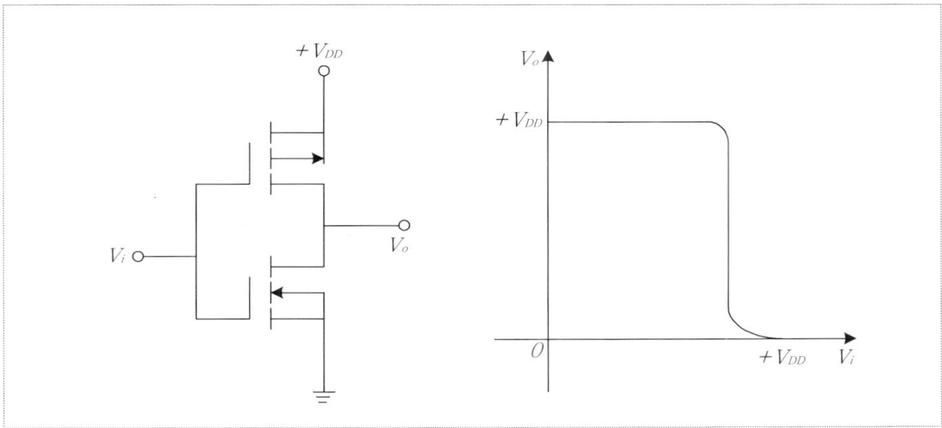

(a) CMOS의 구성 (b) CMOS의 입출력 특성

입력 전압이 낮을 때 pMOS 트랜지스터는 on되고, nMOS는 off되어 출력은 공급전압 값 $+V_{DD}$로 상승한다. 입력 전압이 상승하여 nMOS 트랜지스터가 on되면 출력은 $0\,V$로 떨어진다.

5 FET 바이어스 회로

증가형 MOSFET는 게이트-소스 전압 V_{GS}가 문턱전압 V_T보다 높아야 하고, 공핍모드로 동작하는 JFET와 MOSFET의 드레인 전류 I_D는 포화전류 I_{DSS}에 의해 제한되도록 바이어스 되어야 한다.

(1) 고정 바이어스

FET는 $I_D - V_{DS}$ 특성 곡선 상에서 적당한 동작점을 갖도록 V_{GS}, I_D, V_{DS}를 결정한다. 고정바이어스 회로의 게이트 전류 $I_D = 0$이므로 게이트 바이어스 저항 R_G에는 전압이 걸리지 않아 $V_{GS} = V_{GG}$가 된다.

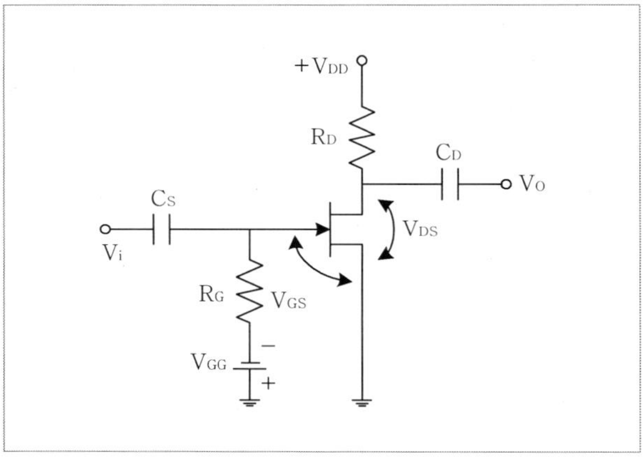

$I_G = 0$ 이므로 R_G의 전압강하는 $V_{RG} = I_G R_G = 0$이다.

$\therefore \ V_{GG} = V_{GS} + V_{RG} = V_{GS} + 0 = V_{GS}$이다.

여기서 R_G는 C_c를 통하여 가해지는 ac 신호가 R_G를 걸쳐 나타나도록 하기 위한 것이다.

V_{GS}는 V_P를 고려하여 결정하는데, 만약 $V_{GS} \leq \dfrac{V_P}{2}$이면 선형영역에 있게 된다.

V_{GS}로부터 I_D를 구하면

$$\therefore \ I_D = I_{DSS}\left(1 - \frac{V_{GS}}{V_P}\right)^2$$

다음 식으로부터 V_{DS}를 구한다.

$$\therefore \ V_{DD} = V_{DS} + I_D R_D$$

(2) 자기 바이어스

JFET는 게이트-소스 접합이 항상 역바이어스가 되어야 한다. 따라서 n채널은 음의 V_{GS}가 필요하고 p채널에는 양의 V_{GS}가 필요하다. 게이트 저항 R_G의 양단에 전압강하가 없으므로 게이트는 $0\,V$가 되어 바이어스에 영향을 주지 않는다. (R_G⇒증폭기 응용에서 접지로부터 ac신호를 분리하는 데 필요함)

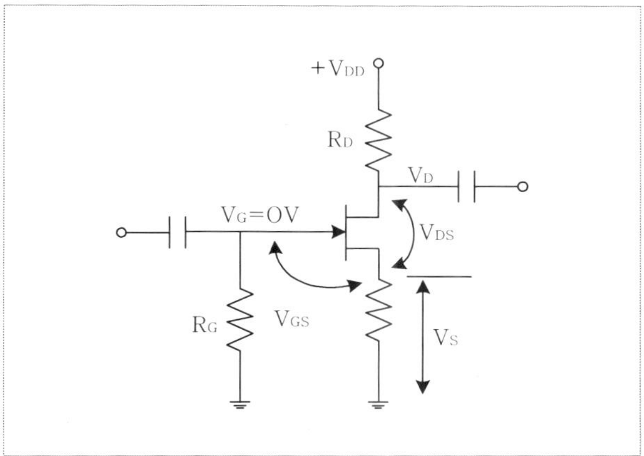

I_D는R_s 양단에 전압강하를 발생시켜 소스가 양의 전압이 되게 한다. R_S의 양단 전압이 게이트-소스 전압 V_{GS}를 인가하게 하는 방식으로 공급 전원전압V_{GG}가 필요치 않다. $V_G=0$이고, $V_S=I_DR_S$이므로 V_{GS}는 다음 식과 같다.

$V_{GS}=V_G-V_S=0\,V-I_DR_S=-I_DR_S$

게이트는 $0\,V$이고 소스에는 I_DR_S의 전압이 걸려 있다. 즉 소스가 게이트에 비해 I_DR_S만큼 높으므로 게이트-소스 간에는 $I_DR_S[V]$만큼의 역바이어스가 된다.

1) 자기 바이어스선의 작도

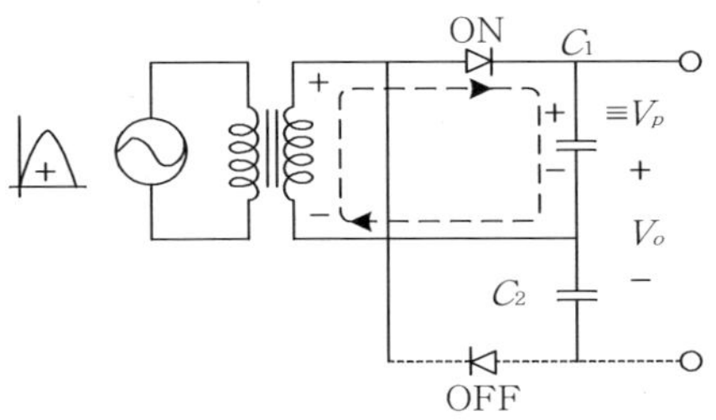

(a) 반주기 동안의 회로동작

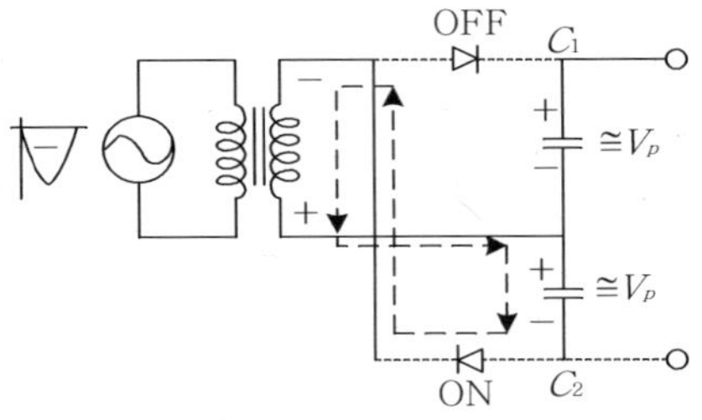

(b) 반주기 동안의 회로동작

(3) 전압 분배 바이어스

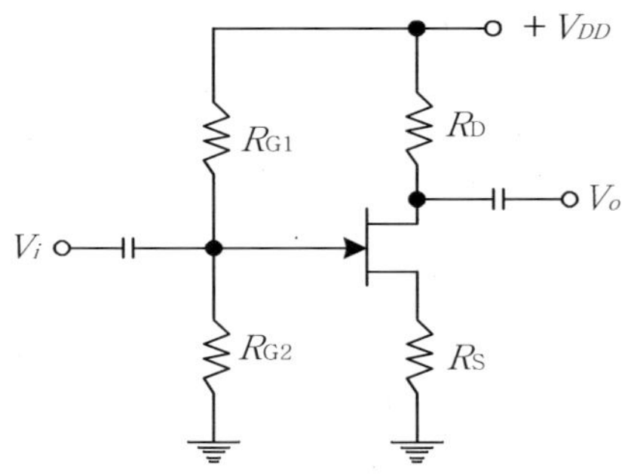

R_{G2}의 분압 전압과 R_S의 강하전압의 차로 게이트-소스 간 전압 V_{GS}를 공급한다. 소스에서의 전압은 게이트-소스 접합을 역바이어스 되게 하여야 하므로 V_{DD}가 R_{G2}에 분압하는 전압보다 R_S의 전압강하가 더 커야 한다. 즉 $V_S > V_G$ 이어야 한다. 게이트 전압은 전압분배 공식을 적용하면 다음 식과 같이 R_{G1}, R_{G2}에 의해 결정된다.

$$\therefore V_G = \left(\frac{R_{G2}}{R_{G1}+R_{G2}}\right)V_{DD}$$

소스 전압은 $V_S = I_D R_S$ 이므로, 게이트-소스 간 전압은

$$\therefore \ V_{GS} = V_G - V_S = V_G - I_D R_S$$

드레인 전류는

$$\therefore \quad I_D = \frac{V_S}{R_S} = \frac{V_G - V_{GS}}{R_S}$$

(4) MOSFET의 바이어스 회로

① 증가형 MOSFET의 바이어스

증가형 MOSFET의 V_{GS}는 문턱전압(V_T) 보다 커야한다. 저항 R_G는 MOSFET를 ON 으로 하기 위해 적당히 큰 전압을 게이트에 가한다.

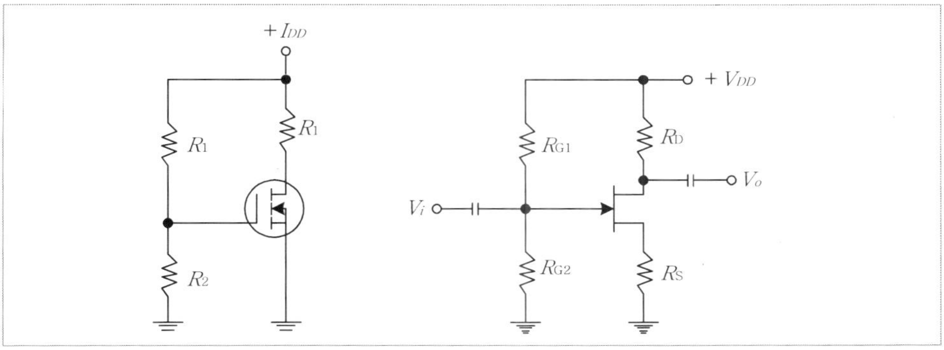

(a) 전압분배 바이어스 (b) 드레인 귀환바이어스

전압분배 바이어스 회로에서

$$\therefore\ V_{GS} = \left(\frac{R_2}{R_1 + R_2}\right) V_{DD}$$

$$\therefore\ V_{DS} = V_{DD} - I_D R_D$$

$$\therefore\ I_D = K(V_{GS} - V_T)^2$$

드레인 귀환 바이어스 회로에서 게이트 전류는 무시된다. 즉 R_G를 통하여 흐르는 전류 I_G는 0이므로 $V_{GS} = V_{DS}$가 된다.

① $I_D = K(V_{GS} - V_T)^2$

② $V_D = V_{DD} - I_D R_D$

③ $I_G = 0,\ V_S = 0$

④ $V_{GS} = V_{DS}$

⑤ $V_{DS} = V_D - V_S = V_{DD} - I_D R_D$

2) 공핍형 MOSFET의 바이어스

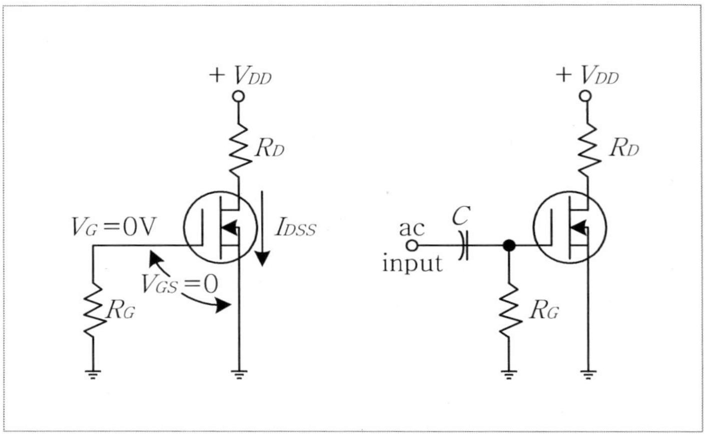

(a) (b)

$V_{GS} = 0\,V$로 두어 게이트의 교류신호가 이 바이어스 점의 상하로 게이트-소스 전압이 변동하도록 한다. 그림(a)는 제로 바이어스 된 MOSFET이며, $V_{GS} = 0$, $I_D = I_{DSS}$이다. 드레인-소스 전압은

$$\therefore V_{DS} = V_{DD} - I_{DSS}R_D$$

R_G는 그림(b)와 같이 ac 신호를 조절하기 위한 것이며, R_G에는 dc 게이트 전류는 흐르지 않아 제로 게이트와 소스 바이어스 간에 영향을 주지 않는다.

① $V_{GS} = V_G - V_S = 0 - 0 = 0[V]$

② $I_D = I_{DSS}\left(1 - \dfrac{0}{V_P}\right)^2$

③ $V_D = V_{DD} - I_D R_D$

6 소신호 FET증폭기의 해석

(1) FET 소신호 모델

등가회로에서 r_{gs}는 게이트-소스 간의 입력저항, r_{ds}는 드레인-소스 간의 교류 채널저항, g_m은 전달 콘덕스이다. 트랜지스터 등가회로와 다른 점은 입력전류가 없다. 게이트-소스 간 전압 V_{gs}에 의해 채널폭 또는 채널의 전하밀도를 변화시킴으로써 출력전류를 제어하므로 출력전류는 V_{gs}의 함수이다.

FET의 등가회로에서 게이트와 소스가 역바이어스이므로 $r_{gs} = \infty$로 놓았다.

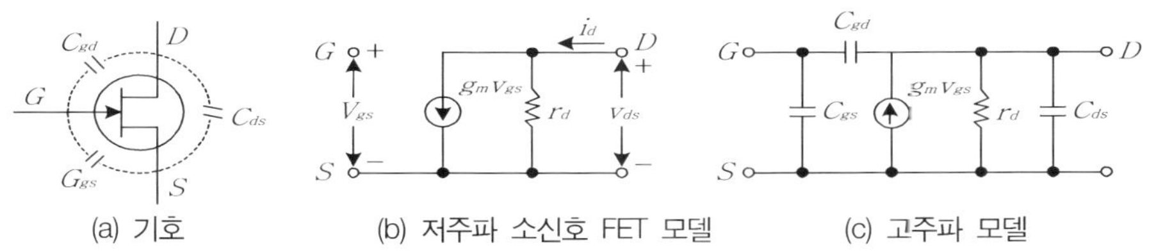

FET 소신호 모델

1) 드레인 전류

$i_D = f(v_{GS}, v_{DS})$

$$\Delta i_D = \frac{\partial i_D}{\partial v_{GS}}\bigg|_{V_{DS-\text{일정}}} \Delta v_{GS} + \frac{\partial i_D}{\partial v_{DS}}\bigg|_{V_{GS-\text{일정}}} \Delta V_{DS}$$

$$i_{d=} g_m v_{gs} + \frac{v_{ds}}{r_d}, \mu = g_{mr} \cdot r_d$$

2) FET의 정수

① 전달 콘덕턴스 : $g_m = \frac{\partial I_D}{\partial V_{GS}} \mid_{V_{DS} = \text{일정}}$

② 드레인 저항 : $r_d = \frac{\partial V_{DS}}{\partial I_D} \mid_{V_{GS} = \text{일정}}$

③ 증폭상수 : $\mu = \frac{\partial V_{DS}}{\partial V_{GS}} \mid_{I_D = \text{일정}}$

3정수 사이의 관계 ⇒ $\mu = g_m r_d$

3) 전달 특성

V_{DS}가 일정할 때 드레인 전류 I_D는 게이트-소스 전압 V_{GS}에 따라 변화한다. 즉 JFET는 입력전압을 변화시켜 출력 전류를 제어하는 소자이다. I_D와 V_{GS}와의 관계 특성을 전달특성이라 하며 특성곡선은 다음과 같다.

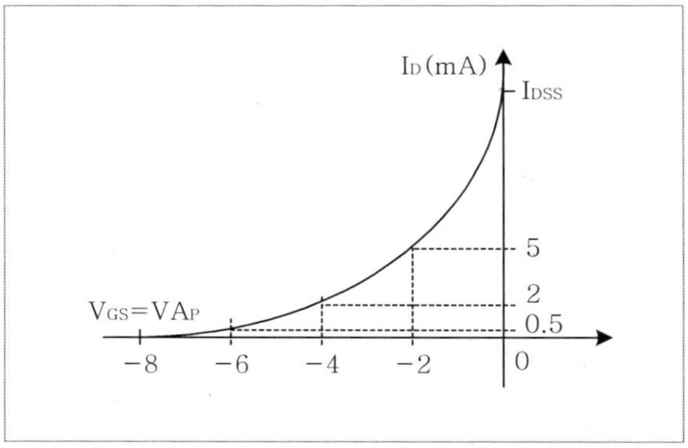

JFET의 전달 특성곡선

전달 특성식은 다음과 같다.

$$\therefore \quad I_D = I_{DSS}(1 - \frac{V_{GS}}{V_P})^2$$

$V_{GS} = 0$ 일 때 $I_D = I_{DSS}$이며, $V_{GS} = V_P$일 때 $I_D = 0$가 된다.

4) 전달 콘덕턴스(g_m)

$$g_m = \frac{\partial I_D}{\partial V_{GS}} \mid_{V_{DS=일정}} = -\frac{2I_{DSS}}{V_P}(1 - \frac{V_{GS}}{V_P}) = g_{mo}(1 - \frac{V_{GS}}{V_p})$$

$g_{mo} = \dfrac{2I_{DSS}}{\mid V_p \mid}$ 이며 $V_{GS} = 0[V]$로 바이어스 되었을 때 JFET의 최대 교류 이득 정수이다.

(2) 소스접지 증폭기(Common Source Amplifier)

트랜지스터의 공통에미터 증폭기에 대응되는 공통소스증폭기는 소스를 공통으로 한 회로를 말하며 증폭기에 일반적으로 많이 사용된다.

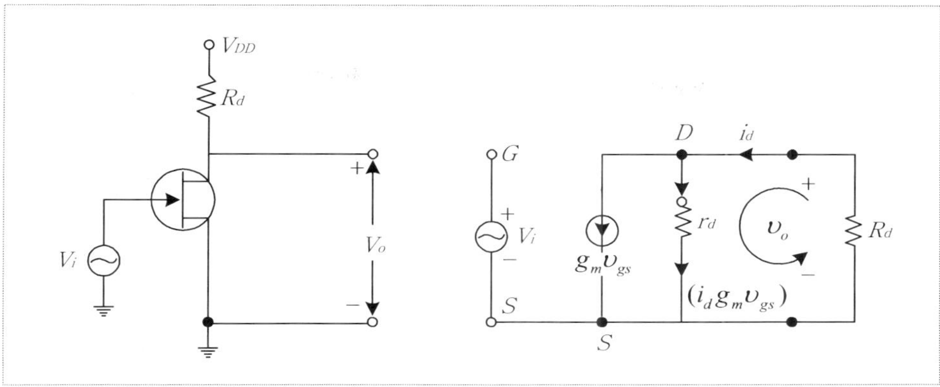

(a) CS 증폭기　　　　　(b) 저주파 등가회로

$$R_d i_d + r_d(i_d - g_m v_{gs}) = 0$$

$$v_{gs} = v_i$$

$$(R_d + r_d)i_d - r_d g_m v_{gs} = 0$$

$$i_d = \frac{r_d \cdot g_m v_{gs}}{r_d + R_d} = \frac{\mu \cdot v_i}{r_{d+R_d}}$$

$$v_0 = -R_d i_d = -R_d \cdot \left(-\frac{\mu v_i}{r_d + R_d}\right)$$

$$A_v = \frac{v_0}{v_i} = -\frac{\mu \cdot R_d}{r_d + R_d} = \frac{-g_m r_d \cdot R_d}{r_d + R_d} = -g_m(r_d /\!/ R_d)$$

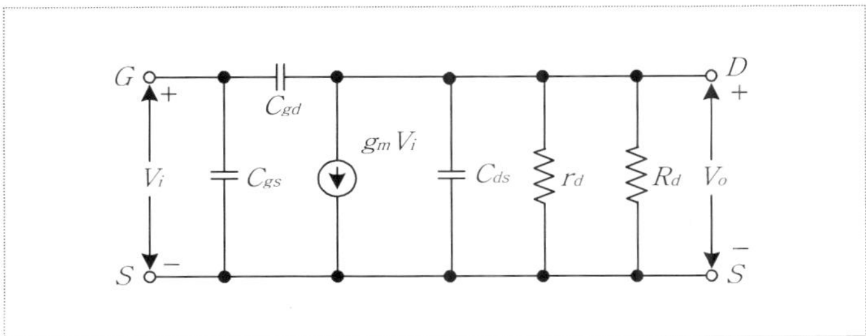

고주파 CS 증폭기 등가회로

고주파 CS증폭기 등가회로에서 출력전압 V_O는 개방 전압-단락 전류 정리를 이용하여 구할 수 있다.

$V_O \;=\; I \cdot Z$ (단 , I : 단락전류 Z : 출력단자 임피던스)

$I \;=\; -g_m v_i \;+\; v_i Y_{gd}$

$$Y = \frac{1}{Z} = Y_d + Y_{ds} + g_d + Y_{gd}$$

$$\{단, Y_d = \frac{1}{R_d}, \ y_{ds} = j\omega C_{ds}, \ g_d = \frac{1}{r_d}, \ y_{gd} = j\omega C_{gd}\}$$

$$A_V = \frac{V_o}{V_i} = \frac{I \cdot Z}{V_i} = \frac{I}{V_i Y}$$

1) 전압이득

$$A_V = \frac{y_{gd} - g_m}{y_d + y_{ds} + g_d + y_{gd}} = \frac{j\omega C_{gd} - g_m}{\frac{1}{R_d} + j\omega c_{ds} + \frac{1}{r_d} + j\omega c_{gd}}$$

2) 입력 어드미턴스

$$Y_i = Y_{gs} + Y_{gd}(1 - A_v)$$

3) 입력용량(Miller 용량)

$$C_i = C_{gs} + C_{gd}(1 - A_V)$$

(3) R_S를 갖는 공통 소스 증폭기

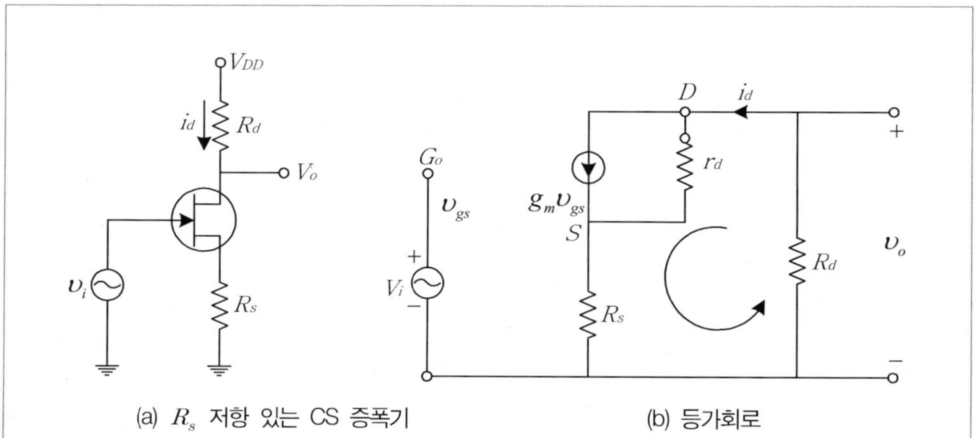

▮ 소스 저항이 있는 공통소스 증폭기

$$R_d\, i_d + r_d(i_d - g_m v_{gs}) + R_s i_d = 0 \qquad \cdots ①$$

$$v_i = v_{gs} + R_s i_d$$

$$v_{gs} = v_i - R_s i_d \qquad \cdots ②$$

②를 ①에 대입

$$(r_d + R_d + R_S)i_d - r_d \cdot g_m v_{gs} = 0$$

$$(r_d + R_d + R_S)i_d - \mu(v_i - R_s i_d) = 0$$

$$(r_d + R_d + R_S + \mu R_s)i_d = \mu v_i$$

$$i_d = \frac{\mu v_i}{r_d + R_d + (1 + \mu)R_s}$$

$$V_o = -R_d i_d = \frac{\mu R_d \cdot v_i}{r_d + R_d + (1 + \mu)R_s}$$

$$A_V = \frac{V_o}{V_i} = \frac{\mu \cdot R_d}{r_d + R_d + (1 + \mu)R_s}$$

(4) 드레인 접지 증폭기(Source Follower)

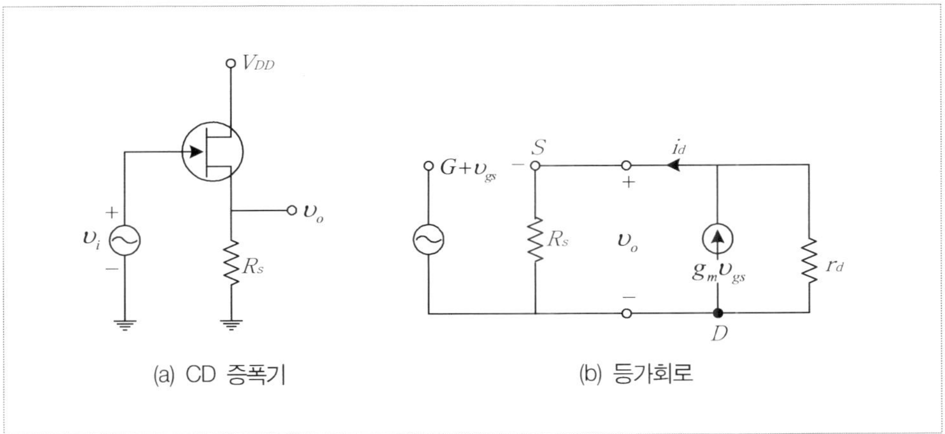

▮ 드레인 접지 증폭기

$$r_d(i_d - g_m V_{GS}) + R_s i_d = 0$$

$$(r_d + R_s)i_d - g_m\, r_d\, V_{GS} = 0$$

$$v_i = v_{gs} + R_s i_d \qquad v_{gs} = v_i - R_s i_d$$

$$(r_d + R_s)i_d - \mu(v_i - R_s\, i_d) = 0(r_d + R_s + \mu R_s)i_d = \mu v_i$$

$$i_d = \frac{\mu \cdot v_i}{r_d + R_s + \mu R_s}$$

$$V_o = R_s \cdot i_d = \frac{\mu \cdot R_s \cdot v_i}{r_d + (1 + \mu)R_s}$$

$$A_V = \frac{v_o}{v_i} = \frac{\mu R_s}{r_d + (1 + \mu)R_s}$$

$$\approx \frac{\mu R_s}{(1 + \mu)R_s} = \frac{\mu}{1 + \mu} \approx 1$$

(5) 게이트 접지 증폭기

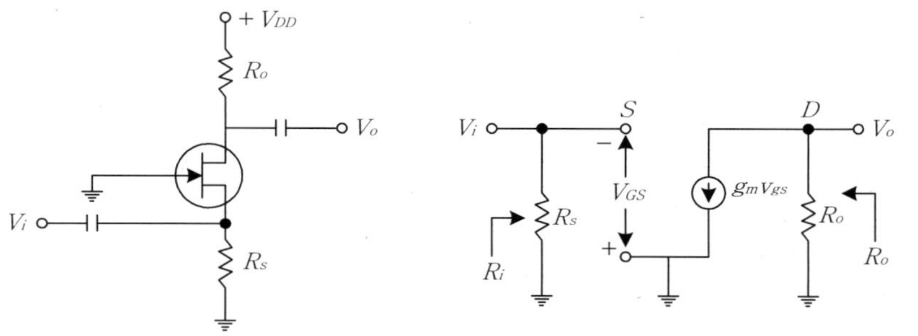

(a) CG 증폭기 (b) 교류 등가 회로

게이트 접지 증폭기의 입력 저항은 $R_i = R_s$로 낮아 많이 사용되지 않는다.(cascode 증폭기에 사용됨)

(6) FET 증폭기의 일반화

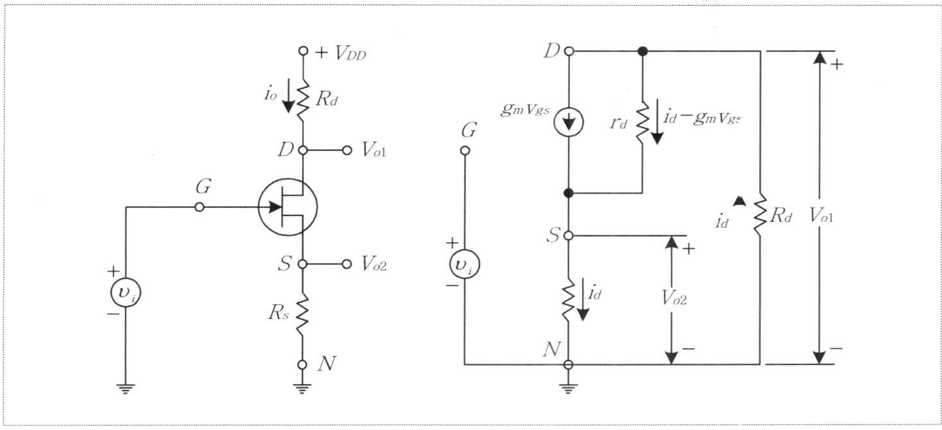

(a) (b)

KVL을 적용하면

$$i_d R_d + (i_d - g_m v_{gs}) r_d + i_d R_s = 0$$

게이트와 소스 간의 전압 $v_{gs} = v_i - i_d R_s$이고, $\mu = g_m r_d$이므로

$$i_d = \frac{\mu v_i}{r_d + R_d + (\mu + 1) R_s}$$

예/상/문/제

1. 트랜지스터에 비교하여 FET의 특징이 아닌 것은?

가. 고입력 임피던스이다.　　나. 열에 대하여 동작이 안정하다.
다. 잡음이 적다　　라. 이득 대역폭적이 매우 크다.

해설

FET의 특징
1. 단극성 소자이다.　2. 전압제어형이다.　3. 입력임피던스가 높다
4. BJT에 비해서 잡음이 적고 열적으로 안정하다.
5. 동작속도가 느리다.　6. 이득 대역폭적(GB)이 적다.

2. FET와 관계없는 것은?

가. 입력 임피던스가 높다.
나. 다수캐리어 전류에 의해서 동작된다.
다. 게이트 전류로 드레인 전류를 제어한다.
라. 접합 트랜지스터보다 잡음이 적다.

해설

FET 특징
1. 입력 임피던스가 높다.
2. 자유전자나 정공중 다수 캐리에 의해 동작한다.
3. 게이트 전압으로 드레인 전류를 제어하는 전압제어형 소자이다.
4. 잡음이 적고 열적으로 안정하다.
5. 동작속도가 느리다.　6. 이득 대역폭적이 적다.

3. FET에 관한 설명 중 틀린 것은?

가. 일반적으로 FET는 잡음에 대한 방지회로에 많이 사용된다.
나. 잡음은 동작점에도 거의 관계가 없다.
다. 바이폴라(bipolar)트랜지스터에 비해 입력저항이 매우 크다.
라. JFET는 게이트 접합에 순방향으로 바이어스를 걸어주는 것이 보통이다.

해설

JFET는 게이트와 소오스에 역바이어스를 걸어서 드레인 전류를 제어한다.

해답 :　1. 라　2. 다　3. 라

4. FET와 TR의 차이점 중 틀린 것은?

가. FET는 TR보다 입력 저항이 크다.
나. TR은 양극성 소자이고 FET는 단극성 소자이다.
다. FET는 TR보다 잡음이 적다.
라. FET는 TR보다 이득 대역폭적이 크다.

해설
FET는 TR보다 이득 대역폭적(G.B)이 적다

5. 그림의 회로에서 $V_P = -3.0[\mathrm{V}]$, $I_D = 3.5[\mathrm{mA}]$일 때 I_{DSS}는 얼마인가? (단, $V_{GS} = -0.6[\mathrm{V}]$이고, I_{DSS} = 포화드레인 전류, I_D = 드레인 전류, V_P = pinch off 전압, V_{GS} = 게이트 전압이다.)

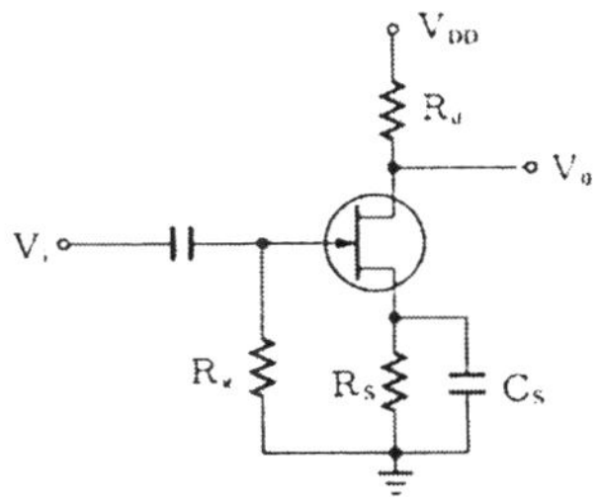

가. 약 5.5[mA]　　나. 약 1.24[mA]
다. 역 0.79[mA]　　라. 약 0.1[mA]

해설

$$I_D = \left(1 - \frac{V_{GS}}{V_P}\right)^2 \cdot I_{DSS}$$

$$3.5 \times 10^{-3} = I_{DSS}\left(1 - \frac{(-0.6)}{(-3)}\right)^2$$

$$I_{DSS} = \frac{3.5 \times 10^{-3}}{\left(1 - \frac{(-0.6)}{(-3)}\right)^2} \fallingdotseq 5.5[\mathrm{mA}]$$

6. N채널 J-FET에서 핀치오프(pinch off) 전압 $V_P -= -4[\mathrm{V}]$ 드레인-소오스 포화전류 $I_{DSS} = 12[\mathrm{mA}]$이고 게이트-소오스 전압 $V_{GS} = 0[\mathrm{V}]$일 때 드레인 전류는 몇 [mA]인가?

가. 0[mA]　　나. 3[mA]　　다. 12[mA]　　라. 15[mA]

해설

$$I_D = I_{DSS}\left(1 - \frac{V_{GS}}{V_P}\right)^2 = 12 \times 10^{-3}\left(1 - \frac{0}{(-4)}\right)^2 = 12[\mathrm{mA}]$$

해답 : 4. 라　5. 가　6. 다

7. FET에서 포화 드레인 전류(I_{DS})를 옳게 표현한 것은?(단, I_{DSS}는 $V_{GS}=0$일 때, 드레인 전류이며, V_P는 pinch-off 전압이다.)

가. $I_{DS}=I_{DSS}\left(1-\dfrac{V_P}{V_{GS}}\right)^2$　　나. $I_{DS}=I_{DSS}\left(1-\dfrac{V_{GS}}{V_P}\right)^2$

다. $I_{DS}=I_{DSS}\left(1-\dfrac{V_P}{V_{GS}}\right)$　　라. $I_{DS}=I_{DSS}\left(1-\dfrac{V_{GS}}{V_P}\right)$

해설

포화 드레인 전류 $I_{DS}=I_{DSS}\left(1-\dfrac{V_{GS}}{V_P}\right)^2$

8. 그림의 회로에서 $I_{DSS}=3[\text{mA}]$, $V_P=-1.4[\text{V}]$일 때 드레인 전류 I_D는?(단, $V_{GS}=-0.7[\text{V}]$이다.)

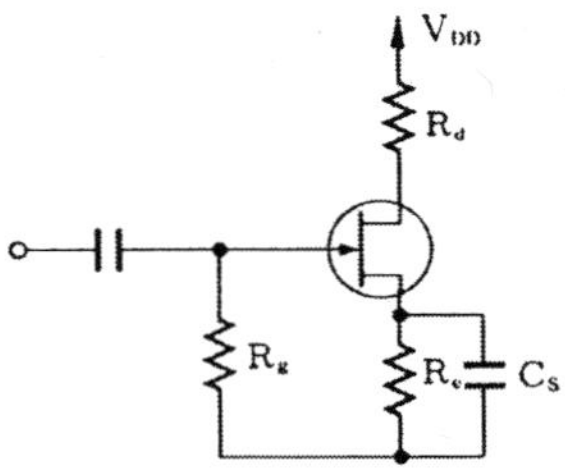

가. 0.5[mA]　　나. 1.5[mA]

다. 3[mA]　　라. 5[mA]

해설

$$I_D=I_{DSS}\left(1-\frac{V_{GS}}{V_P}\right)^2=3\times10^{-3}\left(1-\frac{(-1.4)}{(-0.7)}\right)^2=3[\text{mA}]$$

9. 드레인과 소스 간을 개방한 J-FET와 Pinch off 전압 V_p에 대한 설명으로 맞게 설명된 것은?(단, 드레인 전류가 0인 경우)

가. V_p는 채널폭의 자승에 비례　　나. V_p는 채널폭에 비례

다. V_p는 채널폭의 길이에 비례　　라. V_p는 채널의 불순물 밀도에 반비례

해설

핀치 오프(Pinch-off) 전압

$V_P=\dfrac{e\cdot Nd\cdot a^2}{2\epsilon}$ 여기서 e (전자의 전하량) $=1.602\times10^{-19}[\text{C}]$

$a=\dfrac{\text{채널폭}}{2}$ Nd : (n형)불순물 농도, ϵ : 채널의 유전율이다.

10. FET의 핀치 오프 전압을 옳게 나타낸 말은?

가. 드레인 포화 전류에 해당하는 드레인 전류이다.
나. 게이트에 걸어줄 수 있는 최대 전압이다.
다. 게이트-드레인 간의 파괴 전압이다.
라. 게이트-소오스 간의 펀치스로우 전압이다.

해답 : 7. 나　8. 다　9. 가　10. 라

해설

핀치오프현상은 드레인 전압을 걸지 않은 상태에서 게이트와 소오스 간에 역바이어스 전압을 증가시키게 되면 공핍층 영역의 폭이 넓어지게 된다. 결국은 채널이 완전히 막히게 되는 현상을 핀치오프 현상이라 한다.

11. FET의 g_m이 10^{-3}[A/V], μ가 100일 때 드레인 저항 r_d의 값으로 옳은 것은?

가. 1[kΩ]　　나. 100[kΩ]　　다. 10[kΩ]　　라. 1[kΩ]

해설

$\mu = g_m r_d$에서 μ는 증폭정수, g_m는 전달콘덕턴스, r_d는 드레인 내부저항이다.

$$\therefore r_d = \frac{\mu}{g_m} = \frac{100}{10^{-3}} = 100[\mathrm{k}\Omega]$$

12. $V_{GS} = 0.7$로 일정히 유지하고 V_{DS}를 6[V]에서 10[V]로 변화시켰을 때 I_D가 10[mA]에서 12[mA]로 변하였다. 드레인 저항은 얼마인가?

가. 0.5[kΩ]　　나. 0.5[MΩ]　　다. 2[kΩ]　　라. 8[kΩ]

해설

$$r_d = \frac{dV_{DS}}{dI_D}\Big|_{V_{GS}=0} = \frac{(10-6)}{(12-10)\times 10^{-3}} = 2[\mathrm{k}\Omega]$$

13. 드레인 전압이 30[V]인 접합형 FET에서 게이트 전압을 0.5[V] 변화시켰더니 드레인 전류가 2[mA] 변화하였다. 이 FET의 상호 콘덕턴스는 얼마인가?

가. 0.1[m℧]　　나. 1[m℧]　　다. 4[m℧]　　라. 6[m℧]

해설

$$g_m = \frac{dI_D}{dV_{GS}}\Big|_{V_{DS}=\text{일정}} = \frac{2\times 10^{-3}}{0.5} = 4[\mathrm{m℧}]$$

14. 소오스(source)접지 증폭기의 저주파에서 전압이득은?

가. $|A_V| < \mu$　　나. $|A_V| \geq \mu$　　다. $|A_V| \gg \mu$　　라. $|A_V| = 1$

해설

종류	게이트 접지	소오스 접지	드레인 접지
입력임피던스	낮다	높다	높다
출력임피던스	$\fallingdotseq r_d$	$\fallingdotseq r_d$	$\frac{r_d}{1+\mu} \fallingdotseq \frac{1}{g_m}$
전압이득	$\fallingdotseq g_m \cdot r_d$	$\fallingdotseq -\frac{\mu \cdot R_L}{r_d + R_L}$	$\frac{\mu}{1+\mu} \fallingdotseq 1$

해답 : 11. 나　12. 다　13. 다　14. 가

15. 그림과 같은 증폭회로의 전압이득은?
(단, $g_m = 10[m℧]$, $r_d = 100[kΩ]$이다.)

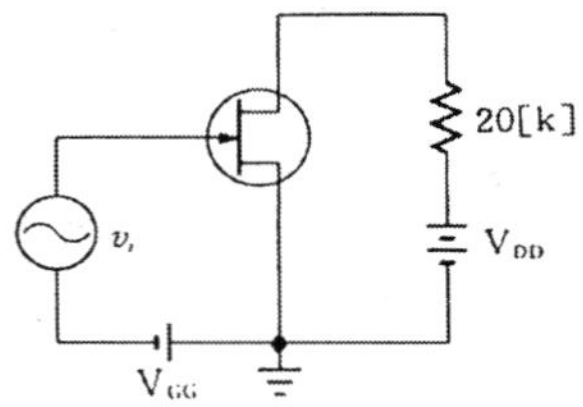

가. -120 나. -150
다. -167 라. -1000

해설

$$A_V = -\frac{\mu \cdot R_L}{r_d + R_L} = \frac{1000 \times 20 \times 10^3}{100 \times 10^3 + 20 \times 10^3} = -\frac{20000}{120} ≒ -167$$

16. 다음 FET 회로의 전압이득은?
(단, 전달콘덕턴스 $g_m = 10[m℧]$, 드레인 저항 $r_{ds} = 50[kΩ]$)

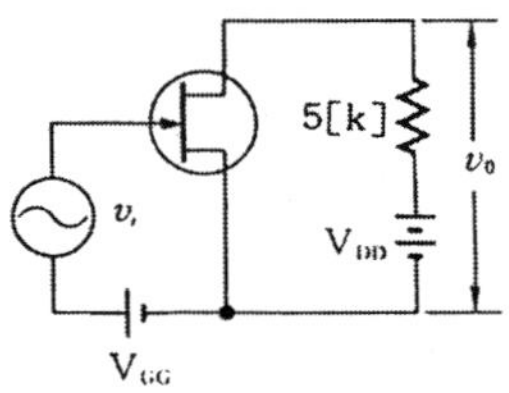

가. -15.5 나. -23.8
다. -33.3 라. -45.5

해설

$$A_V = -\frac{\mu \cdot R_L}{r_d + R_L} = \frac{500 \times 5 \times 10^3}{50 \times 10^3 + 5 \times 10^3} = -\frac{2500}{55} ≒ -45.45$$

17. 그림과 같은 FET 바이어스 회로에서 게이트와 소오스 사이에 걸리는 전압 V_{GS}는 얼마인가?(단, $I_D = 2.4[mA]$, $R_S = 4[kΩ]$, $R_g = 1[MΩ]$, $V_{GG} = 9[V]$이다.)

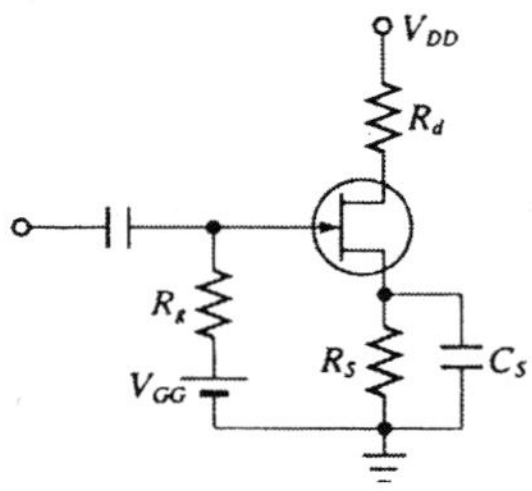

가. -0.5[V] 나. 0.5[V]
다. -0.6[V] 라. 0.6[V]

해설

$V_{GG} = I_D R_S + V_{GS}$에서
$V_{GS} = V_{GG} - I_D R_s = 9 - 2.4 \times 10^{-3} \times 4 \times 10^3 = 9 - 9.6 = -0.6[V]$

18. 다음 FET 회로에서 I_D가 1[mA]일 때 V_{GS}는 얼마인가?
(단, $V_{GG} = 3V$이고 게이트 전류는 무시한다.)

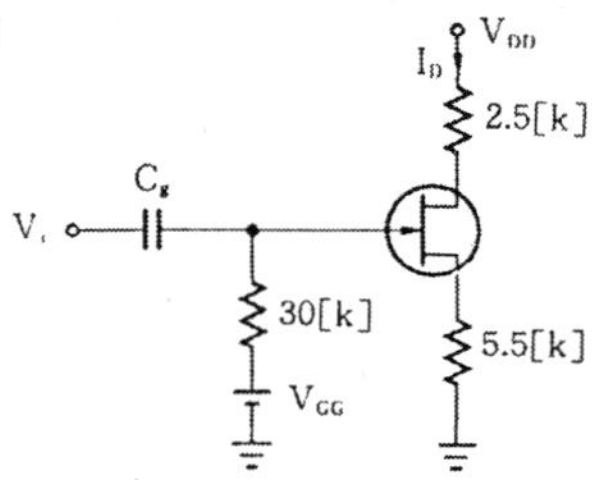

가. -5.5[V] 나. -3[V]
다. -8.5[V] 라. -2.5[V]

해설

$V_{GG} = I_D R_S + V_{GS}$에서
$V_{GS} = V_{GG} - I_D R_s = 3 - 1 \times 10^{-3} \times 5.5 \times 10^3 = 3 - 5.5 = -2.5[V]$

해답 : 15. 다 16. 라 17. 다 18. 라

19. FET는 n 찬넬형으로 $V_p = -2[\mathrm{V}]$, $g_{mo} = 1.6[\mathrm{m℧}]$, $I_{DSS} = 1.6[\mathrm{mA}]$이다. V_{DD}는 24[V]로 하고 I_D는 0.8[mA]로 바이어스 되어있다. 상호 콘덕턴스 g_m을 구하여라.

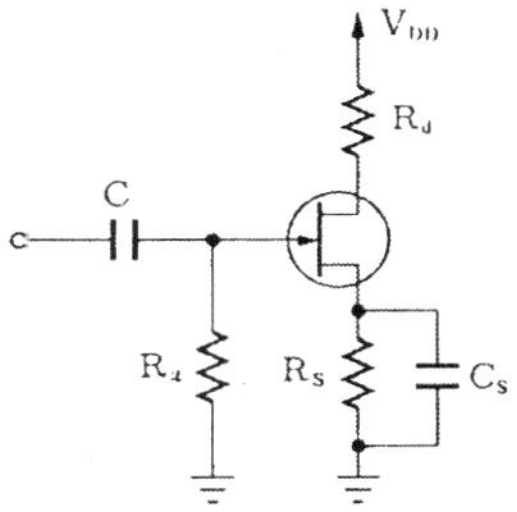

가. 1.11[mA/V]　　나. 1.21[mA/V]
다. 1.12[mA/V]　　라. 1.01[mA/V]

해설

$$g_m = g_{mo}\left(1 - \frac{V_{GS}}{V_P}\right) = 1.6\times10^{-3}\left(1 - \frac{(-0.6)}{(-2)}\right) = 1.12[\mathrm{mA/V}]$$

$$I_{DS} = I_{DSS}\left(1 - \frac{V_{GS}}{V_P}\right)^2 \quad 0.8\times10^{-3} = 1.6\times10^{-3}\left(1 - \frac{V_{GS}}{(-2)}\right)^2$$

$0.5 = \left(1 - \frac{V_{GS}}{(-2)}\right)^2$에서 $V_{GS} = -0.6[\mathrm{V}]$이다. 이 값을 g_m에 대입

20. 그림의 J-FET에서 극간용량을 무시한 전압이득은?
(단, r_d : 내부저항, g_m : 상호 콘덕턴스)

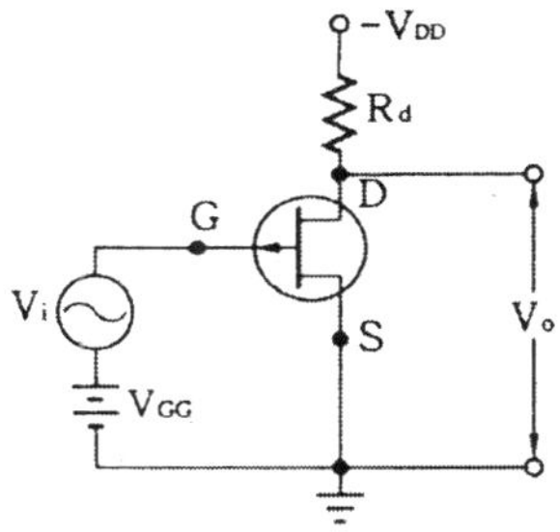

가. $A_V = -g_m \cdot r_d$　　나. $A_V = -g_m\dfrac{r_d \cdot R_d}{r_d + R_d}$

다. $A_V = -g_m\dfrac{R_d}{r_d + R_d}$　　라. $A_V = -g_m\dfrac{R_d}{r_d}$

해설

$$A_V = -\frac{\mu \cdot R_d}{r_d + R_d} = -\frac{g_m \cdot r_d \cdot R_d}{r_d + R_d}$$

21. 그림과 같은 FET 증폭기에서 전압이득 $A_V = \dfrac{V_o}{V_i}$는?

(단, 드레인 저항은 r_d 이다.)

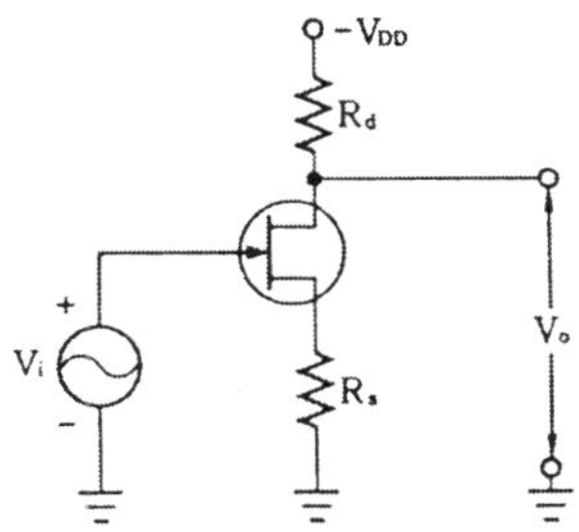

가. $\dfrac{-\mu R_d}{R_s + (\mu+1)r_d + R_d}$

나. $\dfrac{-\mu R_d}{R_s + (\mu+1) + r_d + R_d}$

다. $\dfrac{-g_m R_d}{R_s(g_m+1) + r_d + R_d}$

라. $\dfrac{-g_m R_d}{R_s(g_m+1)r_d + R_d}$

해답 :　19. 다　20. 나　21. 나　22. 가

22. 그림과 같이 FET를 이용한 증폭기에서 입력 용량(C_i)은?

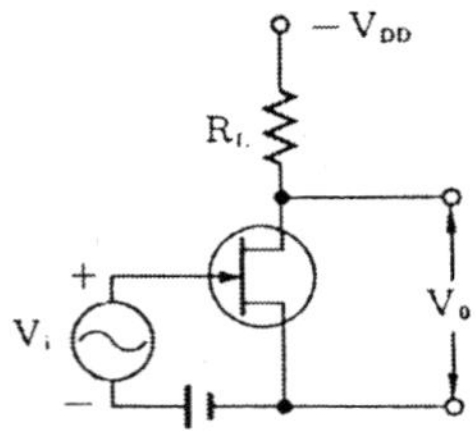

가. $C_{gs}+\left(1+\dfrac{g_m r_d R_L}{r_d+R_L}\right)C_{gd}$　　나. $C_{gs}+C_{gd}$

다. $C_{gs}-\dfrac{g_m r_d R_L}{r_d+R_L}C_{gd}$　　라. C_{gs}

해설

$$C_i = C_{gs}+C_M = C_{gs}+(1+|A_V|)\,C_{gd}$$

$$= C_{gs}+\left(1+\frac{g_m r_d R_L}{r_d+R_L}\right)C_{gd}$$

23. 드레인 접지형 FET 증폭기의 특성을 설명한 것 중 옳지 않은 것은?(단, FET의 파라미터 g_m은 상호 전도도이다.)

가. 출력 저항은 약 $1/g_m$이다.
나. 전압 이득은 약 1이다.
다. 입력 신호 전압과 출력 전압은 동상이다.
라. 입력 저항은 매우 낮다.

해설

드레인 접지형 FET 증폭기의 특징
1. 입력 임피던스 : $R_i=\infty$
2. 출력 임피던스 : $R_o=\dfrac{r_d}{1+\mu}\fallingdotseq\dfrac{1}{g_m}$
3. 전압 이득 : $A_V=\dfrac{\mu}{1+\mu}\fallingdotseq 1$
4. 입력, 출력신호 전압은 동상이다.

24. 그림의 회로에서 드레인 전류 I_D를 구한 값은 몇[mA]인가? (단, $V_{GS}=-4$[V]이다.)

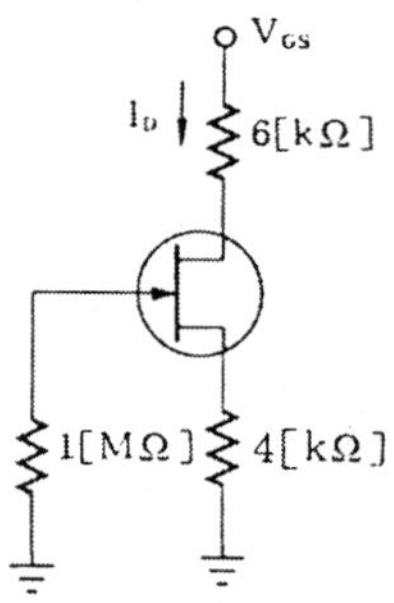

가. 0.1　　나. 1
다. 2　　라. 3

해설

$V_{GS}=I_D R_S$에서 $I_D=\dfrac{V_{GS}}{R_s}=\dfrac{1}{4\times 10^3}=1$[mA]

해답 : 22. 가　23. 라　24. 나

25. 전계효과 트랜지스터(FET)의 장점 설명 중 잘못된 것은?

가. 고속도 스위칭용으로 매우 우수하다.
나. 입력 저항이 매우 크다.
다. 잡음이 매우 적다.
라. 제작이 간편하여 집적화에 적합하다.

해설
전계효과 트랜지스터는 제작이 간편하고 집적화에 적합하고 소비 전력이 적으나 동작 속도가 느리다.

26. MOS-FET가 직접회로에 적합한 내용은?

가. 단위 면적을 크게 차지하지만 전력 소모가 적기 때문이다.
나. FET가 콘덴서로 대치될 수 있기 때문이다.
다. FET가 차지하는 면적이 적기 때문에 저항소자를 넣을 수 있는 여유가 많기 때문이다.
라. 저항 소자로 사용가능하고 단위 면적을 적게 차지하기 때문이다.

해설
MOS-FET는 전력소모가 적으며 저항대신 사용할 수 있으며 단위 면적을 적게 차지하기 때문에 매우 효율적이다.

27. 다음 FET에 대한 설명 중 틀리는 것은?

가. 트랜지스터보다 속도가 느리며 이득, 대역폭(GB)적이 적다.
나. FET 자체가 저항 작용을 하므로 MOS 소자만으로 디지털 시스템 구성이 가능하다.
다. P-채널 소자의 on 저항이 N-채널소자보다 작다.
라. N-채널 MOS 소자의 스위칭 시간이 P-채널보다 작다.

해설
FET의 특징
1. 동작속도가 느리며 이득 대역폭적이 적다.
2. 열적으로 안정하다.
3. 전압제어형 소자이다.
4. P채널은 n 채널보다 스위칭시간이 느리다.

28. 다음 중에서 틀린 것은?

가. MOS FET는 전압 제어형 소자이다.
나. 스위칭 속도는 MOS중 CMOS가 가장 빠르다.
다. J FET는 입력 임피던스가 MOS FET보다 크다.
라. 핀치 오프(pinch-off)가 발생 후에 FET의 Drain과 Sourcer간에 터널형상에 따른 정전류 값을 갖는다.

해답 : 25. 가 26. 라 27. 라 28. 다

해설

1. FET는 전압 제어형 소자이다.
2. 스위칭 속도는 MOS중 CMOS가 가장 빠르다.
3. 입력 임피던스가 높다(MOS FET : $10^{10} \sim 10^{14}$, J FET : $10^{7} \sim 10^{11}$)
4. FET는 GB적(이득 대역폭적)이 적다.
5. 동작속도가 느리고 소비전력이 적다.

29. FET 증폭기의 입력 임피던스가 Z_i이고 부하 임피던스가 Z_L, 전류이득이 A_1라면 전압이득은?

가. $A_v = \dfrac{A_1 Z_L}{Z_i}$　　나. $A_v = \dfrac{A_1 Z_i}{Z_L}$

다. $A_v = A_1 Z_i Z_L$　　라. $A_v = \dfrac{A_1}{Z_i Z_L}$

30. FET를 초우퍼를 사용할 경우 다음 중 어떤 성질을 활용한 것인가?

가. 입력 임피던스가 대단히 높다.
나. 일반 트랜지스터보다 잡음이 적다.
다. 제조 과정이 쉽고, 집적 회로화할 때 점유 공간이 작다.
라. 드레인 전류가 0일 때, off set 전압이 0이다.

해설

FET는 드레인 전류가 0일 때 off set 전압이 0이다. 이것과 같이 FET의 특성을 이용한 초우퍼회로로 구성시 사용된다.

해답 : 29. 가 30. 라

07 연산증폭회로

연산증폭기는 IC(Integrated Circuit)라고 부르는 단일 실리콘 칩 위에 많은 TR, 다이오드, 저항 등을 집적시켜 하나의 회로 기능을 갖도록 만든 소자이다. 그 내부는 이상적인 증폭기의 기능을 할 수 있도록 여러 가지의 전자회로 요소들로 구성되어 있으며, 차동증폭기가 가장 핵심적인 요소이다. 반전 및 비반전증폭기, 에미터플로워, 비교기, 가산기, 미분 및 적분기 등의 응용 회로가 있으며, 연산 증폭기는 종합 응답 특성을 조절하기 위하여 궤환이 가해진 선형 연산에 사용되는 직결 고 이득 직류 증폭기이다.

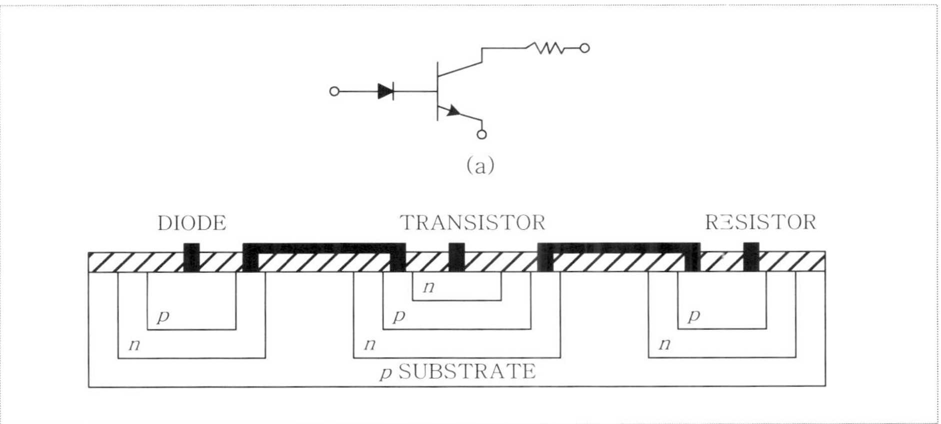

▮ 간단한 직접회로

p형 기판과 이와 맞닿아 있는 세 개의 n형층 사이에는 공핍층이 존재한다. 공핍층에는 근본적으로 전류 반송자가 존재하지 않으므로 집적 소자들은 상호 분리되며 이런 종류의 절연을 공핍층 또는 다이오드 절연이라 한다.

1 기호와 단자

연산증폭기는 반전(-) 비반전(+) 두 개의 입력단자와 하나의 출력단자가 있다. 일반적으로 연산증폭기는 정(+)전압과 부(-)전압 두 개의 전압으로 동작하며 보통 전원 단자들은 기호의 간략화를 위해 표시하지 않는다. 최근에 개발된 연산증폭기는 단일 전압으로 동작되는 것도 있다.

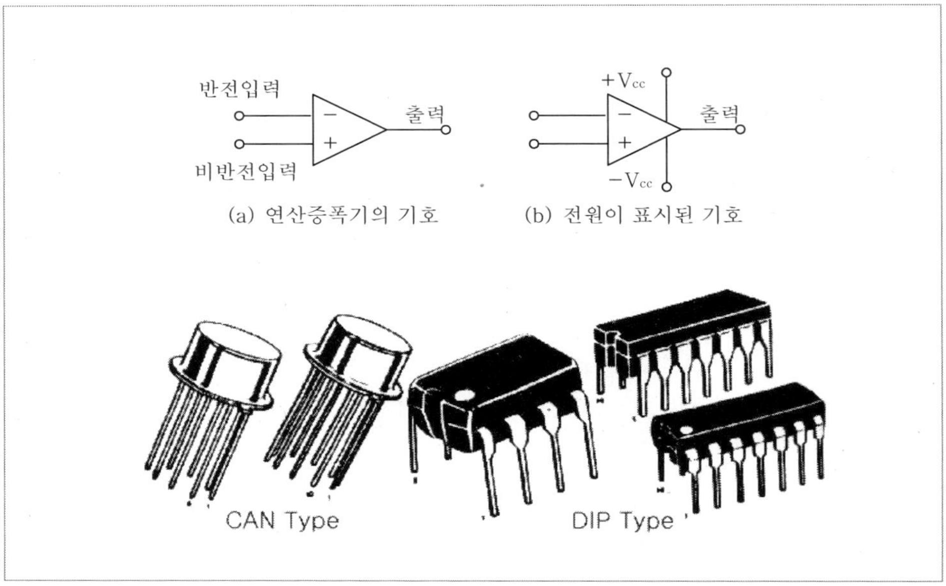

▌ 연산증폭기 기호와 패키지

2 이상적인 연산 증폭기의 특성

① 입력 저항 : $R_i = \infty$

② 출력 저항 : $R_o = 0$

③ 전압 이득 : $A_v = \infty$

④ 대역폭이 DC에서부터 ∞일 것

⑤ ±입력단자의 입력신호가 같을 때, 즉 동상신호(잡음신호) 입력일 때 출력은 0

⑥ CMRR = ∞

⑦ $I_{B1} = I_{B2} = 0$(직류 바이어스 전류는 0)

⑧ $I_{IO} = V_{IO} = 0$(입력 오프셋 전류 및 전압은 0)

⑨ 온도와 전원 전압의 변화에 의해 특성 변화가 없어야 한다.
⑩ 응답 시간은 0 이어야 한다.

3 연산증폭기의 구성

이상적인 연산증폭기의 실현은 소자 특성의 한계성 때문에 불가능하다.

① $R_i = \infty$, 온도 변화에 의한 특성의 무변화, 잡음신호의 효율적 제거 : 차동증폭기 도입

② $R_o = 0$의 실현 : C-C(Emitter Follower)를 출력 단에 사용함

③ $BW = \infty$: 주파수 제한의 원인이 되는 콘덴서를 제거하고 직접결합 형태로 회로 구성

④ $A_v = \infty$: 증폭기를 다단으로 구성함

⑤ 연산 증폭기 구성
- 차동 증폭기 입력단
- 전압 증폭기 이득단
- 푸시풀 증폭기 출력단

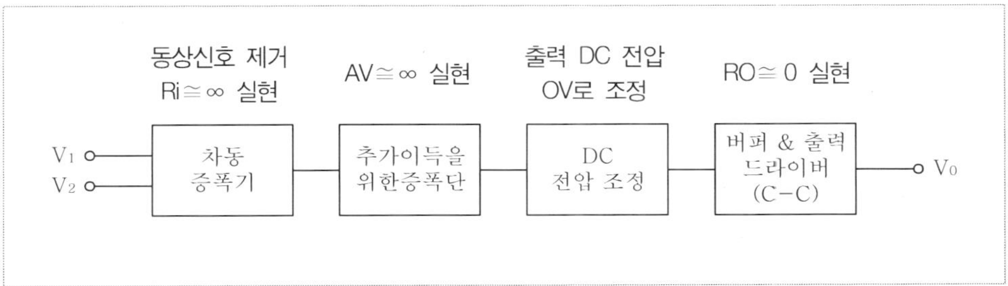

▌ 연산증폭기의 일반적 구성

4 차동증폭기

$BW = \infty$+의 연산증폭기를 실현하기 위해서 콘덴서를 제거하고 회로를 직접결합 시켜야 한다. 직접결합 증폭기(연산증폭기)는 전회로가 직류로 결합되어 있으므로 온도 등의 변화에 의해 회로 동작 상태가 매우 불안하다.

(1) 이상적 차동증폭기

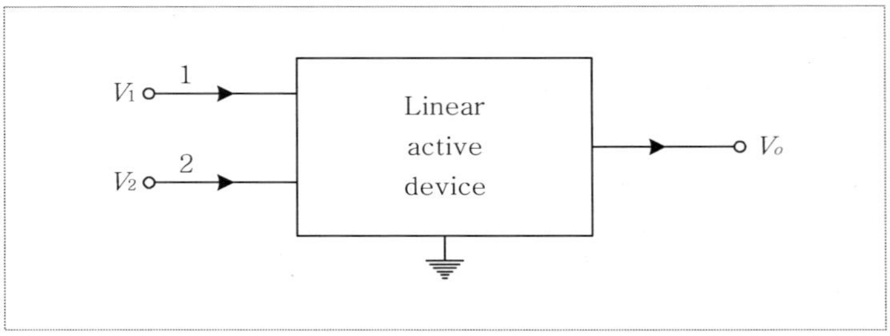

차동증폭기는 2개의 입력 신호의 차를 증폭한다.

$\therefore\ V_o = A_d(v_1 - v_2)$ (A_d : 차동증폭기의 이득)

(2) 실제 차동증폭기

실제 차동증폭기는 두 신호의 차 신호(differential mode signal ; DM신호)뿐만 아니라 두 신호의 평균치인 동상신호(common mode signal ; CM 신호)에도 의존한다.

① 차신호 : $v_d = v_1 - v_2$

② 동상신호 : $v_c = \frac{1}{2}(v_1 + v_2)$

차동증폭기가 선형 영역에서 동작할 경우 출력 v_o는

$\therefore\ v_o = A_1 v_1 + A_2 v_2$ … ①

$\Rightarrow A_1(A_2)$는 $v_2(v_1)$을 접지 시켰을 때의 이득이다.

식 ①에 차신호와 동상신호에서 유도된 식을 대입하면

$\therefore v_1 = v_c + \frac{1}{2}v_d$ $\therefore v_2 = v_c - \frac{1}{2}v_d$

출력 v_o는

$$v_o = A_1 v_1 + A_2 v_2 = A_1(v_c + \frac{1}{2}v_d) + A_2(v_c - \frac{1}{2}v_d)$$

$$= \frac{1}{2}(A_1 - A_2)v_d + (A_1 + A_2)v_c$$

$$= A_d v_d + A_c v_c = A_d v_d(1 + \frac{A_c}{A_d} \cdot \frac{v_c}{v_d})$$

$$= A_d v_d(1 + \frac{1}{CMRR} \cdot \frac{v_c}{v_d})$$

여기서 차신호에 대한 전압이득 : $A_d = \frac{1}{2}(A_1 - A_2)$

동상신호에 대한 전압이득 : $A_c = A_1 + A_2$

동상신호 제거비 : $CMRR = \left| \frac{A_d}{A_c} \right|$

이것을 데시벨로 나타내면 $CMRR = 20\log\frac{A_d}{A_c}$가 된다.

∴ A_d는 큰 값을 가지는 것이 바람직하며, A_c는 이상적으로 0 이어야 한다. v_o는 $v_o \approx A_d\ v_d$가 된다. 이상적인 차동 증폭기는 CMRR이 ∞이어야 한다.

③ 동상신호 제거 비(CMRR : Common-mode Rejection Ratio)

- 증폭기의 입력에 불필요한 신호가 들어올 때 이를 증폭기 내부에서 제거하는 비율을 나타낸다.
- 이상적인 연산 증폭기가 되기 위해서 신호 입력에 대한 이득이 매우 높고, 동상신호에 대한 이득은 0이며, 동상이득에 비해서 개루프 전압이득이 높을수록 좋다.

5 신호의 동작 모드

(1) 단일 입력모드(Single-ended Input Mode)

그림 A와 같이 한쪽 입력은 접지 시키고 다른 한쪽 입력에 신호 전압을 인가한다. 신호전압을 입력 1에 인가하면 증폭된 신호전압이 출력 1에 반전되어 나타나고, Q_1의 에미터에 동상으로 유기된다. Q_1 과 Q_2의 에미터가 결합되어 있으므로 이 신호는 Q_2의 입력으로 되어 공통베이스 증폭기와 같은 기능을 한다. 이 신호는 Q_2에 의해 증폭되어 입력신호와 동상인 신호가 Q_2의 출력 단에 나타난다. 그림 B의 동작원리도 이와 같다.

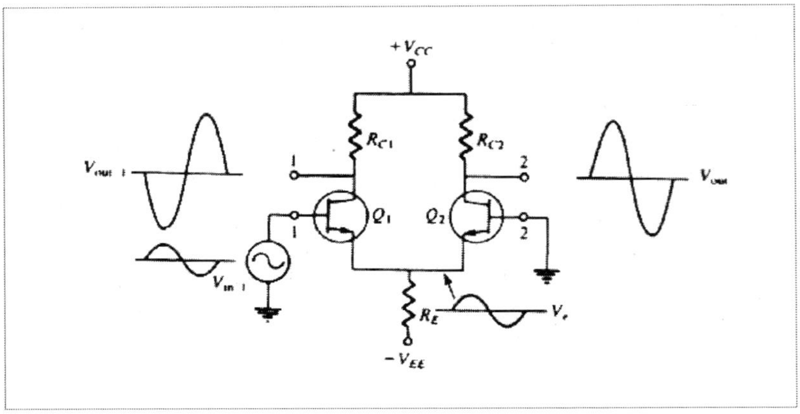

(a)

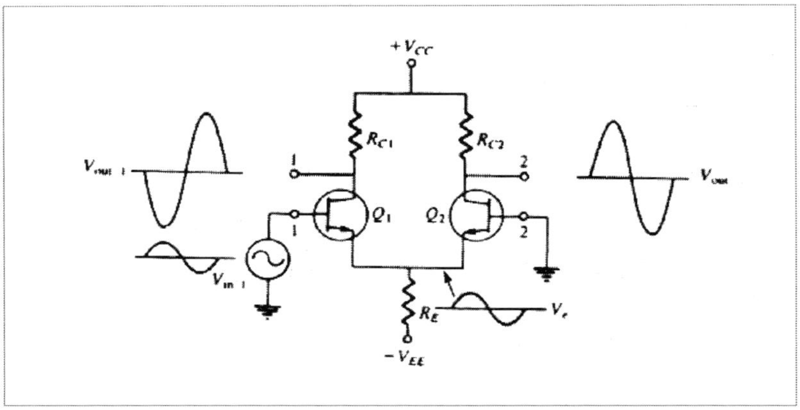

(b)

(2) 차동입력 모드(Differential input mode)

그림과 같이 위상이 서로 다른 두 개의 입력 신호를 각각의 입력단자에 동시에 인가하는 경우를 차동입력이라고 하며, 두 입력신호의 위상이 서로 반대이기 때문에 각 출력신호에 나타나는 신호들은 위상이 같아서 한 개의 입력만 있는 경우의 출력보다 2배로 증가하게 된다.

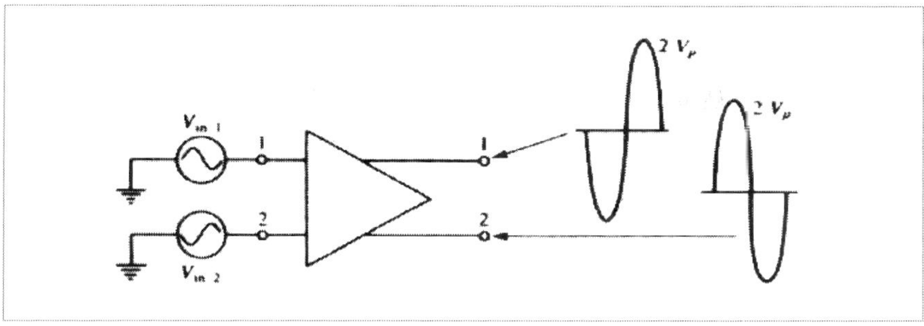

(3) 동상입력모드(Common input mode)

그림과 같이 동일위상, 동일주파수 및 동일진폭을 갖는 입력신호전압이 두 입력 단자에 동시에 인가하는 경우를 동상입력이라 하며, 출력은 두 신호가 중첩되어 상쇄되므로 0V가 된다.

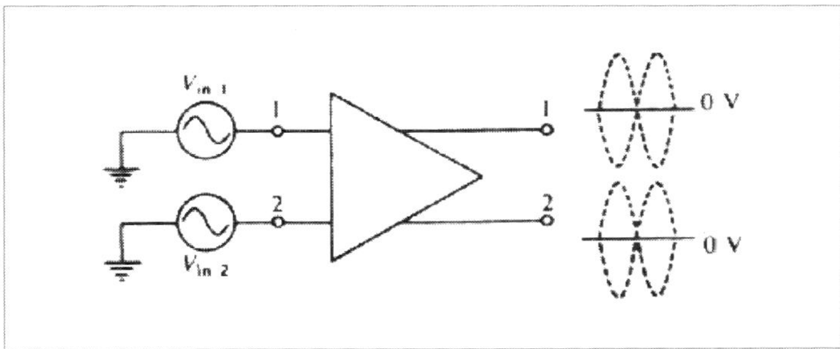

6 연산증폭기의 파라미터

(1) 입력 오프셋 전압(Input Offset Voltage : $V_{io} = V_{B1} - V_{B2}$)

출력전압 $V_o = 0$일 때 입력 오프셋 전압은 두 입력 전압 V_{B1}과 V_{B2}의 차를 말하며, 불균형이 된 증폭기의 입력단자 사이에 인가되어야 할 전압이다. 이상적인 연산증폭기는 입력을 인가하지 않으면 출력은 0V가 된다. 실제의 연산증폭기는 차동입력을 인가하지 않았을 때도 약간의 DC 출력 전압이 나타나는데 그 원인은 차동 입력단의 베이스-에미터 간의 전압이 약간 차이가 나기 때문이다.

(2) 입력 오프셋 전압 드리프트(Input offset voltage drift)

1^oC당 입력 오프셋 전압의 변화를 말하며, $5\mu V/^oC$에서 $50\mu V/^oC$ 정도의 값을 갖는다.

(3) 입력바이어스 전류 $\Rightarrow I_{Bias} = \dfrac{I_{B1}+I_{B2}}{2}$

차동 증폭기의 입력은 베이스이므로 증폭기의 입력 전류는 베이스 전류가 된다. 바이어스 전류는 증폭기를 적절한 동작영역에 있게 하기 위한 직류전류이며 입력 바이어스 전류는 두 입력 전류의 평균치로 정의된다.

(4) 입력 오프셋 전류($I_{io} = I_{B1} - I_{B2}$)

이상적인 연산증폭기는 두 개의 입력 바이어스 전류가 같으므로 그 차는 0이 된다. 그러나 실제의 연산증폭기는 바이어스 전류가 정확히 동일하지 않아, 입력바이어스 전류간의 차이가 발생한다. 이것을 입력오프셋 전류라 한다.

(5) 입력 오프셋 전류의 드리프트

출력전압 $V_o = 0$일 때, 입력 오프셋 전류의 드리프트는 온도 변화에 대한 두 입력 전류 I_{B1}과 I_{B2}의 차 변화 분을 말한다.

$$\therefore \ \frac{\Delta I_{io}}{\Delta T} = \frac{\Delta (I_{B1} - I_{B2})}{\Delta T}$$

(6) 출력 오프셋 전압

두 입력단자를 모두 접지하였을 때 두 출력단자 사이에 나타나는 직류전압이다.

(7) 전원 전압 제거비(Supply Voltage rejection ratio : SVRR)

전원 전압이 변화하면 그 전압 변화에 따라서 출력 전압도 변화한다. 즉 연산증폭기에서 전원 전압의 변화에 따른 입력 오프셋 전압의 변화를 전원전압 제거비라 한다.

$$\therefore \ SVRR = \frac{\text{입력 오프셋 전압의 변화}}{\text{전원 전압의 변동}}$$

$$\text{슬루율(Slew Rate} = \frac{\text{출력전압의응답}}{\text{응답소요시간}} = \frac{\Delta V_{out}}{\Delta t}[V/\mu s])$$

계단파 입력 전압이 인가되었을 때 연산증폭기는 내부 회로의 동작 속도 등 기타 원인으로 인하여 출력 전압 신호가 일정한 변동을 가지고 응답하는데, 이러한 출력전압의 상승 및 하강 응답 속도를 슬루율이라 한다.

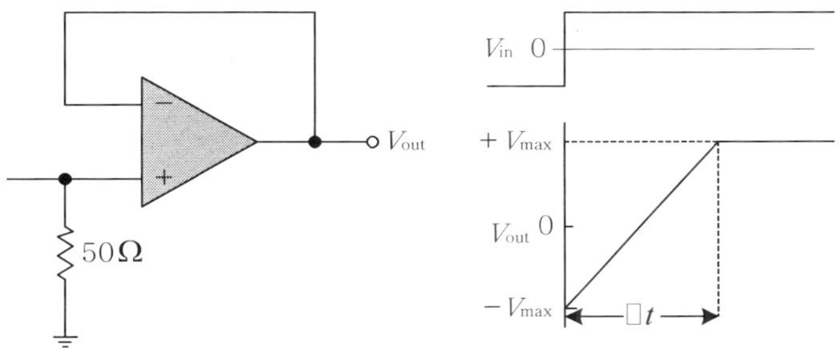

(a) 시험회로 (b) 계단파 입력전압과 출력전압

▮ 슬루율 측정

7 기본 연산 증폭기 회로

(1) 반전(Inverting) 연산증폭기

반전 연산증폭기의 (+)단자는 접지시키고 (-)단자에 신호를 입력시킨다. 입력과 출력 전압의 위상은 180°의 차이가 난다.

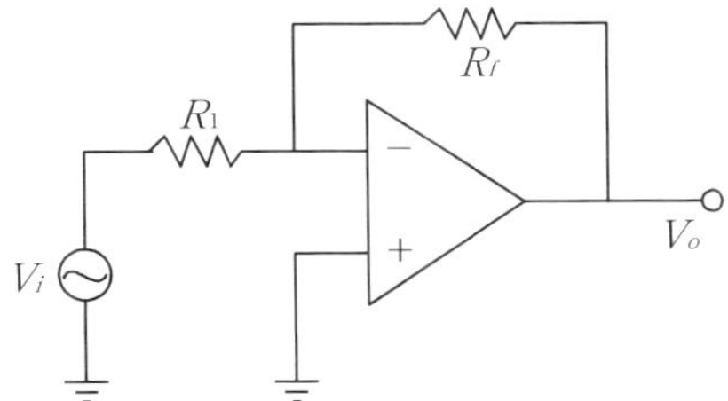

그림(a)에서 (-)단자는 가상접지점이므로 전압은 거의 0 V이다. 증폭기의 입력 저항 $R_i \simeq \infty\,\Omega$이므로 그림(b)에서와 같이 입력 전류 I_i는 전부 R_f를 통해 흐른다. 즉 입력전류 I_i와 I_f는 같다고 볼 수 있다.

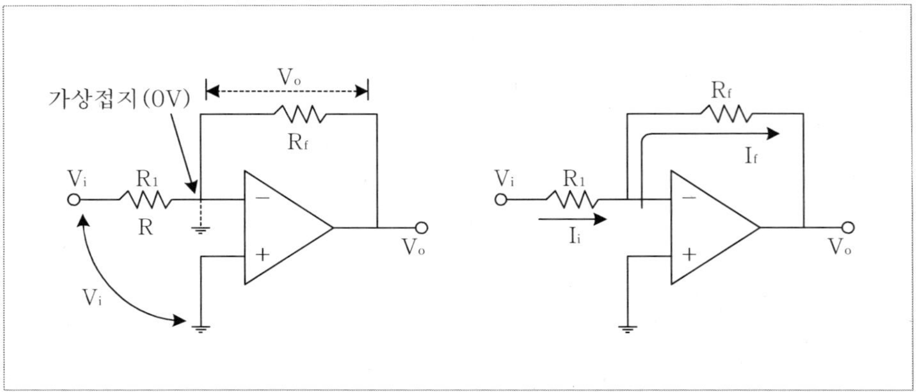

(a) 반전증폭기의 입출력 전압 (b) 반전증폭기의 입출력 전류

그림 (a)에서 (-)단자가 가상접지점으로 0 V가 되기 때문에 V_i는 R_1에, 출력전압 V_o는 R_f 양단에 걸리게 된다.

$$V_i = I_i R_1 = I_f R_1 \;,\quad I_f = \frac{V_i}{R_1},\quad V_o = - I_f R_f$$

$$I_f = \frac{-V_o}{R_f}\text{(-는 위상 반전임을 의미한다.)}$$

위 식에서

$$I_f = \frac{V_i}{R_1} = \frac{-V_o}{R_f}$$

전압 이득은

$$A_{vf} = \frac{V_o}{V_i} = -\frac{R_f}{R_1}$$

반전증폭기의 이득은 R_1과 R_f의 비로 결정된다.

(2) 비반전 연산 증폭기(Non-inverting Operational Amplifier)

비반전 증폭기란 입력신호의 위상이 반전되지 않고 출력에 그대로 나타나는 증폭기이다.

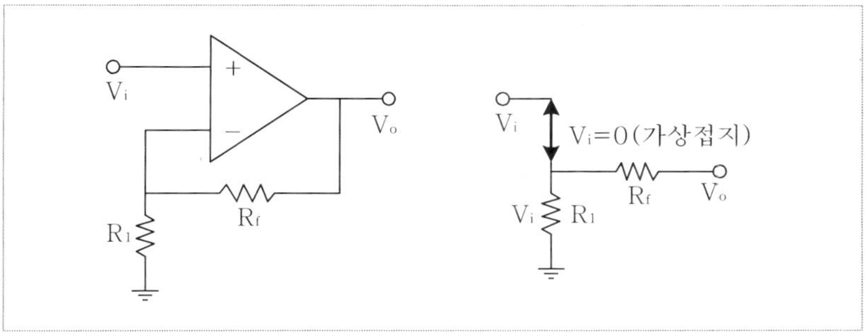

(a) 비반전 연산증폭기 (b) 등가회로

그림(a)와 같이 (+)단자에 신호를 인가한다. 가상 접지점의 개념을 도입하면 개루프 이득 $A_v \simeq \infty$ 이고, 출력 전압 $V_o = A_v V_d$가 된다.

입력신호 전압 V_d는

$$\therefore \quad V_d = \frac{V_o}{A_v} \simeq \frac{V_o}{\infty} \simeq 0\,V$$

A_v가 매우 크므로 V_d는 V_o에 비해 무시할 수 있을 정도로 매우 작다. $V_d \simeq 0\,V$라는 것은 증폭기의 입력 단자가 단락되었음을 의미하지만 실제로 접지된 것은 아니므로 입력단자와 접지 간에 전류는 흐르지 않는데 이와 같은 가상단락 회로를 가상접지라 한다. 그림(b)의 등가회로에서 V_1은 $V_d = 0\,V$(가상접지)이므로 V_o가 R_1에 분배되므로

$$\therefore \quad V_1 = \frac{R_1}{R_1 + R_f} V_o$$

비반전증폭기(전압-직렬 귀환회로)의 전압이득 A_{vf}는

$$\therefore \quad A_{vf} = \frac{V_o}{V_1} = \frac{R_1 + R_f}{R_1}$$

8 연산증폭기의 응용

(1) 가산기(Adder or Summing Amplifier)

가상접지의 개념과 $R_i = \infty$라는 것을 이용하여 회로의 출력을 구한다.

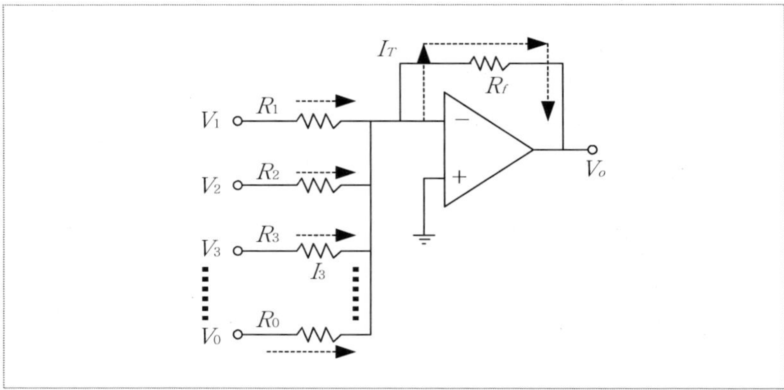

▮ 반전 가산기

각 저항에 흐르는 전류는

$$I_1 = \frac{V_1}{R_1}, I_2 = \frac{V_2}{R_2}, \cdots I_n = \frac{V_n}{R_n}$$

(-)단자가 가상접지점으로 0 V가 되므로 출력전압 V_o 는 R_f 양단의 강하전압이 된다.

$$V_0 = -I_T R_f = -\left(\frac{V_1}{R_1} + \frac{V_2}{R_2} + \cdots + \frac{V_n}{R_n}\right) R_f$$

여기서 $R_1 = R_2 = \cdots = R_n = R$이면

$$V_0 = -\left(\frac{V_1}{R} + \frac{V_2}{R} + \cdots + \frac{V_n}{R}\right) R_f$$

$$= -\frac{R_f}{R}(V_1 + V_2 + \cdots + V_n)$$

만약 $R_1 = R_2 = R_3 = R_f$라 하면

$$V_0 = -(V_1 + V_2 + \cdots + V_n)$$

(2) 감산기(subtracter)

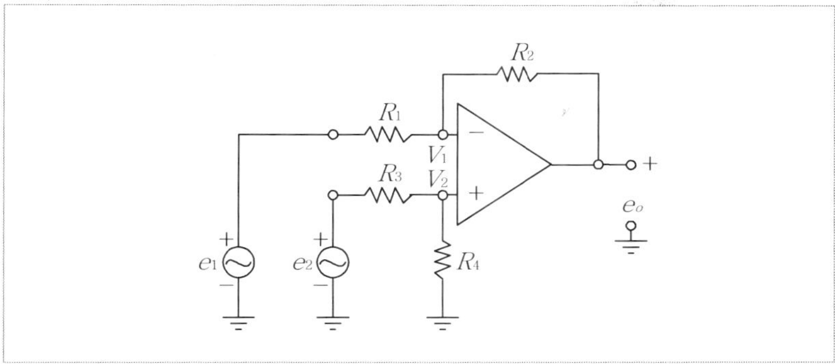

▌ 감산 회로

연산증폭기의 (+)단자와 (-)단자에 입력 전압이 가해지고 있다. 2개의 입력 단자 중 접지와 R_1 저항 사이의 전위차를 V_1, 접지와 R_3 저항 사이의 전위차를 v_2라고 하면, 각 입력 단자에 대한 전위차는 다음과 같다.

⇒ (-)입력 단자에서 : $\dfrac{e_1 - V_1}{R_1} = \dfrac{V_1 - e_o}{R_2}$

⇒ (+) 입력단자에서 : $V_2 = e_2 \times \dfrac{R_4}{R_3 + R_4}$

$V_1 = V_2$일 경우에 전압 V_1과 V_2를 소거하고, 출력전압 e_o을 구하면

$$\therefore\ e_o = \frac{R_2}{R_1}(e_2 - e_1) \quad (\text{단, } R_1 = R_3, R_2 = R_4 \text{일 때})$$

만약, $R_1 = R_2$이면, $e_o = (e_2 - e_1)$

(3) 미분 연산기

S점이 가상접지이고, 출력 $V_o = -iR$ 이므로 콘덴서에 충전되는 전하량을 Q라고 하면 전류 i는

$$i = \frac{dQ}{dt} = \frac{d(CV_i)}{dt} = C\frac{dV_i}{dt}$$

출력은 R 양단 전압이므로

$$v_0 = -iR = -CR\frac{dV_i}{dt}$$

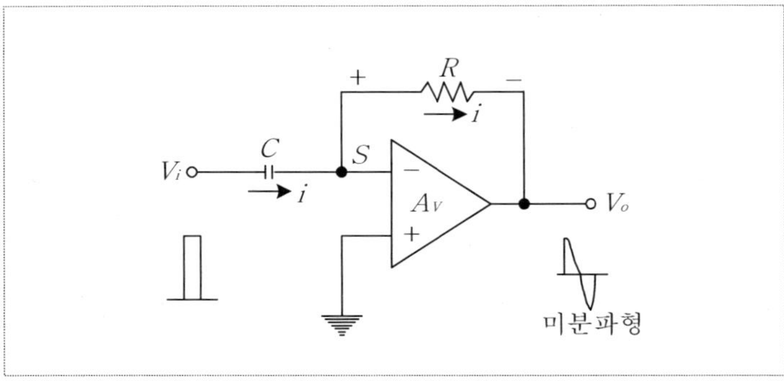

▌ 미분기

(4) 적분 연산기

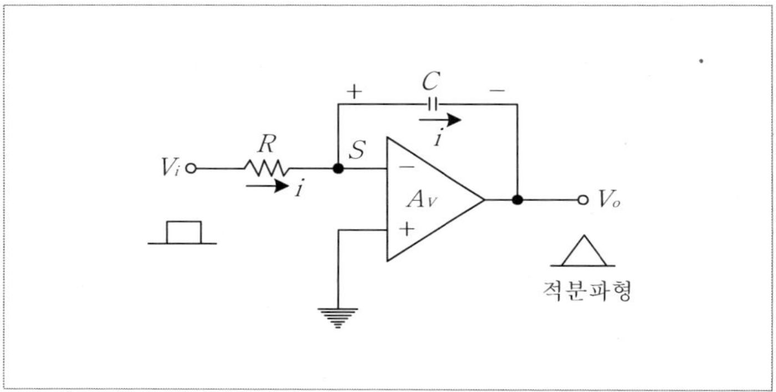

▌ 적분기

S점이 가상 접지이고 입력전압 V_i는 R양단에 걸리고 출력전압 V_o는 C양단에 걸린다.

$$i = \frac{v_i}{R}, \quad V_o = -\frac{Q}{C}$$

전류는 전하량 Q의 시간 변화량이므로

$$i = \frac{dQ}{dt}$$

전하량 Q는

$$dQ = i \cdot dt, \quad Q = \int dQ = \int i \cdot dt$$

C양단 전압이 출력 전압이므로

$$V_o = -\frac{Q}{C} = -\frac{1}{C}\int i \cdot dt = -\int \frac{V_i}{R} \cdot dt = -\frac{1}{CR}\int V_i \cdot dt$$

(5) 부호 변환기(inverter)

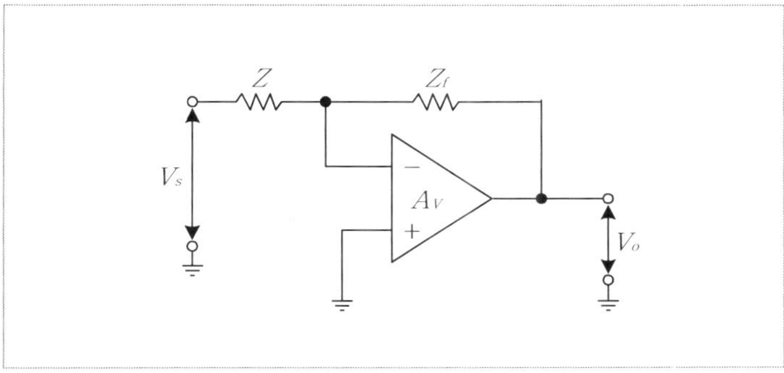

부호변환기

반전 연산증폭기의 증폭도 $A_{vf} = \frac{V_o}{V_s} = -\frac{Z_f}{Z}$ 이므로

$Z = Z_f$ 일 때에 $A_{vf} = -1$ 이 된다.

$\therefore\ V_o = -V_s$ 이므로 부호 변환기로 동작한다.

(6) 배수기(scale changer)

반전 연산증폭기에서 $A_{vf} = \frac{V_o}{V_s} = -\frac{Z_f}{Z}$ 이므로 $\frac{Z_f}{Z} = K$ 이면

$\therefore\ V_o = K \times V_s$ 이므로, K의 배수기로 동작한다.

(7) 이상기(phase shifter)

반전 연산증폭기에서, 임피던스 Z와 Z_f가 크기가 같고 위상만 다른 경우에, 임피던스는 $Z_f = |Z_f| \angle\theta_1$, $Z = |Z| \angle\theta_2$로 나타낼 수 있다.

$$A_{vf} = \frac{V_o}{V_s} = \frac{Z_f}{Z} = -\frac{|Z_f| \angle\theta_1}{|Z| \angle\theta_2} = -\angle\theta_1 - \theta_2 \text{ 이다.}$$

$\therefore\ V_o = -V_s \times (\angle\theta_1 - \angle\theta_2)$이므로, 출력 위상을 $0 \sim 2\tau$ 사이에서 위상을 변화시

키는 이상기를 만들 수 있다.

(8) 전압-전류 변환기(voltage to current converter)

신호원 전압 V_s에 의해 부하 측에서 전류 i 로 변환시키는 회로이다.

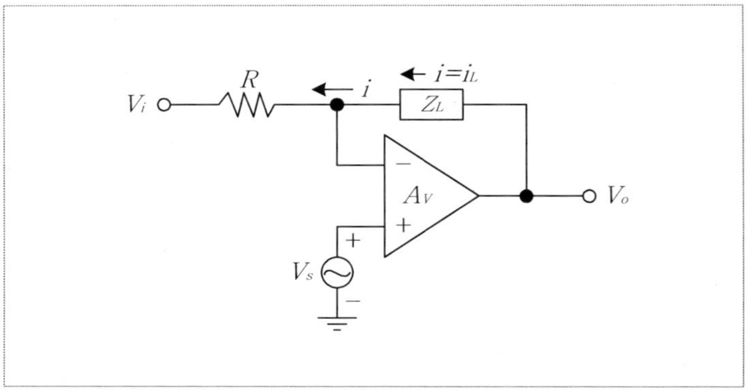

▮ 전압-전류 변환기

신호원 전압 V_s에 의해서 출력측 부하 Z_L에 흐르는 전류 i_L은 가상 접지 때문에 입력측 저항 R에 흐르는 전류 i와 같다. Z_L에 흐르는 전류 i_L은

$$\therefore\ i_L = i = \frac{V_s}{R}$$

전류 i는 부하 Z_L에 무관하므로 신호원 전압 V_s로 출력측 부하에 전류 $i_L = i$를 공급할 수 있으므로 전압-전류 변환기가 된다.

(9) 전류-전압변환기(current to voltage converter)

신호원 전류 i_s에 의해 출력 측에서 전압 V_o를 흘려주는 변환회로이다.

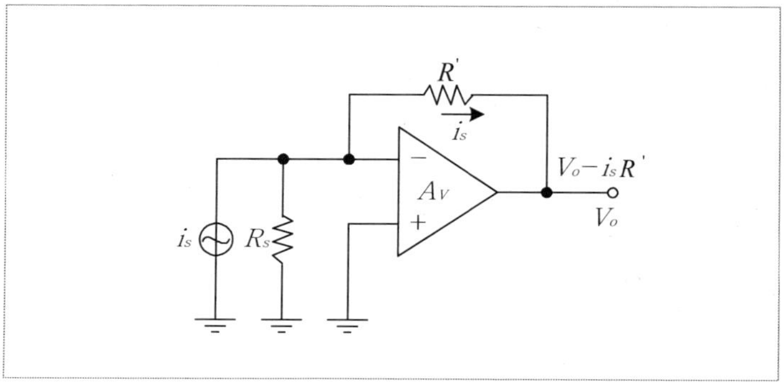

연산증폭기의 입력에서 가상 접지 때문에 R_s 저항에 흐르는 전류는 0이 되며 신호원 전류 i_s는 출력측으로 모두 흘러 출력 전압을 만든다. 출력전압 $V_o = -i_s \cdot R'$ 이므로 신호원 전류 i_s에 의해 출력 전압 V_o를 흘러주므로 전압-전류 변환기가 된다.

(10) DC 전압 플로워(Voltage follow)

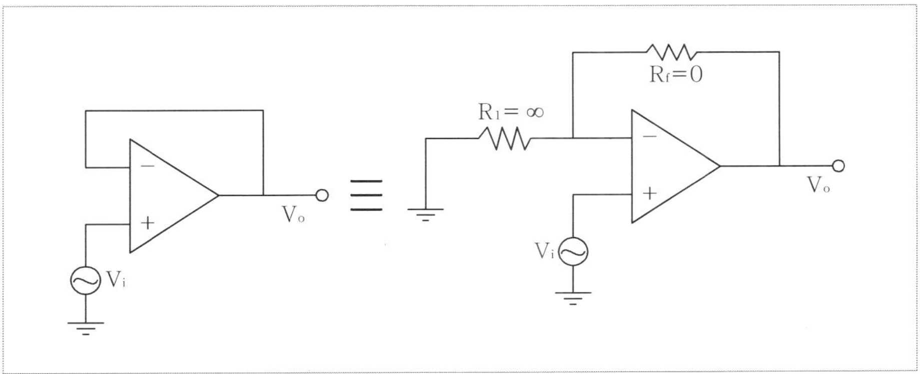

(a) 에미터 플로워 회로구성 (b) 회로를 이해하기 쉽게 $R_1 = \infty$ $R_t = 0$을 도입한 회로

그림(a)와 같이 반전 입력단자와 출력단자를 단락시키면 트랜지스터 증폭기는 Emitter Follower의 특성을 나타낸다. 그림(b)로 회로를 해석하면 전압이득 A_{vf} 는

$$\therefore \ A_{vf} = 1 + \frac{R_f}{R_1} = 1 + \frac{0}{\infty} = 1$$

전압 플로워의 출력전압 V_o는 입력전압 V_s를 그대로 따라서 변한다.

$$\therefore \ V_i = V_o$$

(11) 피크 검출기

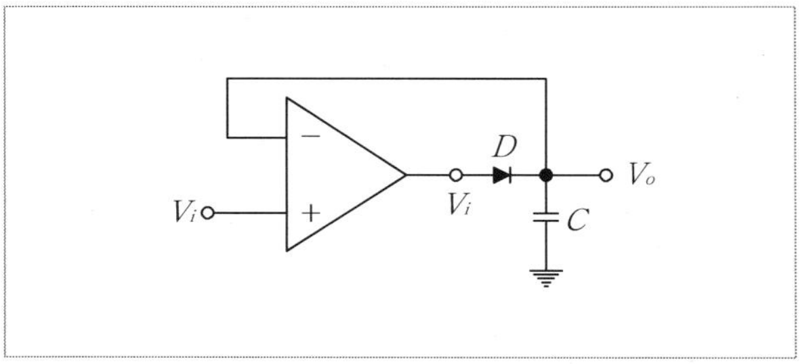

입력전압의 피크 값을 검출하고, 그 전압을 C에 저장한다.

(12) 대수 증폭기(logarithmic amplifier)

다이오드를 출력단에 연결하여 대수 증폭기로 사용하는 회로이다.

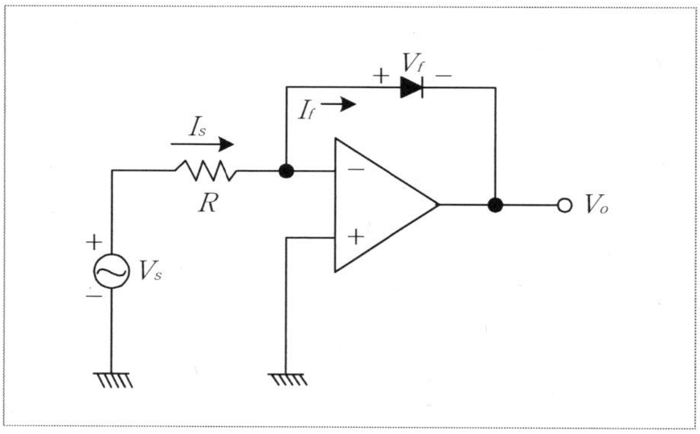

다이오드의 동적 저항 $r=\dfrac{kT/q}{I}=\dfrac{\eta V_T}{I}$이다. 여기서 $\eta V_T=\dfrac{kT}{q}$이다. 다이오드의 전압-전류 특성식은

$$I=I_o(e^{qV/kT}-1)$$

이므로 다음식으로 변환하면

$$I_f=I_o(e^{\frac{V_f}{\eta V_T}}-1)\fallingdotseq I_o(e^{\frac{V_f}{\eta V_T}})$$ (단, V_f: 다이오드의 인가 전압)

여기서 $\dfrac{V_f}{\eta V_T}\gg 1$, $I_f\gg I_o$라 하고 양변을 대수 함수 ln을 취하여 푼다.

$$\ln I_f = \ln I_o + \ln(e^{\frac{V_f}{\eta V_T}}) = \ln I_o + \frac{V_f}{\eta V_T}$$

$$\frac{V_f}{\eta V_T} = \ln I_f - \ln I_o$$

$V_f = \eta V_T(\ln I_f - \ln I_o)$, $I_f = I_s = \dfrac{V_s}{R}$ 이다.

출력전압 V_o는

$$V_o = -V_f = \eta V_T\left(\ln\frac{V_s}{R} - \ln I_o\right)$$

V_o가 입력전압 V_s의 대수 함수 ln에 비례하므로 대수증폭기가 된다.

9 감도둔화(desensitivity)

비반전 전압 귀환을 가진 폐루프 전압 이득은

$$A_{CL} = \frac{A_{OL}}{1 + A_{OL}\beta}$$

β : 입력에 되돌아온 출력전압 즉 귀환량

A_{CL} : 폐루프 이득

A_{OL} : 개방 루프 이득

$1 + A\beta$의 양을 부귀환에 의해 얼마만한 전압 이득이 감소함을 나타내므로 구한 증폭기의 감도둔화라 한다.

10 연산증폭기의 이득-대역폭 적($A_{CL} \times \beta$ = 일정)

비반전 전압 귀환은 대역폭이 증가한다. 즉 폐루프 차단주파수는 개방 루프의 차단주파수 보다 높다. 또한 이득-대역폭 곱은 항상 일정하다.

예/상/문/제

1. 차동증폭기에 대한 설명이다. 옳지 않은 것은?

가. 연산증폭기 출력단에 주로 사용한다.
나. 리미터(limiter)회로에도 사용할 수 있다.
다. 자동제어(automatic gain control)도 할 수 있다.
라. 연산증폭기 입력단에 주로 사용한다.

해설

차등 증폭기의 특징

1. 교류 증폭은 없으며 직류만 증폭하는 직류 증폭기이다.
2. 증폭도가 크며 작은 온도 변화에도 동작이 안정하다.
3. 연산 증폭기의 입력단에 사용한다.
4. 대역폭이 넓다.
5. 입력 임피던스가 높다.

2. 차동증폭기의 동상 제거비(common mode rejection ratio)의 설명 중 틀린 것은?

가. 동상 입력의 이득에 대한 이상입력의 이득의 비를 말한다.
나. 이값이 클수록 차동증폭기의 성능이 좋다.
다. 차동증폭기의 동상입력에 대한 오차를 알 수 있는 매개수가 된다.
라. 회로의 안정도 면에서는 이 값이 작을수록 유리하다.

해설

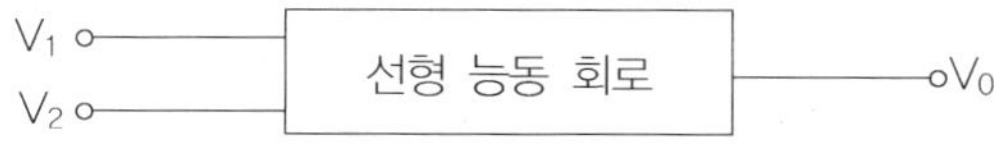

$$V_o = A_c \cdot V_c + A_d \cdot V_d = A_d \cdot V_d \left(1 + \frac{A_c}{A_d} \cdot \frac{V_c}{V_d}\right) = A_d \cdot V_d \left(1 + \frac{1}{\rho} \cdot \frac{V_c}{V_d}\right)$$

$\therefore \rho$(CMRR : common Mode Rejection Ratio →동상신호제거비)

$= \left|\frac{A_d}{A_c}\right|$ 여기서 이상적인 차동 증폭기가 되려면 즉 $V_o = A_d \cdot V_d$ 조건을 만족하기 위해서는 ρ는 ∞가 되어야 하고, A_c는 적으면 적을수록 좋고 A_d는 크면 클수록 이상적인 차동 증폭기가 된다.

해답 : 1. 가 2. 라

3. 그림과 같은 차동 증폭기(Differential amplifier)회로에서 R_e가 증가할 때 일어나는 현상?(단, V_{EE}는 일정전압이며, CARR는 동상제거비이다.)

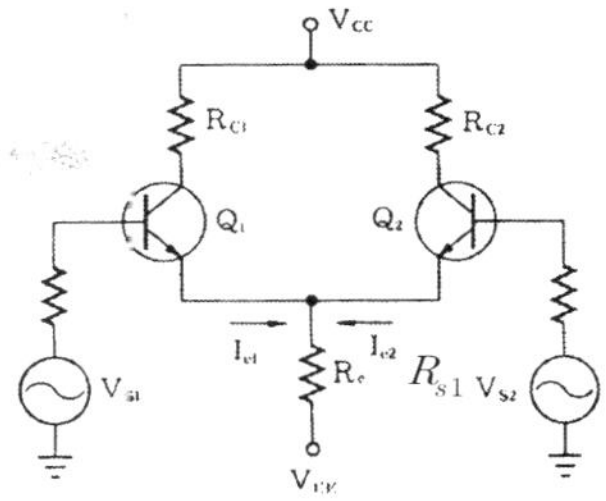

가. CARR가 작아진다.　　나. CARR가 커진다.
다. h_{fe}가 커진다.　　라. h_{fe}가 적어진다.

해설

동상이득 $A_c = \dfrac{-h_{fe} \cdot R_e}{R_s + h_{ie} + (1+h_{fe}) \cdot 2R_e}$　차동이득 $A_d = \dfrac{1}{2} \cdot \dfrac{h_{fe} \cdot R_c}{R_s + h_{ie}}$

$\therefore CMRR = \left| \dfrac{A_d}{A_c} \right|$ 여기서 R_e가 크면 CMRR이 증가한다.

4. 그림과 같은 에미터 결합 차동증폭기의 특징을 잘못 설명한 것은?(단, 회로는 좌우 대칭이라고 가정한다.)

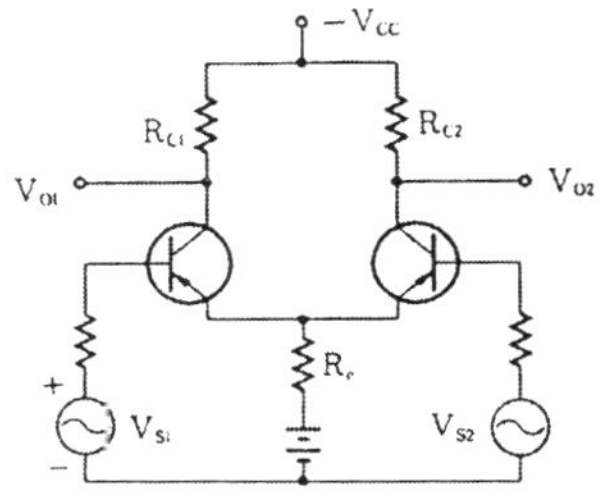

가. $V_{S1}(t) = V_{S2}(t)$이면 $V_{01}(t) = V_{02}(t)$이다.
나. $V_{s1}(t) = -V_{s2}(t)$이면 R_e에는 신호전류가 흐르지 않는다.
다. R_e가 클수록 차동증폭기로서는 우수한 특성을 나타낸다.
라. $R_{C1} = 0$일 경우에는 차동증폭기로서 사용할 수 없다.

해설

에미터 결합 차동증폭기
1. R_e가 크면 클수록 CMRR이 증가함으로 좋은 차동증폭기가 돈다.
2. R_e가 증가하면 CMRR이 증가한다.
3. $V_{S1}(t) = V_{S2}(t)$이면 $V_{01}(t) = V_{02}(t)$가되어 $V_0 = V_{01}(t) - V_{02}(t) = 0$이 된다.
4. $V_{S1}(t) = -V_{S2}(t)$이면 R_e에는 신호전류가 흐르지 않는다.

5. 차동 증폭기의 동상제거비(Common Mode Rejection Ratio)를 향상시키기 위한 방법으로 적합하지 않은 것은?

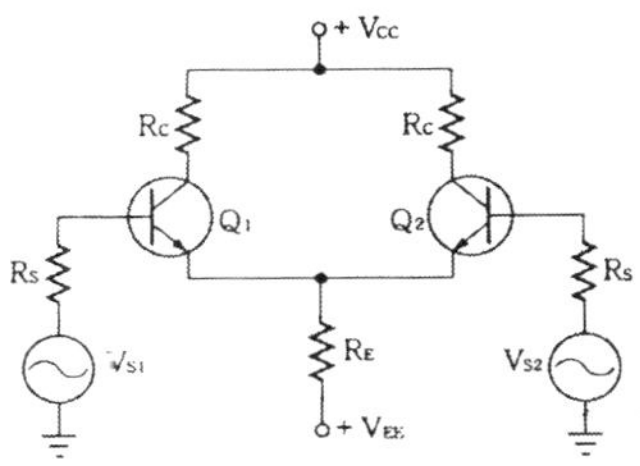

가. 전방향 이득을 증가시키기 위해 h_{fe}가 큰 트랜지스터를 선정한다.
나. Emitter 저항 R_E의 값을 높은 값으로 선정한다.
다. 입력 임피던스를 높이기 위해 R_s를 크게 선정한다.
라. Q_1, Q_2를 전기적 특성이 동일한 트랜지스터를 선정한다.

해설

입력 임피던스를 높이기 위해서 R_s를 적은 것을 선정해야 한다

해답 : 3. 나　4. 라　5. 다

6. 다음 중 그 값이 작을수록 좋은 것은?

가. 증폭기 바이어스 회로의 안정계수
나. 차동 증폭기의 동상신호 제거비(CMRR)
다. 증폭기의 신호대 잡음비
라. 정류기의 정류효율

해설

1. 안정계수는 적으면 적을수록 좋다(가장 이상적인 경우 $S=1$, 실제의 경우 $S>10$이다.)
2. 동상신호제거비CMRR = $\left|\frac{A_d}{A_c}\right|$로서 커야 좋은 차동증폭기이다.
3. 신호대 잡음비 S/N비는 신호는 커야하고 잡음은 적어야 하므로 S/N비는 커야 좋다.
4. 정류기의 정류효율은 커야 좋다.

7. 이상적인 연산 증폭기의 조건으로 옳지 않은 것은?

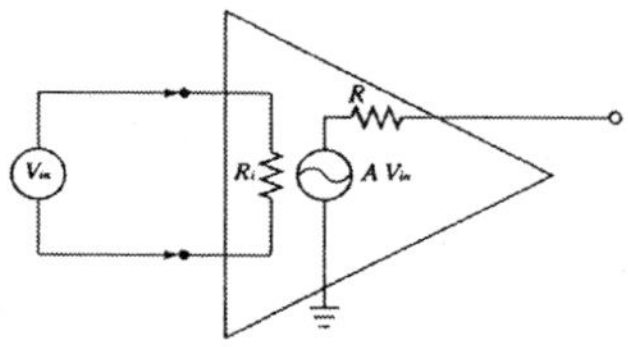

가. 전압 증폭도가 무한대
나. 입력 임피던스가 무한대
다. 출력 임피던스가 무한대
라. 주파수 대역폭이 무한대

해설

연산 증폭기의 특징

1. 입력저항 : $R_i=\infty$ 2. 출력저항 : $R_o=0$ 3. 전압이득 : $A_V=\infty$
4. 대역폭 : $B_w=\infty$ 5. CMRR = ∞ 6. off set = 0

8. 이상적 OP AMP의 특성이 아닌 것은?

가. 입력 임피던스 = ∞ 나. 출력 임피던스 0이다.
다. open loop gain = ∞ 라. closed loop gain =0

해설

OP AMP 특징

1. 입력 임피던스 ∞이다. 2. 출력 임피던스는 0이다. 3. 이득은 ∞이다
4. 대역폭 ∞ 이다. 5. 전압이득 ∞이다. 6. CMRR(동상 신호 제거비)∞이다.

9. 연산 증폭기(OP Amp)의 특징으로서 맞는 것은?

가. 전압 이득이 적다. 나. 입력 임피던스가 낮다.
다. 출력 임피던스가 높다. 라. 통과 주파수대역이 크다.

해설

OP Amp 특징 : 1. 전압이득이 크다 2. 입력 임피던스가 크다. 3. 출력 임피던스가 낮다 4. 주파수 대역폭이 크다.

해답 : 6. 가 7. 다 8. 라 9. 라

10. 연산 증폭기에 대한 설명이다. 틀린 것은?

가. 궤환회로를 부가한 고이득 직결 증폭기를 말하며 차동증폭기가 주축을 이룬다.
나. IC화된 연산증폭기는 고신뢰도, 고안정도, 염가, 회로의 소형화 등 장점이 있다.
다. 이상적 연산증폭기인 경우 입력저항은 zero, 출력저항은 ∞, 대역폭은 ∞을 갖는다.
라. 가상접지는 물리적인 구성을 표시하는 것이 아니고, 전압증폭도를 구하는데 필요하다.

해설
이상적인 연산 증폭기는 입력저항은 무한대 출력저항은 0, 대역폭은 무한대이다.

11. 다음 중 연산 증폭기의 특성을 규정짓는 파라메터가 아닌 것은?

가. 동상 잡음 제거율　　　　나. 이득대역폭
다. 팬 아우트　　　　　　　라. 입력 옵셋 전압

해설
OP Amp 파라미터는 CMRR, 이득, 대역폭, off set, 전압이득 등이다.

12. 연산 증폭기를 이용한 아날로그 컴퓨터(analog computer)의 구성요소 중 가장 부적당한 것은?

가. 적분기(integrator)　　　　나. 미분기(differentiator)
다. 합산기(summing amplitifier)　　라. 비반전 증폭기(non-inrerting amplifier)

해설

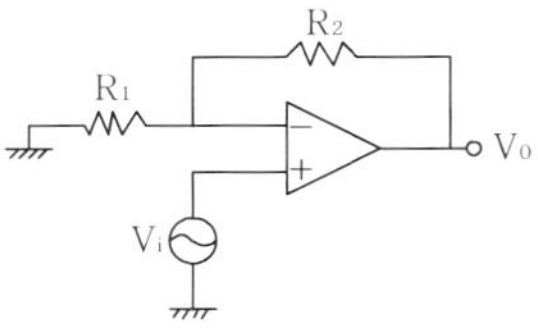

(비반전 증폭기) ∴비반전 증폭기는 연산증폭기이지만 Analog computer의 구성요소로는 부적합하다.

13. 연산 증폭기를 사용한 아날로그 계산기에서 미분기 대신 적분기를 사용하는 이유는?

가. 적분기의 회로가 간단하다.　　나. 적분기는 비선형이다.
다. 적분기의 계산속도가 빠르다.　라. 적분기는 잡음특성이 좋다.

해설
적분회로의 대역폭이 제한되기 때문에 미분화보다 잡음출력이 감소하여 Analog 계산기에는 미분기보다 적분기를 사용한다.

해답 : 10. 다　11. 다　12. 라　13. 라

14. 그림의 연산회로에서 바이어스 전류는?

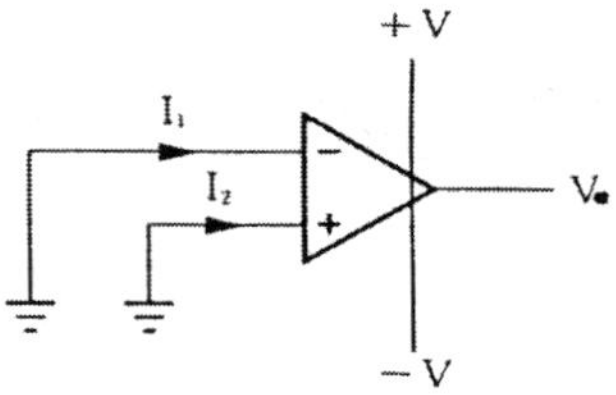

가. $I_1 + I_2$　　　나. $|I_1 + I_2|$

다. $\dfrac{|I_1 + I_2|}{2}$　　　라. $\dfrac{|I_1 - I_2|}{2}$

해설

바이어스 전류 : $V_0 = 0$일 때 I_1과 I_2는 입력 전류의 평균값

$$I_B = \frac{|I_1 + I_2|}{2}$$

15. 다음 회로의 출력전압은 얼마인가?

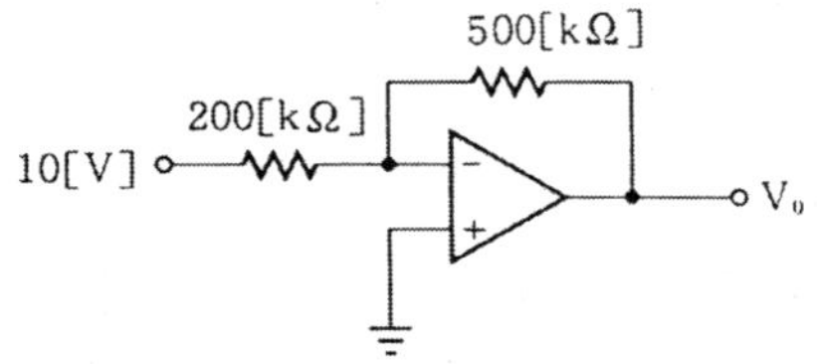

가. -5[V]　　　나. -10[V]

다. -15[V]　　　라. -25[V]

해설

반전 증폭기 $V_o = -\dfrac{R_f}{R_i} \cdot V_i = -\dfrac{500 \times 10^3}{200 \times 10^3} \times 10 = -25[\mathrm{V}]$

16. 다음 회로에서 $Z_1 = 10[\mathrm{k}\Omega]$, $Z_2 = 100[\mathrm{k}\Omega]$일 때 전압 증폭도 A_{vf}는?(단, 연산 증폭기는 이상적인 특성을 가지고 있다.)

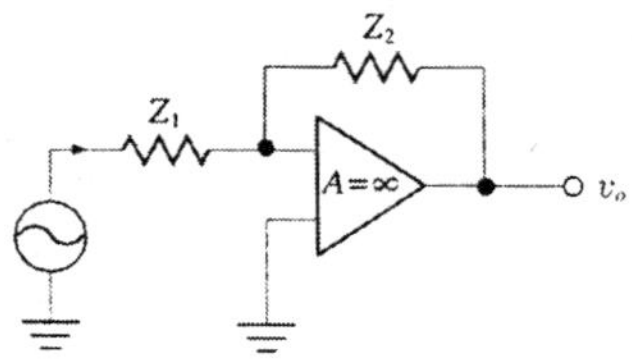

가. -0.1　　　나. -1

다. -5　　　라. -10

해설

반전 증폭기 $A_{vf} = \dfrac{V_o}{V_i} = -\dfrac{Z_2}{Z_1} = -\dfrac{100 \times 10^3}{10 \times 10^3} = -10$

17. 다음 회로에서 $R_1 = 1[\mathrm{M}\Omega]$, $R_2 = 4[\mathrm{M}\Omega]$시의 전압증폭도 A_{vf}는 얼마인가?

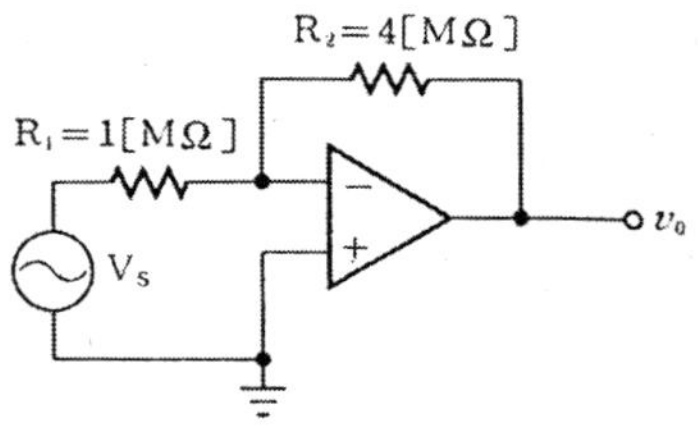

가. -1　　　나. -2

다. -3　　　라. -4

해설

반전 증폭기 $A_{vf} = -\dfrac{R_2}{R_1} = -\dfrac{4 \times 10^5}{1 \times 10^6} = -4$

해답 :　14. 다　15. 라　16. 라　17. 라

18. 다음과 같은 이상적인 연산증폭회로에서 출력 전압 V_o를 나타내는 식은 어느 것인가?(단, V_1, V_2, V_3는 입력신호 전압이다.)

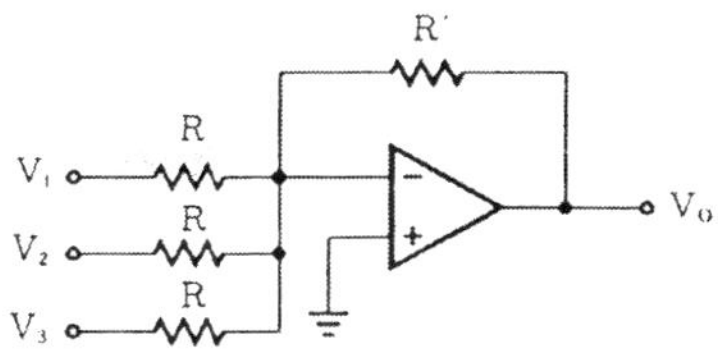

가. $V_0 = -\frac{R}{R'}(V_1 + V_2 + V_3)$

나. $V_0 = \frac{R'}{3R}(V_1 + V_2 + V_3)$

다. $V_0 = \frac{3R}{R'}(V_1 + V_2 + V_3)$

라. $V_0 = -\frac{R'}{R}(V_1 + V_2 + V_3)$

해설

가산기

$$V_o = -\left(\frac{R'}{R_1}V_1 + \frac{R'}{R_2}V_2 + \frac{R'}{R_3}V_3\right) = -\frac{R'}{R}(V_1 + V_2 + V_3)$$

19. 그림과 같은 연산 증폭기에서 $V_1 = 1[\mathrm{V}]$, $V_2 = 2[\mathrm{V}]$, $V_3 = 3[\mathrm{V}]$일 때 출력 전압 V_o는?

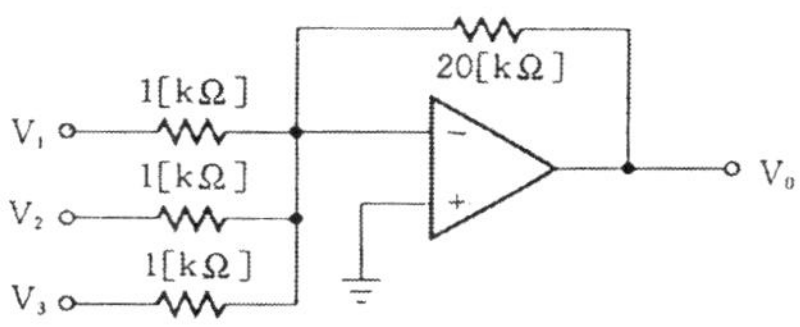

가. -20[V] 나. -60[V]

다. -120[V] 라. -180[V]

해설

가산기

$$V_o = -\left(\frac{R_f}{R_1}V_1 + \frac{R_f}{R_2}V_2 + \frac{R_f}{R_3}V_3\right)$$
$$= -\left(\frac{20\times10^3}{1\times10^3}\times1 + \frac{20\times10^3}{1\times10^3}\times2 + \frac{20\times10^3}{1\times10^3}\times3\right) = -120[\mathrm{V}]$$

20. 다음은 간략한 연산 증폭회로이다. 이것이 적분회로로 동작하려면 다음 중 옳은 것은?

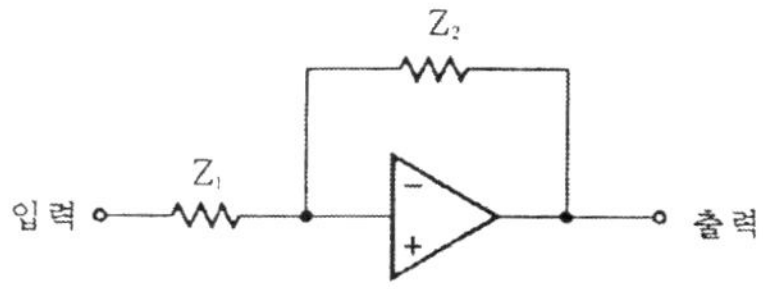

가. Z_1 = 저항, Z_2 = 저항 나. Z_1 = 인덕터, Z_2 = 용량

다. Z_1 = 저항, Z_2 = 인덕터 라. Z_1 = 저항, Z_2 = 용량

해설

Z_1	Z_2	회로명
저항	용량	적분회로
용량	저항	미분회로

해답 : 18. 라 19. 다 20. 라

21. 아래 그림은 연산증폭기의 등가회로이다. 연산증폭기의 명칭으로 옳은 것은 어느 것인가?

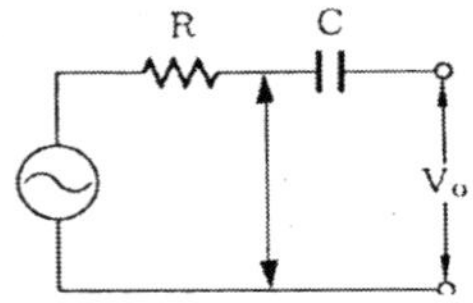

가. 적분 연산기　　　나. 미분 연산기
다. 대수 증폭기　　　라. 감산기

해설

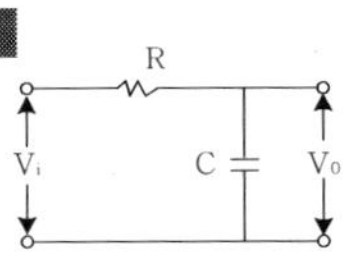

(적분회로)

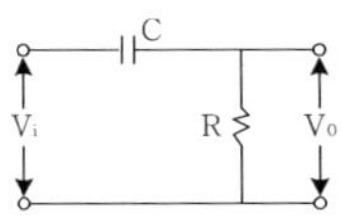

(미분회로)

22. 그림의 회로 명칭은?

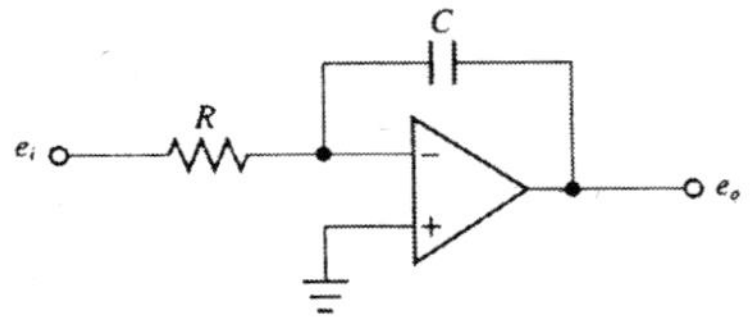

가. 미분기　　　나. 적분기
다. 분주기　　　라. 가산기

해설

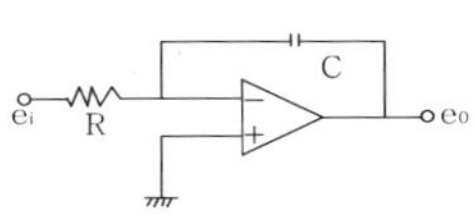

(적분기)

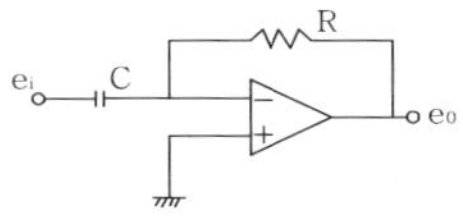

(미분기)

23. 다음 그림의 회로는 무슨 회로인가?

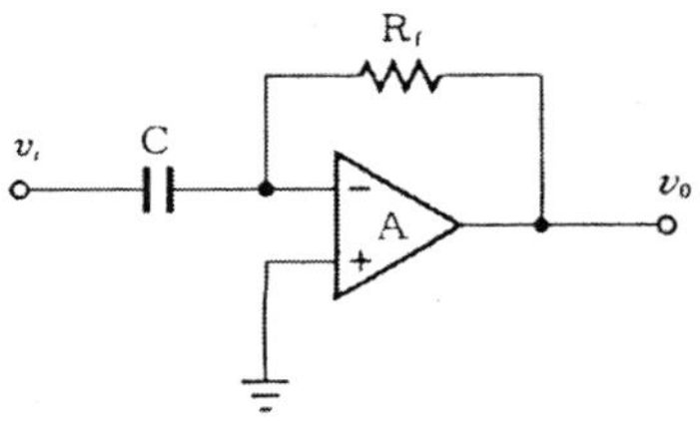

가. 미분기　　　나. 적분기
다. 가산기　　　라. 증폭기

해설

문22 해설 참조

24. 그림과 같은 회로의 입력으로 스텝 전압을 인가할 때 출력에는 어떤 전압이 나타나겠는가?(단, A는 연산 증폭기이다.)

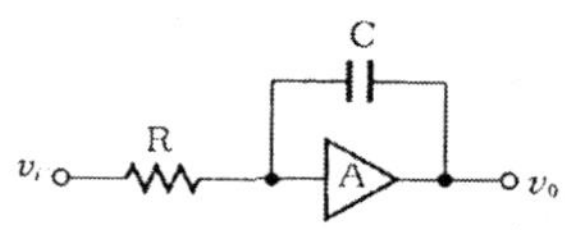

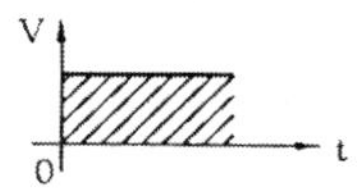

가. 펄스 전압
나. 스텝 전압
다. 크기가 직선적으로 증가하는 전압
라. 크기가 지수함수적으로 증가하는 전압

해설

적분기이기 때문에 입력에 스텝전압을 인가하면 출력은 크기가 직선적으로 증가한다.

해답 :　21. 가　22. 나　23. 가　24. 다

25. 그림과 같은 적분기에서 아래와 같은 계단(STEP) 전압을 입력 시켰을 때의 출력 파형은?

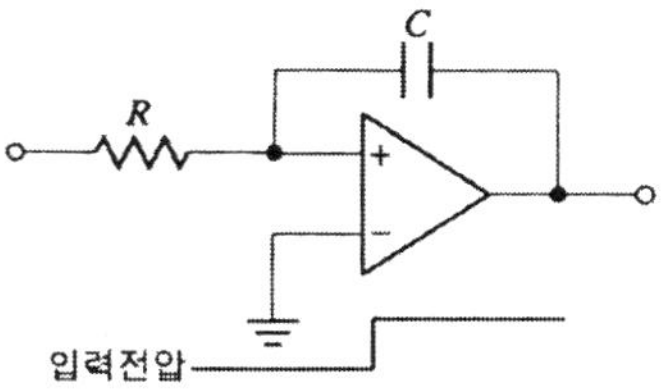

가. 
나. 
다. 
라. 

해설

적분기이다.

26. 그림과 같은 회로의 입력에 계단전압(step voltage)을 인가할 때 출력에는 어떤 파형의 전압이 나타나겠는가?(단, A는 이상적인 연산 증폭기이다.)

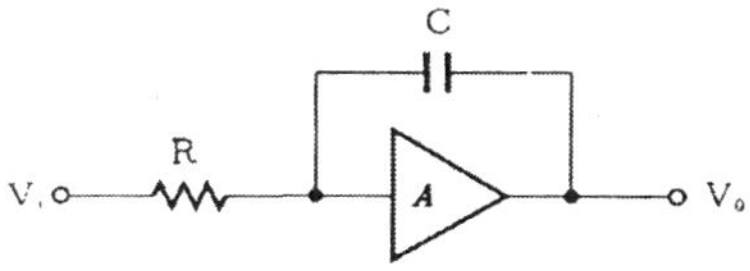

가. 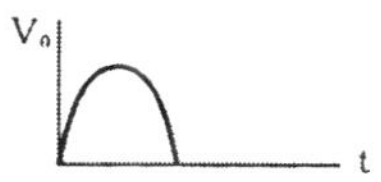
나. 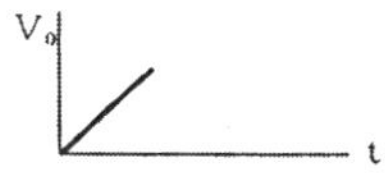
다. 
라. 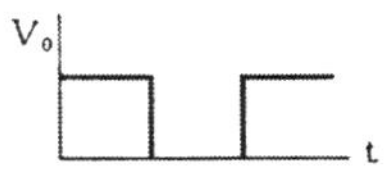

해설

적분기로서 입력에 step voltage를 인가하면 출력은 크기가 직선적으로 증가한다.

27. 적분 회로로 사용할 수 있는 회로는?

가. 저역통과 RC 회로　　나. 고역통과 RC 회로
다. 대역통과 TC 회로　　라. 대역소거 RC 회로

해설

적분회로는 저역통과 RC 회로이다.

해답 : 25. 나 26. 나 27. 가

28. 그림과 같은 회로의 출력파형으로 타당한 것은 어느 것인가?(단, A는 이상적인 연산 증폭기임)

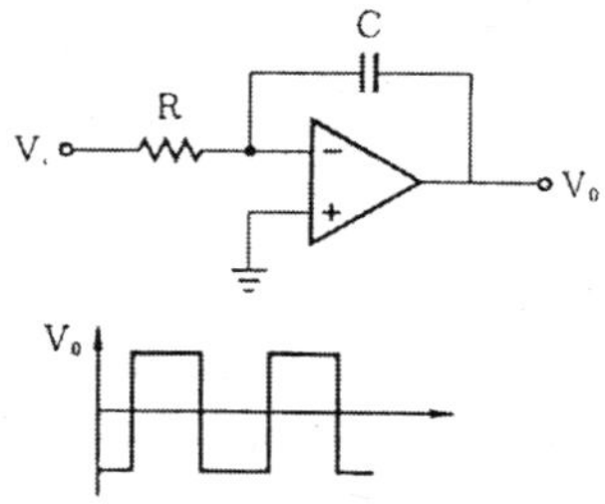

가. 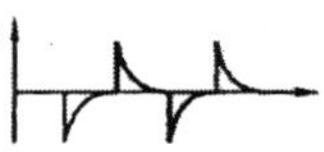

나. 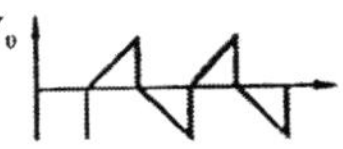

다. 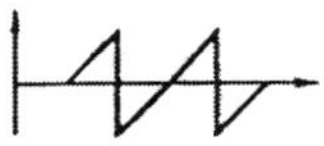

라. 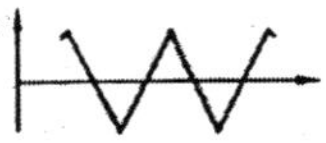

해설

적분기이다.

29. 다음과 같은 회로의 출력 파형은(단, 시정수는 입력전압 v_i의 주기에 비하여 작다.)

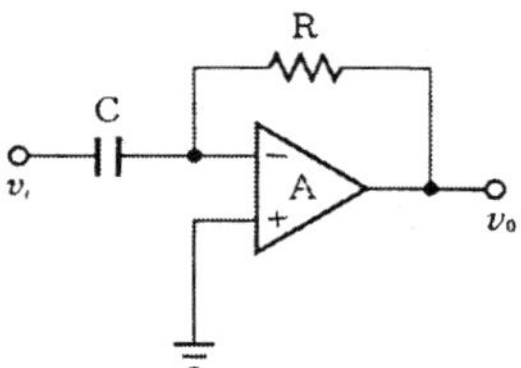

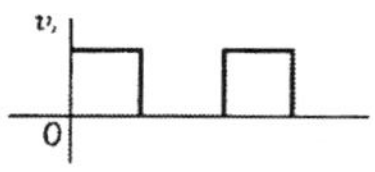

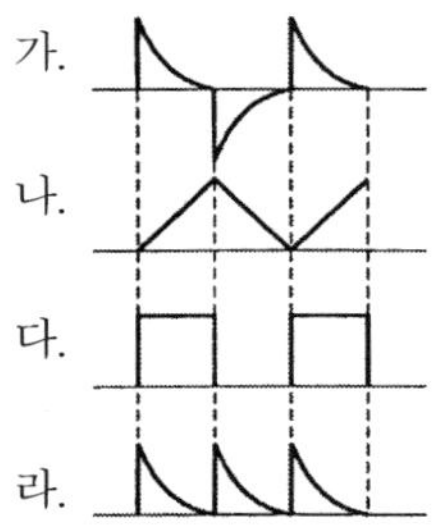

해설

미분기이다.

30. 다음 회로 중 미분 회로는 어느 것인가?

가. 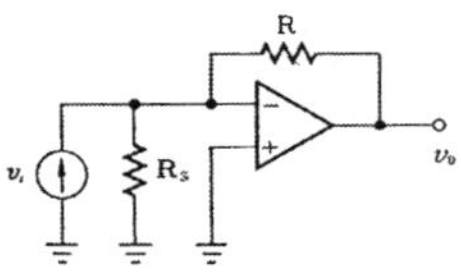

나. 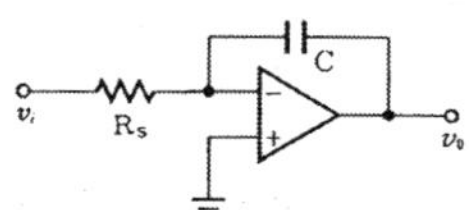

다. 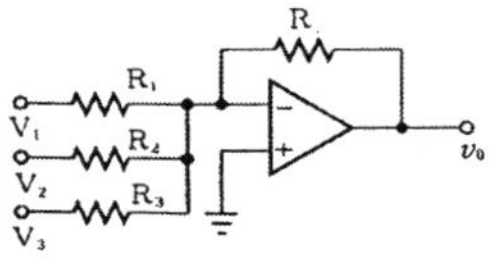

라. 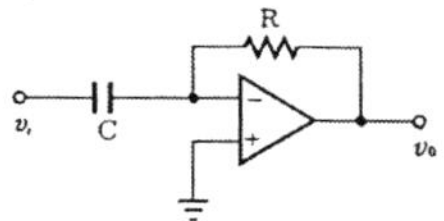

해설

가. 전류-전압 변환기　　나. 적분기　　다. 가산기　　라. 미분기

해답 :　　28. 라　　29. 가　　30. 라

31. 다음 그림의 연산 증폭기 출력 전압 v_o를 옳게 설명한 식은?

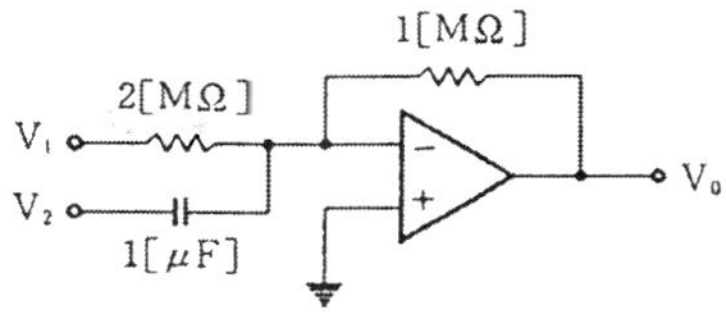

가. $v_o = -\left(\frac{1}{2}v_1 + \frac{dv_2}{dt}\right)$

나. $v_o = 2v_1 + \frac{dv_2}{dt}$

다. $v_o = -\left(2v_1 + \frac{dv_2}{dt}\right)$

라. $v_o = -(2v_1 + \int_0^t v_2 dt)$

해설

$$v_o = -\left(\frac{R_f}{R}V_1 + CR\frac{dv_2}{dt}\right)$$

$$= -\left(\frac{1\times10^6}{2\times10^6}\times V_1 + 1\times10^{-6}\times1\times10^6\times\frac{dV_2}{dt}\right)$$

$$= -\left(\frac{1}{2}V_1 + \frac{dV_2}{dt}\right)$$

32. 그림과 같은 연산회로의 출력전압 V_o는?

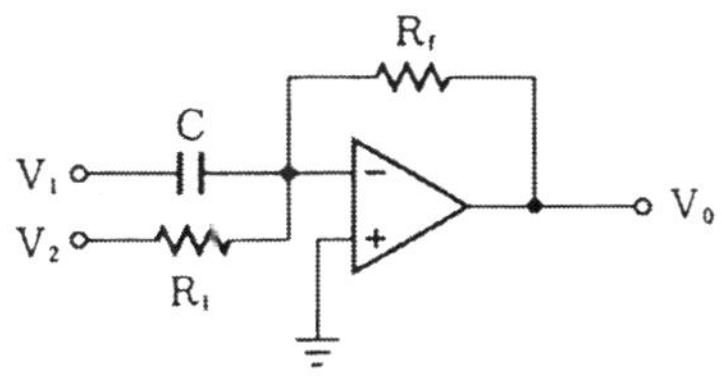

가. $V_0 = \frac{1}{R_f C}\int V_1 dt + \frac{R_f}{R_1}V_2$

나. $V_0 = \frac{1}{R_f C}\int V_1 dt - \frac{R_f}{R_1}V_2$

다. $V_0 = -\left(R_f C\frac{dV_1}{dt} + \frac{R_f}{R_1}V_2\right)$

라. $V_0 = -\left(R_f C\frac{dV_1}{dt} - \frac{R_f}{R_1}V_2\right)$

해설

$$V_0 = V_{01} + V_{02} = -\left(CR_f\frac{dV_1}{dt} + \frac{R_f}{R_1}V_2\right)$$

$$V_{01} = -\frac{R_f}{\frac{1}{WC}}V_1 = -WCR_f V_1 = -CR_f\cdot\frac{dV_1}{dt}$$

$$V_{02} = -\frac{R_f}{R_1}V_2$$

해답 : 31. 가 32. 다

33. 다음 연산증폭회로에서 증폭도 $|A_V| = \infty$, 입력저항 $R_i = \infty$, 출력저항 $R_0 = 0$인 경우 부하를 걸었을 때 회로의 전압 증폭도는?

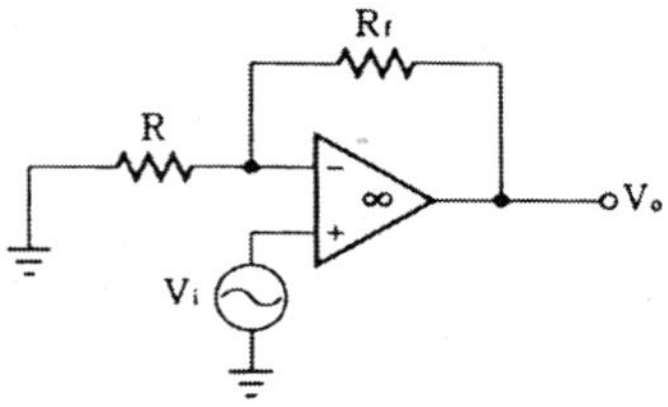

가. $\dfrac{V_0}{V_i} = \dfrac{R+R_f}{R}$

나. $\dfrac{V_0}{V_i} = \dfrac{R}{R+R_f}$

다. $\dfrac{V_0}{V_i} = \dfrac{R_f}{R}$

라. $\dfrac{V_0}{V_i} = \dfrac{-(R+R_f)}{R}$

해설

비반전 증폭기

$\dfrac{V_0}{V_i} = \dfrac{R+R_f}{R} = \left(1+\dfrac{R_f}{R}\right)$

34. 그림의 연산회로에서 $R = \infty$이고, $R' = 0$이면 이 회로는 무엇으로 동작하는가?

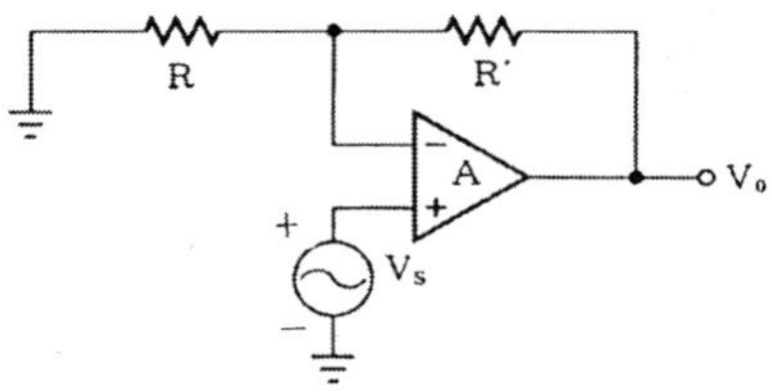

가. 감산기　　　나. 가산기

다. 부호 변환기　　　라. 전압 플로워

해설

$\dfrac{V_0}{V_S} = \dfrac{R+R'}{R} = \left(1+\dfrac{R'}{R}\right)$에서 $R=\infty$, $R=0$이면 $\dfrac{V_0}{V_S} = 1$이다. 즉, $V_S = V_0$이다.

35. 그림과 같은 연산증폭기의 출력전압 V_0는?

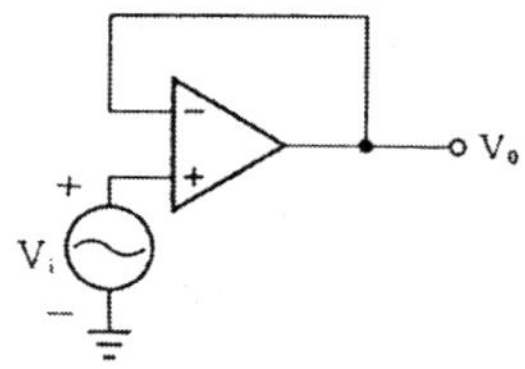

가. $V_0 = 1$　　　나. $V_0 = V_i$

다. $V_0 = -V_i$　　　라. $V_0 = \infty$

해설

$\dfrac{V_0}{V_i} = \left(\dfrac{R+R'}{R}\right) = \left(1+\dfrac{R'}{R}\right)$이며 여기서 $R=\infty$, $R'=0$로서

$\dfrac{V_0}{V_i} = 1$이 되어 $V_i = V_0$가 같다. 즉 전압플로워이다.

해답 : 33. 가　34. 라　35. 나

36. 그림에서 입력 전압 V_1 및 V_2와 출력 전압 V_0의 관계는?

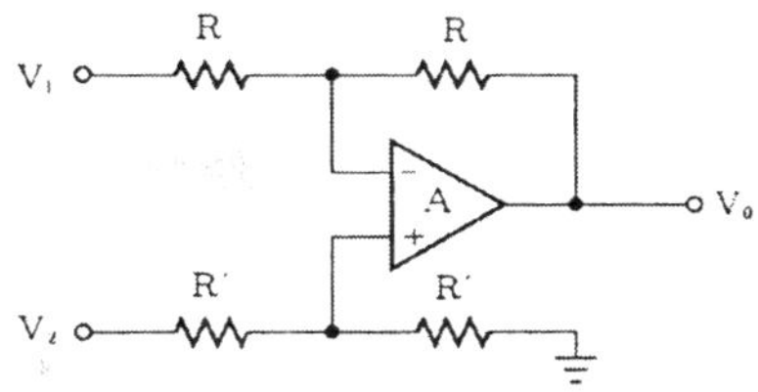

가. $V_0 = V_2 - V_1$
나. $V_0 = V_1 - V_2$
다. $V_0 = \frac{R}{R'}(V_2 - V_1)$
라. $V_0 = \frac{R}{R'}(V_2 + V_1)$

해설

감산기

$\therefore\ V_0 = \frac{R}{R'}(V_2 - V_1)$ 여기서 $R = R'$하면 $V_0 = V_2 - V_1$이 된다.

37. 다음 그림의 연산회로는 어느 회로인가?

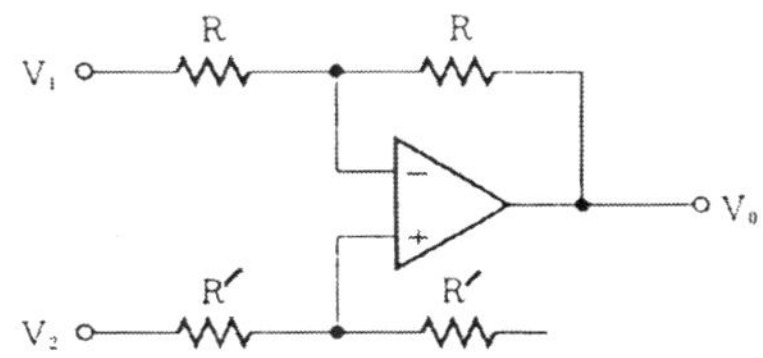

가. 부호변환회로　　나. 미분회로
다. 가산회로　　라. 감산회로

해설

감산기로서 출력전압은 $V_0 = \frac{R'}{R}(V_2 - V_1)$이다.

38. 다음 연산증폭 회로에서 출력전압 e_0의 식은? (단, $R_1 = R_3$, $R_2 = R_4$이다)

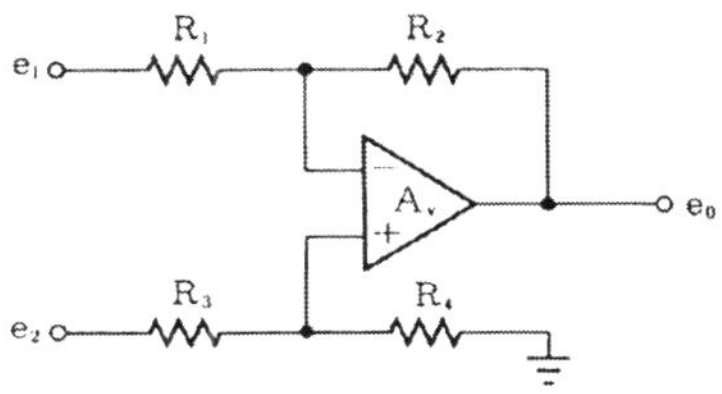

가. $e_0 = e_2 - e_1$
나. $e_0 = \frac{R_2}{R_1}(e_2 - e_1)$
다. $e_0 = \frac{R_3}{R_4}(e_1 - e_2)$
라. $e_0 = \frac{R_4}{R_2}(e_1 + e_2)$

해설

$$V_{01} = -\frac{R_2}{R_1}V_1$$

$$V_{02} = \left(\frac{R_1 + R_2}{R_1}\right)\left(\frac{R_4}{R_3 + R_4}\right)V_2 = \frac{R_2}{R_1}V_2$$

$$\therefore V_0 = V_{01} + V_{02} = -\frac{R_2}{R_1}V_1 + \frac{R_2}{R_1}V_2 = \frac{R_2}{R_1}(V_2 - V_1)$$

해답 : 36. 가　37. 라　38. 나

39. 도면과 같은 차동 증폭기에서 출력전압(v_o)은?
(단, $v_1 = 4[V]$, $v_2 = 3[V]$, $R_1 = 1[k\Omega]$, $R_2 = 5[k\Omega]$, $R_1 = R_3$, $R_2 = R_4$)

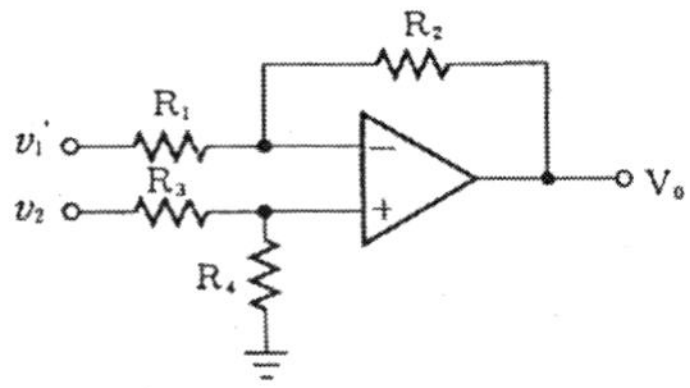

가. -5[V]　　　나. -7[V]
다. -1[V]　　　라. -12[V]

해설

$$V_0 = \frac{R_2}{R_1}(V_2 - V_1) = \frac{5\times10^3}{1\times10^3}(3-4) = -5[V]$$

40. 다음과 같은 연산증폭회로에서 Z_L에 흐르는 전류값을 계산하면 얼마인가?

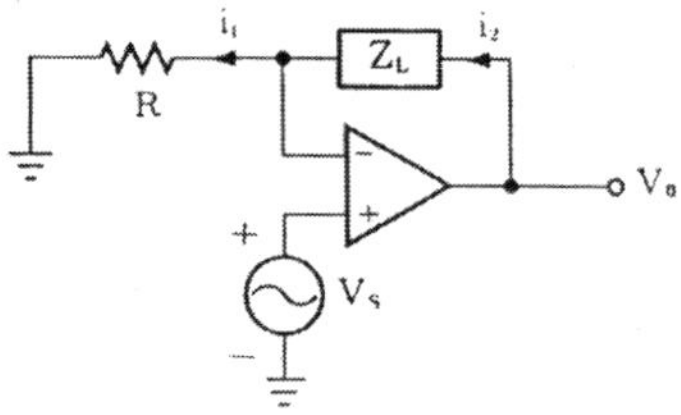

가. $(Z_L/R)i_1$　　　나. $i_1 + i_2$
다. 0　　　라. i_1

해설

비반전 증폭기로서 E_L에 흐르는 전류는 $i_1 = i_2$가 된다.

41. 그림과 같은 회로의 V_0의 표현식은 어느 것이 옳은가?

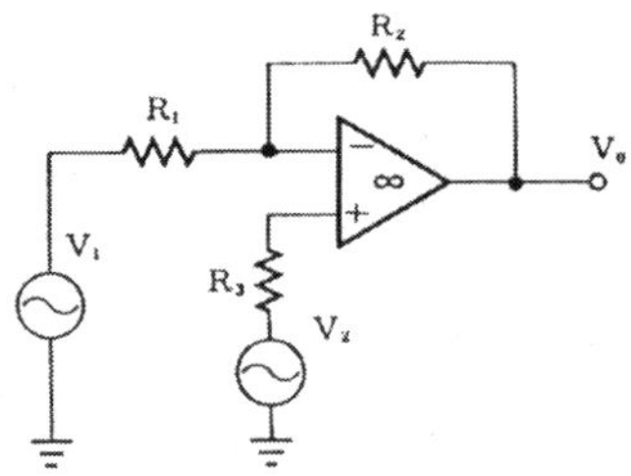

가. $-V_1\dfrac{R_2}{R_1} + \left(1 + \dfrac{R_1}{R_2}\right)V_2$

나. $-V_1\dfrac{R_2}{R_1} + \left(1 + \dfrac{R_2}{R_1}\right)V_2$

다. $-V_1\dfrac{R_2}{R_1} + \left(1 + \dfrac{R_2}{R_3}\right)V_2$

라. $(-V_1 + V_2)\dfrac{R_2}{R_1}$

해설

$$V_{01} = -\frac{R_2}{R_1}V_1 \quad V_{02} = \left(\frac{R_1 + R_2}{R_1}\right)V_2 = \left(1 + \frac{R_2}{R_1}\right)V_2$$

$$V_0 = V_{01} + V_{02} = -\frac{R_2}{R_1}V_1 + \left(1 + \frac{R_2}{R_1}\right)V_2$$

해답 : 39. 가 40. 라 41. 나

42. 그림의 연산증폭기 회로에서 v_0의 표현식은?

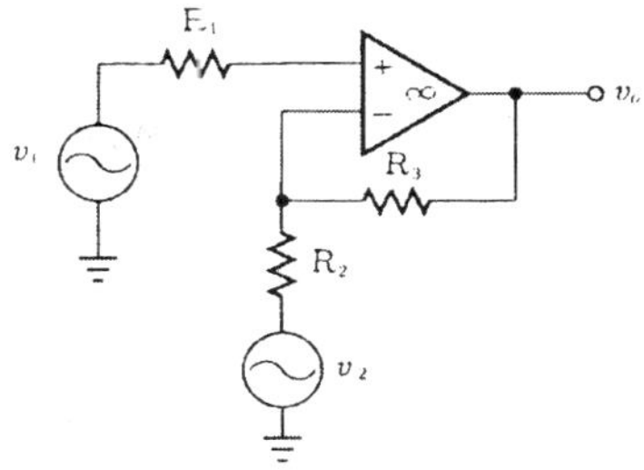

가. $v_2 \dfrac{R_2}{R_3} + v_1 \left(1 + \dfrac{R_2}{R_3}\right)$

나. $-v_2 \dfrac{R_2}{R_3} + v_1 \left(1 + \dfrac{R_2}{R_3}\right)$

다. $v_2 \dfrac{R_3}{R_2} + v_1 \left(1 + \dfrac{R_2}{R_3}\right)$

라. $-v_2 \dfrac{R_3}{R_2} + v_1 \left(1 + \dfrac{R_3}{R_2}\right)$

해설

$$V_{01} = -\frac{R_3}{R_2} V_2 \quad V_{02} = \left(\frac{R_2 + R_3}{R_2}\right) V_1 = \left(1 + \frac{R_3}{R_2}\right) V_1$$

$$V_0 = V_{01} + V_{02} = -\frac{R_3}{R_2} V_2 + \left(1 + \frac{R_3}{R_2}\right) V_1$$

43. 그림과 같은 연산 증폭기 회로에서 출력 v_0는?

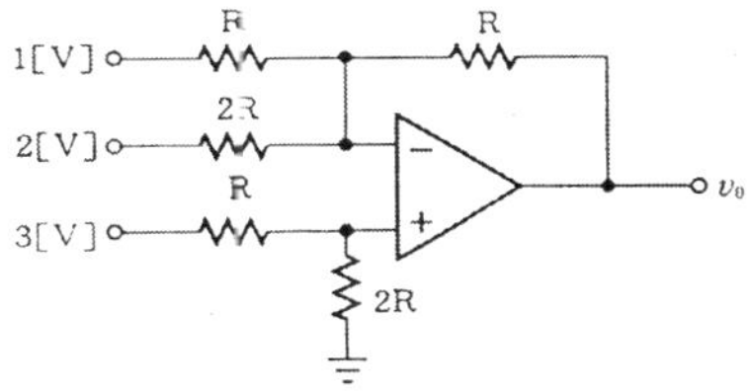

가. 2[V] 나. 3[V]

다. 4[V] 라. 5.5[V]

해설

$$V_{01} = -\left(\frac{R_f}{R_1} \times V_1 + \frac{R_f}{R_2} V_2\right) = -\left(\frac{R}{R} \times 1 + \frac{R}{2R} \times 2\right) = -2[\mathrm{V}]$$

$$V_{02} = \left(1 + \frac{R}{\frac{2R}{3}}\right) V_2 = \left(1 + \frac{3}{2}\right) \times 2 = 5[\mathrm{V}]$$

$$V_0 = V_{01} + V_{02} = -2 + 5 = +3[\mathrm{V}]$$

44. 그림과 같은 연산 증폭기 회로에서 출력은?

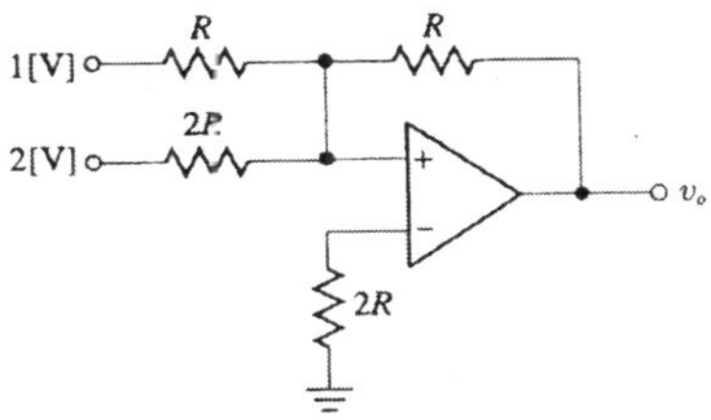

가. -1[V] 나. -2[V]

다. -3[V] 라. -4[V]

해설

$$V_0 = -\left(\frac{R_f}{R_1} V_1 + \frac{R_f}{R_2} V_2\right) = -\left(\frac{R}{R} \times 1 + \frac{R}{2R} \times 2\right) = -2[\mathrm{V}]$$

해답 : 42. 라 43. 나 44. 나

45. 다음 회로의 전압이득(V_o / V_s)을 구하시오.
(단 연산증폭기는 이상적(ideal)이라고 가정 $R_1 = R_2 = R_3 = 10[k\Omega]$, $R_4 = 1[k\Omega]$)

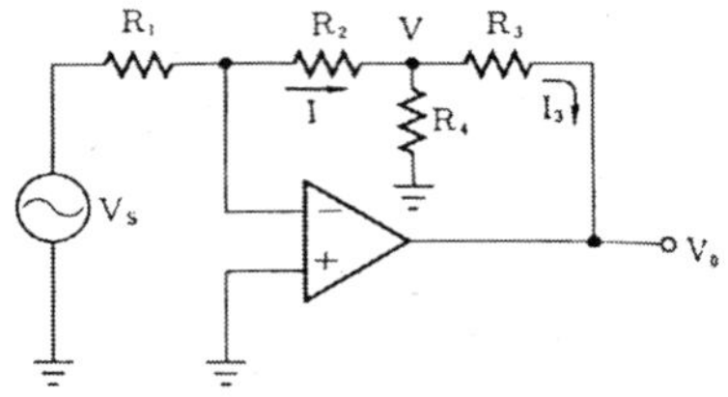

가. -10　　나. -11
다. -12　　라. -13

해설

$$A_V = \frac{V_o}{V_s} = -\frac{R_2 + R_3 + (R_2R_3/R_4)}{R_1} = -\frac{10k + 10k + (10k \times 10k/1k)}{10k\Omega}$$

$$= -\frac{120k}{10k} = -12$$

46. 다음 회로에서 궤환율 β는?

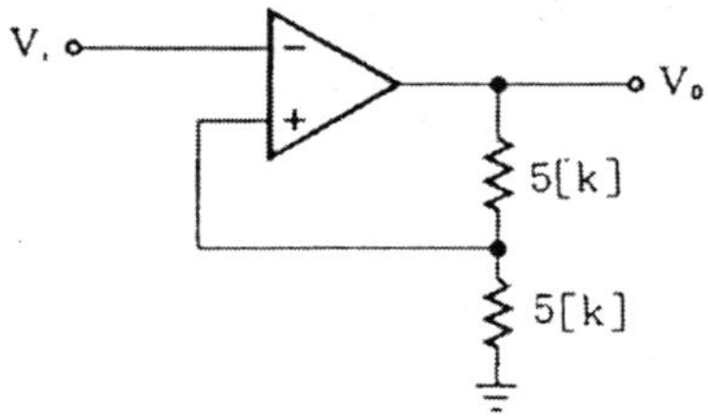

가. 0
나. 0.5
다. 0.05
라. -1

해설

$$궤환율\ \beta = \frac{입력전압}{출력전압} = \frac{R_2}{R_1 + R_2} = \frac{5}{5+5} = 0.5$$

47. 다음 그림과 이상적인 연산 증폭기의 증폭도는?

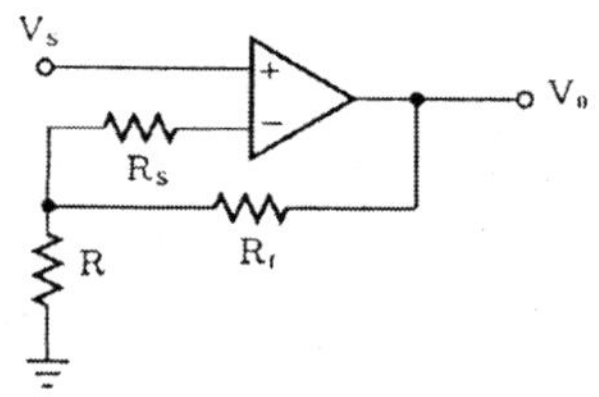

가. $1 + \frac{R_f}{R}$　　나. $\left(1 - \frac{R_f}{R}\right) + R_s$
다. $1 + \frac{R_f}{R_s}$　　라. $R_s - \frac{R_f}{R}$

해설

비반전 증폭기이다.

$$A_V = \frac{V_o}{V_i} = \left(\frac{R_s + R_f}{R_s}\right) = \left(1 + \frac{R_f}{R_s}\right)$$

해답 : 45. 다　46. 나　47. 다

48. 다음 이상적인 연산 증폭회로의 증폭도는 얼마인가?(단, $R_1 = 1[\text{k}\Omega]$, $R_f = 6[\text{k}\Omega]$, $R_2 = 3[\text{k}\Omega]$이다.)

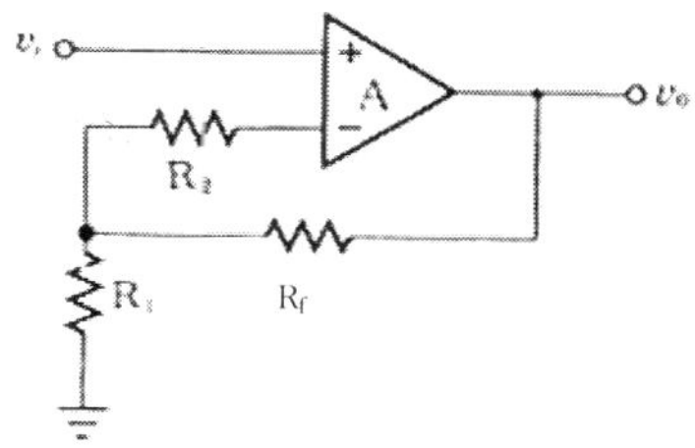

가. 6　　　　나. 7

다. 3　　　　라. 2.25

해설

$$A_V = \frac{V_o}{V_i} = \left(\frac{R_2 + R_f}{R_2}\right) = \left(1 + \frac{R_f}{R_2}\right) = \left(1 + \frac{6\times10^3}{3\times10^3}\right) = 3$$

49. 회로의 연산 증폭기에서 입력 신호 전압 $V_s = 0.5[\text{V}]$일 때 출력 전압 V_o는 몇 [V]인가?

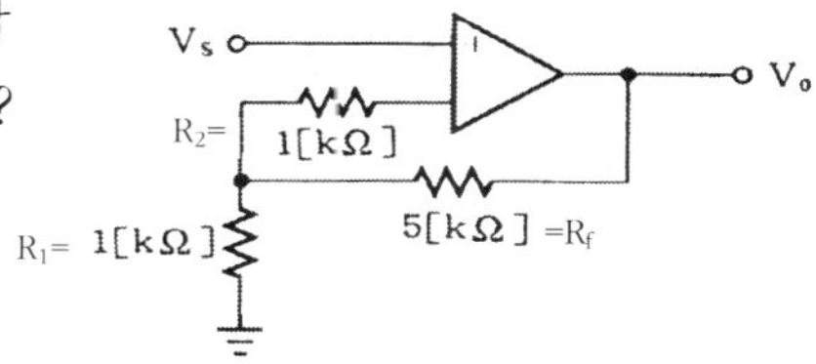

가. 1　　　　나. 2

다. 3　　　　라. 4

해설

$$A_o = \left(\frac{R_2 + R_f}{R_2}\right)V_s = \left(1 + \frac{R_f}{R_2}\right)V_s = \left(1 + \frac{5\times10^3}{1\times10^3}\right)\times 0.5 = 3[\text{V}]$$

50. 그림과 같은 연산증폭 회로의 전압 전달 함수 v_o/v_i를 구하라.

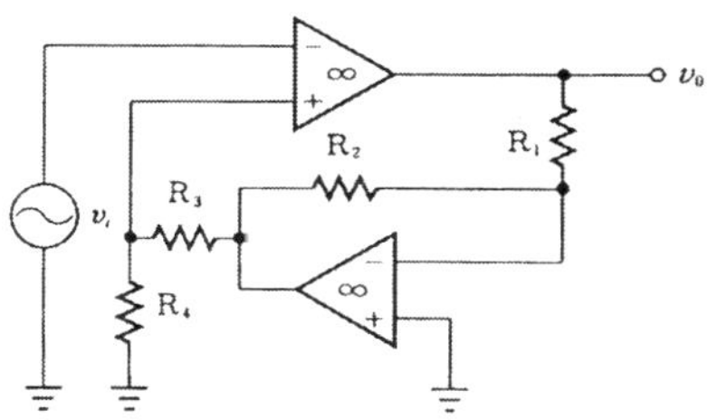

가. $-\frac{R_1}{R_2}\left(1 + \frac{R_3}{R_4}\right)$

나. $-\frac{R_2}{R_1}\left(1 + \frac{R_3}{R_4}\right)$

다. $-\frac{R_1}{R_2}\left(1 + \frac{R_4}{R_3}\right)$

라. $-\frac{R_3}{R_4}\left(1 + \frac{R_1}{R_2}\right)$

해설

R_1과 R_2 회로의 OP Amp 출력 $V_{01} = -\frac{R_2}{R_1}\cdot V_o$이다.

이때 $V_i = \left(-\frac{R_2}{R_1}\right)V_o\left(\frac{R_4}{R_3 + R_4}\right)$이다.

여기서

$$\frac{V_o}{V_i} = -\left(\frac{R_1}{R_2}\right)\left(\frac{R_3 + R_4}{R_4}\right) = -\left(\frac{R_1}{R_2}\right)\left(1 + \frac{R_3}{R_4}\right)$$가 된다.

해답 : 48. 다　49. 다　50. 가

51. 다음 회로에 대한 설명 중 틀린 것은?(단, 연산 증폭기는 이상적인 연산 증폭기이다.)

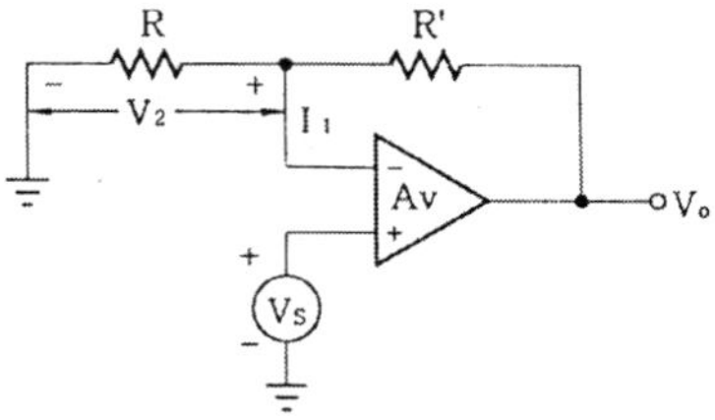

가. 저항 R과 R'에 흐르는 전류는 같다.
나. 전압 V_S와 V_2는 같다.
다. 전압이득 $A_V = R'/R$이다.
라. $R = \infty$이거나 $R' = 0$이면 전압 플로워 (voltage follower)가 된다.

해설

1. R과 R'에 흐르는 전류는 같다.
2. $V_S = V_2$
3. 전압이득 $A_v = \left(\dfrac{R+R'}{R}\right) = \left(1 + \dfrac{R'}{R}\right)$
4. $R = \infty$ ($R \Rightarrow$open : 개방상태) $R' = 0$(R' = short : 단락상태)이면 전압 플로워이다.

52. 다음 그림은 무슨 회로인가?

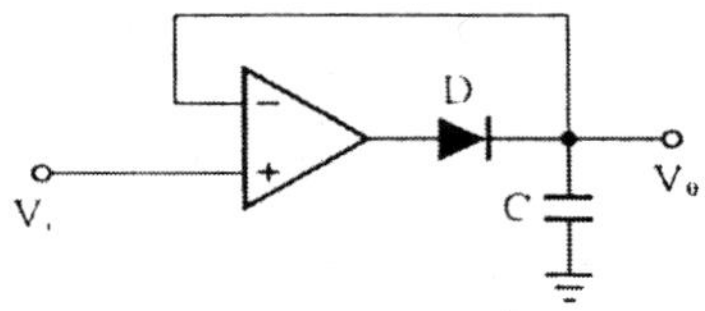

가. Voltage follower
나. differentiator
다. peak detector
라. integrator

해설

문제의 회로는 피이크검파기(peak deector)이다.

53. 그림의 전류-전압 변환기 회로에서 틀리게 표현한 것은?

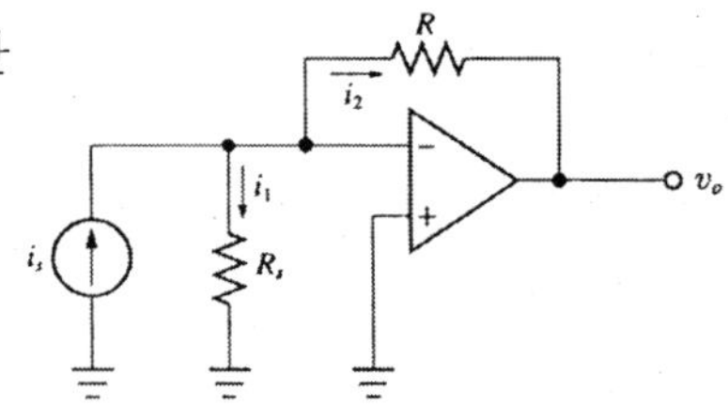

가. $i_s = i_2$
나. $i_1 = 0$
다. $V_o = -i_s, R_s$
라. R 양단의 전압 강하는 V_o

해설

전류-전압 변환 연산 증폭기

1. $i_s = i_2$ (입력전류와 출력전류는 같다.)
2. $i_1 = 0$ (R_s에 흐르는 전류는 0이다.)
3. $V_o = -i_s, R_s$
4. $V_s = 0$ (R_s 양단 전압강하는 0이다.)

해답 : 51. 다 52. 다 53. 라

ㄴ. 고역 차단 주파수 ⇒ 고역으로는 증가한다.

$$f_{Hf} = (1+A\beta)f_H$$

③ 잡음이 감소한다 : 잡음을 (1+Aβ)만큼 감소하나 S/N비는 개선되지 않는다.

$$N_f = \frac{N}{1+A\beta}$$

· N_f : 궤환이 있는 경우 잡음

· N : 궤환이 없는 경우 잡음

④ 비직선 일그러짐이 감소한다.

$$D_f = \frac{D}{1-A\beta}$$

· D_f : 궤환이 있는 경우 일그러짐

· D : 구환이 없을 때 일그러짐

⑤ 안정도가 향상되며 또는 안정도가 개선된다

$$S_f = \frac{S}{1+A\beta}$$

· S_f : 궤한이 있는 경우 안정도

· S : 궤환이 없는 경우 안정도

⑥ 궤환 증폭회로의 종류와 입출력 임피던스

ㄱ. 전압증폭기 : $A_f = \frac{전압}{전압}$ ⇒ 입력과 출력에 테브닌 등가회로를 적용한다.

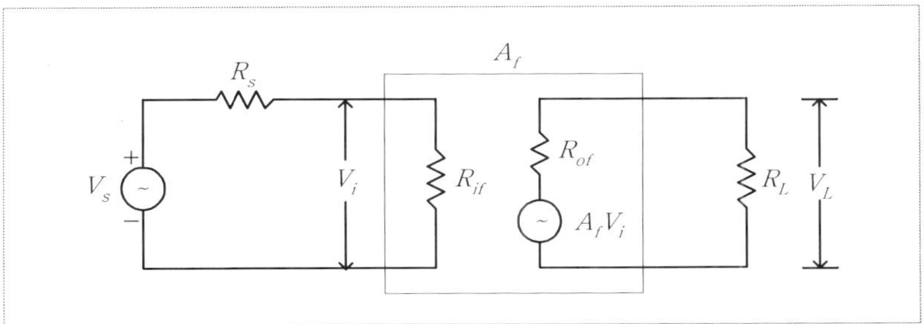

$$V_i = \frac{R_{if}}{R_{if}+R_S}V_S$$ 에서 $V_i = V_S$가 되는 조건은 $R_{if} = \infty$가 된다.

$$V_L = \frac{R_L}{R_{of}+R_L}A_f V_i$$ 에서 $V_L = A_f V_i$가 되는 조건은 $R_{of} = 0$가 된다.

$\therefore\ R_{if}=(1+A\beta)\ R_i,\ R_{of}=\dfrac{R_o}{(1+A\beta)}$ 로서 입력임피던스는 증가하고 출력 임피던스는 감소한다.

ㄴ. 전달 콘덕턴스 증폭기 ⇒ 입력은 테브닌정리, 출력은 노튼정리의 등가회로를 적용한다.

$$A_f=\frac{전류}{전압}$$

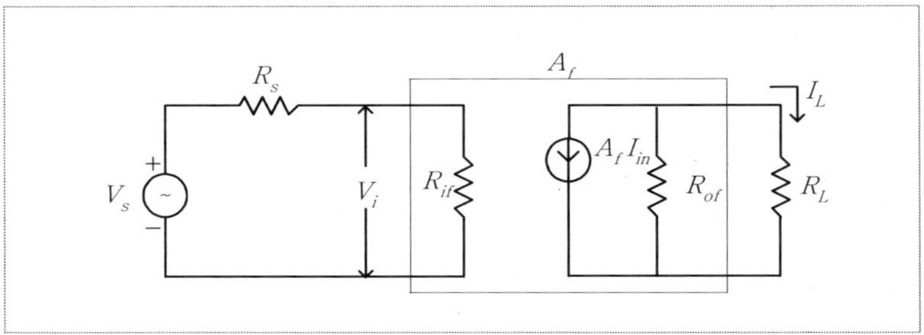

$V_i=\dfrac{R_{if}}{R_{if}+R_S}\ V_S$에서 $V_i=V_S$가 되는 조건은 $R_{if}=\infty$가 된다.

$I_L=\dfrac{R_{of}}{R_{of}+R_L}A_f i_{in}$에서 $I_L=A_f i_{in}$이라는 조건은 $R_{of}=\infty$가 된다.

$\therefore\ R_{if}=(1+A\beta)R_i,\quad R_{of}=(1+A\beta)R_o$로서 입력과 출력임피던스가 증가한다.

ㄷ. 전달저항증폭기 ⇒ 입력은 노턴의 정리 출력은 테브닌등가회로를 적용한다.

$$A_f=\frac{전압}{전류}$$

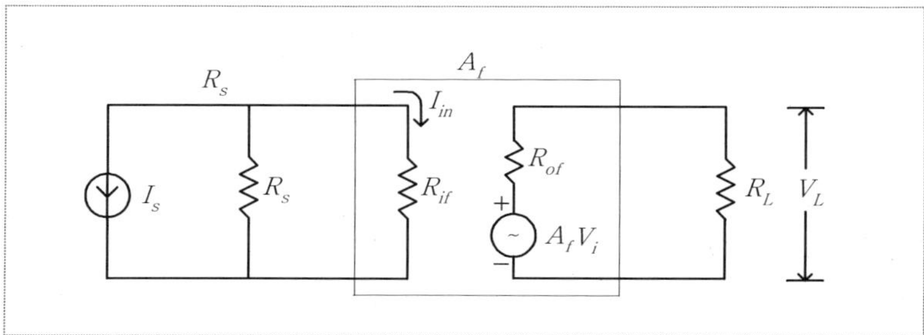

$i_{in} = \dfrac{R_S}{R_S + R_{if}} \cdot I_S$에서 $i_{in} = I_S$가 되는 조건은 $R_{if} = 0$가 된다.

$V_L = \dfrac{R_L}{R_{of} + R_L} A_f \cdot V_i$에서 $V_L = A_f . V_i$가 되는 조건은 $R_{cf} = \infty$ 이다.

$\therefore R_{if} = \dfrac{R_i}{(1 + A\beta)}$, $R_{of} = \dfrac{R_o}{1 + A\beta}$ 로서 입력과 출력 임피던스가 감소한다.

ㄹ. 전류 증폭기 ⇒ 입·출력에 노튼의 등가회로를 적용한다.

$$A_f = \frac{\text{전류}}{\text{전류}}$$

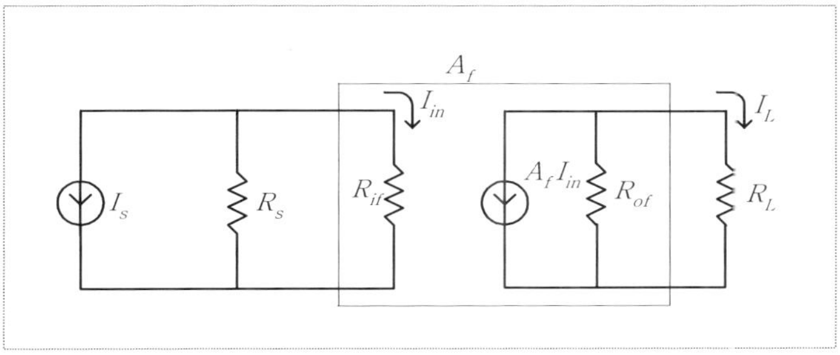

$i_{in} = \dfrac{R_S}{R_S + R_{if}} \cdot I_S$에서 $i_{in} = I_S$가 되는 조건은 $R_{if} = 0$가 된다.

$I_L = \dfrac{R_{of}}{R_{of} + R_L} A_f \cdot i_{in}$에서 $I_L = A_f . i_{in}$가 되는 조건 $R_{of} = \infty$가 된다.

$\therefore R_{if} = \dfrac{R_i}{(1 + A\beta)}$

$R_{of} = (1 + A\beta)R_o$로서 입력 임피던스는 감소하고 출력임피던스는 증가한다.

항목 \ 종류	직렬 전압	직렬 전류	병렬 전압	병렬 전류
입력 임피던스	증 가	증 가	감 소	감 소
출력 임피던스	감 소	증 가	감 소	증 가

3 궤환 증폭회로의 종류

(1) 직렬전압 궤환회로

에미터 플로워, 소오스 플로워

1) 에미터 플로워

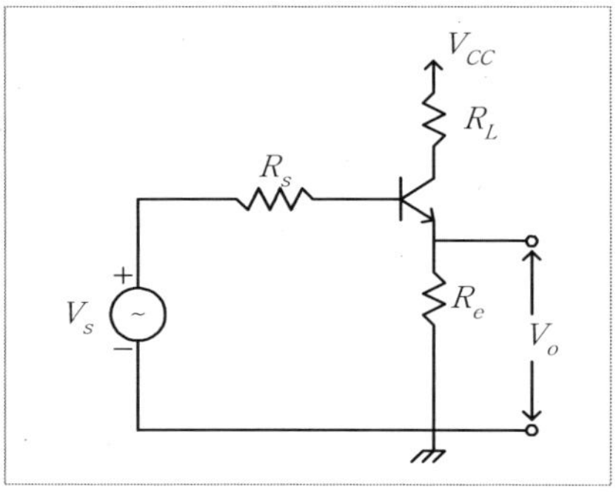

· 궤환율 $\beta = \dfrac{V_f}{V_o} = 1$

· 입력저항 $R_i = h_{ie}(1 + h_{fe})R_e$

2) 소오스 플로워

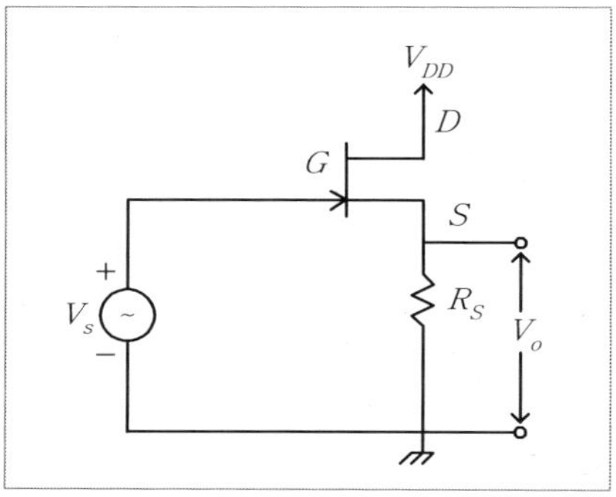

· 궤환율 $\beta = \dfrac{V_f}{V_o} = 1$

· 입력저항 $R_i = \infty$

(2) 직렬 전류 궤환 회로

R_e가 있는 에미터 접지 증폭기

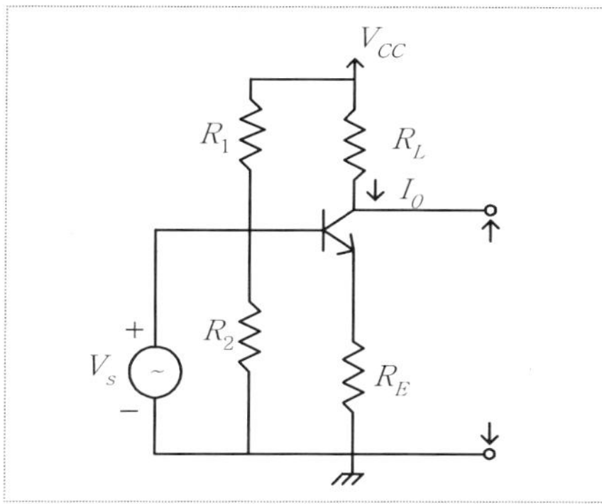

(a)

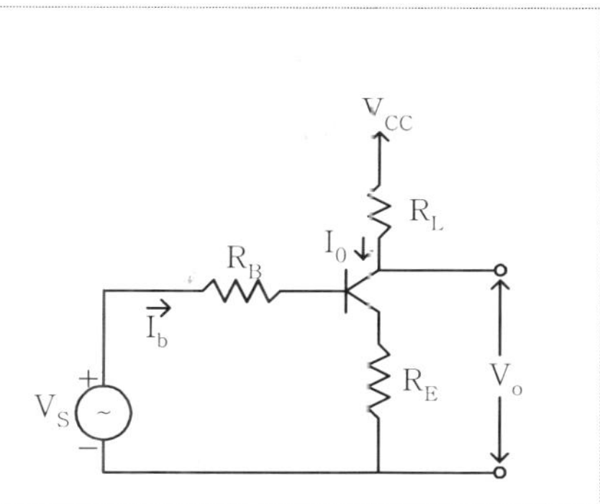

(b)

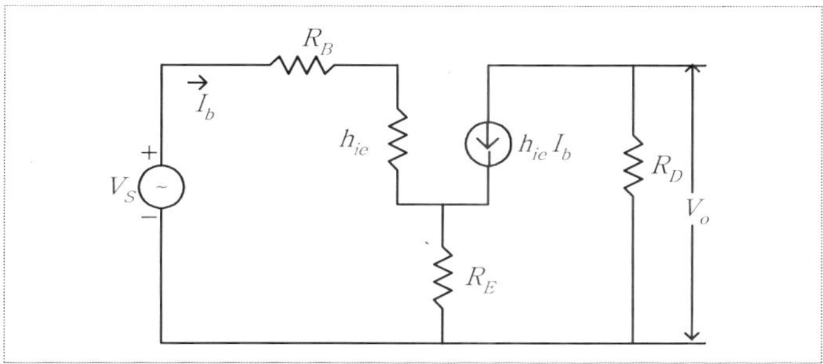

(c)

· 궤환율 $\beta = \dfrac{V_f}{I_o} = \dfrac{-I_o R_E}{I_o} = -R_E$

· 입력저항 $R_i = R_B + h_{ie} + (1 + h_{fe}) R_E$　　$(\therefore R_B = R_1 // R_2 = \dfrac{R_1 R_2}{R_1 + R_2})$

(3) 병렬 전압 궤환회로

전압 궤환 바이어스 회로

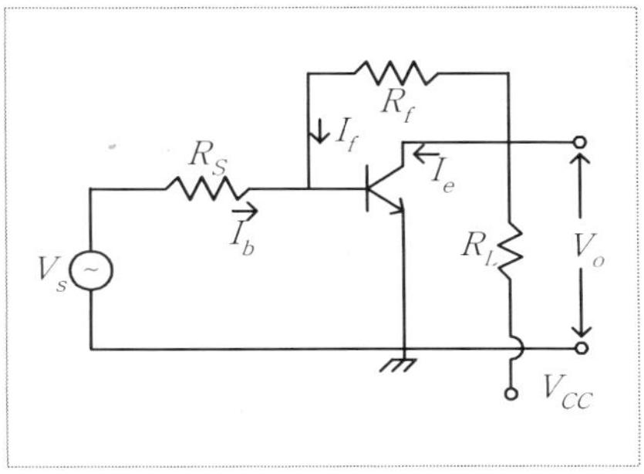

· 궤환율$\beta = \dfrac{I_f}{V_c} = -\dfrac{1}{R_f}$

· 입력저항$R_i = \dfrac{R_s + h_{ie}}{1 + \dfrac{R_L}{R_f} h_{fe}}$

(4) 병렬 전류 궤환 회로

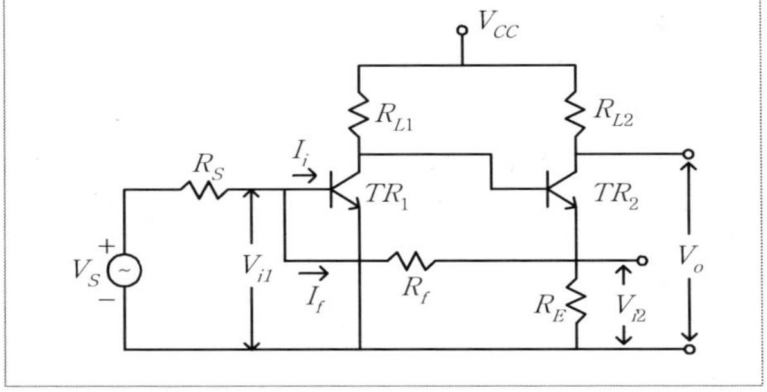

· 궤환율 $\beta = \dfrac{I_f}{I_o} = -\dfrac{R_e}{R_f}$

해설

전압 병렬 궤환 증폭회로이며 R_1의 저항은 부궤환 작용을 한다.

31. 그림의 궤환 증폭기에서 C를 제거하면 어떤 현상이 일어나는가?

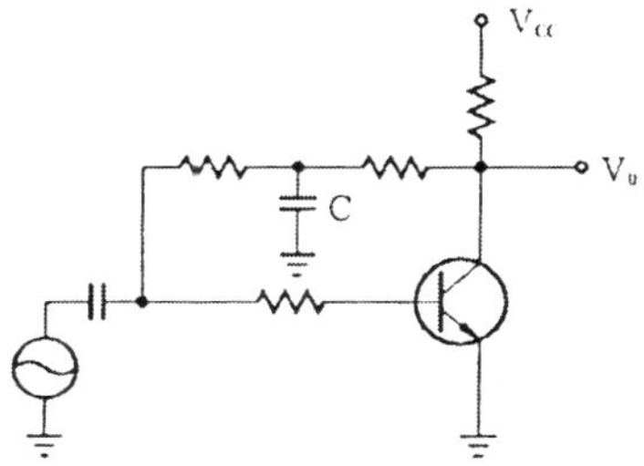

가. 이득이 감소한다.
나. 이득이 증가한다.
다. 발진이 일어난다.
라. 안정도가 향상된다.

해설

전압 궤환 직류 바이어스 회로이며 콘덴서 C는 by pass 콘덴서이다. 콘덴서 C가 제거되면 부궤환이 걸리게 되어 이득이 감소한다.

32. 직렬 전류 궤환 증폭기의 궤환 신호 성분은 무엇인가?

가. 전류　　나. 전압
다. 인덕터　　라. 커패시터

해설

궤환 증폭기의 궤환 신호 성분
1. 직렬전압 증폭기 : 전압
2. 직렬전류 증폭기 : 전압
3. 병렬전압 증폭기 : 전류
4. 병렬전류 증폭기 : 전류

해답 : 31. 가 32. 나

Note

09
발진회로

1 발진회로

(1) 발진 회로의 분류

- 발진 회로
  - 정현파 발진기
    - LC발진기
      - 동조형 발진기 : 컬렉터 동조형, 에미터 동조형, 베이스 동조형
      - 3소자 발진기: 하이틀레이, 콜피츠, 클랩
    - CR발진기
      - 이상형: R병렬형, C병렬형
      - Wien Bridge
    - 수정 발진기
      - 피어스 B-E형
      - 피어스 B-C형
      - 무조정 발진기
  - 비정현파 발진기
    - 멀티바이브레이터: 비안정, 단안정, 쌍안정
    - 블로킹(Blocking) 발진기
    - 톱니파(Saw Tooth wave. Genarator) 발진기

(2) 발진 조건

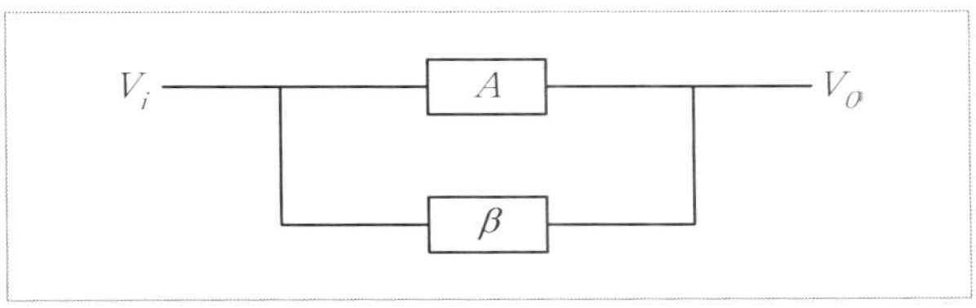

궤환 발진기에서 출력의 일부를 궤환회로 β를 거쳐서 입력으로 궤환을 하면

$A_f = \dfrac{A}{1-A\beta}$ 가진다. 궤환증폭기의 발진 조건은 $|1-A\beta|=0$이므로 $A\beta=1$이 된다. 이러한 조건을 Barkhausen의 발진조건이라 한다.

2 정현파 발진기

(1) LC 발진기

1) 동조형 발진기

① 콜렉터 동조형 발진기

· 발진주파수

$$f_0 = \frac{1}{2\pi\sqrt{CL}}[\text{Hz}]$$

② 에미터 동조형 발진기

· 발진주파수

$$f_0 = \frac{1}{2\pi\sqrt{L_1 C}}[\text{Hz}]$$

③ 베이스 동조형 발진기

· 발진주파수

$$f_0 = \frac{1}{2\pi\sqrt{L_1 C}}[\text{Hz}]$$

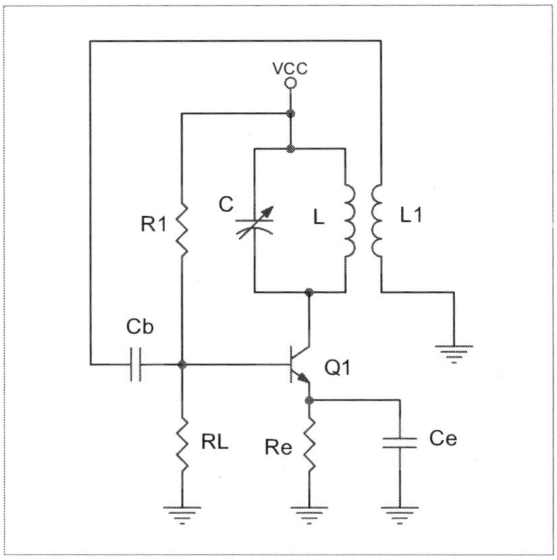

①

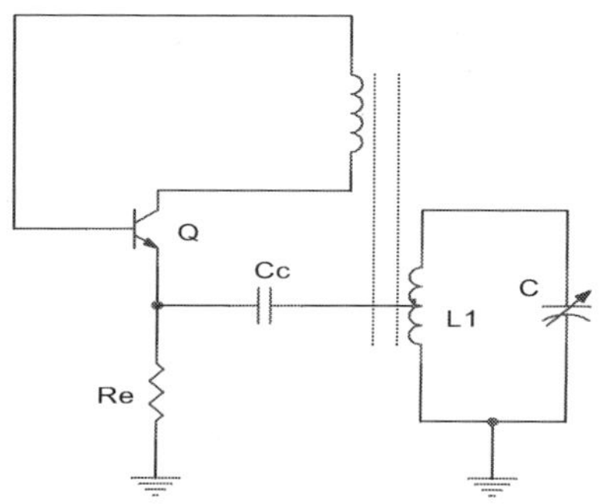

②

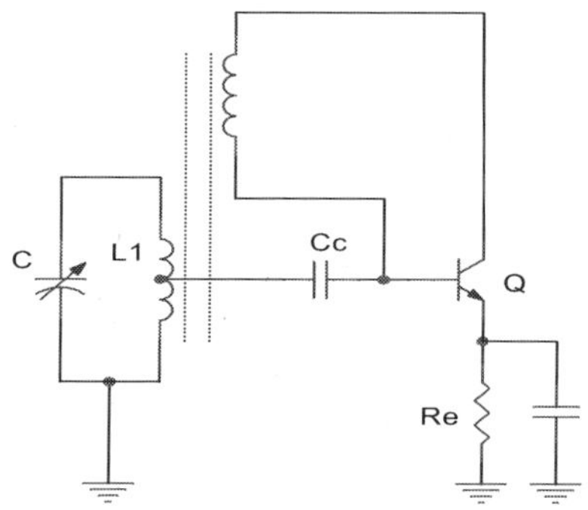

③

2) 3소자 발진기

① 3소자 발진기의 발진조건

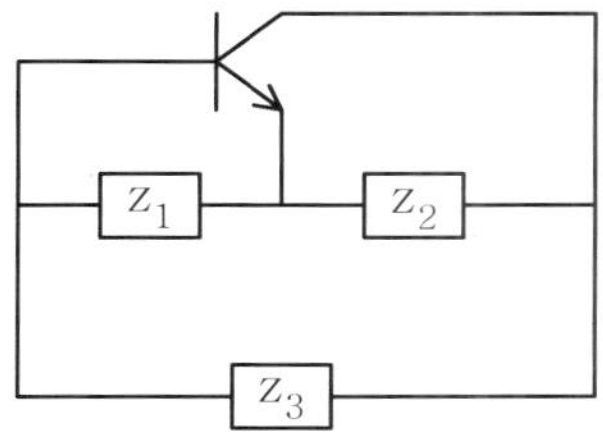

ㄱ. 발진 조건

$Z_1, Z_2 > 0 \qquad Z_3 < 0$

$Z_1, Z_2 < 0 \qquad Z_3 > 0$

여기서 $Z_1, Z_2 > 0 \rightarrow Z_1 Z_2$는 유도성 리액턴스이고,

Z_3가 용량성일 때에는 하틀레이 발진기이다.

$Z_1, Z_2 < 0 \rightarrow Z_1 Z_2$는 용량성 리액턴스고,

Z_3가 유도성이면 콜피츠 발진기이다.

ㄴ. 발진주파수

$Z_1 + Z_2 + Z_3 = 0$에서 구할 수 있다.

ㄷ. 발진이득

$$h_{fe} = \frac{Z_1}{Z_2}$$

② 하아틀레이(Hartley) 발진 회로

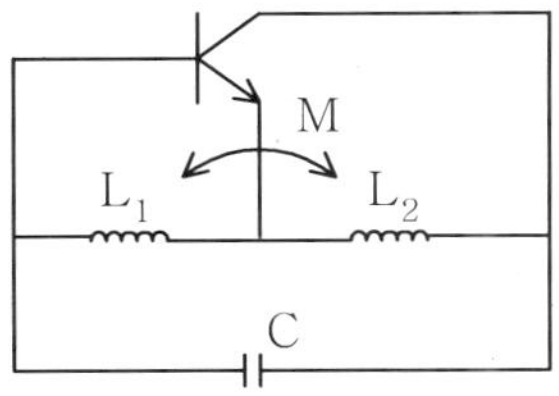

ㄱ. 발진 주파수 f

$$Z_1 = jw(L_1 + M),\ Z_2 = jw(L_2 + M),\ Z_3 = \frac{1}{jwc} = -j\frac{1}{wc},$$

$Z_1 + Z_2 + Z_3 = 0$

$$jw(L_1+M)+jw(L_1+M)-j\frac{1}{wc}=0$$

$$jw(L_1+L_2+2M)=j\frac{1}{wc},\ \omega^2=\frac{1}{(L_1+L_2+2M)C}(\because \omega=2\pi f)$$

$$\therefore\ f\ =\ \frac{1}{2\pi\sqrt{(L_1+L_2+2M)C}}[\mathrm{Hz}]$$

ㄴ. 발진 이득(h_{fe}) 조건

$$h_{fe}=\frac{Z_1}{Z_2}=\frac{jw(L_1+M)}{jw(L_2+M)}=\frac{L_1+M}{L_2+M}$$

ㄷ. 궤환(발진) 요소

L_1, L_2 (유도성 리액턴스)

하아틀레이 발진기가 발진하기 위한 조건은 $h_{fe}\ \geqq\ \frac{L_1+M}{L_2+M}$이 되어야 한다.

③ 콜피츠(ColpiHs) 발진 회로

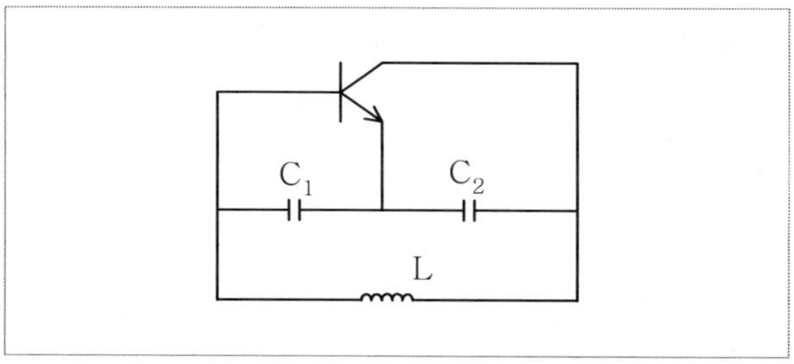

$$Z_1=\frac{1}{jwc_1}=-j\frac{1}{wc_1}$$

$$Z_2=\frac{1}{jwc_2}=-j\frac{1}{wc_2}$$

$$Z_3=jwL$$

ㄱ. 발진 주파수 f

$$Z_1 + Z_2 + Z_3 = 0,\ -j\frac{1}{wc_1} - j\frac{1}{wc_2} + jwL = 0$$

$$jwL = j(\frac{1}{wc_1} + \frac{1}{wc_2}),\ w^2L = \frac{1}{c_1} + \frac{1}{c_2} \qquad (\because \omega = 2\pi f)$$

$$\therefore\ f\ =\ \frac{1}{2\pi\sqrt{L(\frac{c_1c_2}{c_1+c_2})}}[\mathrm{Hz}]$$

ㄴ. 발진 이득(h_{fe}) 조건

$$h_{fe} = \frac{Z_1}{Z_2} = \frac{\frac{1}{jwc_1}}{\frac{1}{jwc_2}} = \frac{c_2}{c_1}$$

ㄷ. 궤환(발진) 요소

c_1, c_2 (용량성 리액턴스)

콜피츠 발진기가 발진하기 위한 조건은 $h_{fe} \geq \frac{c_1}{c_2}$이 되어야 한다.

④ 클랩(Clapp) 발진 회로

콜피츠 발진기를 변형한 발진기로서 안정도가 좋으며 발진주파수의 출력이 적다.

발진 주파수는 C_3와 L에 의해 결정되며

$$Z_1 + Z_2 + Z_3 = 0 \text{에서 } \frac{1}{jwc_1} + \frac{1}{jwc_2} + \frac{1}{jwc_3} + jwL = 0 \text{이다.}$$

여기서 발진 각속도 ω를 구하면

$$w^2 = \frac{1}{L}(\frac{1}{c_1} + \frac{1}{c_2} + \frac{1}{c_3}),\ \omega = \sqrt{\frac{1}{L}(\frac{1}{c_1} + \frac{1}{c_2} + \frac{1}{c_3})} \text{ 이 된다.}$$

ω에 대해서 미분하면

$$\frac{\Delta\omega}{\omega} = \frac{\Delta f}{f} = -\frac{\Delta C}{LC^2}\cdot\frac{1}{\frac{1}{L}(\frac{2}{C} + \frac{1}{C_3})} = -\frac{\Delta C}{(2C + \frac{C_2}{C_3})} \quad (\because C = C_1 = C_2)\text{가 되므로}$$

C_3의 용량값을 크게 하면 발진 주파수를 안정시킬 수 있다.

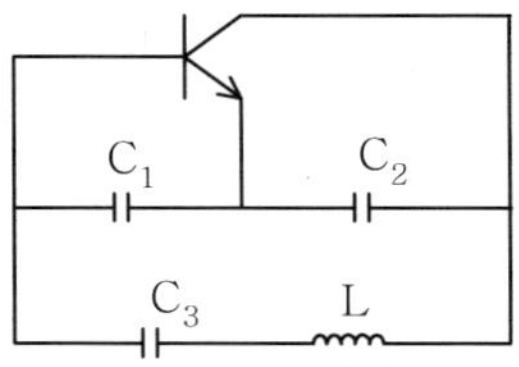

· 발진 주파수

$$\therefore f = \frac{1}{2\pi\sqrt{LC_3}}[\text{Hz}]$$

⑤ LC 발진기의 특징

ㄱ. LC 발진기는 L과 C로 구성된 회로로서 발진 주파수 범위를 10[MHz]정도로서 고주파 발진기로 적합하다.

ㄴ. 10[MHz] 이하인 경우 하아틀레이 발진기가 적합하고 10[MHz]이상인 경우는 콜피츠 발진기가 적합하다.

ㄷ. C급 증폭기로 사용된다.

ㄹ. 하아틀레이 궤한요소는 코일이며 콜피츠 발진기의 궤한요소는 콘덴서이다.

ㅁ. LC 발진기는 L과 C로 구성하기 때문에 주파수 가변이 쉬우며 가변발진기로 적합하다.

(2) CR 발진기

1) 이상형(Phase Shift) 발진회로

① 병렬 C형 발진기(Low Pass : 저역통과형)

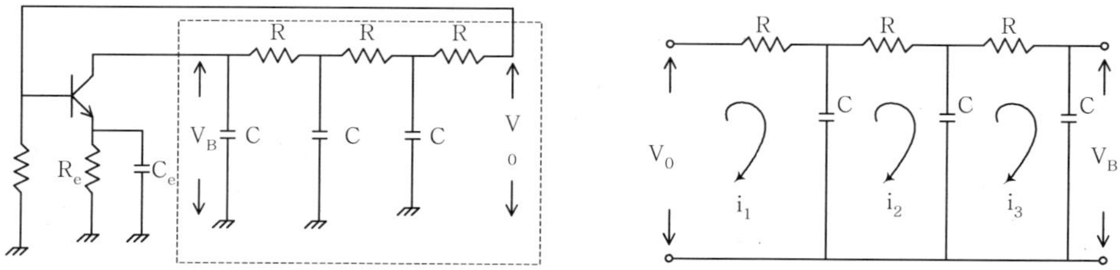

ㄱ. 발진 주파수 f

· loop1에서 $V_0 = RI_1 - jX_c(I_1 - I_2) = I_1(R_1 - jX_c) + jX_cI_2$ … ①

· loop2에서 $0 = -jX_c(I_2 - I_1)RI_2 - jX_c(I_2 - I_3)$

$= jX_cI_1 + I_2(R - 2jX_c) + jX_cI_3$ … ②

· loop3에서 $0 = -jX_c(I_3 - I_2)RI_3 - jX_cI_3$

$= jX_cI_2 + I_3(R - 2jX_c)$ … ③

①식 양변에 jX_c로 나누면 $\left(\alpha = \dfrac{R}{X_c}\right)$

$$\frac{V_0}{jX_c} = I_1\left(\frac{R}{jX_c} - 1\right) + I_2 = -(1 + j\alpha)I_1 + I_2 \quad \cdots ④$$

②식 양변에 jX_c로 나누면

$0 = I_1 - I_2(j\alpha + 2) + I_3$ … ⑤ $\rightarrow I_1 = I_2(j\alpha + 2) - I_3$ … ⑦

③식 양변에 jX_c로 나누면

$0 = I_2 - I_3(j\alpha + 2)$ … ⑥ $\rightarrow I_2 = I_3(j\alpha + 2)$ … ⑧

⑧식을 ⑦식에 대입

$$I_1 = I_2(j\alpha + 2) - I_3 = I_3(j\alpha + 2)(j\alpha + 2) - I_3 = I_3(3 - \alpha^2 + 4j\alpha) \quad \cdots ⑨$$

⑧식과 ⑨식을 ④에 대입

$$\frac{V_0}{jX_c} = -(1 + j\alpha)I_1 + I_2 = -(1 - 5\alpha^2 + 6j\alpha - j\alpha^3)I_3$$

$$\frac{V_0}{jX_c \cdot I_3} = -(1 - 5\alpha^2 + 6j\alpha - j\alpha^3) \quad \cdots ⑩$$

허수부가 0일 때 (⑩의 식에서)

$$6\alpha = \alpha^3, \quad \alpha^2 = 6, \quad \left(\frac{R}{X_c}\right)^2 = 6, \quad (\omega C)^2R^2 = 6$$

$$\therefore\ f = \frac{\sqrt{6}}{2\pi CR}[\text{Hz}]$$

ㄴ. 발진 이득(hfe) 조건

⑩의 식에서

$$A = \frac{V_0}{jX_c \cdot I_3} = \frac{V_0}{V_B} = 5\alpha^2 - 1 = 5 \times 6 - 1 = 29$$

$\therefore A \geqq 29$가 되어야 발진을 한다.

② 병렬 R형 발진기(High Pass : 고역통과형)

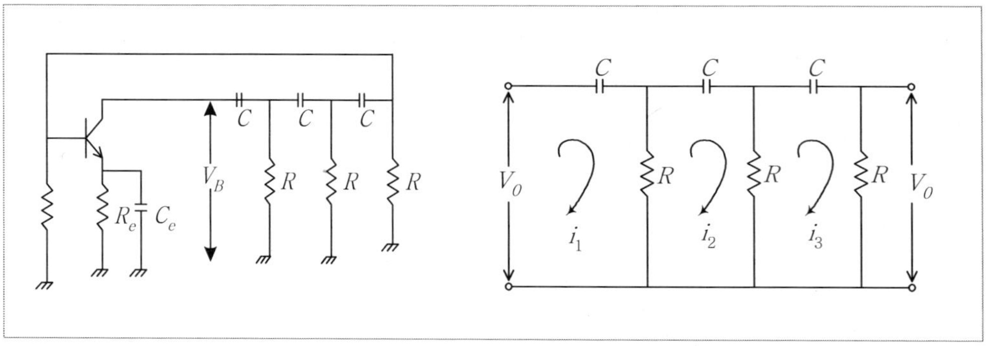

ㄱ. 발진 주파수 f

$$\therefore\ f = \frac{1}{2\pi\sqrt{6}\,CR}[\text{Hz}]$$

ㄴ. 발진 이득(hfe) 조건

∴ $A \geq 29$가 되어야 발진을 한다.

2) Wien Bridge 발진기

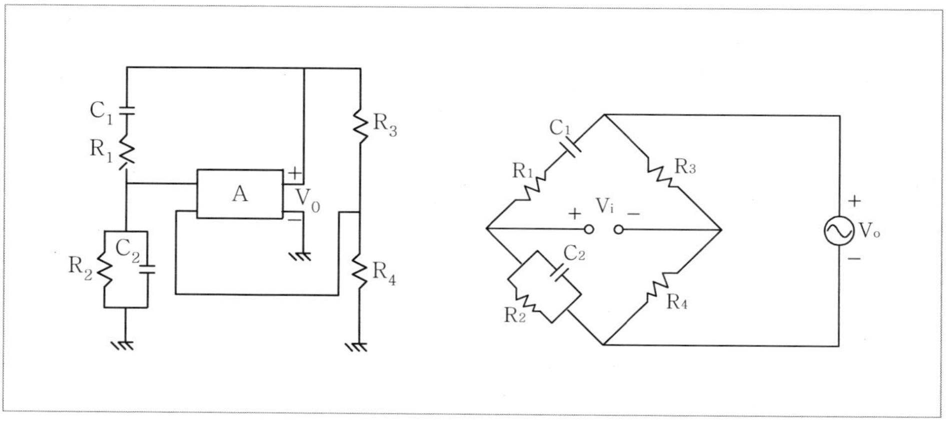

ㄱ. 발진 주파수 f

$$\frac{V_i}{V_0} = \frac{x_2}{x_1+x_2} - \frac{R_4}{R_3+R_4}$$

$$= \frac{jwC_1R_2}{1-\omega^2 C_1 + C_2R_1R_2 + jw(C_2R_2 + C_1R_1 + C_1R_2)} - \frac{R_4}{R_3+R_4}$$

$$(\because X_1 = R_1 + \frac{1}{jwC_1}, \quad X_2 = \frac{R_2 \cdot \frac{1}{jwC_2}}{R_2 + \frac{1}{jwC_2}})$$

위의 식에서 발진주파수를 구하고자 하면 gain이 실수일 때 A_V(gain)가 실수가 되려면 $(1-\omega^2 C_1 C_2 R_1 R_2) = 0$ 이다. $\omega^2 C_1 C_2 R_1 R_2 = 1$

$$\therefore f = \frac{1}{2\pi\sqrt{C_1 C_2 R_1 R_2}} [\text{Hz}]$$

여기서 $C_1 = C_2 = C, R_1 = R_2 = R$ 이 되면 $\therefore f = \frac{1}{2\pi CR}$ 이 된다.

ㄴ. 발진 이득(h_{fe}) 조건

$$A_V = \frac{V_0}{Vi} = \frac{1-\omega^2 C_1 C_2 R_1 R_2 + jw(C_2 R_2 + C_1 R_1 + C_1 R_2)}{jwC_1 R_2} \quad (\because \text{허수부}=0)$$

$$= \frac{jw(C_2 R_2 + C_1 R_1 + C_1 R_2)}{jwC_1 R_2} = \frac{C_2 R_2}{C_1 R_2} + \frac{C_1 R_1}{C_1 R_2} + \frac{C_1 R_2}{C_1 R_2}$$

$$= \frac{C_2}{C_1} + \frac{R_1}{R_2} + 1$$ 이 된다. 여기서 $C_1 = C_2, R_1 = R_2$ 가 되면

$A_V = 1+1+1 = 3$ 이 된다. $\therefore A_V \geq 3$ 이 되어야 발진을 한다.

3) CR 발진기의 특징

① 이상형 발진기

ㄱ. RC 회로는 3단으로 되어있어 컬렉터와 베이스가 180° 의 위상차가 있다. 즉 각 단의 위상 차가 60° 이다.

ㄴ. 발진 주파수 가변이 어렵다.

ㄷ. R과 C를 이용한 정교한 발진기이다.

ㄹ. 발진 주파수 범위 : 수[Hz]~수백[Hz]

ㅁ. 저주파 발진기로 적합하다.

ㅂ. A급으로 동작한다.

② Wien Bridge 발진기

ㄱ. 이상형 발진기 보다 안정도가 우수하다.

ㄴ. 주파수 가변이 용이하며 CR 저주파 발진기로서 적합하다.

ㄷ. 발진 출력 파형이 양호하며 왜곡이 줄어든다.

ㄹ. 저주파에서 A급으로 동작한다.

ㅁ. 발진 주파수 범위 : $10^{-1} \sim 10^{9}$[Hz]

ㅂ. R_3와 R_4는 증폭기에 부궤환을 걸어주어 증폭기의 이득을 안정시킨다.

ㅅ. 브릿지가 평형을 이루었을 때에만 발진을 한다.

(3) 수정 발진기

1) 수정 진동자 구조와 등가회로

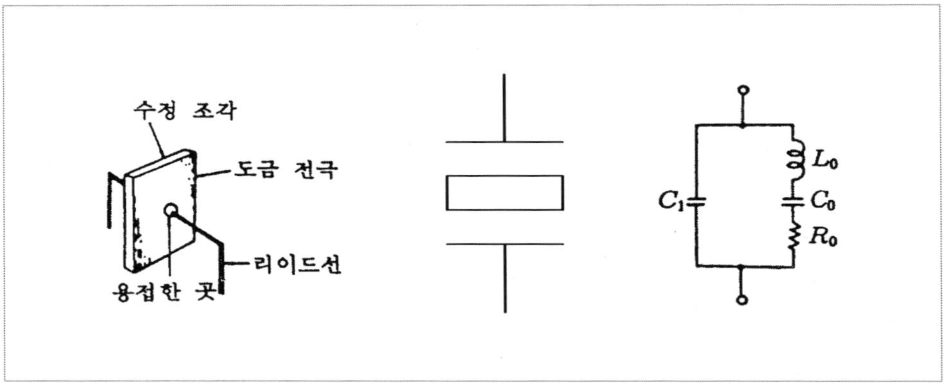

(a) (b) (c)

2) 발진 주파수

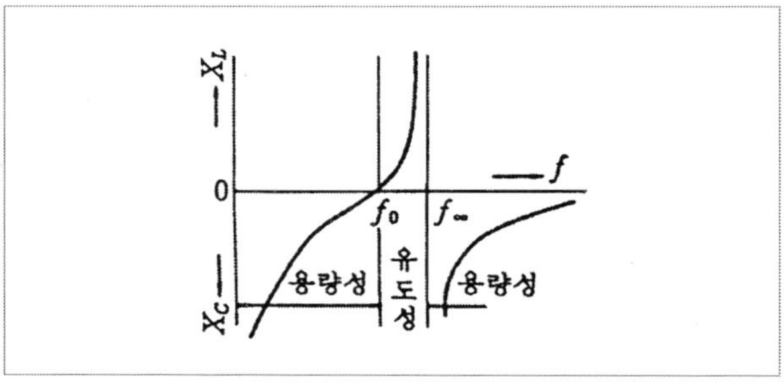

① 수정 진동자의 직렬 공진 주파수

수정편의 등가회로에서 직렬 공진 회로에서 공진 주파수를 구하면

$$Z_s = R + jX_L + jX_C = R + j\omega_s L_0 + \frac{1}{j\omega_s C_0}$$

$$= R + j(\omega_s L_0 - \frac{1}{\omega_s C_0})$$

여기서 허수부가 0이 되어야만 공진 상태가 된다.

$$\omega_s L_0 - \frac{1}{\omega_s C_0} = 0, \quad \omega_s L_0 = \frac{1}{\omega_s C_0}, \quad (\omega_s = 2\pi f_s)$$

$$2\pi f_s L_0 = \frac{1}{2\pi f_s C_0}, \qquad (2\pi)^2 \cdot f^2_{L_0 C_0 = 1s} \quad \therefore f_s = \frac{1}{2\pi\sqrt{L_0 C_0}}[\text{Hz}]$$

② 수정 진동자의 병렬 공진 주파수

$$Z = \frac{Z_1 Z_2}{Z_1 + Z_2} = \frac{-j\frac{1}{\omega C_1}(j\omega L_0 - j\frac{1}{\omega C_0})}{-j\frac{1}{\omega C_1} + j\omega L_0 - j\frac{1}{\omega C_0}}$$

$$= \frac{\frac{\omega^2 C_0^2 - 1}{\omega^2 C_1 C_0^2}}{\frac{j\omega C_0 + (-j\omega^3 L_0 C_0 C_1) + j\omega C_1}{-\omega^2 C_1 C_0}}$$

$$= \frac{\frac{1}{C_1}(j\omega L_0 + \frac{1}{j\omega C_0})}{\omega^2 L_0 - \frac{1}{C_0} - \frac{1}{C_1}}$$

$$(\omega^2 L_0 - \frac{1}{C_0} - \frac{1}{C_1}) = 0 \text{ 이면 } \omega^2 L_0 = \frac{1}{C_0} + \frac{1}{C_1} (\therefore \omega = 2\pi f_P)$$

$$\therefore f_P = \frac{1}{2\pi\sqrt{L_0(\frac{C_0 C_1}{C_0 + C_1})}}[\text{Hz}]$$

③ 유도성 범위(폭)

$$S = f_p - f_s = \frac{1}{2\pi\sqrt{L_0(\frac{C_0 C_1}{C_0 + C_1})}} - f_s = f_s \cdot \sqrt{(1 + \frac{C_0}{C_1})} - f_s$$

$$= f_s(1 + \frac{C_0}{2C_1}) - f_s = f_s + \frac{C_0}{2C_1} f_s - f_s = \frac{C_0}{2C_1} f_s (\because \frac{C_0}{C_1} \ll 1)$$

$\therefore f_s$ (직렬 공진 주파수) $\leq f$ (동작 주파수) $\leq f_p$ (병렬 공진 주파수)

3) 수정 진동자의 특성

① 압전기(Piezo Effect) 효과를 이용한다.

② 수정 진동자의 선택도

$$Q = \frac{\omega_0 L_0}{R_0}$$

③ 수정 진동자의 발진 주파수

$$f = \frac{1}{2t}\sqrt{\frac{E}{e}}\,[\text{Hz}]$$ (t : 수정 진동자의 두께, E : 영(young)율, e : 밀도)

④ 수정 발진기는 유도성 범위에서만 동작을 한다.

⑤ 발진 주파수의 변동원인과 대책

ㄱ. 부하의 변동인 경우 : 발진기와 부하사이에 완충 증폭기를(Buffer Amplifier)사용한다.

ㄴ. 주위 온도의 변화인 경우

· 온도계수가 적은 소자를 사용한다.

· 항온조에 넣는다.

ㄷ. 전원 전압이 변동하는 경우 : 정전압 안정회로를 사용한다.

ㄹ. 동작점이 불안정한 경우 : 조정을 동작점에서 약간 벗어난 곳에서 조정한다.

4) 수정 발진회로

① 피어스 B-E형

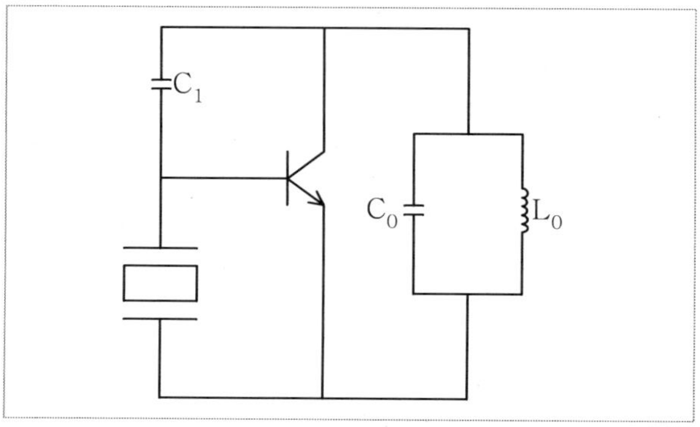

에미터와 베이스 사이에 수정 진동자로 사용한 회로이며 수정 진동자는 유도성으로

동작을 하기 때문에 하아틀레이(Hertley) 발진기로 동작을 한다. 회로에서 콜렉터와 에미터 사이의 동조회로는 유도성으로 동작을 한다.

발진 주파수$(f_o) = \dfrac{1}{2\pi\sqrt{(L_1 + L_2 + 2M)\cdot C}}$[Hz]

② 피어스 B-C형

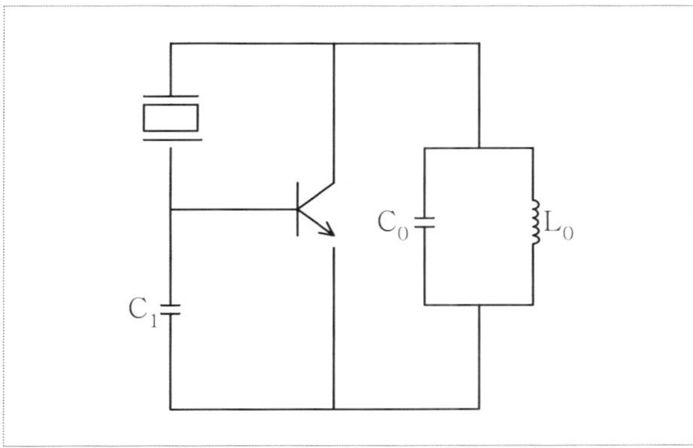

콜렉터와 베이스 사이에 수정 진동자를 사용한 회로이며 수정 진동자는 유도성으로 동작을 하기 때문에 콜피츠(Colpitts)발진기로 동작을 한다. 회로에서 콜렉터와 에미터 사이의 동조 회로는 용량성으로 동작을 한다.

발진 주파수 $f_0 = \dfrac{1}{2\pi\sqrt{L\cdot(\dfrac{C_0\cdot C_1}{C_0 + C_1})}}$[Hz]

5) 수정 발진기의 특징

① 수정 진동자의 Q가 높다. ($Q = 10^4 \sim 10^6$정도)

② 주파수 안정도가 양호하다. ($10^{-6} \sim 10^{-8}$정도)

③ 주파수 범위 :$10^3 \sim 10^9$[Hz]

④ 발진을 할 때에는 수정 진동자는 유도성이 되며, 발진 조건을 만족하는 범위가 좁기 때문에 주파수 안정도가 매우 좋다. ($10^{-6} \sim 10^{-8}$정도)

⑤ 유도성 범위 : $f_s \leq f \leq f_p$

⑥ 기계적·물리적으로 매우 안정하다.

⑦ 수정 편이 엷을수록 높은 주파수 발진이 가능하기 때문에 초단파 대 이상의 발진은 어렵다.

⑧ 수정 진동자의 가격이 비싸다.

예/상/문/제

1. 정현파 발진기로서 부적합한 것은?

가. LC 발진기　　　나. 수정 발진기
다. 멀티바이브레이터　　　라. CR 발진기

해설

발진회로
- 1. 정현파 발진
  - 1) LC 발진기
    - ① 동조형 : E.B.C 동조형
    - ② 3소자 발진기 : 하아틀레이, 콜피츠, 클랩발진기
  - 2) 수정발전진기
    - ① 피어스형 : 피어스 B–C형, 피어스 B–E형
    - ② 무조정 발진기
  - 3) CR 발진기
    - ① 이상형 발진기 : R 병렬형, C 병렬형
    - ② 윈 브리지
  - 4) 부저항 발진기
- 2. 비정현파 발진
  - 1) 멀티바이브레이터 : 쌍안정, 단안정, 비안정
  - 2) 톱니파 발진기
  - 3) 블로킹 발진기

2. 발진회로와 관계가 없는 것은?

가. 부성저항　　나. 정궤환　　다. 부궤환　　라. 재생회로

해설

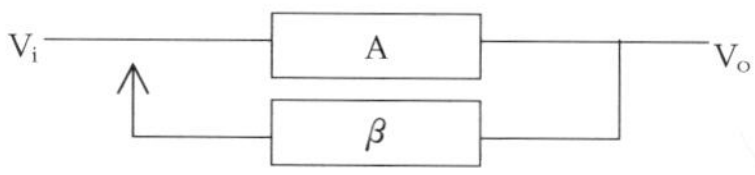

$$\therefore A_f = \frac{A}{1 + A\beta}$$

궤환의 종류
- 1. 정궤환 $A_f > A$ $|1 + A\beta| < 1$
- 2. 부궤환 $A_f < A$ $|1 + A\beta| > 1$
- 3. 무궤환 $A\beta = 0$
- 4. Barkhausen 발진조건 $|1 + A\beta| = 0$

해답 :　　1. 다　　2. 다

3. 그림의 발진회로에서 Z_3에 수정 발진자를 연결하였을 때 회로의 발진조건은?

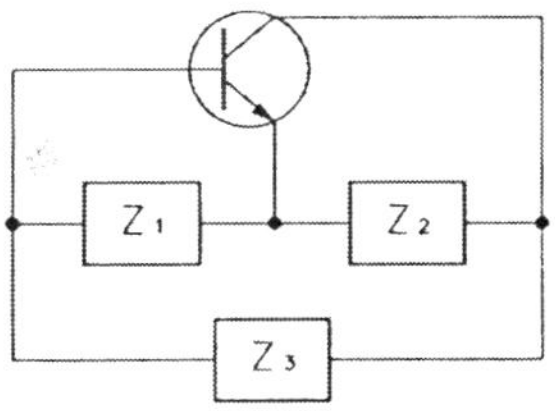

가. Z_1, Z_2 : 유도성
나. Z_1, Z_2 : 용량성
다. Z_1 : 유도성, Z_2 : 용량성
라. Z_1 : 용량성, Z_2 : 유도성

해설

Z_1과 Z_2는 같아야 하며 Z_3는 유도성이다. 즉, Z_1과 Z_2는 용량성이 되어야 한다.

4. 다음 회로를 발진기로 동작시키려면 리액터스 소자들은 어떠한 조건이 적합한가?

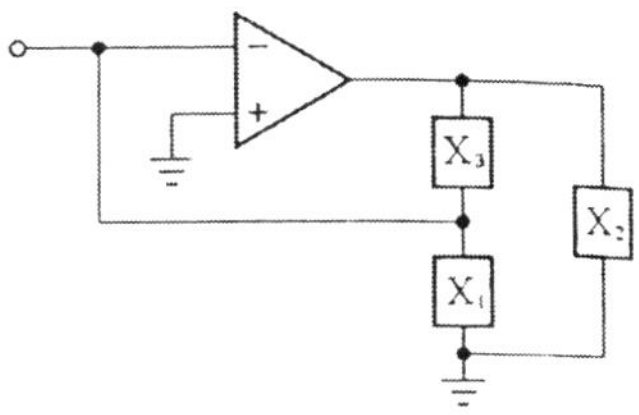

가. X_1 유도성, X_2 용량성, X_3 유도성
나. X_1 유도성, X_2 유도성, X_3 용량성
다. X_1 유도성, X_2 용량성, X_3 용량성
라. X_1 용량성, X_2 유도성, X_3 유도성

해설

Z_1 Z_2	Z_3
유도성	용량성
용량성	유도성

5. 다음 회로에서 Barkhausen의 발진조건 $A\beta = 1$이 되는 조건은?

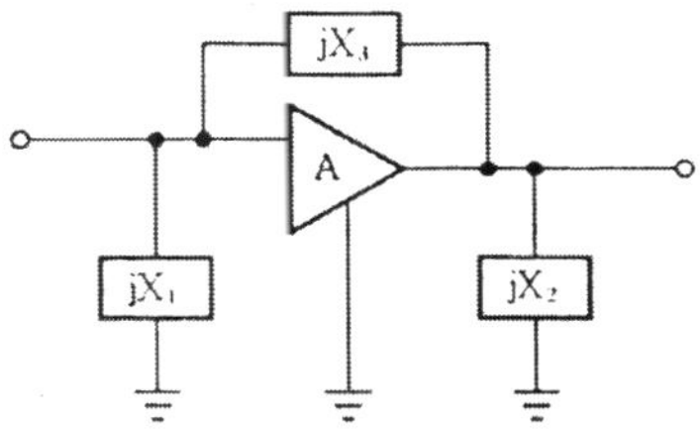

가. $X_1 < 0,\ X_2 > 0,\ X_3 > 0$
나. $X_1 < 0,\ X_2 < 0,\ X_3 < 0$
다. $X_1 > 0,\ X_2 < 0,\ X_3 > 0$
라. $X_1 < 0,\ X_2 < 0,\ X_3 > 0$

해설

Barkhausen 발진조건

① $X_1 < 0,\ X_2 < 0,\ X_3 > 0$ ② $X_1 > 0,\ X_2 > 0,\ X_3 < 0$

6. 다음 회로와 같은 발진형은?

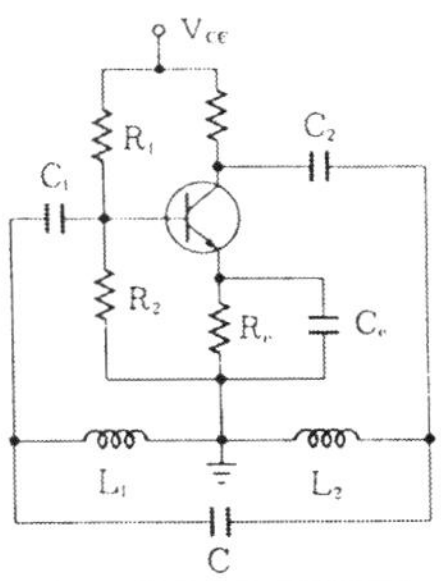

가. Colpitts형 나. Hartley형
다. Wien-bridge형 라. Phase형

해답 : 3. 나 4. 나 5. 라 6. 나

해설

Z_1　Z_2	Z_3	회로명
유도성	용량성	하아틀레이 발진기
용량성	유도성	콜피츠 발진기

7. 하아틀레이형 발진회로에서 콜렉터와 에미터간의 리액턴스는 어떻게 되어야 하는가?

가. 저항성　　　나. 유도성
다. 용량성　　　라. 유도성 혹은 용량성

해설
하아틀레이 발진기

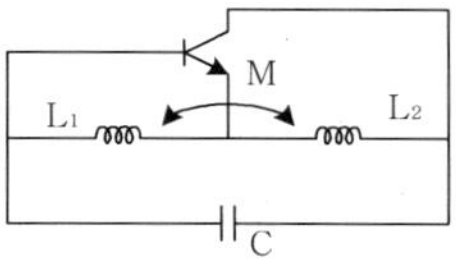

에미터와 콜렉터간은 유도성 리액턴스이며 베이스와 콜렉터 간은 용량성 리액턴스이다.

8. 하아틀레이 발진기에서 궤환요소는?

가. 용량　　나. 저항　　다. 코일　　라. 트랜지스터

해설
하아틀레이 발진기의 궤환요소(발진요소)는 코일이다.

9. 그림의 하아틀레이 회로에서 $L_1 = 250[\mu H]$, $L_2 = 50[\mu H]$, $C_3 = 300[pF]$일 때 발진하는데 필요한 최소한 트랜지스터의 전류 증폭률 h_{fe}는 얼마이어야 하는가?

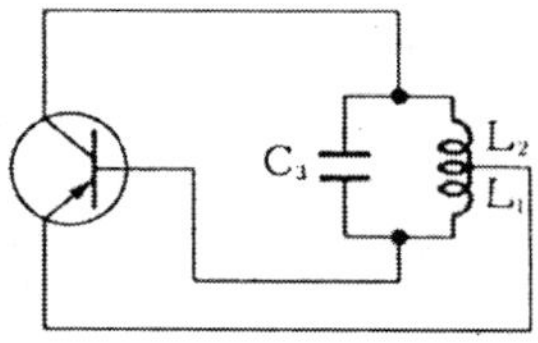

가. 5이상이어야 한다.　　나. 10이상이어야 한다.
다. 15이상이어야 한다.　　라. 20이상이어야 한다.

해설

$H_{fe} = \frac{L_1}{L_2} = \frac{250 \times 10^{-6}}{50 \times 10^{-6}} = 5$ 즉 5이상 되어야 한다.

10. 하아틀레이 발진기의 발진주파수는?

가. $f = \frac{1}{2\pi\sqrt{C(L_1 + L_2 + 2M)}}$　　나. $f = \frac{1}{2\pi\sqrt{LC)}}$

다. $f = \frac{1}{2\pi\sqrt{L\cdot\left(\frac{C_1C_2}{C_1 + C_2}\right)}}$　　라. $f = \frac{1}{2\pi\sqrt{L(C_1 + C_2)}}$

해답 : 7. 나　8. 다　9. 가　10. 가

해설

하아틀레이 발진기 발진주파수는 $f = \dfrac{1}{2\pi\sqrt{C(L_1 + L_2 + 2M)}}$ [Hz]이다.

11. 그림의 발진회로 명칭은?

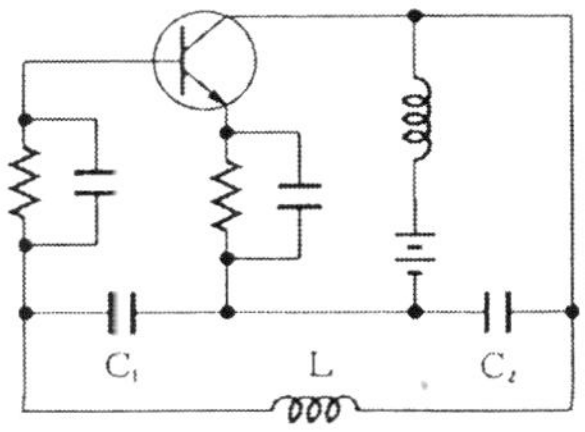

가. 콜렉터 동조 발진기
나. 콜피츠(Colpitts) 발진기
다. 하아틀레이(Hartley) 발진기
라. 이상(移相) 발진기

해설

Z_1과 Z_2는 용량성이고 Z_3는 유도성인 콜피츠 발진기이다.

12. 그림과 같은 교류적 등가회로로 표시되는 발진회로의 발진 주파수는 얼마인가?

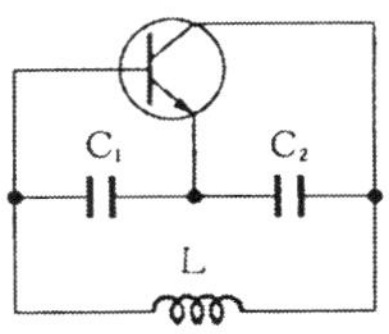

가. $\dfrac{1}{2\pi}\sqrt{L\left(\dfrac{1}{C_1} + \dfrac{1}{C_2}\right)}$　　나. $\dfrac{1}{2\pi}\sqrt{\dfrac{1}{L}(C_1 + C_2)}$

다. $\dfrac{1}{2\pi}\sqrt{L(C_1 + C_2)}$　　라. $\dfrac{1}{2\pi}\sqrt{\dfrac{1}{L}\left(\dfrac{1}{C_1} + \dfrac{1}{C_2}\right)}$

해설

콜피츠 발진기의 발진주파수는

$$f = \frac{1}{2\pi}\sqrt{\frac{1}{L}\left(\frac{1}{C_1} + \frac{1}{C_2}\right)} = \frac{1}{2\pi\sqrt{L\left(\dfrac{C_1 C_2}{C_1 + C_2}\right)}}\text{[Hz]}$$이다.

13. 콜피츠 발진기의 동작급은?

가. A급　　나. B급　　다. C급　　라. A, B급

해설

LC발진기는 C급이다. 즉, 콜피츠 하아틀레이는 모두 C급이다.

14. 콜피츠 발진기에서 궤환요소는 다음 중 어느 것인가?

가. 용량　　나. 저항　　다. 코일　　라. 트랜지스터

해설

콜피츠 발진기의 궤환요소(발진요소)는 용량(콘덴서)이다.

해답 :　11. 나　12. 라　13. 다　14. 가

15. 콜피츠 발진기에서 $C_1 = 25[\mu F]$, $C_2 = 100[\mu F]$, $L = 200[\mu H]$일 때 발진하는 데 필요한 최소한 트랜지스터의 전류 증폭률 h_{fe}는 얼마이어야 하는가?

가. 2 이상이어야 한다. 나. 4 이상이어야 한다.
다. 6 이상이어야 한다. 라. 8 이상이어야 한다.

해설 $h_{fe} = \frac{C_2}{C_1} = \frac{100\times10^{-6}}{25\times10^{-6}} = 4$ 즉, 4 이상이 되어야 한다.

16. 다음 중 C_3의 역할에 속하는 것은 어느 것인가?

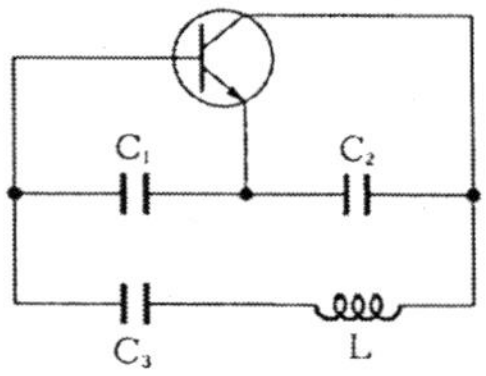

가. 발진 주파수의 안정화 나. 발진 이득의 안정화
다. 의율의 개선 라. 잡음의 개선

해설
그림의 회로는 클랩 발진기이며 C_3는 발진 주파수를 안정화하기 위한 것이며 발진주파수는 $f = \frac{1}{2\pi\sqrt{LC_3}}$[Hz]이다.

17. 다음과 같은 콜렉터 동조 발진 회로에서 $L_1 = 200[mH]$, $L_2 = 150[mH]$, $C_1 = 200[pF]$일 때 발진 주파수는?

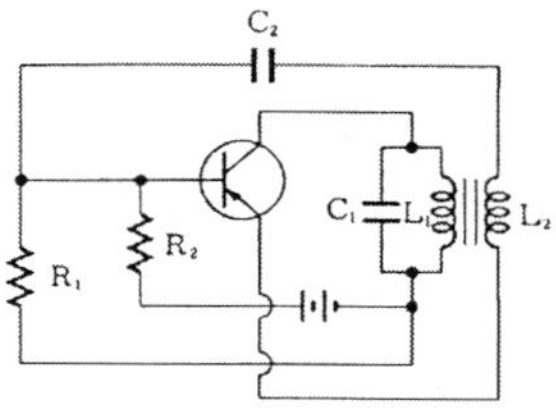

가. 25[kHz] 나. 55[kHz]
다. 80[kHz] 라. 120[kHz]

해설 $f = \frac{1}{2\pi\sqrt{L_1C_1}} = \frac{1}{2\pi\sqrt{200\times10^{-3}\times200\times10^{-12}}} \fallingdotseq 25[kHz]$

18. 다음 회로는 트랜지스터 발진회로의 일례이다. 맞는 사항은?(단, 동조회로의 동조주파수는 일정한 것으로 한다.)

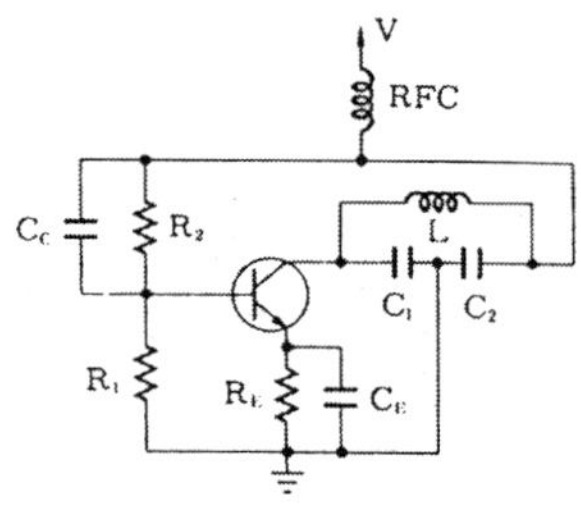

가. C_1을 크게 하면 발진진폭이 커진다.
나. C_2를 크게 하면 발진진폭이 커진다.
다. 발진진폭과 C_1과는 무관하다.
라. C_1을 감소시켜 가면 발진의 진폭이 커진다.

해설 콜피츠 발진기로서 발진주파수는 $f = \frac{1}{2\pi\sqrt{L\left(\frac{C_1C_2}{C_1+C_2}\right)}}$[Hz]이다. C_1를 감소시키면 발진의 진폭이 증가하며 C_1증가하게 되면 발진의 진폭이 감소한다.

해답 : 15. 나 16. 가 17. 가 18. 라

19. CR 발진기의 설명으로 가장 적합한 것은?

가. C 및 R로서 정궤환에 의하여 발진한다.
나. 부성 저항을 이용한 발진기이다.
다. C 및 R로서 부궤환에 의하여 발진한다.
라. 압전기 효과를 이용한 발진기이다.

해설 CR 발진기는 콘덴서(C)와 저항(R)로 구성하여 정궤환을 해야만 발진을 한다.

20. 다음은 RC 발진회로에 대한 설명이다. 옳지 않은 것은 어느 것인가?

가. 이상형과 wien bridge 형으로 분류된다.
나. 이상형 발진회로의 입·출력 위상은 180° 위상차를 갖는다.
다. wien bridge는 부궤환 회로를 갖고 있으므로 주파수 안정도가 양호하다.
라. 이상형이 고조파 발생이 적다.

해설 CR 발진기는 이상형 발진기와 윈 브리지로 나누며 이상형 발진회로에서 입출력 위상은 180°의 위상차를 가지며 또한 각 단의 위상차는 60°이며 윈브리지 발진기가 이상형 발진기보다 주파수 안정도가 양호하다.

21. 그림은 콘덴서 이상형 발진회로의 일례이다. 발진주파수 f 를 옳게 나타낸 식은?

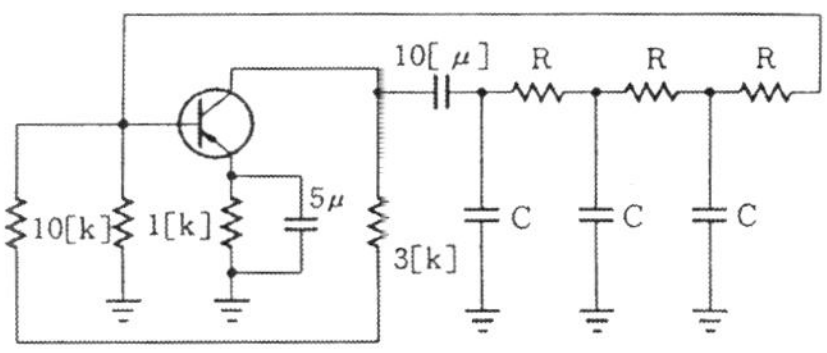

가. $f = \dfrac{1}{2\pi\sqrt{6CR}}$

나. $f = \dfrac{1}{2\pi\, CR}$

다. $f = \dfrac{\sqrt{6}}{2\pi\, CR}$　　라. $f = \dfrac{2\pi\, CR}{\sqrt{6}}$

해설 C 병렬형 발진기의 발진주파수 $\Rightarrow f = \dfrac{\sqrt{6}}{2\pi\, CR}$[Hz]
R 병렬형 발진기의 발진주파수 $\Rightarrow f = \dfrac{1}{2\pi\, CR\sqrt{6}}$[Hz]

22. 그림은 이상형 발진기이다. 다음 설명 중 바른 것은?

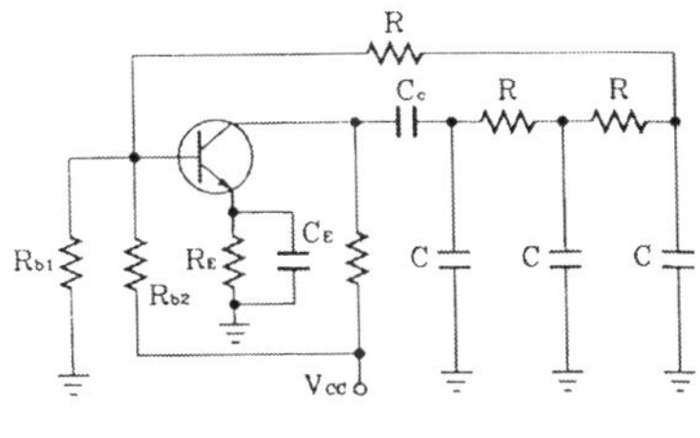

가. $R : X_c = \sqrt{3} : 1$ 이어야 한다.
나. 펄스 발진기로 적합하다.
다. 높은 주파수의 발진이 용이하게 일어난다.
라. 발진주파수 $f = \sqrt{6}/2\pi\, RC$이다.

해답 : 19. 가 20. 라 21. 다 22. 라

해설

이상형 발진기는 정현파 발진기이며 저주파 발진기로 사용되며 발진주파수는 $f=\frac{\sqrt{6}}{2\pi CR}$[Hz]이다.

23. 그림과 같은 이상 발진기의 발진 조건 중 맞는 항은?(단, w_o는 발진 주파수, A_v는 전압증폭도를 표시한다.)

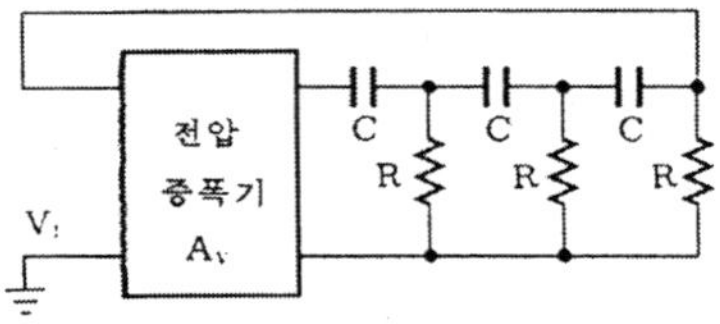

가. $w_o=\frac{1}{CR\sqrt{6}}$, $A_v \geqq 29$　　나. $w_o=\frac{\sqrt{6}}{CR}$, $A_v \geqq 29$

다. $w_o=\frac{\sqrt{6}}{CR}$, $A_v \leqq 29$　　라. $w_o=\frac{1}{6\sqrt{CR}}$, $A_v \geqq 29$

해설

이상형 발진기의 R 병렬형 회로로서 발진주파수는 $f=\frac{1}{2\pi CR\sqrt{6}}$[Hz]이고 $A_v \geqq 29$이어야 한다.

24. 다음과 같은 RC 발진회로에서 발진주파수 f_0는?

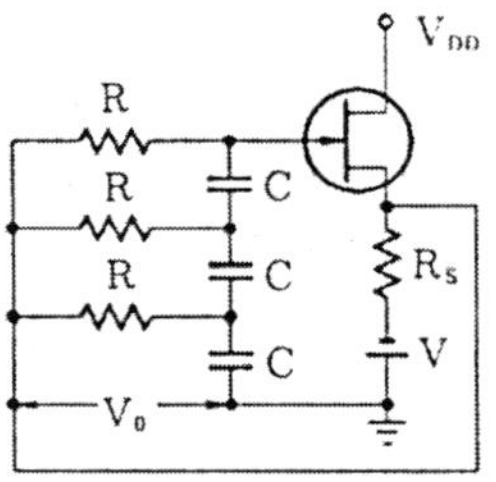

가. $f_0=1/\sqrt{2\pi RC}$

나. $f_0=1/2\pi RC$

다. $f_0=1/2\pi\sqrt{RC}$

라. $f_0=1/2\pi RC\sqrt{6}$

해설 이상형 발진기의 R 병렬형 회로이다. $f_0=\frac{1}{2\pi CR\sqrt{6}}$

25. 다음 FET 이상형 발진기에서 발진주파수 f 는? (단, $C=0.01[\mu F]$, $R=10[k\Omega]$)

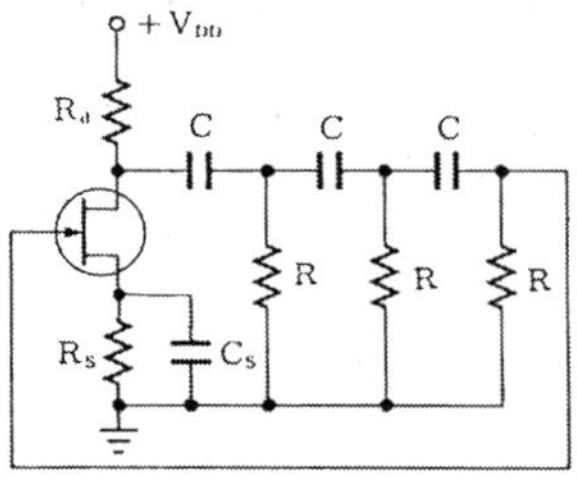

가. 650[Hz]　　나. 720[Hz]

다. 850[Hz]　　라. 475[Hz]

해설

$$f=\frac{1}{2\pi CR\sqrt{6}}=\frac{1}{2\pi\times 0.01\times 10^{-6}\times 10\times 10^{3}\times\sqrt{6}}$$

$$=\frac{10^4}{2\pi\times\sqrt{6}} \fallingdotseq 650[Hz]$$

해답 : 23. 가 24. 라 25. 가

26. 그림과 같이 FET를 사용한 이상형 발진회로에서 발진 주파수 f_0는?(단, $R_d < R$이고 $R = 6.8[\mathrm{k}\Omega]$, $C = 0.002[\mu\mathrm{F}]$이다.)

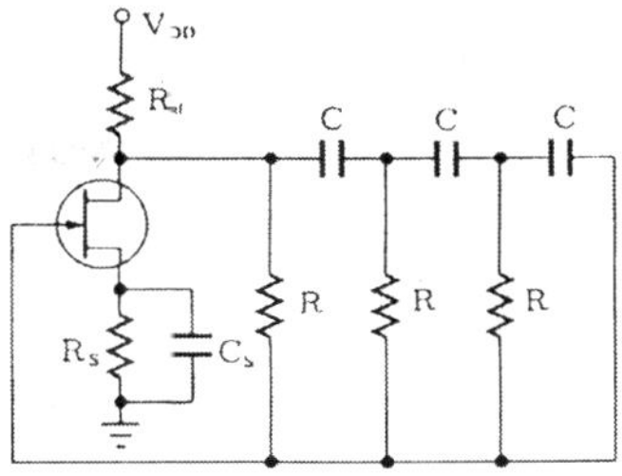

가. 약 34[kHz]　　나. 약 43[kHz]
다. 약 3410[Hz]　　라. 약 4780[Hz]

해설

발진주파수

$$f_0 = \frac{1}{2\pi\, CR\sqrt{6}} = \frac{1}{2\pi \times 0.02 \times 10^{-6} \times 6.8 \times 10^3 \times \sqrt{6}}$$

$$= \frac{10^6}{2\pi \times 2 \times 6.8 \times \sqrt{6}} \fallingdotseq 4780[\mathrm{Hz}]$$

27. 다음 그림과 같은 발진회로의 명칭으로 옳은 것은?

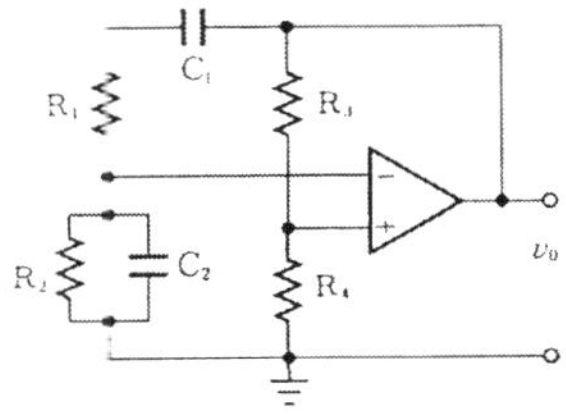

가. 콜피츠 발진기　　나. Wien Bridge 발진기
다. LC 발진기　　라. Hartley 발진기

해설

윈 브리지 발진기로서 발진주파수와 이득은 다음과 같다.

$f = \dfrac{1}{2\pi\, CR}[\mathrm{Hz}]$, $A_v \geqq 3$

28. 그림의 브리지 회로가 발진을 지속하기 위한 증폭기의 전압이득 A의 조건은?

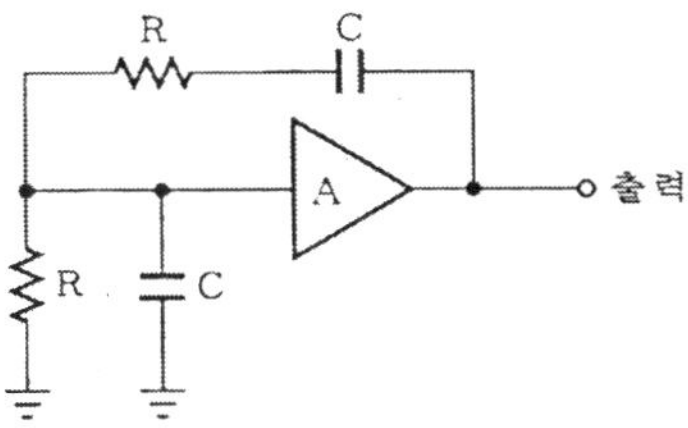

가. $A \geqq 1$　　나. $A \geqq 3$
다. $A \geqq 29$　　라. $A \geqq 60$

해설

윈 브리지의 발진조건

$A_v \geqq 1 + \dfrac{R_1}{R_2} + \dfrac{C_2}{C_1}$이며 $R_1 = R_2 = R$, $C_1 = C_2 = C$이기 때문에 $A_v \geqq 3$이 되어야 된다.

29. 다음의 브리지 발진회로에 대한 설명 중 틀린 것은?(단, A는 이상적인 전압증폭기이고 A_v는 전압이득, $R_1 = R_2 = R$, $C_1 = C_2 = C$ 이다.)

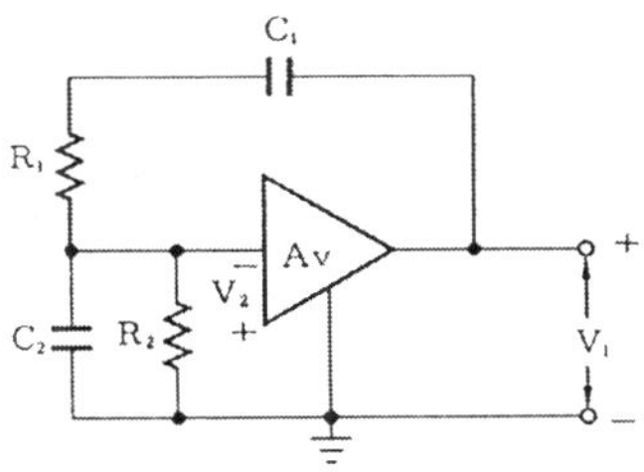

가. 궤환회로의 전압전달비는

$$\beta = \frac{1}{3 + j\left(wCR - \dfrac{1}{wCR}\right)}\text{이다.}$$

해답 :　26. 라　27. 나　28. 나　29. 나

나. 발진주파수는 $1/2(2\pi\sqrt{RC})$이다.
다. 발진하기 위해서는 $|A_v|$는 3보다 커야 한다.
라. 발진하기 위해서는 A_v의 부호는 `-`(위상반전)이어야 한다.

해설

발진주파수는 $f = \dfrac{1}{2\pi\sqrt{C_1 C_2 R_1 R_2}}$[Hz]이다.

여기서 $C_1 = C_2 = C$, $R_1 = R_2 = R$이면 발진주파수 $f = \dfrac{1}{2\pi CR}$[Hz]이다.

30. 그림과 같은 수정진동자의 등가회로에서 병렬 공진 주파수는?

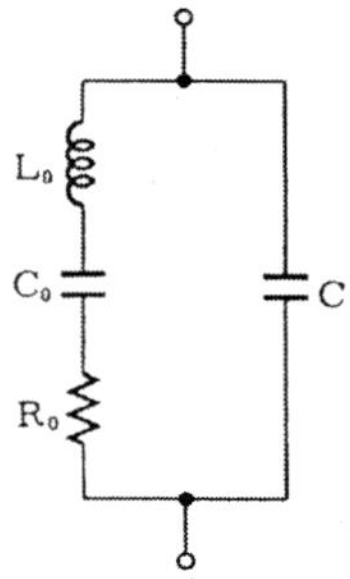

가. $f_p = \dfrac{1}{2\pi\sqrt{L_o\left(\dfrac{1}{\dfrac{1}{C_o}+\dfrac{1}{C}}\right)}}$

나. $f_p = \dfrac{w_o C_o L_o}{R_o}$

다. $f_p = \dfrac{1}{2\pi\sqrt{L_o C_o}}$

라. $f_p = \dfrac{W_o L_o C_o}{R_o} C$

해설

직렬 공진 주파수 : $f_s = \dfrac{1}{2\pi\sqrt{L_o C_o}}$[Hz]

병렬 공진 주파수 : $f_p = \dfrac{1}{2\pi\sqrt{L_o\left(\dfrac{CC_o}{C+C_o}\right)}}$[Hz]

31. 피어스(Pierce) B-E형 수정 발진회로는 콜렉터 회로의 임피던스가 어떻게 될 때 가장 안정한 발진을 지속하는가?

가. 유도형
나. 용량형
다. 저항성
라. 용량성이나 유도성에 관계없다.

해설

피어스 B-E형은 하아틀레이 발진기와 등가로서 콜렉터 회로의 임피던스는 유도형일 때 가장 안정한 발진을 지속한다.

32. 그림과 같은 발진회로의 명칭은?

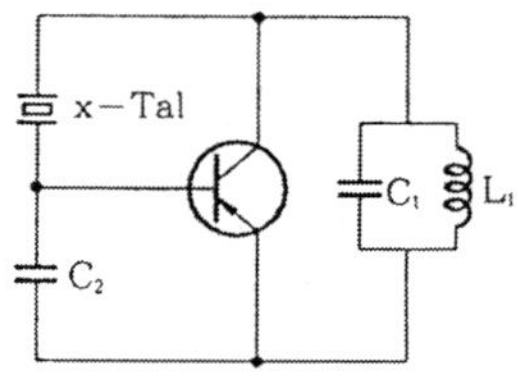

가. LC 발진 회로
나. Colpitts 발진 회로
다. BE-pierce 형 발진 회로
라. CB-pierce 형 발진 회로

해답 : 30. 가 31. 가 32. 라

해설

X-tal은 B와 C 사이에 있기 때문에 피어스 B-C형 발진회로이다.

33. 수정발진기는 수정의 임피던스가 어떻게 될 때 가장 안정된 발진을 계속하는가?

가. 저항성　　나. 용량성　　다. 유도성　　라. 표유용량성

해설

X-tal은 유도성일 때 가장 안정된 발진을 한다.

34. 수정편의 등가회로에서 $L = 25[\mathrm{mH}]$, $C = 1.6[\mathrm{pF}]$, $R = 5[\Omega]$일 때 수정편의 Q는 얼마인가?

가. 25000　　나. 12500　　다. 10000　　라. 5000

해설

$$Q = \frac{1}{R}\sqrt{\frac{L}{C}} = \frac{1}{5}\sqrt{\frac{25\times10^{-3}}{1.6\times10^{-12}}} = 0.2\times\frac{5}{4}\times10^{5} = 25000$$

35. 그림과 같은 수정진동자의 등가회로에서 $L = 3[\mathrm{H}]$, $C = 0.05[\mathrm{pF}]$, $R = 2000[\Omega]$, $C' = 10[\mathrm{pF}]$이다. 이 수정진동자가 유도성이 되는 주파수의 범위는 몇 [kHz]인가?

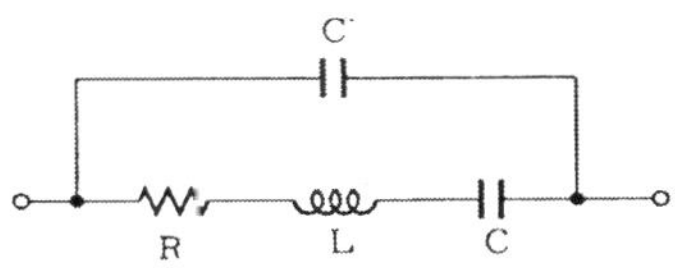

가. 0.1　　나. 1　　다. 5　　라. 10

해설

$$f = \frac{1}{2\Pi\sqrt{L\left(\frac{CC'}{C+C'}\right)}} = \frac{1}{2\Pi\sqrt{3\times\frac{0.05\times10\times10^{-12}}{0.05+10}}} \fallingdotseq 1[\mathrm{kHz}]$$

36. 그림과 같은 발진회로에서 안정한 발진이 지속되기 위한 동조회로의 임피던스는 어떻게 되어야 하는가?

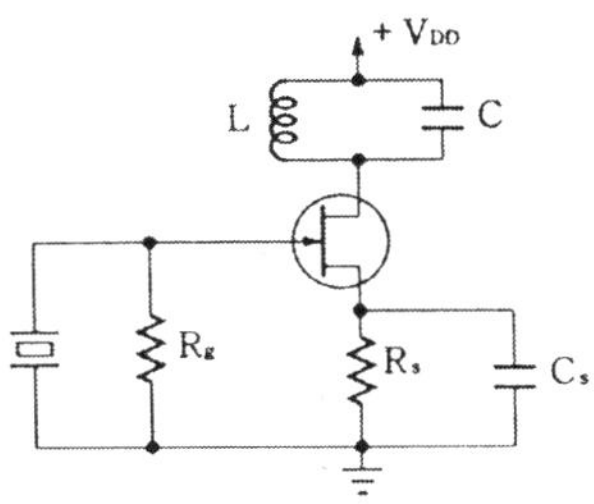

가. 저항성　　나. 용량성

다. 유도성　　라. 어느 경우든 상관없다

해설

피어스 G-S 회로로서 동조회로는 유도성이 되어야 안정한 발진을 한다.

해답 : 33. 다　34. 가　35. 나　36. 다

37. 수정발진기의 특징으로서 관계가 없는 것은?

가. 수정편의 Q가 크다.
나. 발진 주파수를 안정하게 가변할 수 있다.
다. 소형이다.
라. 고주파 발진기의 표준기로 쓰인다.

해설

수정 발진기의 특징
1. 수정진동자의 Q가 높다.($Q = 10^4 \sim 10^6$ 정도)
2. 주파수 안정도가 양호하다.($10^{-6} \sim 10^{-8}$ 정도)
3. 기계적, 물리적으로 매우 안정하다.
4. 유도성 범위 : $f_s \leq f \leq f_p$
5. 주파수 범위 : $10^3 \sim 10^9$ [Hz]
6. 고정주파인 경우에 사용된다.

38. 다음 중 수정발진기의 주파수 안정도가 양호한 이유에 해당되는 것은?

가. 수정편의 Q가 매우 높다.
나. 수정진동차는 온도특성이 안정하다.
다. 발진조건을 만족시키는 유도성 주파수 범위가 아주 넓다.
라. 부하변동의 영향을 전혀 받지 않는다.

해설

수정 발진기의 주파수 안정도가 양호한 것은 수정편의 Q가 높기 때문이다.

39. 수정발진기의 직렬 공진 주파수 f_s, 전극 용량을 포함한 병렬 공진 주파수를 f_p라 할 때 수정 발진기가 안정된 발진을 하기 위한 동작 주파수의 조건으로 알맞은 것은?

가. f_s보다 낮게 한다.
나. f_s보다 높게 한다.
다. f_s보다 낮게 f_p보다 높게 한다.
라. f_s보다 높게 f_p보다 낮게 한다.

해설 $f_s \leq f \leq f_p$ 이다.

40. 수정발진기는 그 발진 주파수가 안정하여 널리 쓰이고 있다. 안정한 이유로서 가장 옳은 것은?

가. 수정은 고유 진동을 하고 있기 때문에
나. 수정 발진자는 온도계수가 적기 때문에
다. 수정은 피에조 전기 현상을 나타내기 때문에
라. 수정 발진자는 LC 동조 회로보다 Q가 높기 때문에

해설 수정 발진기의 발진 주파수가 안정한 것은 수정진동자의 Q가 높기 때문이다.

해답 : 37. 나 38. 가 39. 라 40. 라

41. 발진회로 수정진동자를 사용하는 이유는?(단, Q : Quality factor)

가. Q의 값이 낮기 때문이다.
나. 수정을 쓰지 않으면 안 되기 때문이다.
다. Q의 값이 높기 때문이다.
라. 발진 주파수를 임으로 변화시킬 수 있기 때문이다.

해설
문 37 해설 참조

42. 수정진동자의 병렬공진 주파수에서의 리액턴스는?

가. 무한대 나. 0
다. 순용량성 리액턴스 라. 순저항성 리액턴스

해설
병렬공진에서의 리액턴스는 무한대이다.

43. 수정진동자의 지지기(holder)가 갖추어야 할 조건으로 적합지 않는 것은?

가. 진동 energy에 손실을 주지 않을 것
나. 지지기 및 전극과 수정판 사이의 상대위치 변화가 원활할 것
다. 외부로부터 기계적 진동이나 충격에 의해서 지장이 생기지 않을 것
라. 기압, 온도, 습도의 영향을 받지 않는 구조일 것

44. LC 동조발진기에 비해 수정발진기의 특징으로 잘못 설명한 것은?

가. 발진주파수를 가변하기 어렵다.
나. 저주파 발진기로 적합하다.
다. 안정도가 높다.
라. Q가 비교적 크다.

해설
수정 발진기는 안정도가 좋으며 주파수 범위는 $10^3 \sim 10^9$ [Hz] 로 고주파 발진기로 적합하다.

45. 그림의 발진기의 출력 파형은 어떤 파형이 발생되는가?

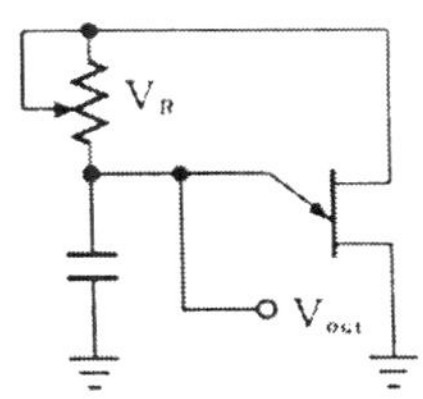

가. 정현파 나. 구형파
다. 펄스파 라. 톱니파

해답 : 41. 다 42. 가 43. 나 44. 나 45. 라

46. 블록킹 발진기(Blocking OSC)를 구성하는 데 필요한 요건이 되지 않는 것은?

가. 동조 콘덴서를 쓰지 않는다.
나. 정궤환(positive feedback)을 약하게 건다.
다. 광대역 변성기를 쓴다.
라. CR 시정수를 크게 쓴다.

해설
블록킹 발진기는 비정현파 발진기이다.

47. 발진기에 동기가 걸리기 위해서는 동기신호의 주파수가 발진주파수보다 어떠해야 하는가?

가. 높아야 한다. 나. 같아야 한다.
다. 낮아야 한다. 라. 상관없다.

해설
발진기에 동기가 걸리기 위해서는 동기신호의 주파수가 발진주파수보다 높아야 한다.

48. 발진주파수의 가변 범위가 가장 넓은 것은?

가. 수정 발진기 나. 다이나트론 발진기
다. LC 반결합 발진기 라. RC 발진기

해설
발진 주파수 가변범위
1. 수정 발진기 : $10^3 \sim 10^9$ [Hz]
2. CR 발진기 : 이상형 발진기 : 수[Hz]~수백[Hz]
윈브리지 발진기 : $10^{-1} \sim 10^9$ [Hz]
3. LC 발진기 : 하아틀레이 발진기 : 10[MHz] 이하
콜피츠 발진기 : 10[MHz] 이상

49. 그림의 발진기에서 발진 주파수는?

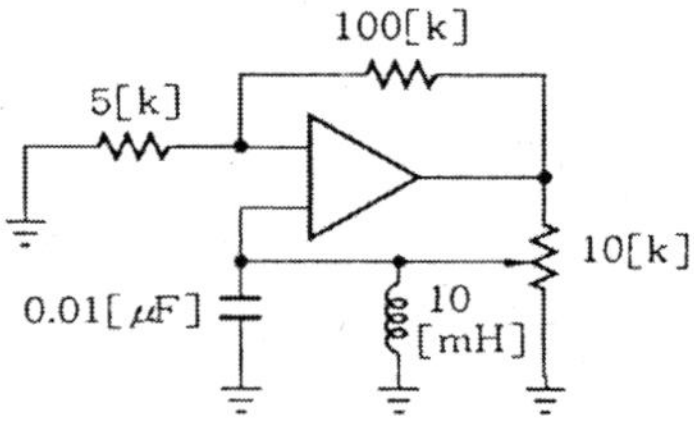

가. 1592[kHz] 나. 15.92[kHz]
다. 15.92[MHz] 라. 15.92[GHz]

해설
발진 주파수

$$f = \frac{1}{2\pi\sqrt{LC}} = \frac{1}{2\pi\sqrt{10\times10^{-3}\times0.01\times10^{-6}}} = \frac{10^5}{2\pi} \fallingdotseq 15.92[\text{kHz}]$$

해답 : 46. 나 47. 가 48. 다 49. 나

50. 그림과 같은 수정 발진회로에서 $L_1 = 20[\mu H]$ 이면 C는 어느 정도인가? 단, 여기서 발진 주파수는 7[MHz]이다.

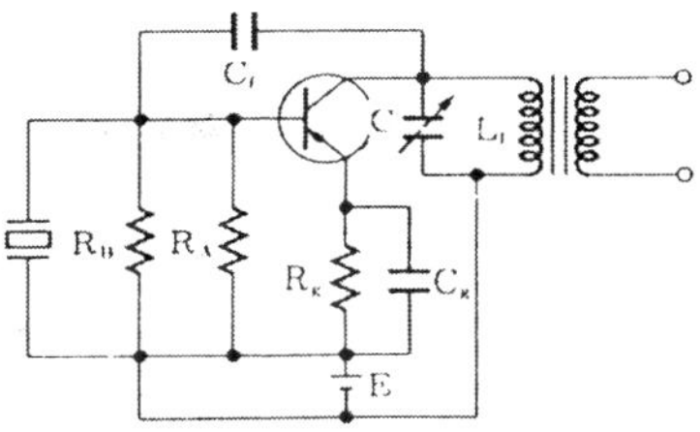

가. 12.7[pF] 나. 25.8[pF]
다. 38.1[pF] 라. 40.8[pF]

해설

$$f = \frac{1}{2\pi\sqrt{L_1 C}}[Hz]에서$$

$$C = \frac{1}{4\pi^2 f^2 \cdot L_1} = \frac{1}{4\pi^2 \times (7\times10^6)^2 \times 20\times10^{-6}} \fallingdotseq 25.8[pF]$$

51. 발진기에 대한 설명이다. 옳지 않는 것은?

가. 발진기는 부궤환 특성을 이용한다.
나. 발진을 정상으로 하기 위해서 Barkhausen 발진조건을 만족시켜야 한다.
다. 선택도 Q가 크고 주파수 안정도가 양호하다.
라. 직류를 공급하여 교류를 얻어내는 회로이다.

해설

발진기의 특징
1. 발진을 하기 위해서는 정궤환 특성을 이용한다.
2. 발진기에는 정현파 발진기와 비 정현파 발진기로 나눈다.
3. 선택도가 크다.
4. 주파수 안정도가 양호하다.
5. 직류를 공급하여 교류를 얻어내는 회로이다.
6. 정상적인 발진을 위해서 Barkhausen 발진조건을 만족시켜야 한다.

52. LC발진기에서 일어나는 이상 현상이 아닌 것은?

가. Blocking(간헐) 발진 나. 자왜현상
다. 인입현상 라. 기생진동

해설

LC발진기에서 이러나는 현상으로는 Blocking 발진, 인입현상과 기상진동 등이다.

해답 : 50. 나 51.가 52. 나

Note

10
변복조회로

1 변조 회로

변조란? 저주파 신호를 고주파에 포함시키는 것을 변조라 한다.

(1) 변조 방식

1) 진폭 변조(AM : Amplitude Modulation)

진폭 V_c를 입력 신호에 따라 변화시키는 방식

(신호파의 크기에 비례하여 반송파의 진폭을 변화시킴으로서 정보가 반송파에 합성되는 방식이며, 양측파대방식, 단측파대 방식, 잔류측파대 방식이 있다.)

2) 주파수 변조(FM : Frequency Modulation)

f_c를 주파수로서 입력에 따라 변화시키는 변조 방식

(반송파를 신호파의 크기에 따라 진폭은 일정하게 유지하고 주파수를 변화시키는 방식으로 AM에 비해서 신호의 일그러짐이 작으며, 잡음에 영향을 적게 받아서 신호 전달이 필요한곳에 사용된다.)

3) 위상 변조(PM : Phase Modulation)

ϕ를 위상으로서 입력에 따라 변화시키는 변조 방식

(2) 변조방식의 분류

- 변조 방식
  - 연속파 변조
    - 진폭 변조(AM)
      - SSB(단측파대 변조)
      - DSB(양측파대 변조)
      - VSB(잔류측파대 변조)
    - 주파수 변조(FM)
    - 위상 변조(PM)
  - 펄스 변조 (불연속파 변조)
    - ·Analog변조
      - PAM(펄스진폭변조)
      - PFM(펄스주파수변조)
      - PPM(펄스위상변조)
      - PWM(펄스폭변조)
    - ·Digital변조
      - PCM(펄스부호변조)
      - PNM(펄스수변조)
      - ΔM(델타변조)

2 진폭 변조(AM : Amplitude Modulation)

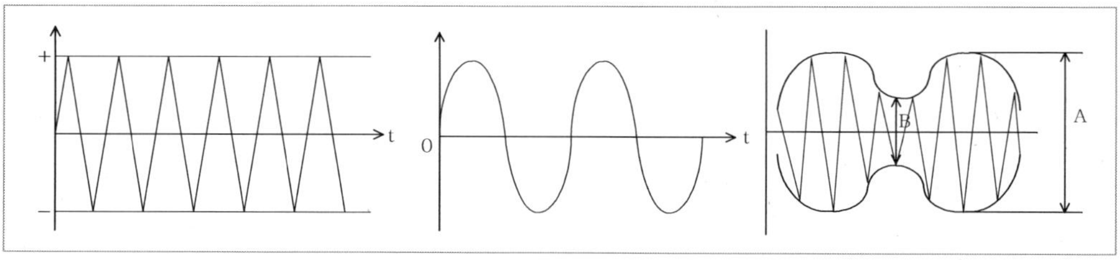

a. 반송파 $v_c = V_c \cos\omega_c t$ b. 신호파 $v_s = V_s \omega_s t$ c. 피변조파

(1) 변조도 $M = \dfrac{A-B}{A+B} \times 100\%$

1) 완전 변조 : B=0 인 경우

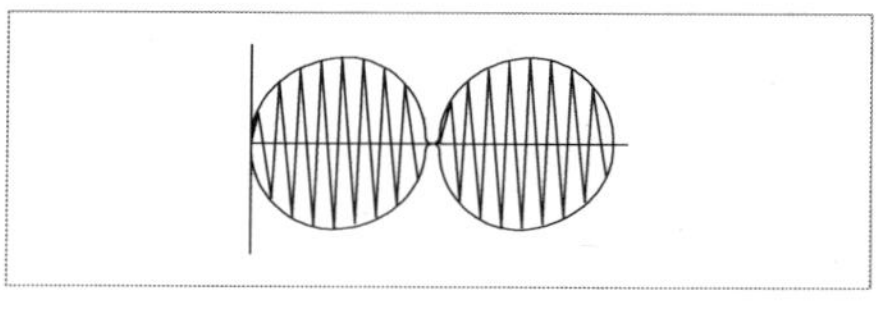

$\therefore$ M=$\dfrac{A-B}{A+B}\times 100=100\%$ 즉, 100% 변조인 경우이다.

2) 과변조 : B<0인 경우

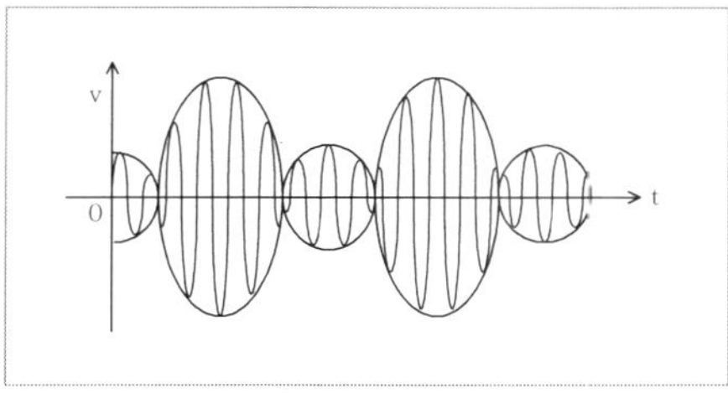

$\therefore M=\dfrac{A-B}{A+B}\times 100\%$에서 $M=\dfrac{A+B}{A-B}\times 100\%$가 되어 변조도가 100% 이상이 되는 경우이다. 과변조가 발생하면 수신측의 복조 시에 음성파가 찌그러진다. 또는 일그러짐이 발생한다.

(2) 진폭 변조파의 수식 표현

1) 반송파

$v_c = V_c \cos \omega_c t \quad (\omega_c = 2\pi f_c t \;\; f_c$: 반송파주파수$)$

2) 신호파

$v_s = Vs \cos \omega_s t \quad (\omega_s = 2\pi f_c t \;\; f_c$: 신호파주파수$)$

3) 피변조파

$V_m = (V_c + v_s)\cos\omega_c t = (V_c + V_s\cos\omega_s t)\cos\omega_c t$

$= V_c(1+\dfrac{V_s}{V_c}cos\omega_s t)\cdot\cos\omega_c t = V_c(1+mcos\omega_s t)\cos\omega_c t$

여기서 $\dfrac{V_s}{V_c}$를변조도라 한다.$(m=\dfrac{V_s}{V_c}=\dfrac{I_s}{I_c})$

$=(V_c + mV_c\cos\omega_s t) = V_c\cos\omega_s t + mcos\omega_c t\cdot\cos\omega_s t$

$= V_c\cos\omega_c t + \dfrac{1}{2}mV_c\cos(\omega_c+\omega_s)t + \dfrac{1}{2}mV_c\cos(V_c - V_s)t$

① 반송파:$v_s = V_c\cos\omega_c t$

② 상측파대(USB : upper side band) : $\dfrac{1}{2}mV_c\cos(\omega_c+\omega_s)t$

③ 하측파대(LSB : lower side band) : $\frac{1}{2}mV_c\cos(\omega_c - \omega_s)t$

④ 피변조파의 주파수 스펙트럼

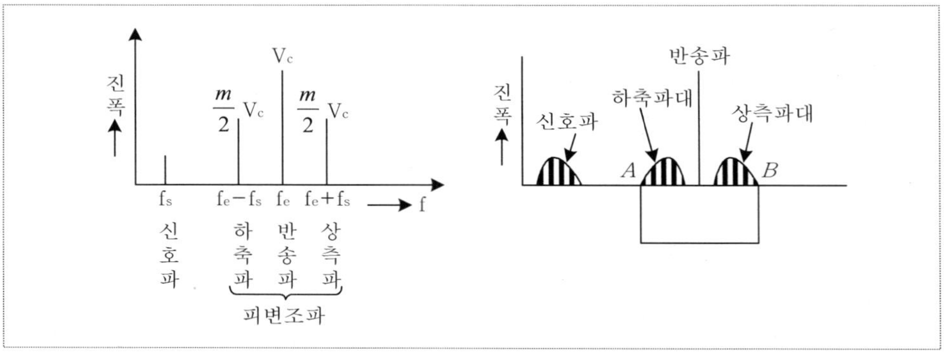

fs : 신호파 fc : 반송파 fc-fs : 하측파 fc+fs : 상측파

4) AM파 전력

① $$P_c = \frac{(\frac{V_c}{\sqrt{2}})^2}{R} = \frac{\frac{V_c^2}{2}}{R} = \frac{V_c^2}{2R}$$

② $$P_U = (\frac{\frac{mV_c}{2}}{\sqrt{2}})^2 \cdot \frac{1}{R} = \frac{\frac{m^2V_c^2}{4}}{2} \cdot \frac{1}{R} = \frac{m^2V_c^2}{8R}$$

$$= (\frac{V_c^2}{2R}) \cdot \frac{m^2}{4} = \frac{m^2}{4}P_c$$

③ $$P_L = (\frac{\frac{mV_c}{2}}{\sqrt{2}})^2 \cdot \frac{1}{R} = \frac{\frac{m2\,V_c^2}{4}}{2} \cdot \frac{1}{R} = \frac{m^2V_c^2}{8R}$$

$$= (\frac{V_c{}^2}{2R}) \cdot \frac{m^2}{4} = \frac{m^2}{4}P_c$$

④ 피변조파 전력

$$P_m = P_c + P_u + P_L = P_c + \frac{m^2}{4}P_c + \frac{m^2}{4}P_c$$

$$= P_c(1 + \frac{m^2}{4} + \frac{m^2}{4}) = P_c(1 + \frac{m^2}{2})$$

⑤ 피변조파 전력비

$$P_m = P_c : P_u : P_L = P_c : \frac{m^2}{4}P_c : \frac{m^2}{4}P_c = 1 : \frac{m^2}{4} : \frac{m^2}{4}$$

⑥ 피변조파 전류(I_m)

$P_m = I_m^2\,R$ $\qquad$ $P_c = I_c^2R$ 에서 $\quad \dfrac{P_m}{P_c} = \dfrac{I_m^2\,R}{I_c^2R}$ 이며

여기서$P_m = P_c(1+\dfrac{m^2}{2})$이 된다. 이 식에서 피변조파 전류$I_m$을 구하면

$I_m^2 = I_c^2(1+\dfrac{m^2}{2})$ $\qquad$ $\therefore I_m = I_c\sqrt{(1+\dfrac{m^2}{2})}$ 과 같이 된다.

또한 일반식에서 변조도를 구해보면

$\dfrac{I_m^2}{I_c^2} = (1+\dfrac{m^2}{2})$ $\qquad$ $(\dfrac{I_m}{I_c})^2 - 1 = \dfrac{m^2}{2}$ $\qquad$ $m^2 = \left\{2(\dfrac{I_m}{I_c})^2 - 1\right\}$

$\therefore\ m = \sqrt{2(\dfrac{I_m}{I_c})^2 - 1}$ 이 된다.

(3) SSB(Single Side Band : 단측파대 방식)의 특징

진폭 변조의 상하측파대 중에서 반송파는 제거하고 한 쪽의 측파대 만으로 통신을 행하는 방식이다.

① 점유 주파수 대역폭이 DSB방식에 비하여 $\frac{1}{2}$로 축소된다.

② 소 전력으로 양질의 통신을 할 수 있다. 즉, 평균 전력이 DSB에 $\frac{1}{6}$이 되어 절약된다.

③ 송신기에서 소비 전력이 적어진다.

④ 선택성 fading의 영향이 줄어든다.

⑤ 점유 주파수 대역폭이 줄어들기 때문에 비화 통신을 할 수 있다.

⑥ 신호 대 잡음비(S/N비)가 개선된다.

⑦ 송수신기의 신호가 복잡하고 조정이 어려우며 가격이 비싸다.

(4) DSB(Double Side Band : 양측파대 방식)특징

① 점유 주파수 대역이 넓다 : SSB에 2배이다.

② 송신 전력이 크다. $P_{DSB} = P_c(1+\dfrac{m^2}{2})$, $P_{SSB} = \dfrac{m^2}{4}P_c$

③ 신호 대 잡음비가 나쁘다.
④ AM 수신기에 사용되고 있다.

(5) VSB(Vestigial Side Band : 잔류측파대 방식) 특징

① 대역폭이 작다.(DSB에 비해)
② TV에 사용되고 있다.
③ 포락선 검파, 정류 검파가 가능하다.
④ 선택성 페이딩에 대해서 주파수 대역폭이 $\frac{1}{2}$이므로 양측파대 방식보다 영향을 적게 받는다.
⑤ VSB 신호와 큰 반송파를 함께 보내면 수신측에서도 비동기 검파로 정보신호를 얻을 수 있다 .

(6) 진폭 변조 회로의 종류와 특징

1) 직선 변조(Linear Modulation)회로

① 콜렉터 변조 회로
ㄱ. 직선성이 매우 우수하며 100[%]까지 변조를 행할 수 있다.
ㄴ. 대전력 송신기에 사용된다.
ㄷ. 큰 변조 전력이 필요하다.
ㄹ. 출력이 안정하며 조정이 용이하다.
ㅁ. 직선 변조 회로 중에서 효율이 제일 좋다.
ㅂ. 피변조기를 B급 또는 C급으로 동작시킨다.

② 베이스 변조 회로
ㄱ. 변조 전력이 작다.
ㄴ. 출력이 컬렉터 변조와 비교하면 약 $\frac{1}{4}$이며 효율이 나쁘다.
ㄷ. 매우 큰 변조 전력이 요구되며 직선성이 좋아진다.
ㄹ. 광 대역으로 사용할 수 있다.

2) 자승 변조 회로

① 링 변조기

· 링 변조기의 특징

a. 단측파대(SSB) 통신에 이용된다.

b. 피변조파대에서 반송파를 제거하고 LSB(하측파대)와 USB(상측파대)를 얻는다.

c. 하나의 측파대를 얻고자 할 때에는 필터회로가 필요하다.

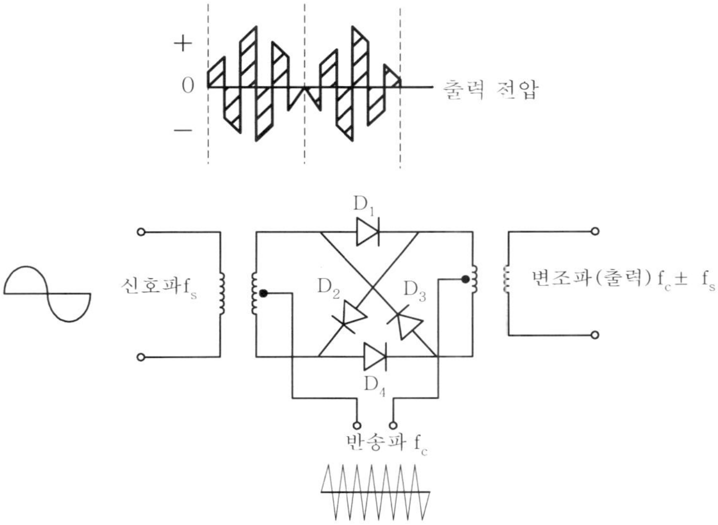

링 변조 회로는 반주기마다 diode를 ON과 off 상태로 스위칭 동작을 한다. 즉, (+)반주기에는 D_1과D_2는 ON상태, D_3와 D_4는 off상태가 되고 (-)반주기에는 D_1과 D_2는 off상태, D_3와 D_4는 ON상태가 된다.

SSB의 변복조기로 사용한다.

② 다이오드 평형 변조기

· 평형 변조기의 특징

a. 반송파를 제거하는 통신방식이며, SSB(단측파대)의 변조회로로 사용된다.

b. 반송파가 제거되면 상, 하측파대만 나타난다.

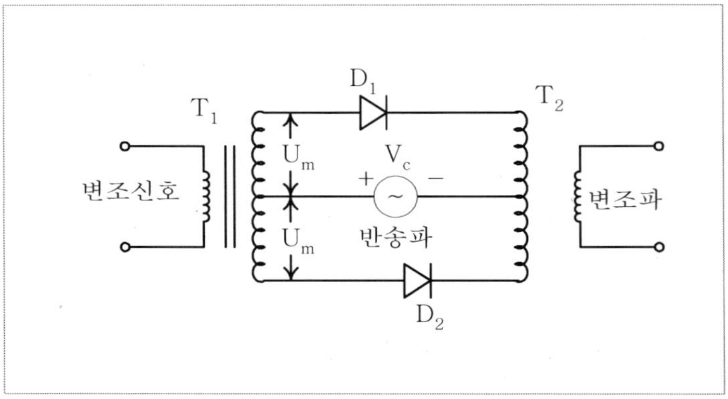

다이오드를 이용한 평형 변조기로서 반송파를 제외한 상측파 하측파만을 얻기 위한 회로이다.

③ 트랜지스터 평형 변조기

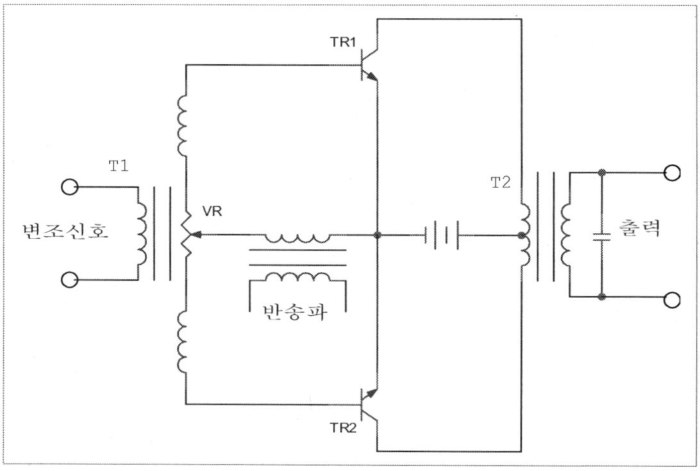

ㄱ. 트랜지스터를 이용한 평형 변조기이다.
ㄴ. TR은 B급으로 동작시킨다.
ㄷ. 반송파는 트랜지스터의 (+)반주기, 또는 (-)반주기 마다 ON과 off 동작을 한다.
ㄹ. VR은 평형을 잡기 위해서 사용된다.

3 주파수 변조(Frequency Modulation)

(1) 주파수 변조의 원리

1) 피변조파

· 반송파 $v_c = E_c Sinwt$

· 신호파 $v_s = E_s Sin\ w_s t \qquad (w = 2\pi f, w_s = 2\pi f_s)$

$$V_{FM} = E_c Sin(wt + \frac{\Delta w}{w_s} Sinw_s t) = E_c Sin(wt + mf Sinw_s t)$$

2) 변조 지수 mf

$$m_f = \frac{\Delta\omega}{\omega_s} = \frac{2\pi\Delta f}{2\pi f_s} = \frac{\Delta f}{f_s} = \frac{\text{최대주파수편이}}{\text{신호주파수}}$$

3) 소요 주파수 대역폭(Band Width : BW)

$$\text{BW}=2(f_s + \Delta f) = 2f_s(1 + \frac{\Delta f}{f_s}) = 2f_s(1 + m_f)$$

여기서 m_f가 0.6 이하인 경우를 협대역 방식 FM이라고 하고, m_f가 0.6 이상인 경우를 광대역 방식 FM이라고 한다. 만일 $1 \ll m_f$ 인 경우 BW=$2f_s(1 + mf) \fallingdotseq 2f_s$와 같이 된다.

(2) 주파수 변조(FM: Frequency Modulation)의 특징

① S/N비(신호 대 잡음비)가 좋다. : FM 수신기에 진폭제한기(Limitter)를 사용하기 때문이다.

② 점유 주파수 대역폭이 넓어지므로 초단파대 이상에서 사용한다.

③ 송신기를 C급으로 사용하기 때문에 효율이 좋다.

④ 소비 전력이 적다.

⑤ 페이딩(faing)의 영향이 적다.

⑥ FM 수신기에서 입력 신호가 없을 때 내부 잡음을 방지하기 위해서 스켈치 회로를 사용한다.

⑦ FM 수신기의 특유의 회로

ㄱ. 주파수 변별기

ㄴ. 디엠파시스 회로(de-emphasis)

ㄷ. 진폭 제한기(Limitter)

(3) 주파수 변조 회로의 종류와 특징

1) 직접 FM 변조 회로

① 직접 FM 방식의 특징

- 발진 반송파 안정도가 나쁠 때 : AFC가 필요
- FM 변조가 간단하고, LC 발진기로 반송파 안정도가 떨어진다.
- 큰 주파수 편이를 얻지 못하기 때문에 주파수 체배가 필요하다.
- 장치가 복잡함으로서 스퓨리어스 방사에 위험이 있다.

② 리액턴스 관을 사용하는 주파수 변조

ㄱ. 주파수 안정도가 나쁘기 때문에 자동 주파수 제어 회로(AFC)가 필요하다.

ㄴ. 한 번에 깊은 변조를 행할 수 있다.

ㄷ. 변조의 직선성이 좋다.

③ VVC(가변용량 다이오드)를 사용하는 주파수 변조

⇒ (가변 용량 다이오드=바렉터 다이오드)

$\therefore C = \dfrac{K}{\sqrt{V}}[F]$ 즉, 정전용량은 인가한 역 전압의 제곱근에 반비례한다.

④ 가변 인덕턴스, 콘덴서, 마이크로폰을 이용한 주파수 변조도 있다.

2) 간접 FM 변조 회로

① 간접 FM 방식의 특징

- 수정 발진기를 사용하여 안정도를 향상되므로 AFC가 필요 없다.

② 세라 소이드(Serra soid)방식

ㄱ. 수정 발진기를 이용하기 때문에 주파수 안정도가 좋다.

ㄴ. 벡터(Vector) 합성법에 비해서 체배 단수를 적게 한다.

ㄷ. 스퓨리어스 발생이 비교적 쉽다.

③ 전치 보상(Pre-distorter)회로

ㄱ. 전치 보상 회로는 저주파 증폭기 앞단에 둔다.

ㄴ. 전치 보상 회로

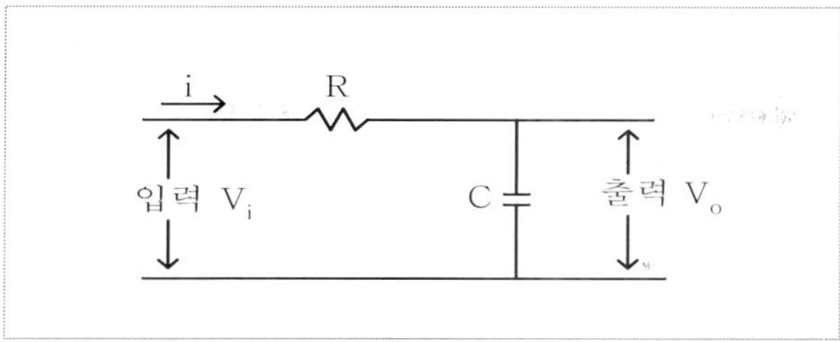

$$G=\frac{V_o}{V_i}=\frac{i(\frac{1}{jw_c})}{i(R+\frac{1}{jw_c})}=\frac{\frac{1}{jw_c}}{R+\frac{1}{jw_c}}=\frac{\frac{1}{jw_c}}{\frac{1+jw_cR}{jw_c}}=\frac{1}{1+jw_cR}$$

$$V_0=\frac{1}{1+jw_cR}\cdot V_i$$

4 복조 회로

(1) AM의 복조회로 종류와 특징

1) 직선 검파기(Linear Diode Detector)

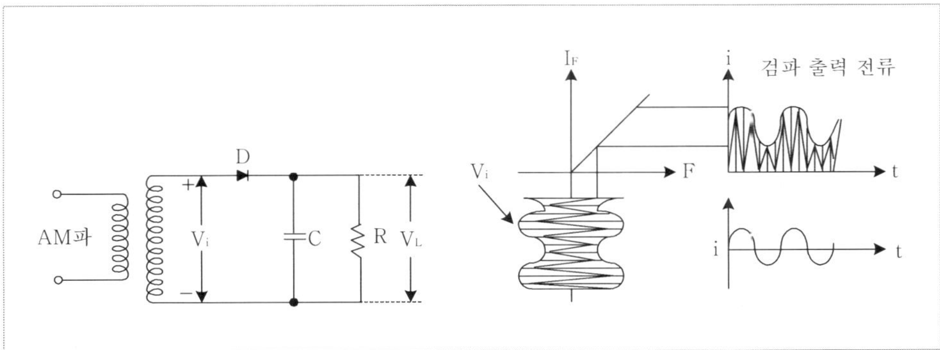

(a) 직선 검파기 (b) 출력 파형

① 베이스와 에미터 사이의 전압과 컬렉터 전류의 특성은 비직선 특성이다.

② 콘덴서의 역할 : 고조파 성분을 제거하고 출력에 저주파 신호가 나타나도록 한다.

③ 왜율

$$D=\frac{m}{4}\times 100\% \quad (m : 변조도)$$

2) 자승(제곱)검파기(Square-Law Detector)

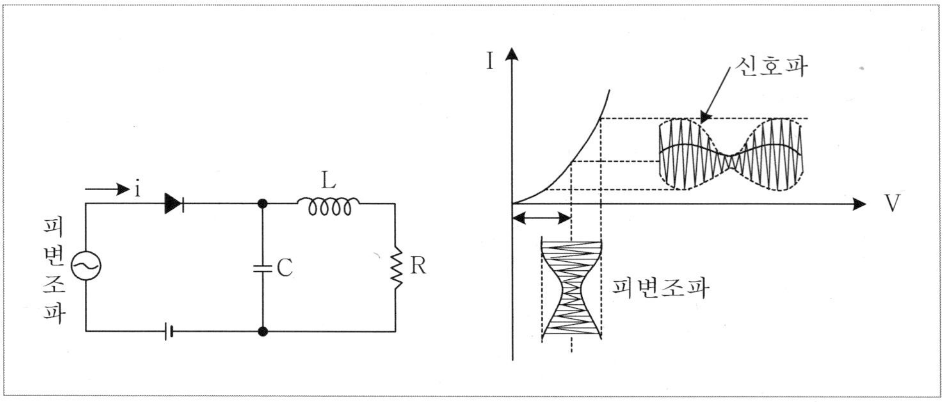

(a) 검파기　　　　　　(b) 출력 파형

① 베이스와 에미터 사이의 전압과 컬렉터 전류의 특성은 비직선 특성이다.

② 콘덴서의 역할 : 고조파 성분을 제거하고 출력에 저주파 신호가 나타나도록 한다.

③ 왜율

$$D = \frac{m}{4} \times 100\% \text{ (m : 변조도)}$$

(2) FM 복조회로의 종류와 특징

1) 비검파기(Ratio Detector)

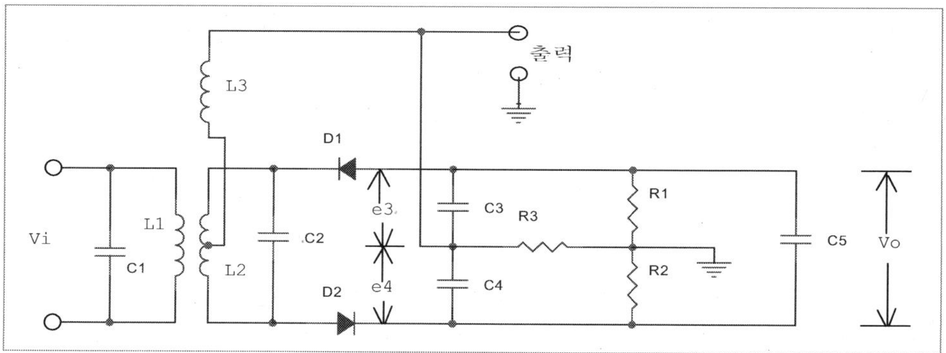

① 포스터 시일리 변별기에 비해서 감도는 $\frac{1}{2}$ 이다.

② 진폭 제한기가 필요 없다 ⇒ D_1과 D_2가 역방향으로 가해지기 때문이다.

③ 출력에 C_5가 있기 때문에 입력 전압의 변동에 대해서 C_5 양단의 전압 변동이 크지 않다.

④ FM용으로 많이 사용되고, TV의 수신기에도 사용된다.

⑤ 검파 출력은 포스터시일리 비교해서 $\frac{1}{2}$이다.

2) 포스터 시일리 검파기(Foster Seeley Detector)

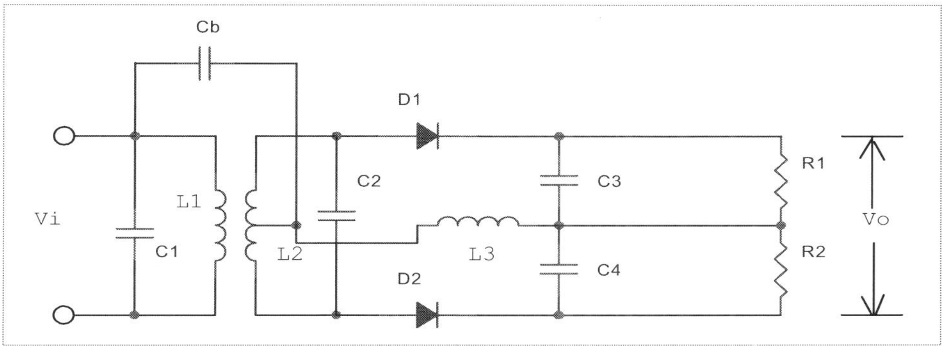

① 진폭제한기가 필요하다 ⇒ 입력에 진폭 변조 성분이 남아 있으면 출력에 나타난다. 그렇기 때문에 진폭제한기가 필요하다.

② 완전한 조정을 위하여 스위프 발진기가 필요하다.

③ S자 특성 곡선을 갖는다.

④ 검파 강도가 비검파보다 2배 좋다.

⑤ 검파 출력은 비검파 보다 $\frac{1}{2}$이다.

⑥ FM의 검파용으로 사용된다.

3) Gate Beam 회로

① 회로가 간단하고 검파 출력이 높다.

② 하나의 진공관으로 리미터 작용과 FM 검파 작용을 동시에 한다.

③ 검파의 감도가 좋다.

4) 경사형 검파기(Slope Detector)

① 동조회로의 동조 곡선을 이용한 것이다.

② 공진 곡선에서 경사가 완전한 직선이 아니기 때문에 일그러짐이 크며 지금은 사용하지 않는다.

5 위상 변조(Phase Modulation : PM)

반송파의 위상을 신호파의 진폭에 따라 변화하는 것을 위상 변조라 한다.

(1) 위상변조의 개념

1) 반송파

$V_c = V_c \cos\omega_c t$ ($\omega_c = 2\pi f_c$ f_c : 반송파주파수)

2) 신호파

$V_s = V_s \cos\omega_p t$ ($\omega_s = 2\pi f_c p$ f_p : 신호주파수)

3) 피변조파

$V_{pm} = V_c \sin(\omega_c t + \Delta\theta\cos\omega_p t) = V_c \sin(\omega_c t + mpcos\omega_p t)$

4) 위상 변조지수(Phase Modulation Index) : m_p

$m_p = \Delta\theta$ ($\Delta\theta[rad]$: 최대 위상편이(Maximum Phase deviation))

(2) 위상 변조와 주파수 변조의 차이

① 입력 신호 v(t)를 $\int_0^t v(t)dt$로 적분한 후 위상 변조를 하게 되면 주파수 변조파를 얻게 된다.

② 입력 신호 v(t)를 $\frac{dv(t)}{dt}$로 미분한 후 주파수변조를 하게 되면 위상 변조파를 얻게 된다.

(3) 위상 변조와 주파수 변조의 비교

① PM

- 피변조파의 순시위상이 메시지 신호에 따라 비례한다.
- 순시 주파수는 메시지 신호의 파형의 기울기(미분 값)에 비례한다.
- 최대 주파수 편이는 메시지 신호의 주파수와 진폭에 비례한다.

② FM

- 피변조파의 순시 주파수가 메시지 신호에 비례한다.
- 순시 위상은 메시지 신호의 적분값에 비례한다.
- 최대 주파수 편이는 메시지 신호의 진폭에만 비례한다.

6 펄스 변조(Pulse Modulation)

- 펄스변조
  - Analog변조
    - ①PAM(Pulse Amplitude Modulation)
    - ②PFM(Pulse Frequency Modulation)
    - ③PPM(Pulse Phase Modulation)
    - ④PWM(Pulse Width Modulation)
  - Digital변조
    - ①PCM(Pulse Code Modulatiom)
    - ②PNM(Pulse Number Modulation)
    - ③Δ M(Delta Modulation)

① 펄스 진폭 변조 : 신호의 크기에 에 따라서 펄스의 진폭을 변화시키는 변조방식이다.

② 펄스 폭 변조 : 신호에 크기에 따라서 펄스폭을 변화시키는 변조 방식이다.

③ 펄스 위상 변조 : 신호의 크기에 따라서 펄스의 위상을 변화 시키는 변조방식이다.

④ 펄스 주파수 변조 : 신호의 크기에 따라서 주파수를 변화시키는 변조방식으로 신호가 크면 펄스의 주기가 짧아져서 주파수는 높아진다.

⑤ 펄스 수 변조 : 신호의 크기에 따라서 펄스의 수를 변화시키는 방식이다.

⑥ 펄스 부호 변조 : 신호의 크기에 따라서 펄스열의 유무를 변화시키는 변조방식이다.

⑦ 델타 변조 : 신호의 크기를 일정한 계단파에 근사화 시킴으로써 레벨이 점점 커져 갈 때는 양의 펄스로, 점점 작아져 갈 때는 음의 펄스로 바꾼다.

예/상/문/제

1. 다음의 펄스변조 방식 중 디지털 펄스(pulse)변조(또는 불연속 레벨 변조)에 해당되지 않는 것은?

가. PNM　　　　나. PCM
다. ΔM(Delta Modulation)　　　　라. PTM

해설

- 변조방식
  - 1. 연속파 변조방식
    - 1) AM : SSB, DSB, VSB
    - 2) FM
    - 3) PM
  - 2. 불연속 변조방식
    - 1) Analog 변조방식
      - ① PAM
      - ② PFM
      - ③ PPM
      - ④ PWM
    - 2) Digital 변조방식
      - ① PCM
      - ② PNM
      - ③ ΔM

2. 다음 중 디지털 변조방식이 아닌 것은?

가. 주파수편이 변조방식　　　　나. 위상편이 변조방식
다. 진폭 변조방식　　　　라. 펄스부호 변조방식

해설

진폭변조방식은 연속파 변조방식으로 AM, FM, PM이 있다.

3. 1[kHz] 신호파로 710[kHz] 반송파를 진폭변조했을 때 피변조파에 포함되어 있지 않는 주파수는 몇 [kHz]인가?

가. 1　　　　나. 709　　　　다. 710　　　　라. 711

해설

710[kHz]±1[kHz]이다. 즉, 709[kHz], 710[kHz], 711[kHz]가 된다.

해답 :　1. 라　2. 다　3. 가

4. 진폭(AM) 변조에서 반소파주파수(f_c)가 1000[kHz]이고 신호파주파수(f_m)가 1[kHz] 일 때 주파수 대역폭(B)은?

가. 1[kHz]　　나. 2[kHz]　　다. 1000[kHz]　　라. 2000[kHz]

해설

AM의 주파수 대역폭

$BW = 2f_s = 2 \times 1[\text{kHz}] = 2\ [\text{kHz}]$

5. 1000[kHz]를 변조회로 진폭 변조하였다면 그 주파수 대역폭은?(단, 변조 주파수는 6000[kHz]이다.)

가. 6[kHz]　　나. 12[kHz]　　다. 18[kHz]　　라. 24[kHz]

해설

진폭 변조의 주파수 대역폭

$BW = 2f_s = 2 \times 6000 = 12\ [kHz]$

6. 반송주파수 700[kHz]를 정현파 100[Hz]~10[kHz]의 신호파로 진폭변조하였을 때 점유 주파수 대역폭은?

가. 100[Hz]　　나. 5[kHz]　　다. 10[kHz]　　라. 20[kHz]

해설

AM의 주파수 대역폭

$BW = 2f_s = 2 \times 10[\text{kHz}] = 20\ [\text{kHz}]$

7. $v_0 = V_c \cos 140 \times 10^4 \pi t\ [\text{V}]$의 반송파를 $v_s = V_s \cos 10^4 \pi t\ [\text{V}]$의 신호파로 진폭 변조했을 때의 점유 주파수대는?

가. 695~700[kHz]　　나. 695~705[kHz]

다. 690~715[kHz]　　라. 695~720[kHz]

해설

$v_0 = V_c \cos 140 \times 10^4 \pi t\ [\text{V}]$에서 f_c를 구하면

$\omega_c = 140 \times 10^4 \pi,\ 2\pi f_c = 140 \times 10^4 \pi \quad \therefore f_c = \dfrac{140 \times 10^4 \pi}{2\pi} = 700[\text{kHz}]$

$v_s = V_s \cos 10^4 \pi t\ [\text{V}]$에서 f_s를 구하면

$\omega_s = 10^4 \pi,\ 2\pi f_c = 10^4 \pi \quad \therefore f_s = \dfrac{10^4 \pi}{2\pi} = 5[\text{kHz}]$

여기서 점유주파수 대역폭은 700[kHz] ±5[kHz]이기 때문에 695~705[kHz]가 된다.

해답 :　4. 나　5. 나　6. 라　7. 나

8. AM 변조에서 발생하는 측파대의 수는?

가. 1 나. 2 다. 3 라. 무한대

해설
AM 변조의 측파대는 상측파와 하측파로 되어있다.

9. 반송파 $v_c = V_c \sin wct$ 를 $v_m = V_m \sin pt$ 로 진폭 변조했을 때 피변조파 $v(t)$ 의 식은?

가. $v(t) = (V_c + V_m) \sin pt$
나. $v(t) = (V_c + V_m \sin pt) \sin w_c t$
다. $v(t) = (V_c + V_m) \sin w_c t$
라. $v(t) = (V_c \sin w_c t + V_m) \sin pt$

해설 $v(t) = (V_c + V_m) \sin w_c t = (V_c + V_m \sin pt) \sin w_c t$

$= V_c \sin w_c t + m V_c \sin w_c t \cdot \sin pt$

10. 진폭변조파의 전압 e가 다음과 같이 표시되었을 때 변조도는 몇 [%]인가?
$e = (100 + 40 \sin 2\pi\ 400t) \sin 2\pi \times 10^6 t[\mathrm{V}]$

가. 80 나. 70 다. 40 라. 20

해설 $m = \frac{V_s}{V_c} \times 100\% = \frac{40}{100} \times 100\% = 40\%$

11. 변조도 40[%]의 진폭변조에서 반송파의 평균전력이 300[mW]일 때 피변조파의 평균 전력은 약 얼마인가?

가. 100[mW] 나. 300[mW] 다. 324[mW] 라. 424[mW]

해설
$$P_m = \left(1 + \frac{m^2}{2}\right)P_c = \left(1 + \frac{0.4^2}{2}\right) \times 300[\mathrm{mW}] = 324[\mathrm{mW}]$$

12. 반송파 전력이 50[kW]인 경우 [80%]로 진폭 변조하였을 때 피변조파 전력은 얼마인가?

가. 58[kW] 나. 66[kW] 다. 70[kW] 라. 82[kW]

해설
$$P_m = \left(1 + \frac{m^2}{2}\right)P_c = \left(1 + \frac{0.8^2}{2}\right) \times 50 = 66[\mathrm{kW}]$$

해답 : 8. 나 9. 나 10. 다 11. 다 12. 나

13. 변조도가 40[%]인 진폭변조 송신기에서 반송파의 평균전력이 400[mW]일 때 변조된 출력의 평균전력은 얼마인가?

가. 382[mW] 나. 408[mW] 다. 432[mW] 라. 540[mW]

해설

$$P_m = \left(1 + \frac{m^2}{2}\right)P_c = \left(1 + \frac{0.4^2}{2}\right)\times 400[\mathrm{mW}] = 432[\mathrm{mW}]$$

14. 진폭변조에서 반송파의 평균전력이 20[kW]이고, 변조도가 40[%]일 때 피변조파의 평균전력은?

가. 40.4[kW] 나. 21.6[kW] 다. 12.2[kW] 라. 8.6[kW]

해설

$$P_m = \left(1 + \frac{m^2}{2}\right)P_c = \left(1 + \frac{0.4^2}{2}\right)\times 20 = 21.6[\mathrm{kW}]$$

15. 출력이 140[W]되는 반송파를 단일 주파수로 30[%]변조 하였을 재 상측파 및 하측파의 전력은 각각 몇 [W]로 되는가?

가. 3.15[W] 나. 6.3[W] 다. 73.15[W] 라. 146.3[W]

해설

SSB의 전력

$$P_{SSB} = \frac{m^2}{4}P_c = \frac{0.3^2}{4}\times 140 = \frac{0.09}{4}\times 140 = 3.15[\mathrm{W}]$$

16. 진폭변조회로에서 반송파 전력이 100[W]일 때 변조율을 60[%]라고 하면 상측파대의 전력은?

가. 6[W] 나. 7[W] 다. 8[W] 라. 9[W]

해설

단측파대 방식의 전력

$$P_u = P_L = \frac{m^2}{4}P_c = \frac{0.6^2}{4}\times 100 = \frac{0.36}{4}\times 100 = 9[\mathrm{W}]$$

17. 반송파 전력이 200[kW]일 때 70[%]로 변조하면 양측파 중 한 측파대의 전력은 얼마나 되는가?

가. 24.9[kW] 나. 2.45[kW] 다. 4.9[kW] 라. 20[kW]

해설

단측파대 방식의 전력 $P_u = P_L = \frac{m^2}{4}P_c = \frac{0.7^2}{4}\times 20 = \frac{0.49}{4}\times 20 = 2.45[\mathrm{kW}]$

해답 : 13. 다 14. 나 15. 가 16. 라 17. 나

18. 단측파대 통신에 이용되는 변조 회로는?

가. 제곱 변조회로　　나. 주파수 변조회로
다. 펄스 변조회로　　라. 링 변조회로

해설

SSB 방식의 변조회로
1. 평형 변조회로 : 다이오드를 이용한 변조회로 TR를 이용한 변조회로
2. Ring 변조회로
3. Cowan 변조회로

19. 어떤 진폭 변조파가 $v = (100 + 40\cos 600\pi t)\cos 2\times 10\sqrt{2}\,wt$로 표시될 때 피변조파의 각 전력성분은 어떻게 되는가?

가. 1 : 0.02 : 0.02　　나. 1 : 0.2 : 0.2
다. 1 : 0.4 : 0.4　　라. 1 : 0.04 : 0.04

해설

$$m = \frac{V_s}{V_c}\times 100\% = \frac{40}{100}\times 100\% = 40\%$$

전력비

$$\Rightarrow P_c : \frac{m^2}{4}P_c : \frac{m^2}{4}P_c = 1 : \frac{m^2}{4} : \frac{m^2}{4} = 1 : \frac{0.16}{4} : \frac{0.16}{4} = 1 : 0.04 : 0.04$$

20. 반송파 전압 $e_C = E_c\cos(w_c t + \theta)$를 신호전압 $e_s = E_s\cos w_s t$로 진폭변조 시 피변조파의 상측파대의 진폭은?(단, m_a: 변조도)

가. $w_c + w_s$　　나. $\dfrac{m_a \cdot E_c}{2}$
다. $w_c - w_s$　　라. $m_a \cdot E_c$

해설

반송파 전압 $e_C = E_c\cos(w_c t + \theta)$, 신호파 전압 $e_s = E_s\cos w_s t$
피변조파 전압

$$e_m = (E_c + e_s)\cos(w_e t + \theta) = E_c\cos(w_c t + \theta) + m_a E_c\cos(w_c t + \theta)\cdot\cos w_s t$$

$$= E_c\cos(w_c t + \theta) + \frac{1}{2}m_a E_c\cos(w_c t + \theta + w_s t)$$

$$+ \frac{1}{2}m_a E_c\cos(w_s t + \theta - w_s t)$$ 이다.

여기서 상측파대 진폭은 $\frac{1}{2}m_a E_c$가 된다.

해답 : 18. 라　19. 라　20. 나

21. $i = I_c(1 + m\sin w_m t)\sin w_c t$ 인 피 변조파의 전류가 R의 임피던스 값을 갖는 부하에 흐를 때 상측파대의 전력은 어떻게 되는가?(단, 변조도는 m이다.)

가. $m^2 I_c^2 R/8$ 　　나. $m^2 I_c^2 R/6$
다. $m^2 I_c^2 R/4$ 　　라. $m^2 I_c^2 R/2$

해설 문20 해설 참조

$$i = I_c(1 + m\sin w_m t)\sin w_c t = I_c \sin w_c t + I_c m \sin w_c t \cdot \sin w_m t$$

$$= I_c \sin w_c t + \frac{1}{2} m I_c \sin(w_c t + w_s t) + \frac{1}{2} m I_c \sin(w_c t - w_s t)$$

$P_u = P_L = \dfrac{m^2 I_c^2 R}{8}$이 된다.

22. 다음은 주파수 변조에서 변조지수를 나타낸 것 중에 대역폭이 가장 넓은 것은?

가. 0.17 　나. 2.9 　다. 3.1 　라. 4.2

23. 100[MHz]의 반송파를 최대 주파수 편이 50[kHz]로 하고 10[kHz]의 신호파로 주파수 변조 시 변조지수는?

가. 3 　나. 4 　다. 5 　라. 6

해설

$$m_f = \frac{\Delta f}{f_s} = \frac{50\times 10^3}{10\times 10^3} = 5$$

24. FM 변조에서 변조지수가 6이고, 신호주파수가 3[kHz]일 때 주파수 편이는 얼마인가?

가. 6[kHz] 　나. 9[kHz] 　다. 18[kHz] 　라. 36[kHz]

해설

$m_f = \dfrac{\Delta f}{f_s}$에서 주파수편이를 구하면 $\Delta f = m_f \cdot f_s = 6\times 3 = 18$[kHz]

25. 주파수변조에서 최대 주파수편이가 60[kHz]이고, 최대 변조주파수가 6[kHz]라 하면 변조도는 얼마인가?(단, 변조지수는 8이다.)

가. 40[%] 　나. 60[%] 　다. 80[%] 　라. 100[%]

해설

변조지수가 8이기 때문에 변조도는 80%가 된다.

해답 : 21. 가 　22. 라 　23. 다 　24. 다 　25. 다

26. 주파수 변조에서 최대 주파수 편이 ΔF가 15[kHz], 최대 변조주파수 1.5[kHz]일 때 주파수 변조지수가 2라면 변조도 k_f는 몇[%]인가?

가. 20[%]　　나. 60[%]　　다. 70[%]　　라. 90[%]

해설

$$k_f = \frac{f_m \times m_f}{\Delta f} \times 100\% = \frac{1.5 \times 2}{15} \times 100\% = 20\%$$

27. 200[MHz]의 Fm 송신기의 5[MHz] 발진기에서 2000[Hz]의 변조신호로 200[Hz]의 주파수 편이를 얻을 때 이 송신기의 주파수 변조지수는?

가. 0.1　　나. 4　　다. 10　　라. 40

해설

변조지수 $m_f = \frac{n \times \Delta f}{f_s}$ 에서 n은 체배단수를 나타낸다.

우선 체배단수 $n = \frac{200}{5} = 40$이다. 즉, 40 체배를 말한다.

$$m_f = \frac{n \times \Delta f}{f_s} = \frac{40 \times 200}{2000} = 4$$

28. 변조신호 주파수 400[Hz], 전압 3[V]로 주파수 변조하였을 때 변조지수가 50이었다. 이때 최대주파수편이 Δf는 얼마인가?

가. 20[kHz]　　나. 80[kHz]　　다. 150[kHz]　　라. 30020[kHz]

해설

변조지수

$m_f = \frac{\Delta f}{f_s}$ 에서 Δf를 구하면 $\Delta f = m_f \times f_s = 50 \times 400 = 20[\text{kHz}]$

29. FM 주파수 변조에서 단일 정현파인 변조파의 주파수가 f_m, 변조지수가 m_f인 경우 실용상의 피변조 반송파의 주파수 대역폭 B는?

가. $B = (m_f)f_m$　　나. $B = (m_f + 1)f_m$

다. $B = 2(m_f + 1)f_m$　　라. $B = 2f_m$

해설

FM의 주파수 대역폭

$B = 2(f_s + \Delta f) = 2f_s(1 + m_f)$

해답 : 26. 가　27. 나　28. 가　29. 다

30. 5[kHz]의 정현파로 100[MHz]의 반송파를 주파수 변조했을 경우 최대 주파수편이 ±75[kHz]에서의 소요 대역폭은?

가. 20[kHz]　　나. 40[kHz]　　다. 80[kHz]　　라. 160[kHz]

해설

주파수 변조의 대역폭

$B = 2(f_s + \Delta f) = 2(5+75) = 160[\text{kHz}]$

31. FM의 변조지수가 7.5일 때 10[kHz]의 신호 주파수를 FM으로 변조하면 이 때 주파수 대역폭은 몇 [kHz]인가?

가. 75　　나. 170　　다. 320　　라. 150

해설

FM의 주파수 대역폭

$B = 2(f_s + \Delta f) = 2f_s(1+m_f) = 2\times 10(1+7.5) = 170$

32. 주파수 변조(FM)에 있어서 변조지수가 3일 때 신호의 최고 주파수를 20[kHz]로 하면 그 소요 대역폭은 몇 [kHz]인가?

가. 40[kHz]　　나. 80[kHz]　　다. 160[kHz]　　라. 320[kHz]

해설

주파수 변조의 주파수 대역폭

$B = 2f_s(1+m_f) = 2\times 20(1+3) = 160[\text{kHz}]$

33. 주파수 변조(FM)에서 S/N비를 높이기 위한 방법으로 적당치 않은 것은?

가. 변조지수 m을 크게 한다.　　나. 신호파의 진폭을 크게 한다.
다. 주파수 대역폭을 크게 한다.　　라. pre-emphasis를 채용한다.

해설

FM에서 S/N비를 높이기 위한 방법

1. 변조지수를 크게 한다.
2. 신호파의 진폭은 적절히 선택한다.
3. 주파수 대역폭을 넓게 한다.
4. pre-emphasis를 사용한다.

해답 : 30. 라　31. 나　32. 다　33. 나

34. 다음 중 주파수 변조방식의 특징이 아닌 것은 어느 것인가?

가. 전송로의 레벨 변동 및 잡음에 강하다.
나. 평형 변조기를 사용한다.
다. AFC 회로가 필요하다.
라. 변별기를 이용하여 복조한다.

해설
평형 변조기는 AM방식에서 단측파대 방식 즉 SSB 방식이다.

35. 변조 신호의 대역폭이 W일 때 협대역 FM(Narrow-band FM)의 대역폭은?

가. W　　나. 2W　　다. 4W　　라. 무한대

해설
협대역 FM 대역폭은 변조신호 대역폭의 4배이다. 즉, 4W이다.

36. 직선 검파에 가장 적합한 방식은?

가. 클렉터 검파　　나. 초재생 검파
다. 베이스 검파　　라. 다이오드의 검파

해설
직선 검파는 AM의 검파방식이며 다이오드 검파방식이다.

37. 자승 검파를 행하는 수신기에서 60[%] 변조파를 수신하였을 때 검파된 신호의 이론상 일그러짐(Distortion)은?

가. 8[%]　　나. 15[%]　　다. 20[%]　　라. 40[%]

해설 $D = \frac{m}{4} \times 100\% = \frac{0.6}{4} \times 100\% = 15\ [\%]$

38. 반송파의 진폭이 10[V], 변조도가 50[%]인 진폭변조파를 검파효율 80[%]의 직선검파 회로의 입력에 가하였을 때 부하저항에 나타나는 신호파의 진폭은 얼마인가?

가. 2[V]　　나. 4[V]　　다. 6[V]　　라. 8[V]

해설
변조도 $m = \frac{V_s}{V_c}$에서 V_s를 먼저 구하면 $V_s = m \times V_c = 0.5 \times 10 = 5[\text{V}]$이다.
문제의 요구조건을 보면 검파효율이 80%이기 때문에 실제의 신호파 진폭은 $5\ [\text{V}] \times 0.8 = 4\ [\text{V}]$가 된다.

해답 : 34. 나　35. 다　36. 라　37. 나　38. 나

39. Diode 직선검파 회로에서 변조도 62[%], 진폭 10[V]의 피변조파(AM)가 인가되었을 때 부하저항 R_L에 나타나는 변조신호파 출력전압의 실효치는?(단, 검파 효율은 73[%]라고 가정한다.)

가. 3.2　　나. 0.64[V]　　다. 0.32[V]　　라. 0.16[V]

해설

변조도 $m = \frac{V_s}{V_c}$에서 $V_s = m \times V_c = 0.62 \times 10 = 6.2[V]$이다. 여기서 6.2V는 최대치

여서 실효치를 구하면 $실효치 = \frac{최대치}{\sqrt{2}} = \frac{6.2}{\sqrt{2}} \fallingdotseq 4.38[V]$가 된다. 문제의 요구조건은 검파효율이 73%이기 때문에 실제의 출력전압의 실효치는 $4.38 \times 0.73 \fallingdotseq 3.2[V]$

40. 그림과 같은 직선검파회로에서 diagonal clipping이 생기는 이유로서 옳은 것은?(단, m_a는 변조지수, w_s는 변조신호 각 주파수)

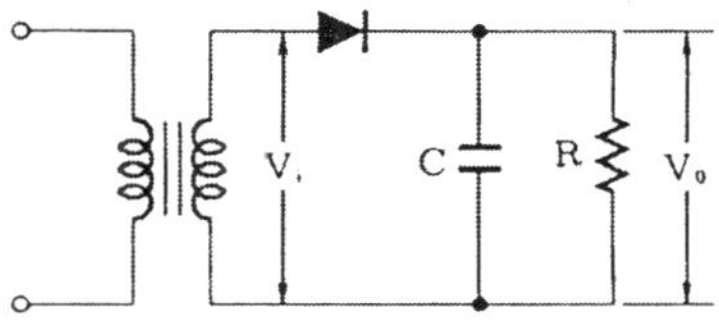

가. 시정수 RC가 너무 작기 때문
나. 시정수 RC가 너무 크기 때문
다. $RC > 1/(m_a \cdot w_s)$
라. $RC \gg 1/(m_a \cdot w_s)$

해설

직선 검파회로에서 diagonal clipping이 발생하는 이유는 시정수 RC가 너무 크기 때문에 발생한다. Negative Peak Clipping은 시정수 RC가 너무 작을 때 발생한다.

41. 그림의 검파회로에서 입력반송파의 주파수가 50[MHz], 부하저항 $R_L = 10[k\Omega]$이다. 시정수 CR_L을 반송파주기의 8배가 되도록 하려면 콘덴서 C의 용량값은 얼마인가?

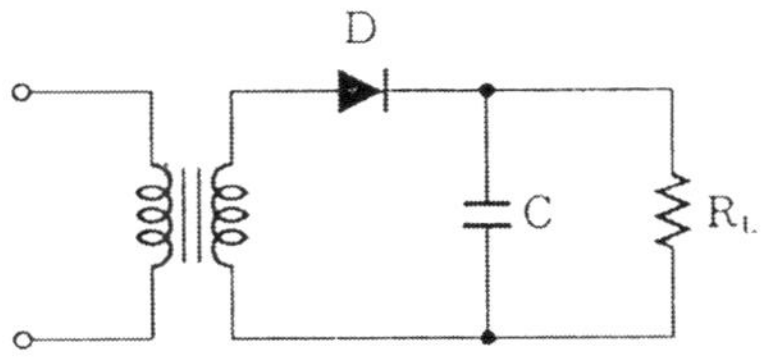

가. 8[pF]　　나. 12[pF]　　다. 16[pF]　　라. 20[pF]

해설

① 주기 $T = \frac{1}{f} = \frac{1}{50 \times 10^{-6}} = 2 \times 10^{-8}\,[sec]$

② C를 구하면

$T = CR_L$에서 $C = \frac{T}{R_L} = \frac{2 \times 10^{-8}}{10 \times 10^3} = 2 \times 10^{-12} = 2[pF]$이다.

문제에서 반송파 주기를 8배로 했을 때 C는

$C = 2\,[pF] \times 8 = 16\,[pF]$이 된다.

해답 : 39. 가　40. 나　41. 다

42. 다음과 같은 검파회로에서 시정수 ($\tau = CR$)가 작으면 반파 정류와 같고, 너무 크면 신호파의 큰 변화에 따를 수가 없으므로 시정수를 반송파 주기의 10배로 하고자 할 때 C의 값은 얼마인가?(단, 입력 반송파의 주파수는 10[MHz]이고 R의 값은 10[kΩ]이다.)

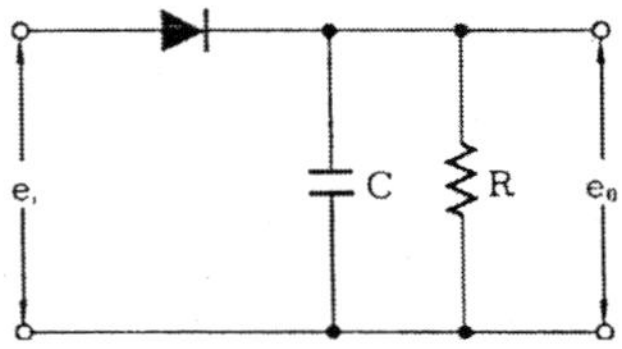

가. 10[pF]　　나. 1[pF]　　다. 10[pF]　　라. 100[pF]

해설

$T = \frac{1}{f} = \frac{1}{100 \times 10^6} = 10^{-8}$ [sec]

$T = CR$에서 $C = \frac{T}{R} = \frac{10^{-8}}{10 \times 10^3} = 10^{-12}$[F]이며 여기서 반송파 주기를 10배로 했기 때문에 C는 10 [pF]이 된다.

43. FM 검파회로로서 사용되지 않는 회로는?

가. ratio 검파　　나. gated beam 검파
다. foster-seeley형 검파　　라. 콜렉터 검파

해설

FM 검파기
① Ratio 검파기　② Slope 검파기
③ Foster-seeley 형 검파기　④ gated beam 검파기　⑤ 주파수 변별기

44. 다음 중 FM파의 복조용 회로로서 적당하지 않은 것은?

가. 비 검파기(ratio detector)
나. 제곱 검파기(square-law detector)
다. 스태거 동조 판별기(stagger-tuned discriminator)
라. Foster-seeley 판별기

해설 FM 복조회로
① 복동조 회로　② 비 검파기　③ 포스트 실리형 검파기
④ gate beam 검파기　⑤ slope 검파기

45. 포스터 실리형과 비 검파기의 검파감도비는 얼마인가?

가. 1:1　　나. 2:1　　다. 1:2　　라. 4:1

해설

포스터 실리형이 비검파기보다 감도가 2배가 좋으나 진폭제한기를 사용하여야 한다.

해답 : 42. 다　43. 라　44. 나　45. 나

2 R–L, R–C 직렬회로의 과도현상

(1) R–L 직렬회로

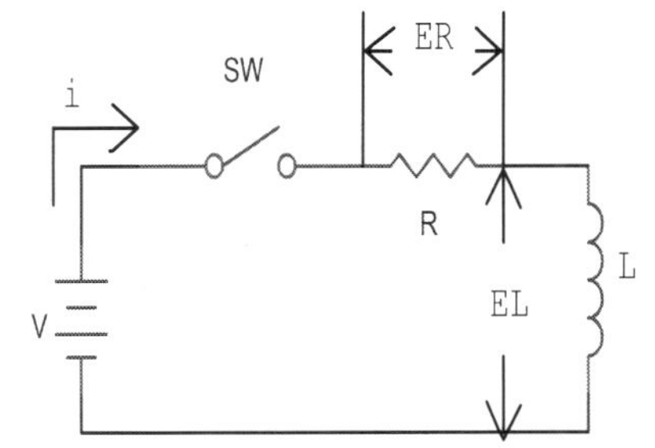

▮ RC 직렬회로

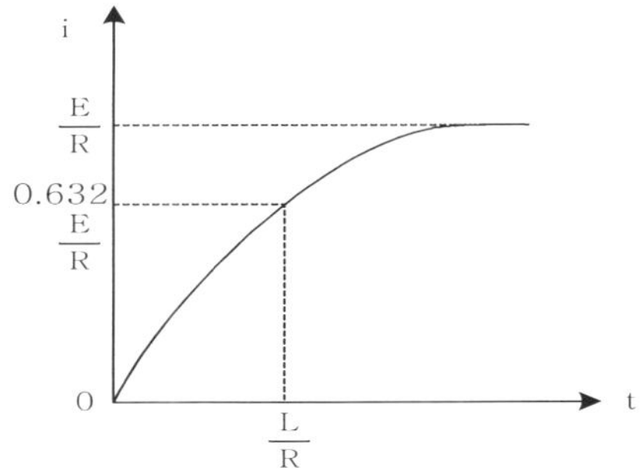

▮ RC 직렬회로의 출력 특성

1) S/W을 on 했을 때 미분방정식

$$E = R_i + L\frac{di}{dt}$$

2) 전류 i

$i = i_1 + i_t$ $((i_1)$: 정상전류 (i_t) : 과도전류$)$

$\frac{di}{dt} = -\frac{R}{L} \rightarrow \frac{dit}{i_t} = -\frac{R}{L}dt$ 여기서 양변을 적분을 하면

$\int \frac{dit}{} = -\frac{R}{L}\int dt \quad \rightarrow \quad \log i_t = -\frac{R}{L}$ t + k (k:상수)

$i_t = e^{-}\frac{R}{L}$t + k $\quad = A \cdot e^{-\frac{R}{L}t}$

$\therefore$ i = $i_1 + i_t = \frac{E}{R} + Ae^{-\frac{R}{L}t}$

3) A를 구하기 위해서 초기조건 상태에서 t = 0, i = 0일 때 i에 대입하면

$$\therefore\ i = \frac{E}{R} - \frac{E}{R}e^{-\frac{R}{L}t} = \frac{E}{R}(1 - e^{-\frac{R}{L}t})$$

(2) R-C 직렬회로

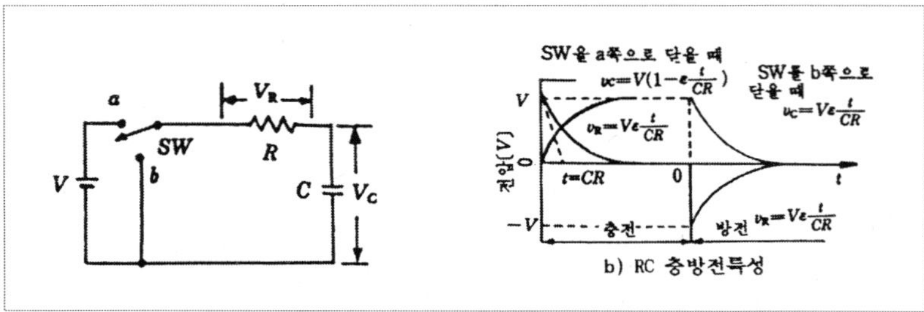

(a) RC 직렬회로 　　　　　　　　(b) RC 직렬회로의 출력 특성

1) 스위치를 a측으로 했을 때 ⇒ 콘덴서가 충전하는 경우이다.

$$E = E_R + E_C = R \cdot i + \frac{q}{C} \quad (q = CV\text{에서 } V = \frac{q}{C})$$

$$= R \cdot \frac{dq}{dt} + \frac{q}{C}$$

2) 충전하는 경우

① $E_R = Ee^{-\frac{1}{CR}t}$

② $E_C = E - E_R = E - Ee^{-\frac{1}{CR}t} = E(1 - e^{-\frac{1}{CR}t})$

③ 시정수 T=CR[sec]

R-C회로에서의 시정수는 전압을 인가할 때 콘덴서에서는 충전을 하게 된다. 여기서 EC가 0.632E가 될 때의 시간을 말한다.(63.2%)

3) 방전하는 경우 ⇒ 스위치를 b로 하는 경우이다.

① $E_R = -Ee^{-\frac{1}{CR}t}$

② $E_C = Ee^{-\frac{1}{CR}t}$

(3) 미분회로(고역통과형)

1) R–C형 미분회로

① $i = C\dfrac{dVi}{dt}$

② $Vo = iR = CR \cdot \dfrac{dVi}{dt}$

2) R–L형 미분회로

① $i = \dfrac{Vi}{R}$

② $Vo = L\dfrac{di}{dt} = \dfrac{L}{R}\dfrac{dVi}{dt}$

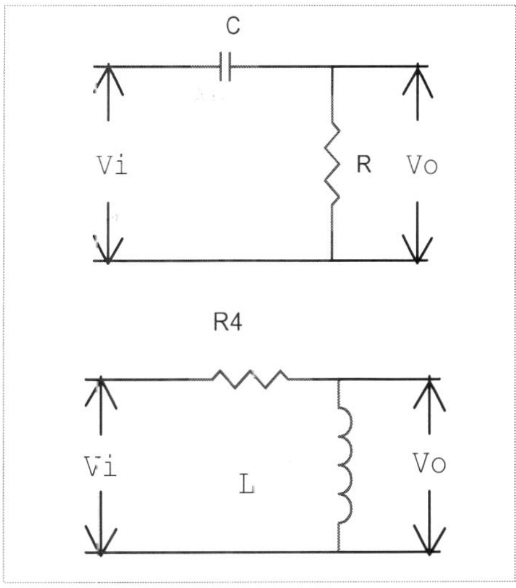

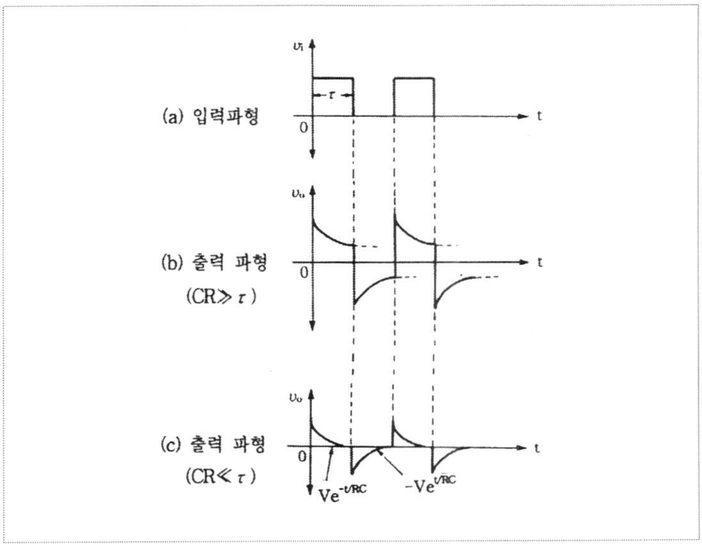

▌ 입출력 파형

(4) 적분회로(저역통과형)

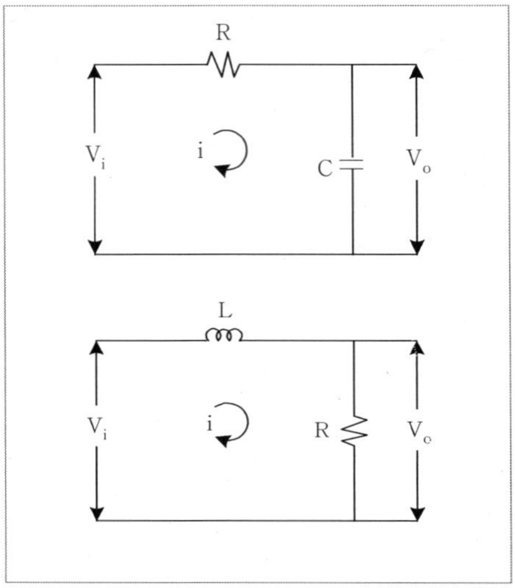

1) R-C형 적분회로

① $i = \frac{Vi}{R}$

② $V_O = \frac{1}{CR}\int V_i dt$

2) R-L형 적분회로

① $i = \frac{1}{L}\int V_i dt$

② $V_o = \frac{R}{L}\int V_i dt$

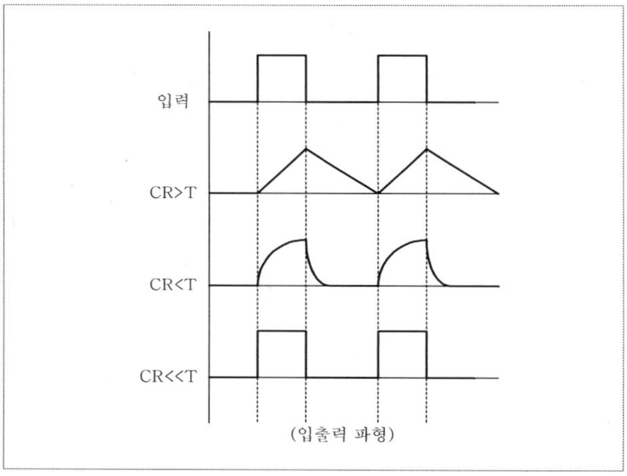

적분회로의 파형

3 클리퍼(clipper)회로

(1) 베이스 클리퍼

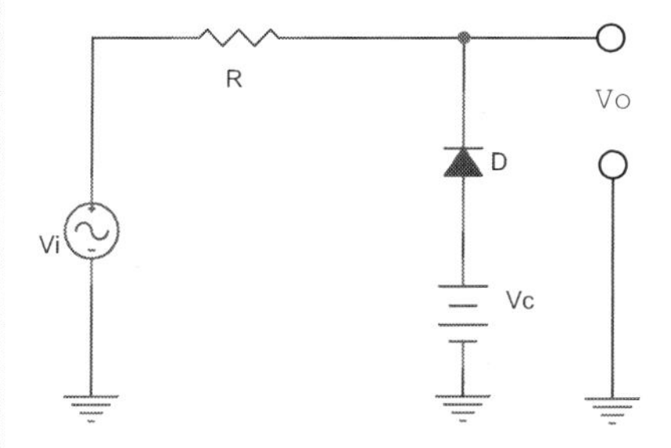

▮ 병렬형

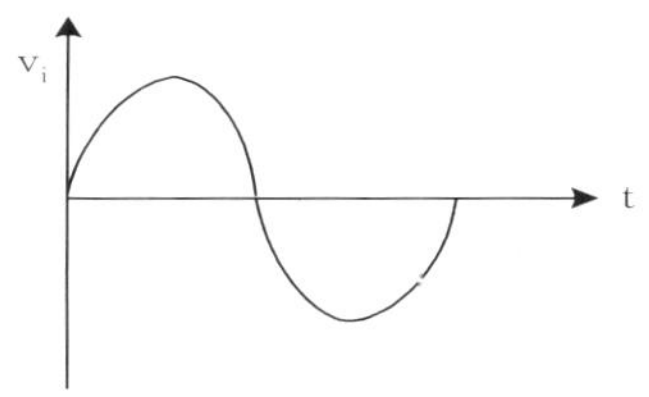

▮ 입력파형

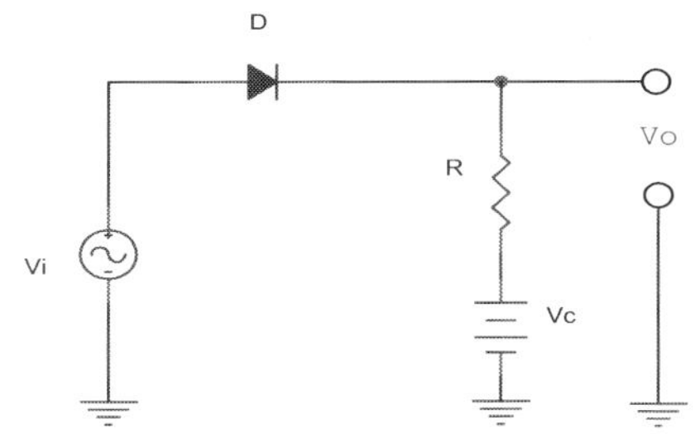

▮ 직렬형

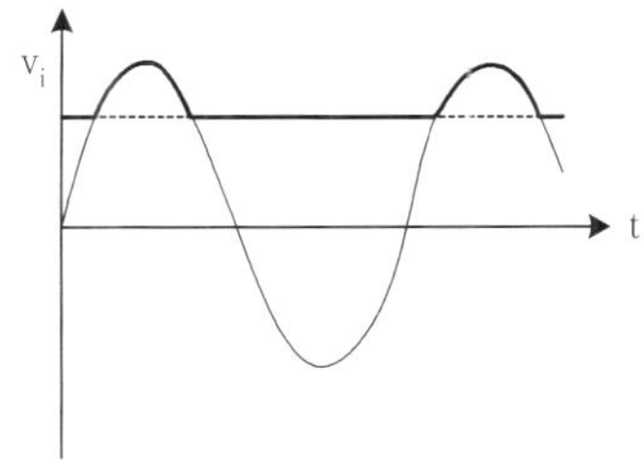

▮ 출력파형

1) 병렬형 베이스 클리퍼

① $v_i < V_c$ 즉 입력파형이 Vc전압보다 크게 되면 Diode는 역방향이 되어 off 상태가 되므로 출력은 입력과 같다.

$\therefore v_i = v_o$

② $v_i < V_c$ 즉 입력파형이 V_C전압보다 작으면 diode는 순방향이 되어 on 상태가 되므로 출력은 V_C와 같다.

$\therefore v_o = v_c$

2) 직렬형 베이스클리퍼

① $v_i > V_c$ 즉 입력파형이 Vc 전압보다 크게 되면 diode는 순방향이 되어 on 상태가 되므로 출력은 입력과 같다.

$\therefore v_o = v_i$

② $v_i > V_c$ 즉 입력파형이 Vc 전압보다 적으면 diode는 역방향이 되어 off 상태가 되므로 출력은 V_c와 같다

$\therefore v_i = v_c$

(2) 피크클리퍼(Peak Clipper)회로

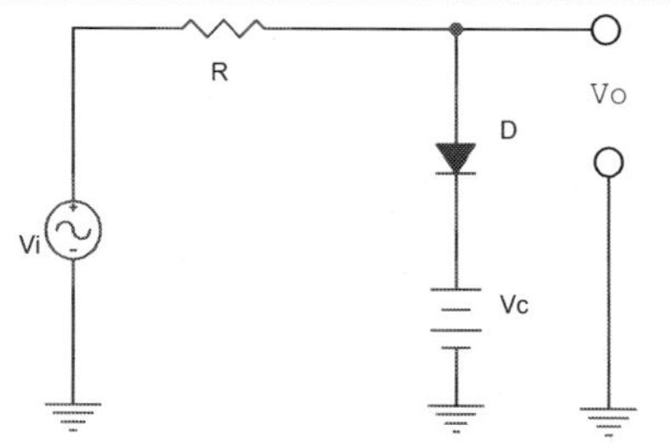

▮ 병렬형

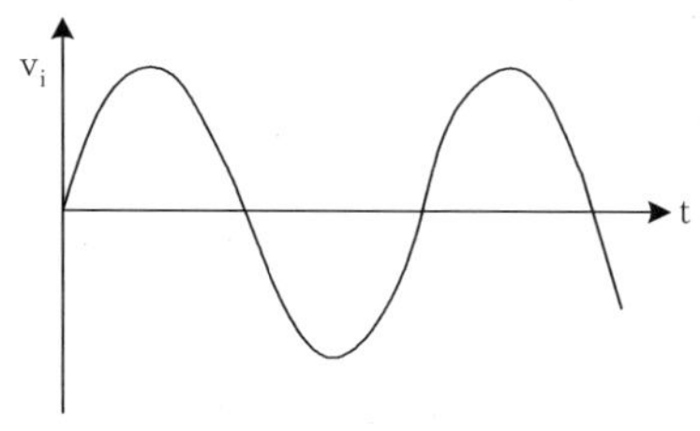

▮ 입력파형

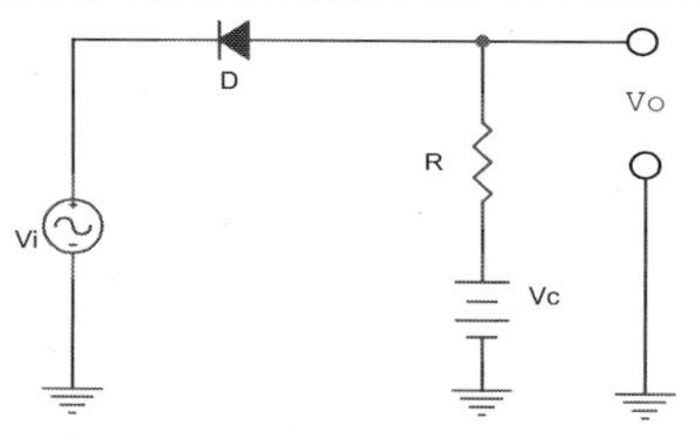

▮ 직렬형

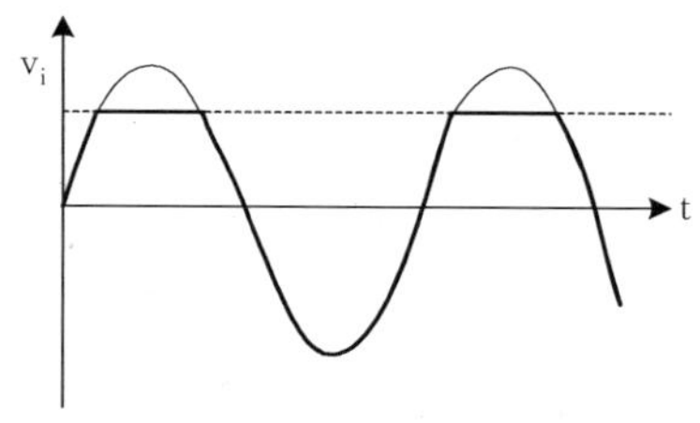

▮ 출력파형

1) 병렬형 피크클리퍼회로

① $V_i > V_c$ 즉 입력 파형이 V_c전압보다 크게 되면 Diode는 순방향이 되어 on 상태가 되므로 출력은 V_c와 같다

$\therefore V_O = V_c$

② $V_i < V_c$ 즉 입력 파형이 V_c전압보다 작으면 Diode는 역방향이 되어 off 상태가 되므로 출력은 입력과 같다.

$\therefore V_O = V_i$

2) 직렬형 피크 클리퍼 회로

① $V_i > V_c$ 즉 입력파형이 V_c전압보다 크게 되면 Diode는 역방향이 되어 off 상태가 되므로 출력은 Vc와 같다.

$\therefore V_O = V_c$

② $V_i < V_c$즉 입력파형이 V_c전압보다 작으면 diode는 순방향이 되어 on 상태가 되므로 출력은 입력과 같다.

$\therefore V_i = V_O$

(3) 슬라이서(Slicer)회로

1) 다이오드를 이용한 병렬형 슬라이스 회로

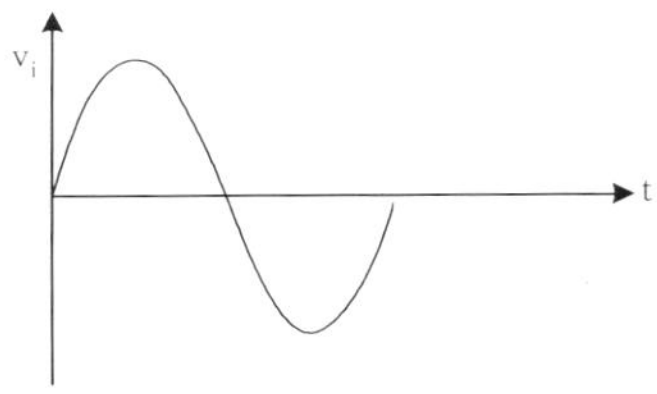

입력파형

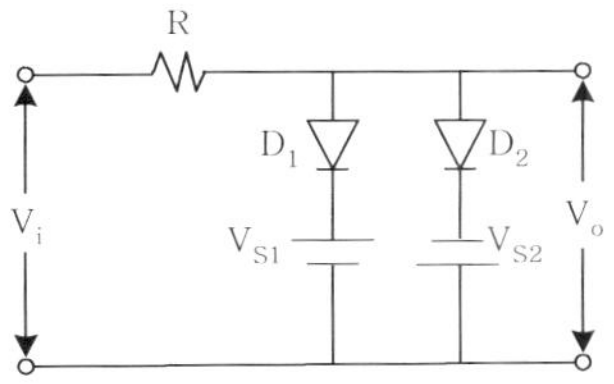

병렬형 슬라이스 회로

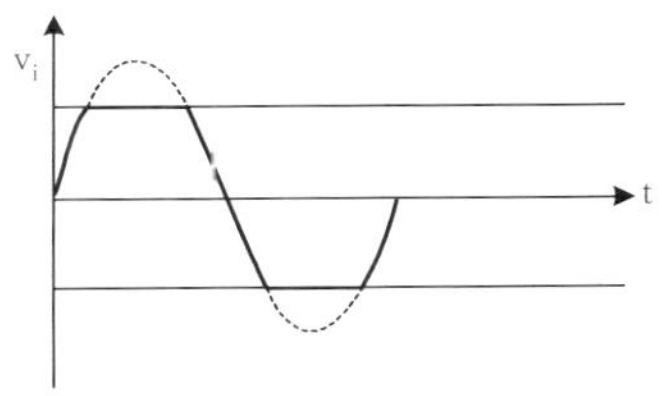

출력파형

① $v_i > V_{S1}$ 즉 입력파형이 V_{S1}전압보다 크게 되면 D1은 on이 되고 D2는 off 상태가 되므로 출력은 V_{S1}와 같다.

$\therefore v_o = V_{S1}$

② $v_i < V_{S2}$ 즉 입력파형이 V_{S2}전압보다 작으면 D1을 off가 되고 D2는 on 상태가 되므로 출력은 V_{S2}와 같다.

$\therefore v_o = V_{S2}$

③ $V_{S2} < v_i < V_{S1}$ 즉 입력파형이 V_{S2}보다 크고 V_{S1}보다 적으면 D1과 D2는 off 상태가 되므로 출력은 v_i와 같다.

$\therefore v_o = v_i$

2) 다이오드를 이용한 직렬형 슬라이스회로

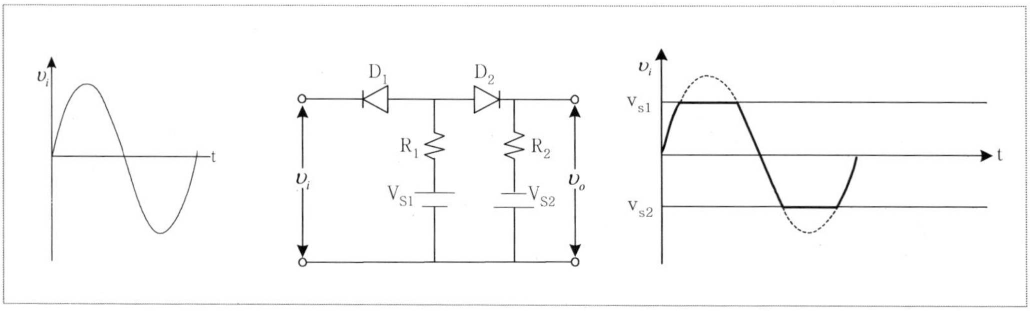

▮ 입력파형 ▮ 직렬형 슬라이스 회로 ▮ 출력파형

① $v_i > V_{S1}$ 즉 입력파형이 V_{S1} 전압보다 크게 되면 D1은 off가 되고 D2는 on 상태가 되므로 출력은 V_{S1}와 같다.

$\therefore v_o = V_{S1}$

② $v_i < V_{S2}$ 즉 입력파형이 V_{S2} 전압보다 작으면 D1을 on이 되고 D2는 off 상태가 되므로 출력은 V_{S2}와 같다.

$\therefore v_o = V_{S2}$

③ $V_{S2} < v_i < V_{S1}$ 즉 입력파형이 Vs2 보다 크고 Vs1 보다 적으면 D1과 D2는 on 상태가 되므로 출력은 v_i와 같다.

$\therefore v_o = v_i$

3) 제너 다이오드를 사용한 슬라이스 회로

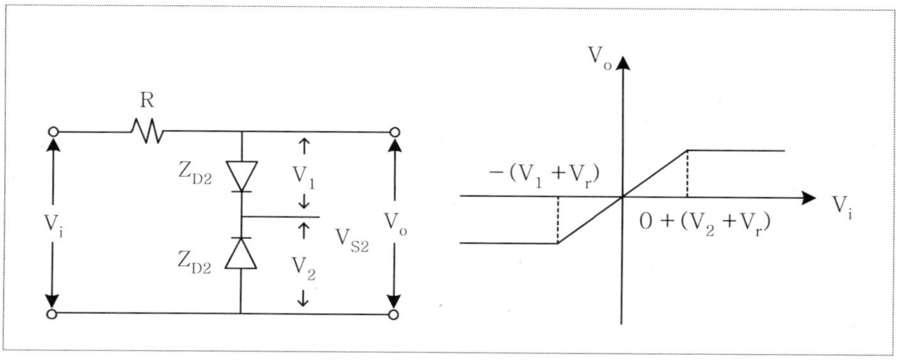

▮ 제너다이오드를 사용한 슬라이스 회로 ▮ 출력파형

4 클램퍼(Clamper)회로

(1) 정클램퍼 회로

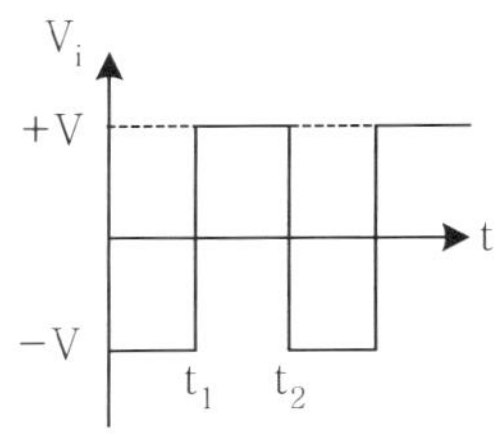

입력파형

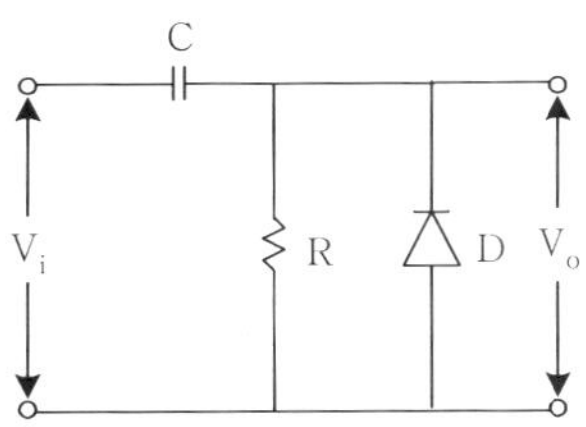

정클램프 회로

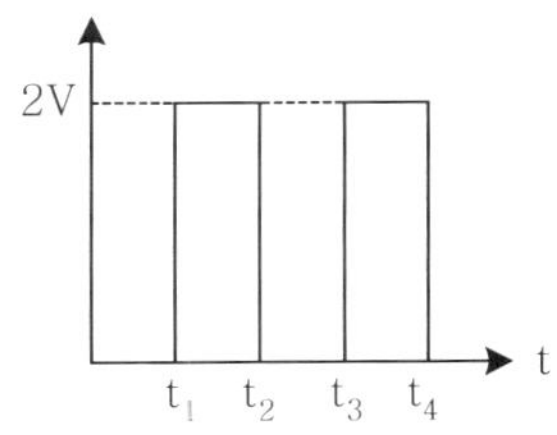

출력파형

① 입력 파형이 $0 \sim t_1$이 되면 다이오드는 on 상태가 되어서 출력은 0이 된다.

즉 V_O = 0[V]

② 입력파형이 $t_1 \sim t_2$가 되면 V_O 콘덴서 C가 충전상태가 되고 다이오드는 off 상태가 되어서 출력은 2V가 된다.

즉 = 2V[V]

(2) 부 클램퍼 회로

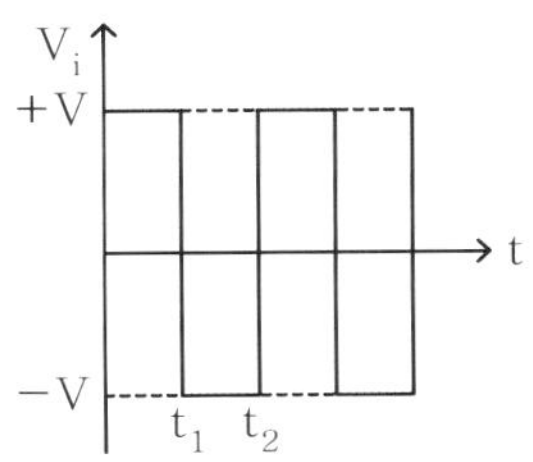

입력파형

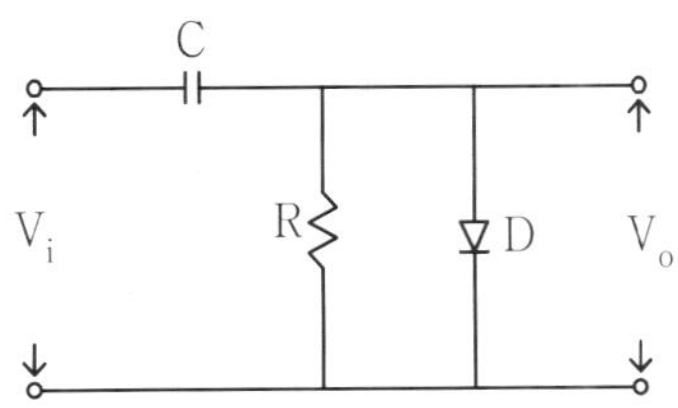

부클램프 회로

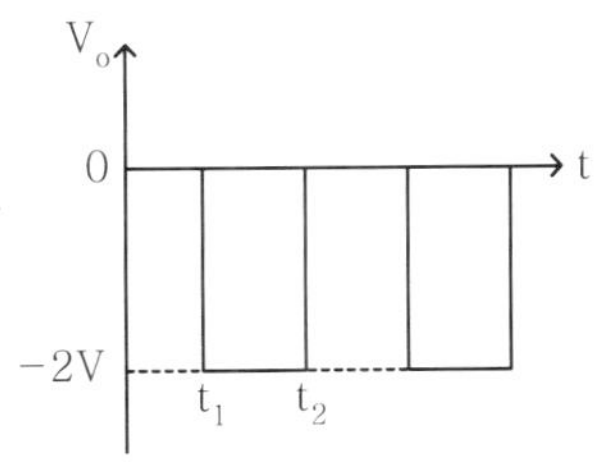

출력파형

① 입력파형이 $0 \sim t_1$이 되면 다이오드는 off 상태가 되어서 출력은 -2V가 된다.

즉 V_O = -2V[V]

② 입력 파형이 $t_1 \sim t_2$가 되면 콘덴서 C가 충전상태가 되고 다이오드는 on 상태가 되어서 출력은 0[V]가 된다.

즉 V_O = 0[V]

(3) 직류 부가형 정 클램퍼 회로

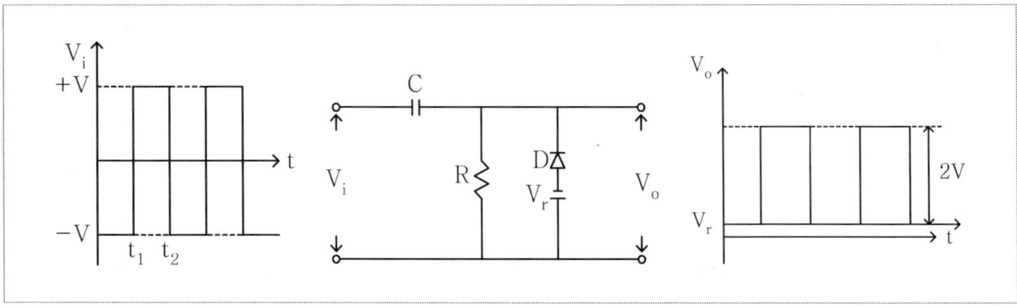

▮ 입력파형 ▮ 직류 부가형 정 클램프 회로 ▮ 출력파형

① 입력파형이 $0 \sim t_1$이 되면 Diode는 on상태가 되어서 V_r이 된다.

즉 V_O = V_r

② 입력파형이 $t_1 \sim t_2$가 되면 콘덴서 C가 충전상태가 되고 다이오드는 off 상태가 되어서 출력은 2V가 된다.

즉 V_O = 2V[V]

(4) 직류 부가형 부 클램퍼 회로

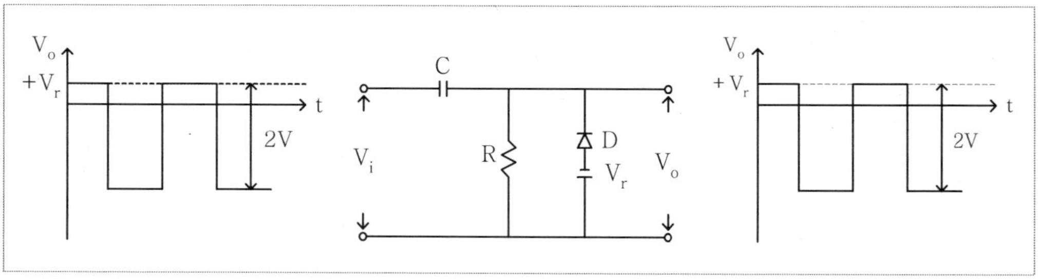

▮ 입력파형 ▮ 직류 부가형 부 클램프 회로 ▮ 출력파형

① 입력파형이 $0 \sim t_1$이 되면 다이오드는 off 상태가 되어서 출력은 -2V가 된다.

즉 V_O = -2V[V]

② 입력파형이 $t_1 \sim t_2$가 되면 콘덴서 C가 충전상태가 되고 다이오드는 on 상태가 되어서 출력은 V_r이 된다.

즉 V_O = -2V[V]

18. 다음회로에서 출력 파형은?(단, 시정수 $\tau \gg RC$이다.)

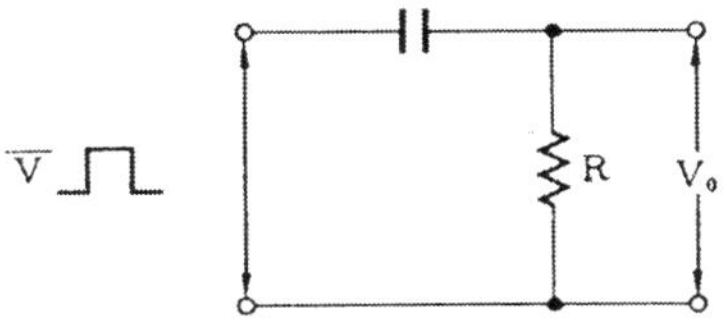

가. 나. 다. 라.

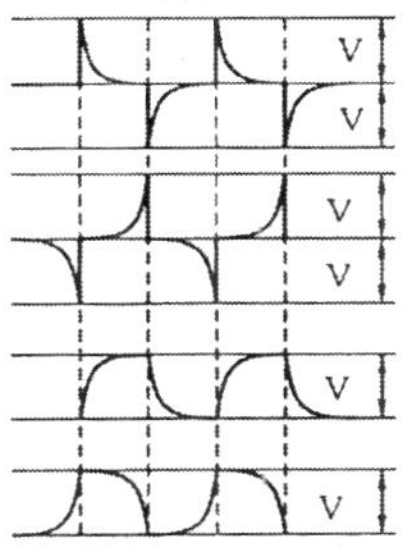

해설
문17 해설참조

19. 다음 단일 구형파를 미분회로에 통과시키면 출력 파형은?

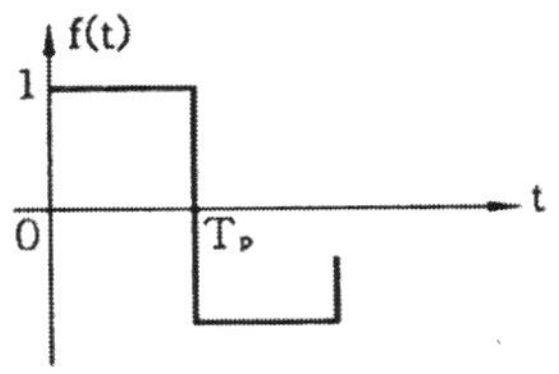

가. 나. 다. 라.

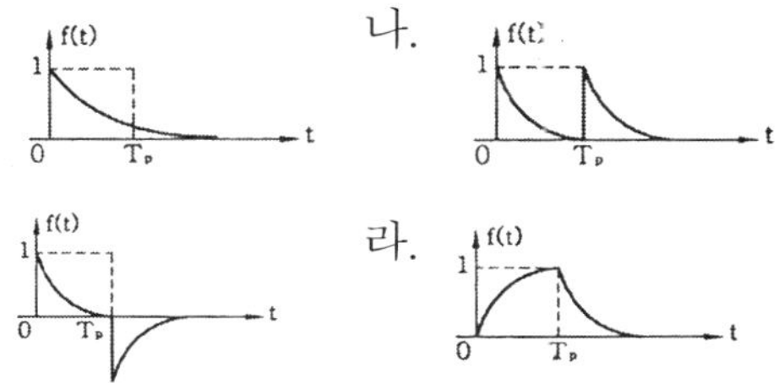

해설 미분회로

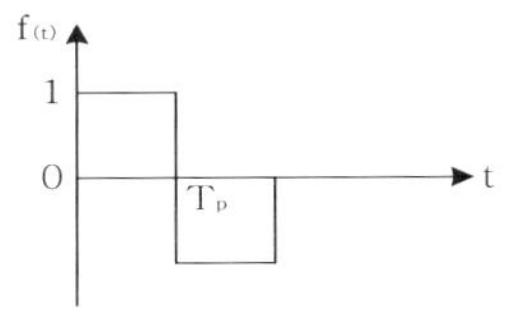

(입력파형)

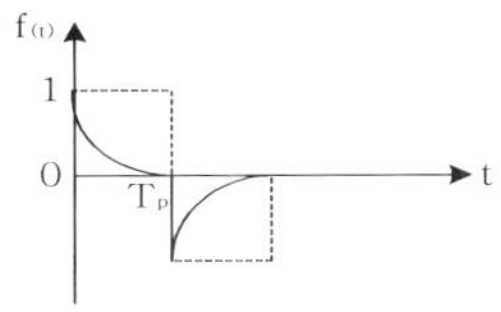

(출력파형)

보기라는 적분파형이다.

20. 그림과 같은 회로에 step 전압을 인가하면 출력 전압은?
(단, C는 미리 충전되어 있지 않은 상태이다.)

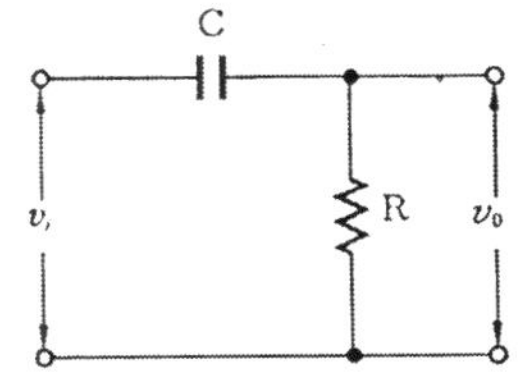

가. 아무것도 나타나지 않는다.
나. 같은 모양의 step 전압이 나타난다.
다. 처음엔 입력과 같이 변했다가 지수적으로 감쇠한다.
라. 0부터 지수적으로 증가한다.

해답 : 18. 가 19. 다 20. 라

해설

CR 미분회로로서 C는 충전되지 않은 상태이므로 입력에 신호가 들어가게 되면 C는 충전되며 방전은 R을 통해서 하게되며 출력 V_o는 0부터 지수적으로 증가하게 된다.

21. 다음의 회로에서 입력에 계단함수(step function)를 인가하였더니 V_o와 V_s가 그림과 같았다. $R = 1[\mathrm{k}\Omega]$이라 할 때 L값으로 가장 적당한 것은?

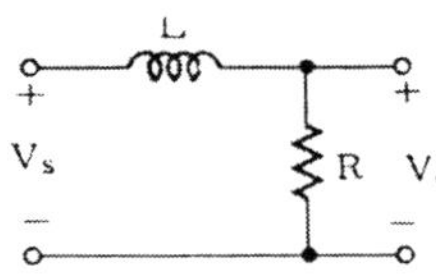

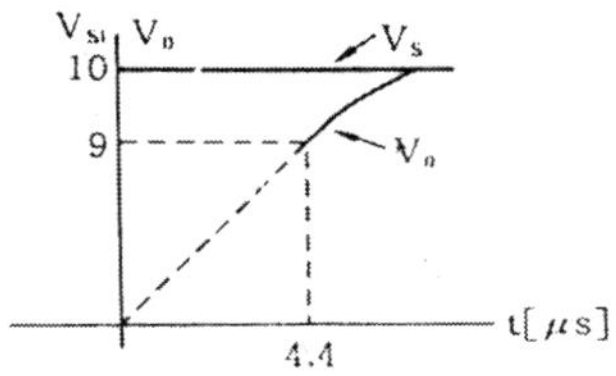

가. 500[H] 나. 2[mH] 다. 44[mH] 라. 2[pH]

해설 $t_r = 2.2\,CR = 2.2\dfrac{L}{R}$에서 L를 구하면 $\therefore L = \dfrac{t_r \cdot R}{2.2} = \dfrac{4.4\times10^{-6}\times1\times10^{3}}{2.2} = 2[\mathrm{mH}]$

22. 그림과 같은 회로에 정현파를 공급하여 그 출력파형이 아래 그림과 같기 위해서는 V_R에 무엇을 삽입해야 하는가?

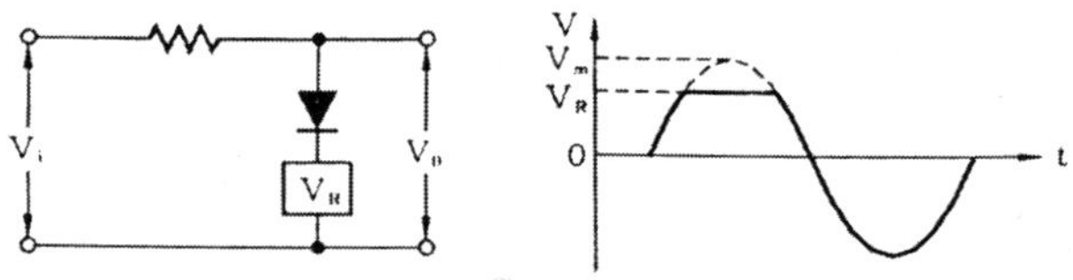

가. 진폭이 V_m인 교류 전원을 가한다.
나. 단락시킨다.
다. DC $V_R[V]$을 위쪽이 "+" 가 되도록 접속한다.
라. DC $V_R[V]$을 아래쪽이 "+" 가 되도록 접속한다.

해설 병렬형 피크 클리퍼(Peak clipper) 회로

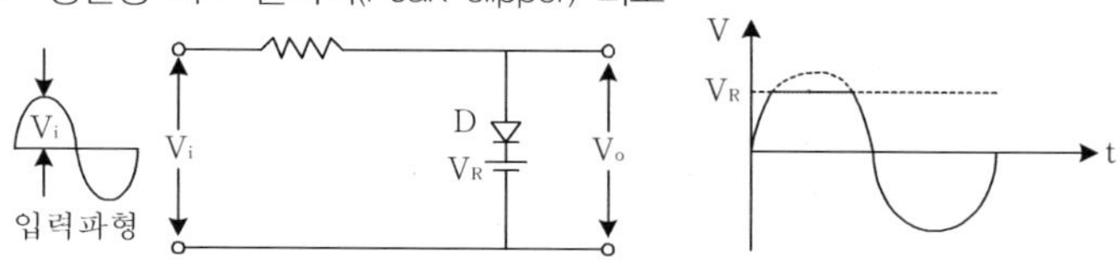

① $V_i > V_R$ → Diode가 순방향(D가 on 상태) : $V_o = V_R$
② $V_i < V_R$ → Diode가 역방향(D가 off 상태) : $V_o = V_i$

해답 : 21. 나 22. 다

23. 다음 그림의 다이오드 회로에서 입력 v_i가 $v_i = 4\sin(100t)$ [V]인 경우에 출력 전압 v_o는 최고치가 몇 볼트인가?

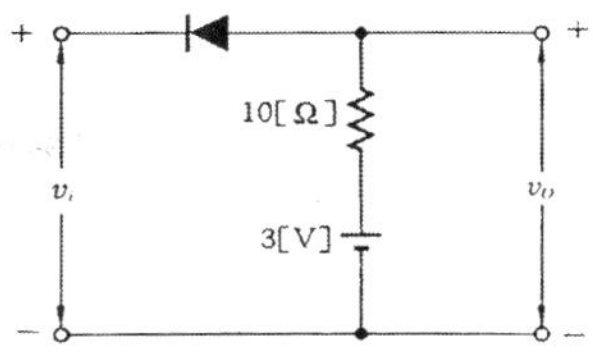

가. 2[V]　　나. 3[V]　　다. 4[V]　　라. 7[V]

해설 직렬형 피크 클리퍼 회로

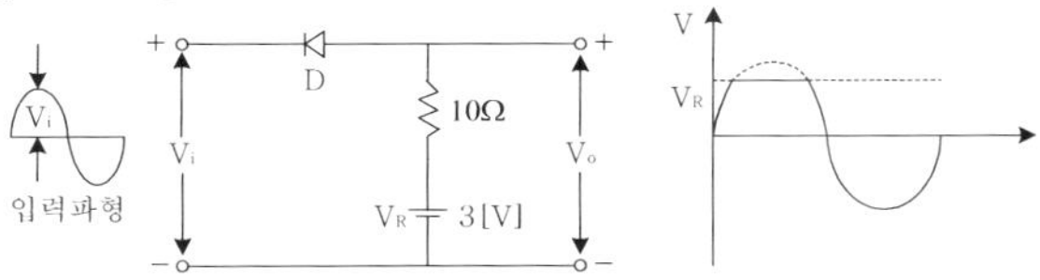

① $V_i > V_R$ → Diode가 역방향(D가 off 상태) : $V_o = V_R$

② $V_i < V_R$ → Diode가 순방향(D가 on 상태) : $V_o = V_i$

24. 그림과 같은 회로의 입력에 정현파를 가했을 때 출력파형은 어느 것인가?

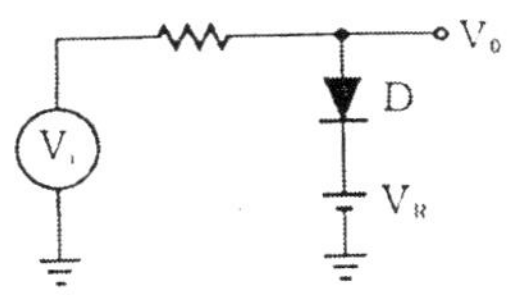

가. 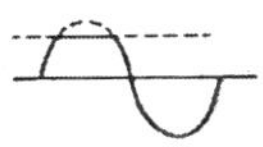
나. 
다. 
라. 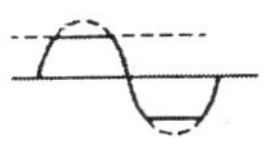

해설 문22 해설참조

25. 다음 그림과 같은 다이오드 클리핑회로에 정현파를 인가했을 때 출력 전압 파형은?

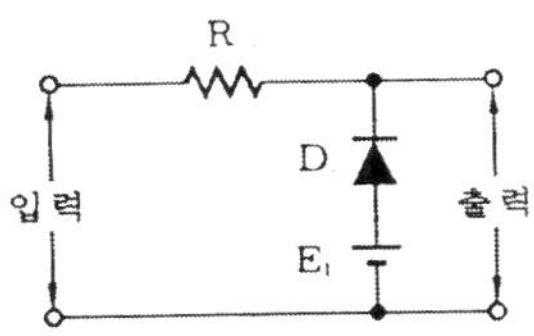

가. 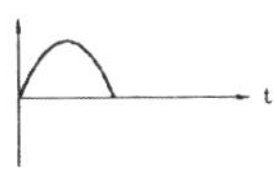
나. 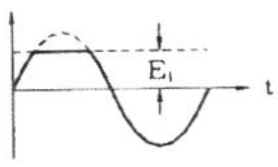
다. 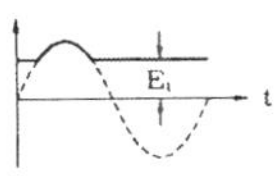
라. 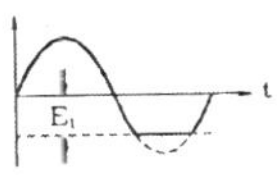

해설 병렬형 베이스 클리퍼(Base Clipper)회로

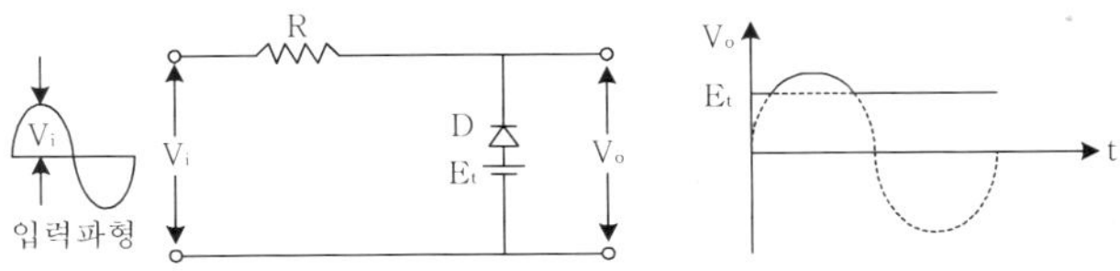

① $V_i > E_t$ → Diode가 역방향(D가 off 상태) : $V_o = V_i$

② $V_i < E_t$ → Diode가 순방향(D가 on 상태) : $V_o = E_t$

해답 : 23. 나　24. 가　25. 다

26. 그림과 같은 클리핑회로에 정현파 전압을 가하면 출력 파형은?

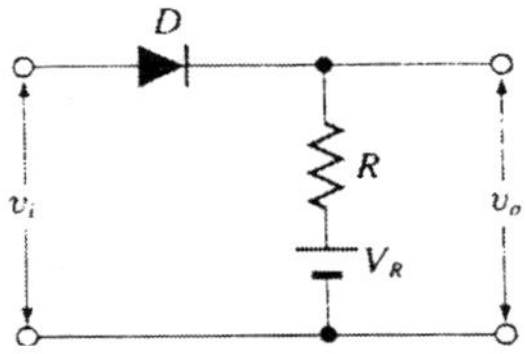

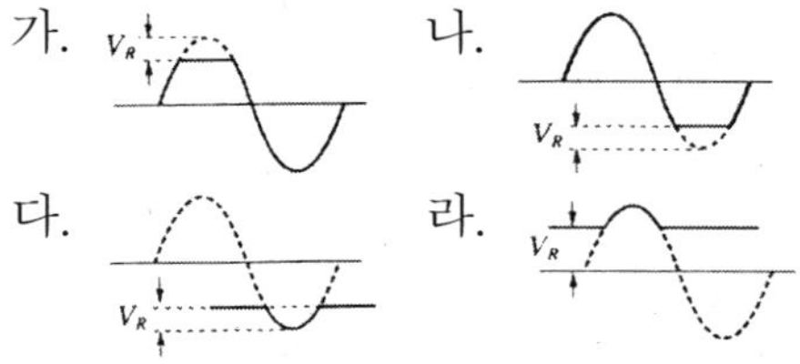

해설 직렬형 베이스 클리퍼 회로

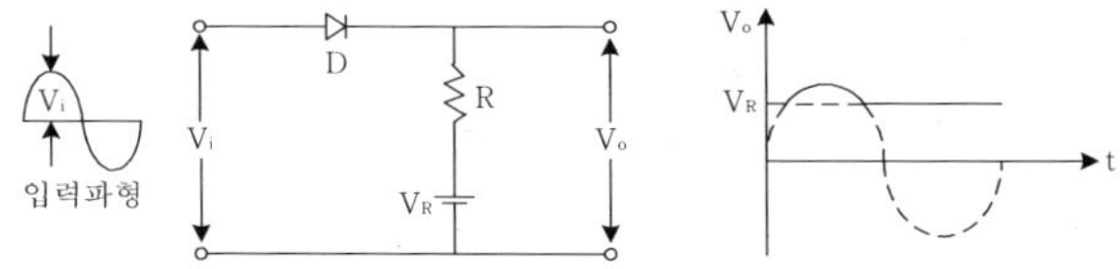

① $V_i < E_t$ → Diode가 역방향(D가 off 상태) : $V_o = V_R$
② $V_i > E_t$ → Diode가 순방향(D가 on 상태) : $V_o = V_i$

27. 그림과 같은 회로의 입력에 정현파(v_i)를 인가했을 때의 전달 특성은?(단, 다이오드의 동작 시 저항 성분은 R_f 이며, $R_f < R$ 이다.)

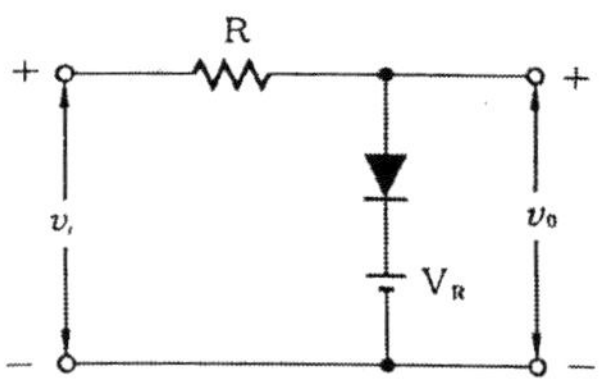

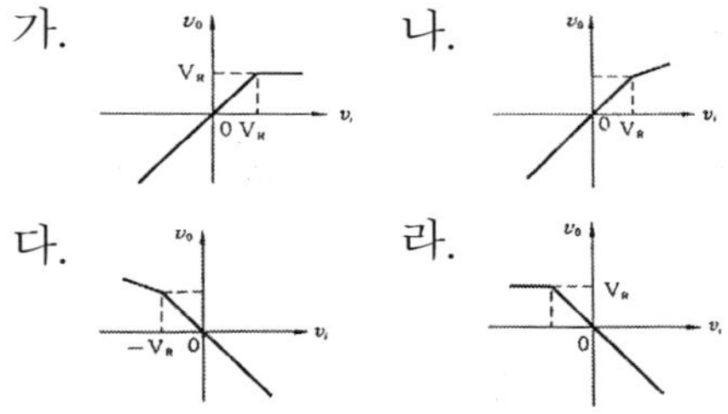

해설 병렬형 피크 클리퍼 회로
① $V_i > V_R$ → Diode가 순방향(D가 on 상태) : $V_o = V_R$
② $V_i < V_R$ → Diode가 역방향(D가 off 상태) : $V_o = V_i$

28. 다음 회로에 대한 설명 중 옳은 것은 어느 것인가?

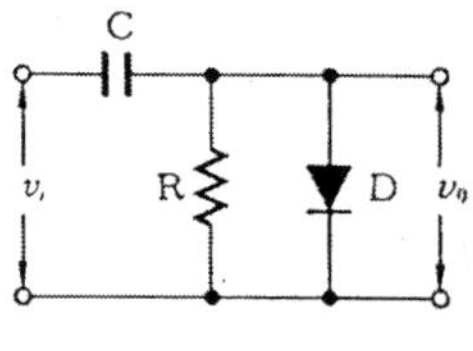

가. 반파 정류 회로이다.
나. Clipper 회로이며 입력파형의 일정값 이상만 출력에 나타나게 된다.
다. Clipper 회로이며 입력파형의 일정값 이하만 출력에 나타나게 된다.
라. Clamp 회로이며 입력파형을 그대로 유지하면서 파형평균 level만 변화시켜 출력에 나타나게 된다.

해설 부 클램프 회로이다.

해답 : 26. 라 27. 가 28. 라

29. (그림 a)의 회로망에 (그림 b)의 입력파를 인가 시 출력파형은? (단, 다이오드는 이상적인 특성을 갖는다.)

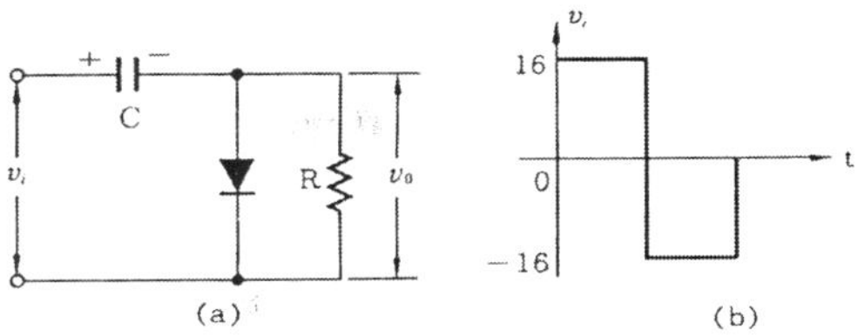

가. 0[V]와 +16[V]에 클램프 된다.
나. 0[V]와 -16[V]에 클램프 된다.
다. 0[V]와 +32[V]에 클램프 된다.
라. 0[V]와 -32[V]에 클램프 된다.

해설

부 클램프 회로

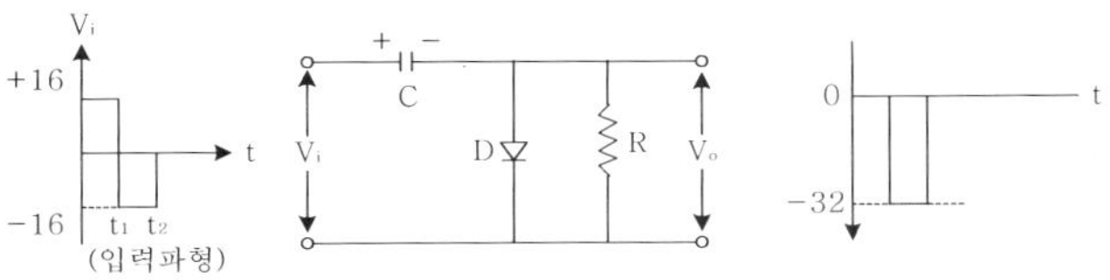

① $0 \sim t_1$: Diode가 off 상태 $V_o = -2V = -32$ [V]
② $t_1 \sim t_2$: 콘덴서 C가 충전상태
③ t_2 : Diode가 on 상태 $V_o = 0$[V]

30. 그림의 회로에서 출력파형을 그리면?

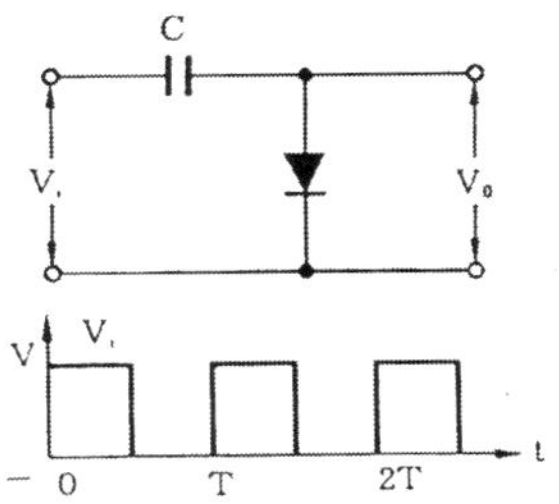

가. 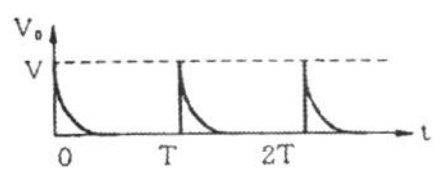

나. 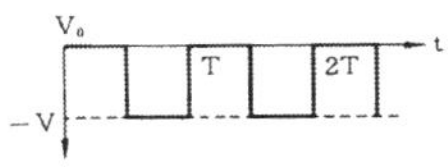

다. 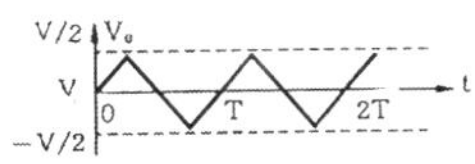

라. 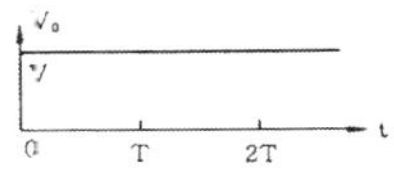

해설 부 클램프 회로이다.

31. 그림과 같은 회로의 명칭은?

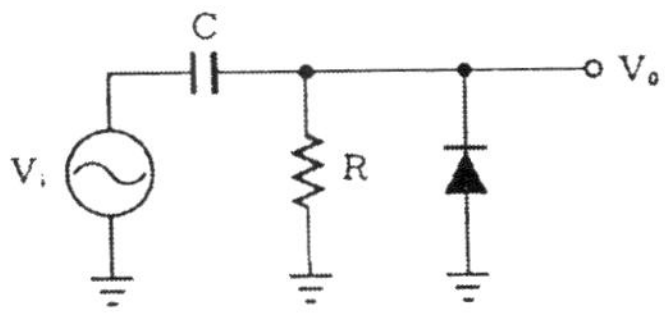

가. 쉬미트 트리거 회로
나. 클리핑 회로
다. 클램핑 회로
라. slice 회로

해설 정 클램프 회로이다.

해답 : 29. 라 30. 나 31. 다

32. 그림과 같은 슬라이스(slice)회로의 출력파형은?(단, 입력은 $E\sin wt$[V]이다.)

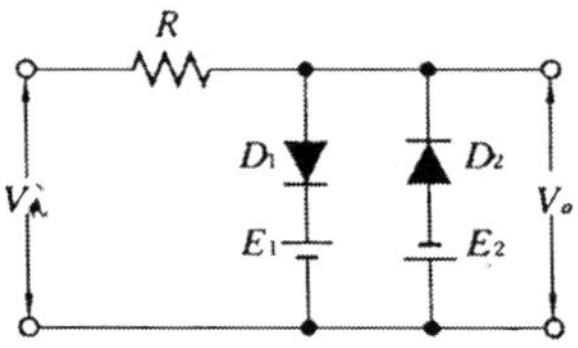

가. 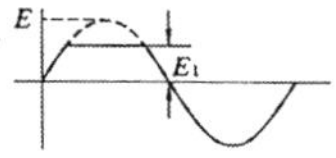

나. 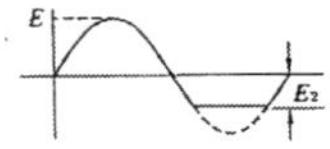

다. 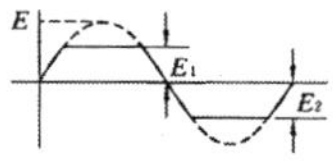

라. 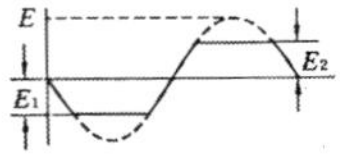

해설

slicer(슬라이서)회로

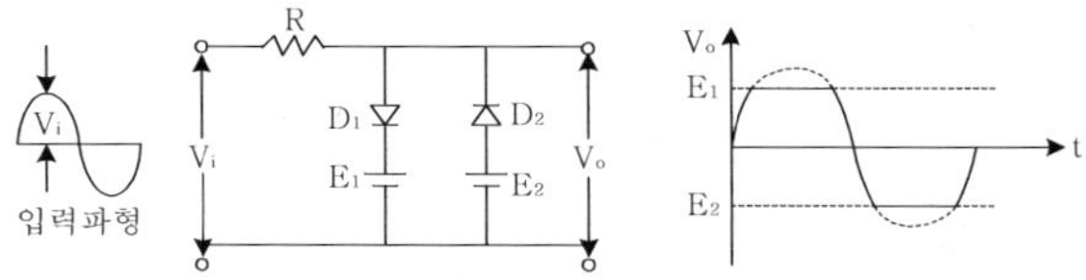

① $V_i > E_1$ → : D_1은 off 상태, D_2은 on 상태 : $V_o = E_1$

② $E_2 < V_i < E_1$ → D_1, D_2는 on 상태 : $V_o = V_i$

③ $V_i < E_1$ → : D_1은 on 상태, D_2은 off 상태 : $V_o = E_2$

33. 그림 (a)에서와 같은 회로에 그림(b)와 같은 입력을 걸었을 때 출력파형에서의 변곡점의 값은 다음 어느 순서와 같은가?(단, $V_{R1} = -3\text{V}$, $V_{R2} = +4\text{V}$, $R = 10[\text{k}\Omega]$ 다이오드는 이상적인 것임)

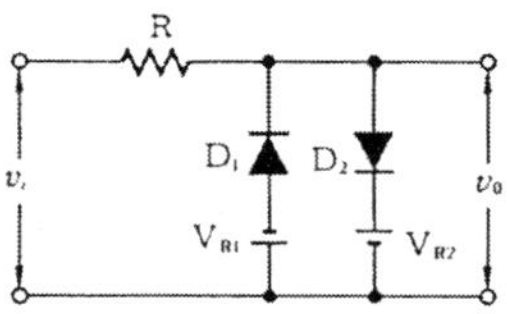

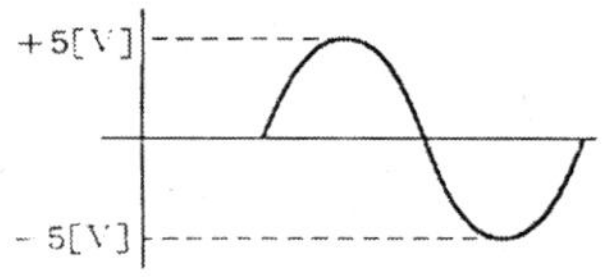

가. +4V, +4V, -3V, -3V　　나. +4V, -3V, -3V, +4V

다. -3V, -3V, +4V, +4V　　라. -3V, +4V, +4V, -3V

해설 출력파형 (문32 해설참조)

변곡점의 값

a : +4V, b : +4V, c : –3V, d : –3V

34. 다음 회로에서 $v_i - v_o$ 특성곡선을 올바르게 나타낸 것은?

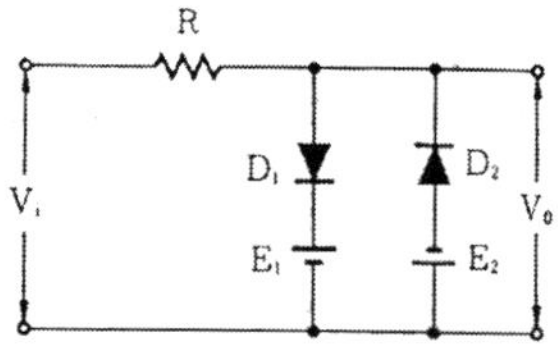

가. 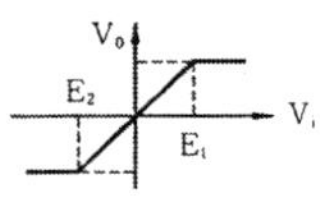

나. 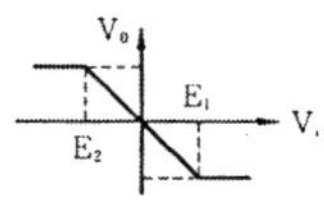

다. 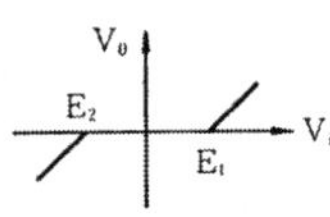

라. 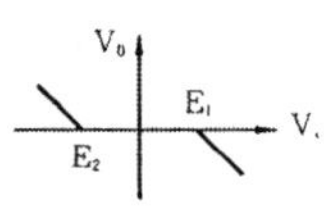

해답 : 32. 다 33. 가 34. 가

해설

문32 해설 참조

35. 다음과 같은 회로에서 다이오드 D_1과 D_2가 동시에 차단 상태로 되는 조건으로 옳은 것은?(단, $V_2 > V_1$이다.)

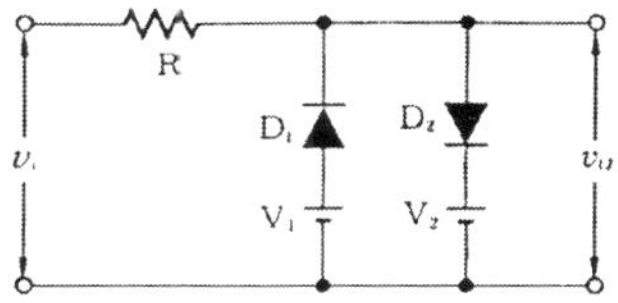

가. $v_i \leqq V_i$ 나. $V_1 > v_i > V_2$

다. $V_1 < v_i < V_2$ 라. $v_i \geqq V_i$

해설 $V_1 < v_i < V_2 \rightarrow D_1$ off 상태, D_2 off 상태 : $V_o = V_t$

36. 다음 그림과 같은 회로의 전달특성은?(단, $V_{R1} < V_{R2}$)

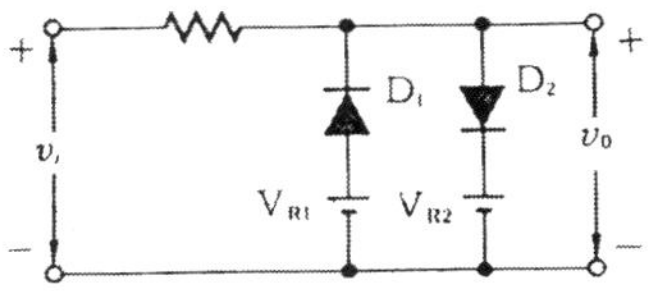

가.

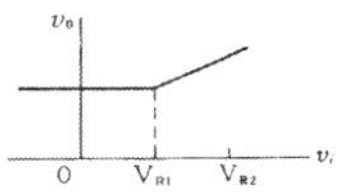

나.

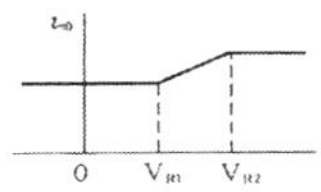

다.

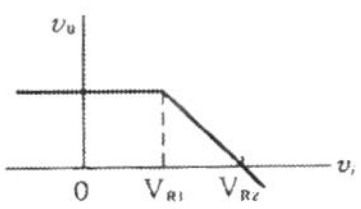

라.

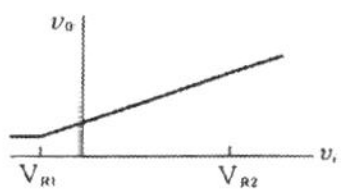

해설

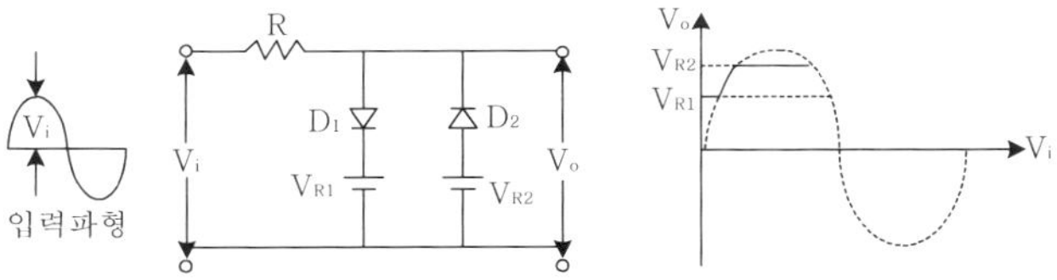

① $V_i > V_{R1} \rightarrow D_1$은 off, D_2는 on 상태 : $V_o = V_{R2}$

② $V_i < V_{R1} \rightarrow D_1$은 on, D_2는 off 상태 : $V_o = V_{R1}$

37. 다이오드 D_1, D_2의 항복전압을 V_z라면 회로에서 D_1, D_2가 모두 차단(off)될 조건으로 옳은 것은?

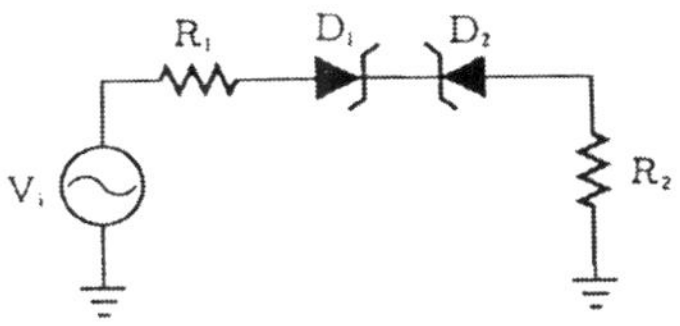

가. $V_i = V_z$

나. $V_i = -V_z$

다. $-V_z < V_i < V_z$

라. $-V_z > V_i > V_z$

해설

$-(V_{z1} + V_r) < V_i < (V_{z2} + V_r) \rightarrow D_1$과 D_2가 역방향 상태 : $V_o = V_i$

해답 : 35. 다 36. 나 37. 다

38. 다음 제너 다이오드 회로의 전달특성이 옳은 것은?(단, V_r : 다이오드의 순방향 전압강하, V_z: 제너 항복 전압, 제너 다이오드의 특성은 동일함)

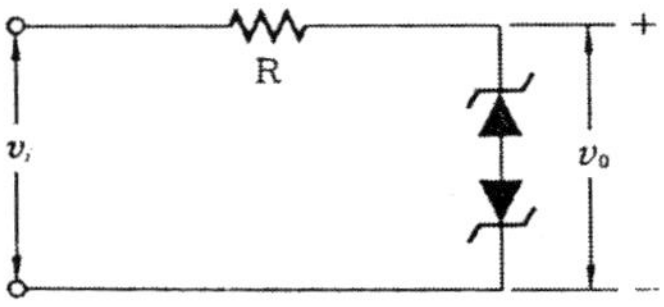

가.
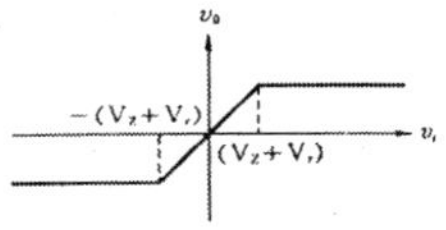

나.
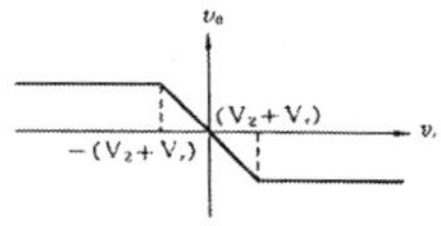

다.
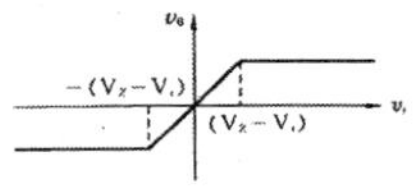

라.
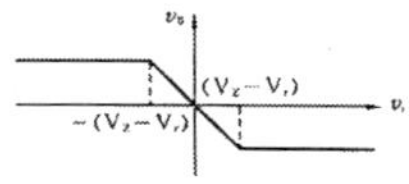

해설

제너 다이오드를 이용한 슬라이서 회로이다.

39. 다음 회로에서 출력파형은 어떻게 나오겠는가?(단, C의 영향은 무시한다.)

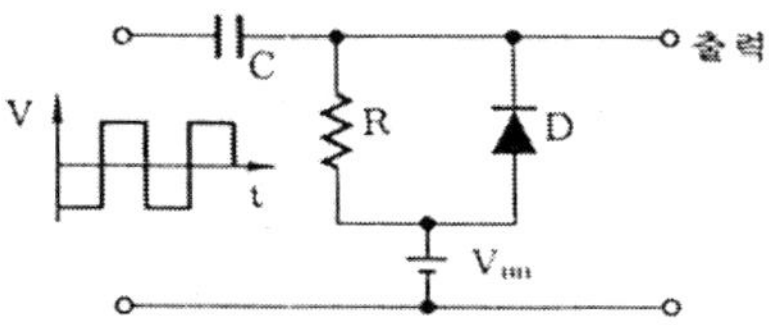

가.
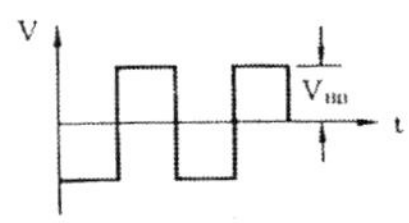

나.
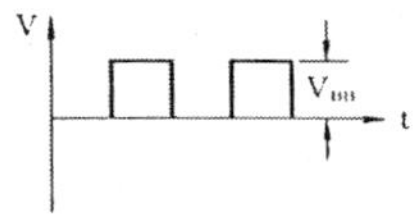

다.
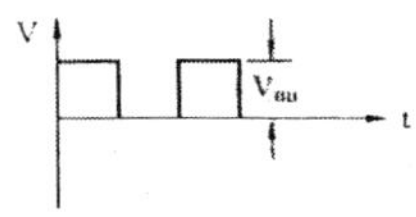

라.
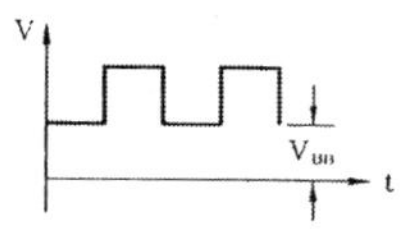

해설

직류 부가형 클램퍼 회로이다.

40. 멀티바이브레이터의 특징은?

가. 부성저항을 이용한 발진기이다.
나. 고차의 고조파를 포함하고 있다.
다. 극초단파 발생에 적합하다.
라. 출력이 크다.

해설

멀티 바이브레이터의 특징
1) 정궤환으로 이루어졌다.
2) 고차고조파를 포함하고 있다.
3) 구형파 발생회로에 사용된다.
4) 회로의 시정수에 의해서 반복주기가 결정된다.
5) 전권전압의 변화에도 발진주파수는 안정하다.

해답 : 38. 가 39. 라 40. 나

41. 다음 중 멀티바이브레이터의 동작으로 옳지 않은 것은?

가. 회로의 시정수는 출력파형의 주기에 영향을 준다.
나. 출력파형에는 고조파 함유량이 거의 없다.
다. 전원전압 변동에 영향이 적다.
라. 정궤환 회로로 구성되었다.

해설

멀티 바이브레이터의 특징
1) 고차 고조파를 포함하고 있다.
2) 정궤환 회로로 구성되어 있다.
3) 전원 전압의 변화에도 발진주파수는 안정하다.
4) 구형파 발생회로에 사용된다.
5) 회로의 시정수에 의해서 반복주기가 결정된다.

42. 다음 회로 중에서 결합상태가 DC(직류)로 구성된 멀티바이브레이터 회로는?

가. 무안정 멀티바이브레이터　　나. 단안정 멀티바이브레이터
다. 쌍안정 멀티바이브레이터　　라. 무, 단안정 멀티바이브레이터

해설

① 비안정 멀티바이브레이터 : AC(교류) 결합회로로 구성
② 단안정 멀티바이브레이터 : AC-DC(교류, 직류)결합회로로 구성
③ 쌍안정 멀티바이브레이터 : DC(직류) 결합회로로 구성

43. 다음 멀티바이브레이터(multi-vibrator)의 설명 중 옳지 않은 것은?

가. 모든 멀티바이브레이터의 구성은 교류적으로 결합되어 있다.
나. 쌍안정 멀티바이브레이터의 구성은 직류적으로 결합되어 있다.
다. 출력에 고차의 고조파를 포함한다.
라. 회로의 시정수로 출력파형의 주기가 결정된다.

해설

문40, 문42 참조

44. 그림의 멀티바이브레이터 회로에서 반복주기 T는? (단, $R_a = 10[\mathrm{k}\Omega]$, $R_b = 200[\mathrm{k}\Omega]$, $C = 0.01[\mu\mathrm{F}]$이다.)

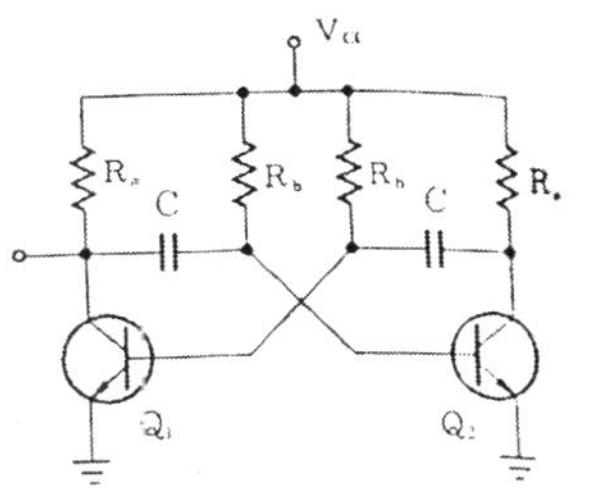

가. 1.0[ms]
나. 1.4[ms]
다. 2.8[ms]
라. 3.2[ms]

해답 :　41. 나　42. 다　43. 가　44. 다

해설

비안정 멀티바이브레이터 회로이다.

$T = T_1 + T_2 = 0.69\,(R_1 \cdot C_1 + R_2\, C_2)$이며 여기서 $R_1 = R_2 = R_b = R,\ C_1 = C_2 = C$이다.

$\therefore T \fallingdotseq 1.4CR = 1.4 \times 0.01 \times 10^{-6} \times 200 \times 10^3$

$= 2.8[\mathrm{m\,sec}]$

45. 멀티바이브레이터의 단안정, 무안정, 쌍안정의 결정은 어떻게 결정되는가?

가. 결합 회로 구성　　　　나. 전원 전압크기
다. 바이어스 전압크기　　　라. 전원 전류의 크기

해설

1) 비안정 멀티바이브레이터 : AC 결합 회로로 구성
2) 단안정 멀티바이브레이터 : AC-DC 결합회로로 구성
3) 쌍안정 멀티바이브레이터 : DC 결합회로로 구성 멀티바이브레이터는 결합회로로 결정된다.

46. 다음 멀티바이브레이터(multi-vibrator)의 Q_1 이 ON 상태로 있는 것은 어느 때인가?

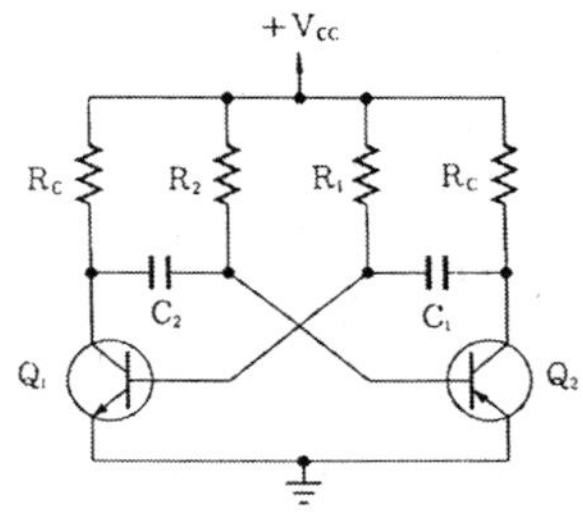

가. C_1이 R_1을 통해 방전하는 동안
나. C_2가 R_2을 통해 방전하는 동안
다. C_1이 R_1을 통해 충전하는 동안
라. C_2가 R_2을 통해 충전하는 동안

해설

Q_1 : on, Q_2 : off 상태일 때 C_2가 R_2를 통해서 충전하는 경우이다.

47. 비안정 멀티바이브레이터의 발진주기 T는? (단, $K = 0.693$이다.)

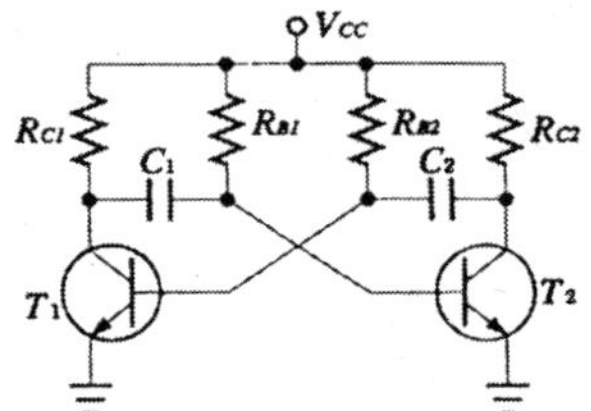

가. $K(C_1 R_{c1} + C_2 R_{c2})$
나. $K(C_1 R_{B2} + C_2 R_{B1})$
다. $K(C_1 R_{c2} + C_2 R_{c1})$
라. $K(C_1 R_{B1} + C_2 R_{B2})$

해설

$T_1 = 0.693 \cdot C_1 \cdot R_{B1},\ T_2 = 0.693 \cdot C_2 \cdot R_{B2}$

$T = T_1 + T_2 = 0.693(C_1 \cdot R_{B1} + C_2 R_{B2})$

해답 : 45. 가　46. 라　47. 라

48. 비안정 멀티바이브레이터의 베이스 저항의 값은 2[kΩ], 용량이 0.35[μF]일 때 구형파의 발진 주파수는 얼마인가?

가. 2×10^3 [Hz]　　나. 0.23×10^3 [Hz]
다. 0.7×10^{-3} [Hz]　　라. 1×10^3 [Hz]

해설 $T=0.693(C_1\cdot R_{B1}+C_2R_{B2}) \fallingdotseq 1.4\,CR_B=1.4\times0.35\times10^{-6}\times2\times10^3$

$\fallingdotseq 1$[msec]

$\therefore f=\dfrac{1}{T}=\dfrac{1}{1\times10^{-3}}=1$[kHz]

49. 비안정 멀티바이브레이터의 베이스 저항의 값 $R\,[\Omega]$ 용량이 $C\,[F]$일 때 구형파의 주파수는 약 얼마인가?(단, R : 700[Ω], C : 1[μF]이다.

가. 1×10^{-3}[Hz]　　나. 1×10^3[Hz]
다. 7×10^2[Hz]　　라. 14×10^{-4}[Hz]

해설
$T=1.4\,CR_B=1.4\times1\times10^{-6}\times700 \fallingdotseq 1$[msec]

$\therefore f=\dfrac{1}{T}=\dfrac{1}{1\times10^{-3}}=1$[kHz]

50. 그림과 같은 단안정(mono-stable) 멀티바이브레이터의 출력(V_o)파의 펄스폭 T[sec]는?

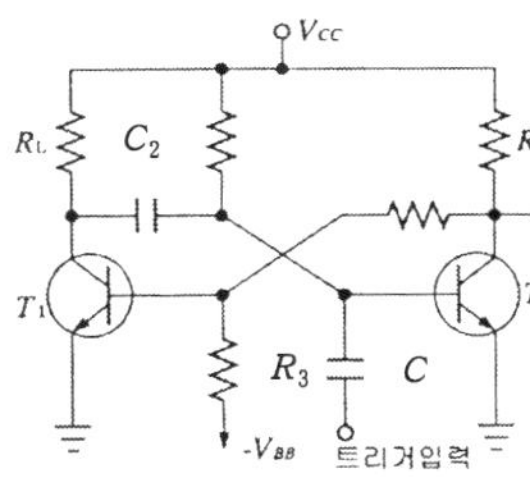

가. $T=C_2\,R_2\,l_n\,10$　　나. $T=R_2\,R_2\,l_n\,2$
다. $T=C_2\,R_2\,l_n\,2$　　라. $T=C_2\,R_1\,l_n\,2$

해설
$T=0.693\,C_2R_2=\ln^2\,C_2\,R_2$ [sec]

51. 그림의 회로에서 $R_{C1}=R_{C2}=10[\mathrm{k}\Omega]$, $R_{B1}=R_{B2}=200[\mathrm{k}\Omega]$, $C_1=0.01\,[\mu F]$라고 하면 출력파형의 폭 T는 얼마인가?

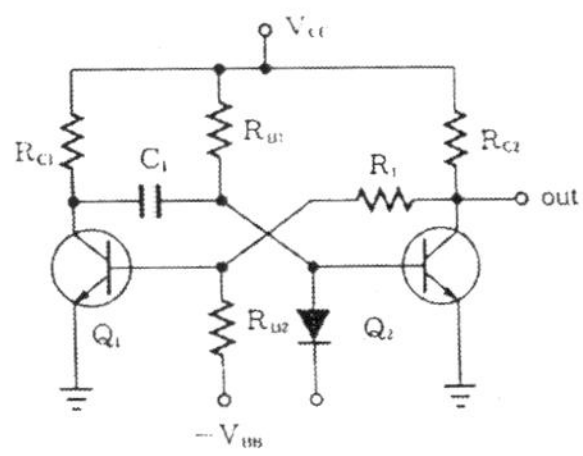

가. 1.386[ms]　　나. 1.89[ms]
다. 2.25[ms]　　라. 2.78[ms]

해설
$T=\ln^2C_1R_{B1}=0.693C_1R_{B1}=0.693\times0.01\times10^{-6}\times200\times10^3 \fallingdotseq 1.386$[msec]

해답 :　48. 라　49. 나　50. 다　51. 가

52. 다음은 Monostable Multi Vibrator이다. 출력파형의 주기는 얼마인가?

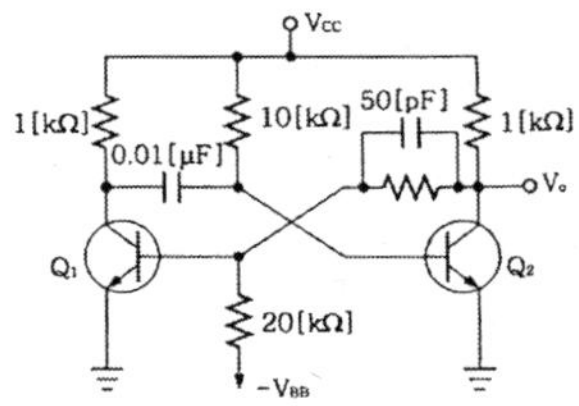

가. 5[μsec] 나. 50[μsec]
다. 6.9[μsec] 라. 69[μsec]

해설

$T = \ln^2 C_1 R_{B1} = 0.693 C_1 R_{B1} = 0.693 \times 0.01 \times 10^{-6} \times 10 \times 10^3 \fallingdotseq 69$[msec]

53. 그림과 같은 멀티바이브레이터의 안정 상태는?

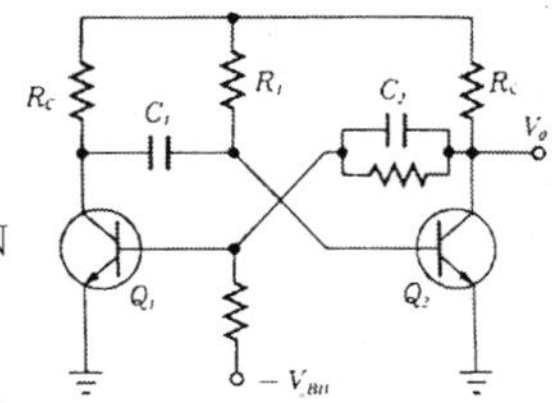

가. Q_1, Q_2가 OFF 나. Q_1, Q_2가 ON
다. Q_1 → ON, Q_2 → OFF 라. Q_1 → OFF, Q_2 → ON

해설

단안정 멀티바이브레이터에서 인정상태가 되려면 Q_1는 OFF, Q_2는 ON 상태가 되어야 한다.

54. 그림의 멀티바이브레이터의 기본회로이다. 이 회로를 단안정회로로서 동작시키려면 Z_1 및 Z_2의 값은?

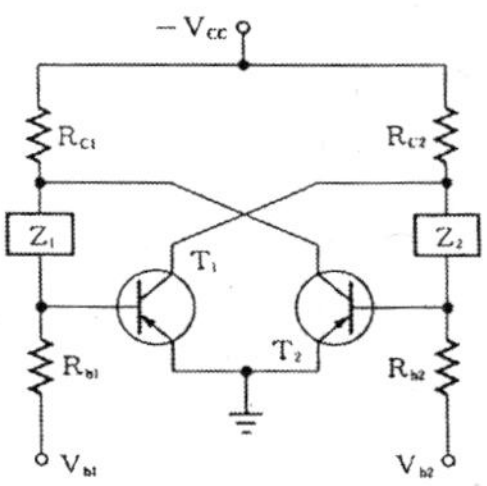

가. 모두 R이어야 한다.
나. 모두 L이어야 한다.
다. 모두 C이어야 한다.
라. 한쪽은 R, 한쪽은 C이어야 한다.

해설

단안정으로 동작하는 조건은 Z_1 : R, Z_2 : C가 되고 Z_1 : C, Z_2 : R이 되면 된다.

55. 다음 중 외부로부터 트리거 신호 없이 스스로 한 준안정상태에서 다른 준안정상태로 전이를 되풀이하는 회로는?

가. 비안정 멀티바이브레이터 나. 쌍안정 멀티바이브레이터
다. 단안정 멀티바이브레이터 라. 시미트 트리거

해설

단안정 멀티바이브레이터는 Q_1 : on, Q_2 : off가 되고 또는 Q_1 : off, Q_2 : on 상태가 되는 2개의 준안정 상태를 갖는다.

해답 : 52. 라 53. 라 54. 라 55. 다

56. 다음 회로의 역할은?

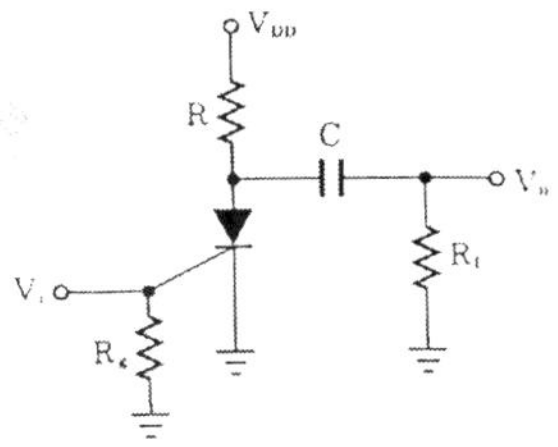

가. 클램프 회로
나. 펄스 발생회로
다. 쌍안정 회로
라. 톱날파 발생회로

해설
SCR를 이용한 펄스 발생회로이다.

57. 그림과 같은 회로의 역할은?

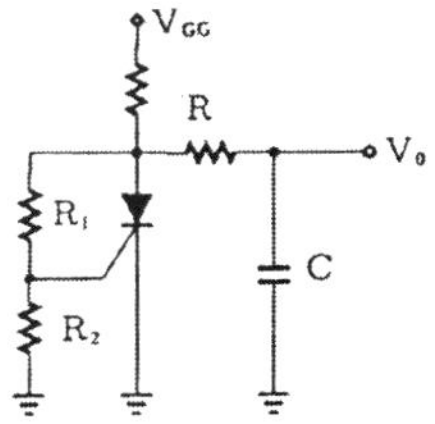

가. 펄스 발생회로
나. 쌍안정형 플립플롭 회로
다. 톱니파 발생회로
라. 전력제어 회로

해설
SCR를 이용한 톱니파 발생회로이다.

58. 슈미트 트리거회로의 출력 파형으로 옳은 것은?

가. 삼각파
나. 정현파
다. 방형파
라. 램프(ramp)파형

해설
Schmitt 트리거회로는 정현파(방형파)로 변환시키는 회로이다.

59. 그림의 A파형의 정현파를 그림 B의 구형파로 바꾸고 싶다. 어느 회로를 사용하면 가능한가?

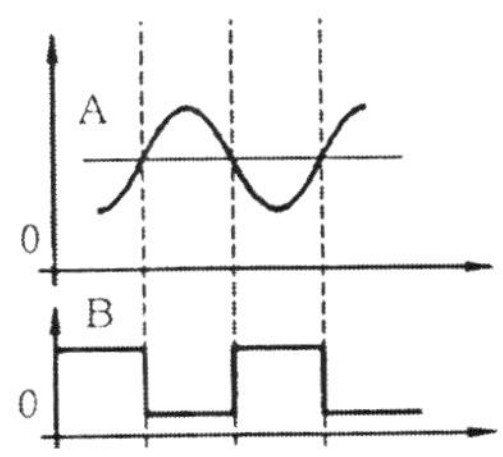

가. 부우트 스트랩 회로
나. 블로킹 발진기
다. 슈미트 트리거 회로
라. 다이오드 pump 회로

해설
정현파를 구형파로 변환시키는 슈미트 트리거 회로이다.

해답 : 56. 나 57. 다 58. 다 59. 다

60. 회로는 슈미트 트리거 회로이다. 이 회로의 설명 중 맞지 않는 것은?

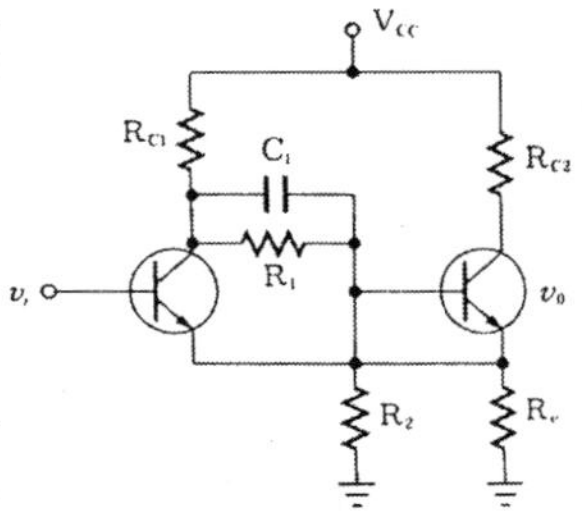

가. 두 개의 안정상태를 갖는 회로이다.
나. 펄스 파형을 만드는 회로는 사용하지 못한다.
다. 궤환 효과는 공통에미터 저항을 통하여도 이루어진다.
라. 입력전압의 크기가 on, off 상태를 결정하여 준다.

해설

슈미트 트리거 회로
1) 쌍안정회로로서 2개의 준안정 상태를 갖는다.
2) 궤환 효과는 공통에미터 저항을 통하여 이루어진다.
3) 펄스 발생회로에 사용된다.
4) 정현파를 구형파로 변환하는 데 사용한다.
5) A/D 변환회로에 사용한다.

61. 슈미트 트리거 회로의 특성으로 옳은 것은?

가. S/N을 향상시킬 수 있다.
나. 트리거 발진기로 주로 사용된다.
다. 삼각파 입력으로 구형파 출력이 된다.
라. 회로 구성은 쌍안정 멀티바이브레이터와 유사하다.

해설 슈미트 트리거 회로는 정현파를 구형파로 변환한다.

62. 슈미트 트리거 회로의 응용회로가 아닌 것은?

가. 전압 비교회로　　나. 방형파 발생
다. 단안정 회로　　라. 펄스 발생

해설

슈미트 트리거 회로의 응용회로
1) 쌍안정 회로　2) 펄스 발생회로　3) 방형파 발생회로
4) A/D 변환회로　5) 전압 비교회로

63. 슈미트 트리거 회로의 설명 중 틀린 것은?

가. 출력파형은 구형파이다.
나. 입력신호의 크기에 비례하는 출력파형을 얻는 데 사용된다.
다. 일종의 비안정 회로이다.
라. 에미터 궤환을 이용한다.

해설 슈미트 트리거 회로는 일종의 쌍안정 회로이다.

해답 : 60. 나　61. 다　62. 다　63. 다

5) 16진수를 2진수로 변환 : 16진수 1숫자에 4bit로 변환

5　E　8 $_{(16)}$

= 0101 1110 1000 $_{(2)}$

6) 2진수를 16진수로 변환

00 10　1101　111　1011 $_{(2)}$

=　2　D　7　B $_{(16)}$

7) 진법 간의 변환

10진법	0	1	2	3	4	5	6	7	8	9	10	11	12	13	14	15	16	17	18	19	20
2진법	0	1	10	11	110	101	110	111	1000	1001	1010	1011	1100	1101	1110	1111	10000	10001	10010	10011	10100
8진법	0	1	2	3	4	5	6	7	10	11	12	13	14	15	16	17	20	21	22	23	24
16진법	0	1	2	3	4	5	6	7	8	9	A	B	C	D	E	F	10	11	12	13	14

(3) 2진수의 4칙 연산

① 덧 셈

0 + 0 = 0

0 + 1 = 0

1 + 0 = 0

1 + 1 = 10 (1은 자리올림수이다)

② 뺄 셈

0 - 0 = 0

0 - 1 = 1 (1은 자리내림수이다)

1 - 0 = 1

1 - 1 = 0

③ 곱 셈

0 × 0 = 0

0 × 1 = 0

1 × 0 = 0

1 × 1 = 1

④ 나 눗 셈

0 ÷ 0 = 불능

0 ÷ 1 = 0

1 ÷ 0 = 불능

1 ÷ 1 = 1

(4) 보수(Complement)

① 1의 보수 : 0 → 1, 1 → 0로 변환하는 것이다.

1 0 1 0 $_{(2)}$

↓ ↓ ↓ ↓

0 1 0 1 ⇒ 1의 보수

② 2의 보수 = 1의 보수 + 1

$$
\begin{array}{l}
1\ 0\ 1\ 0_{(2)} \\
\downarrow\ \downarrow\ \downarrow\ \downarrow \\
0\ 1\ 0\ 1 \Rightarrow \text{1의 보수} \\
+\quad\quad 1 \\
\hline
0\ 1\ 1\ 0 \Rightarrow \text{2의 보수}
\end{array}
$$

(5) Code의 종류

1) 웨이티드 코드(Weighted Code)종류

① B C D Code(Binary Coded Decimal Code)

2진화 10진code, 8421 code라 하며 10진수의 0~9까지 사용하고 숫자에 대해서 2진수 4bit로 표현한다

5 8 6

= 0101 1000 0110(BCD)

② 2421 code ③ 5421 code ④ 7421 code 등이 있다

2) 논 웨이티드 코드(Non weighted Code)종류

① 3초과 코드(Excess-3 code) : 2진화 10진코드 (BCD Code)에 $0011_{(2)} = 3_{(10)}$ 더한 값으로 표현된다. 자기 보수코드(Self compinenting code)이다. 0000, 0001, 0010, 1101, 1110, 1111은 3초과 코드로 사용할 수 없다.

② 그레이코드(Gray Code)

ㄱ. 2진수를 Gray code로 변환하는 방법

$$
\begin{array}{ccccccc}
1 & \oplus & 0 & \oplus & 1 & \oplus & 1_{(2)} \\
\downarrow & & \downarrow & & \downarrow & & \downarrow \\
1 & & 1 & & 1 & & 0 \Rightarrow \text{Gray code}
\end{array}
$$

ㄴ. Gray code 2진수를 변환하는 방법

$$
\begin{array}{ccccccc}
1 & \nearrow & 0 & \nearrow & 1 & \nearrow & 1 \Rightarrow \text{Gray code} \\
\downarrow & \oplus & \downarrow & \oplus & \downarrow & \oplus & \downarrow \\
1 & & 1 & & 1 & & 0_{(2)}
\end{array}
$$

2 부울대수(Boolean algebra)

(1) 부울대수에 사용되는 기본법칙

1) 분배법칙

$A(B+C) = A \cdot B + A \cdot C$

2) 결합법칙

$(A+B)+C = A+(B+C)$

$A \cdot (B \cdot C) = (A \cdot B) \cdot C$

3) 교환법칙

$A+B = B+A, \quad A \cdot B = B \cdot A$

(2) 부울 대수에 사용되는 공리(정리)

$A + 0 = A$	$A + 1 = 1$	$A \cdot 0 = 0$	
$A + A = 1$	$A \cdot 1 = A$	$A + A = A$	
$A \cdot A = A$	$A + A = A$	$A \cdot A = A$	$\overline{\overline{A}} = A$

(3) 드모르간의 정리(De Morgan's Theorem)

① $\overline{A+B} = \overline{A} \cdot \overline{B}$

② $\overline{A \cdot B} = \overline{A} + \overline{B}$

(4) 카르노 맵(Karnaugh map)에 의한 논리식의 간소화

1) 카르노맵을 이용하는 방법

① 논리식을 도표상에서 1과 0을 표시하며 1의 의미는 출력이 되었다는 것이다.

② 논리식을 간략화하기 위해서 이웃된 것을 같이 묶으면 된다. 즉 2 · 4 · 8 · 16 등으로 가능한 크게 묶고, 같은 값이 2중, 3중, 4중으로 중복이 되어도 관계가 없다.

2) 2변수인 경우

입력변수 ┬ $A \Rightarrow A=1 \quad \overline{A}=0$
└ $B \Rightarrow B=1 \quad \overline{B}=0$

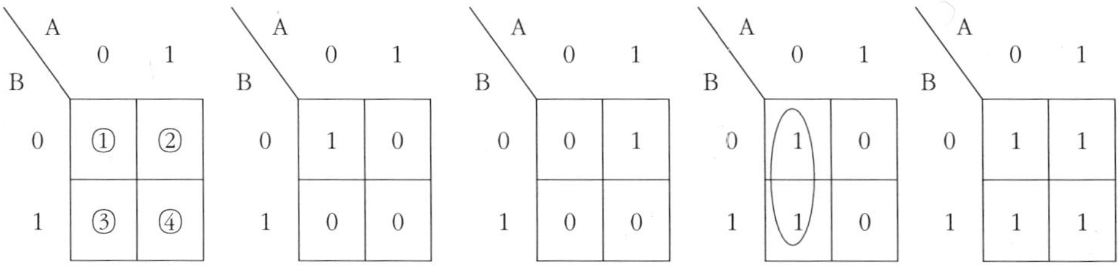

㉠ AB　　y= A · B　　y=A　　y=A · B　　y=1

㉡ A B

㉢ AB

㉣ AB

3) 3변수인 경우

입력 변수
- A ⇒ A=1　　A=0
- B ⇒ B=1　　B=0
- C ⇒ C=1　　C=1

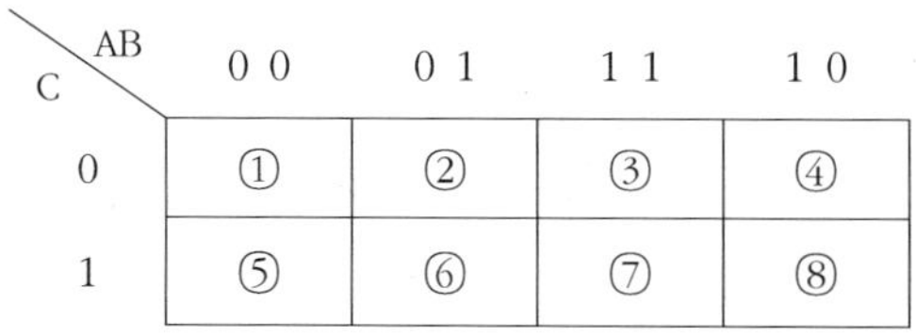

① ABC　② ABC　③ AB C　④ A BC

⑤ ABC　⑥ ABC　⑦ ABC　⑧ A BC

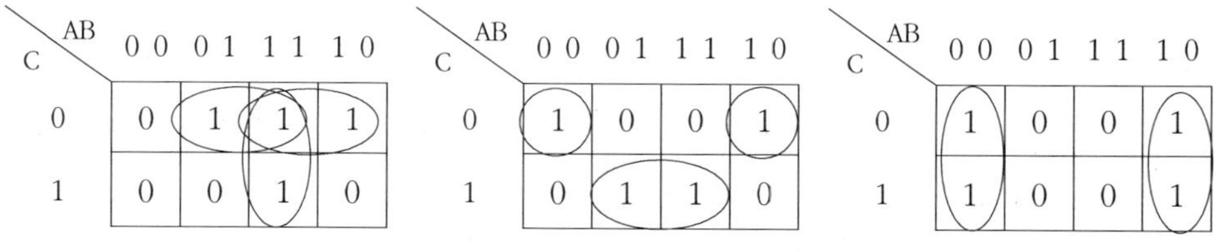

y=B C+A C+AB　　y= BC+BC　　y= B

4) 4변수인 경우

입력변수
- A ⇒ A=1 A=0
- B ⇒ B=1 B=0
- C ⇒ C=1 C=0
- D ⇒ D=1 D=0

CD \ AB	0 0	0 1	1 1	1 0
0 0	①	②	③	④
0 1	⑤	⑥	⑦	⑧
1 1	⑨	⑩	⑪	⑫
1 0	⑬	⑭	⑮	⑯

① ABCD ② AB CD ③ AB CD ④ A BCD

⑤ ABCD ⑥ AB CD ⑦ AB CD ⑧ A BCD

⑨ ABCD ⑩ ABCD ⑪ ABCD ⑫ A BCD

⑬ ABC D ⑭ ABC D ⑮ ABC D ⑯ A BC D

CD \ AB	0 0	0 1	1 1	1 0
0 0	1	0	0	1
0 1	0	0	0	0
1 1	0	0	0	0
1 0	1	0	0	1

y= BD

CD \ AB	0 0	0 1	1 1	1 0
0 0	0	1	1	0
0 1	1	0	0	1
1 1	1	0	0	1
1 0	0	1	1	0

y=B D+ BD

CD \ AB	0 0	0 1	1 1	1 0
0 0	0	1	1	0
0 1	1	1	1	1
1 1	1	1	1	1
1 0	0	1	1	0

·역변환 하는 방법

$\overline{Y}=\overline{B\cdot D}=\overline{\overline{B}}+\overline{\overline{D}} = B+D$

3 논리 게이트(Logic gate)

(1) AND GATE(논리 곱 회로)

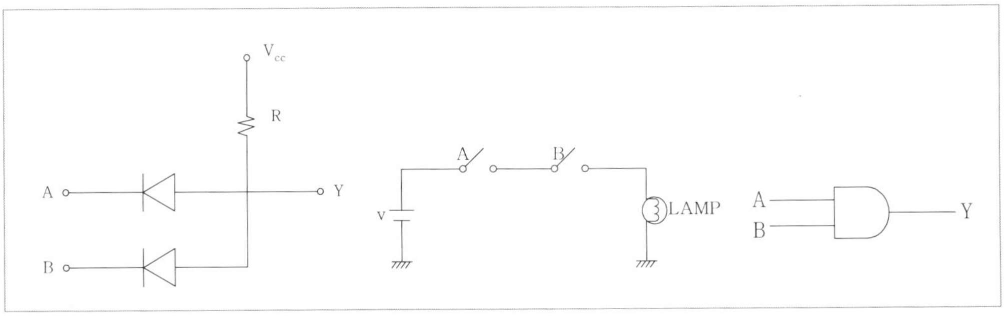

▮ 회로 ▮ 스위치 회로 ▮ 기호

A	B	Y
0	0	0
1	0	0
0	1	0
1	1	1

$y = A \cdot B$

▮ 진리표　　▮ 논리식

(2) OR GATE(논리 합 회로)

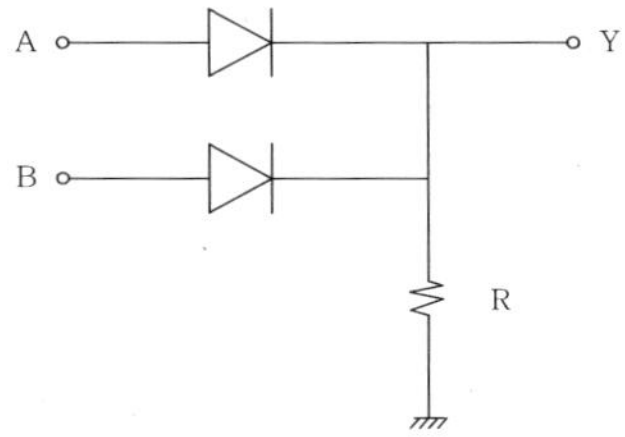

▮ 회로

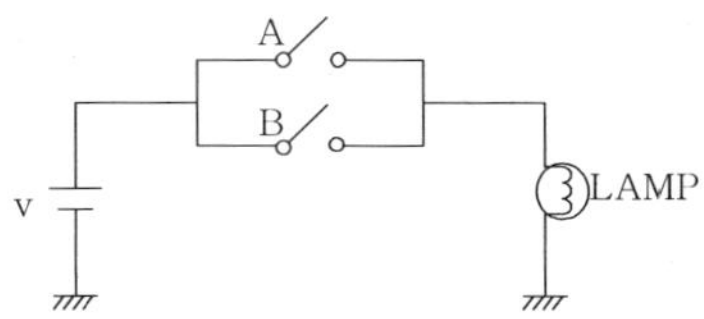

▮ 스위치 회로

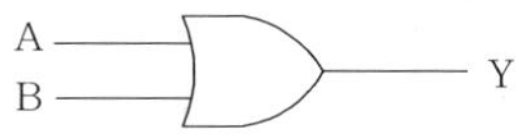

▮ 기호

A	B	Y
0	0	0
1	0	1
0	1	1
1	1	1

$y = A + B$

▮ 진리표　　▮ 논리식

(3) NOT GATE(논리 부정 회로)

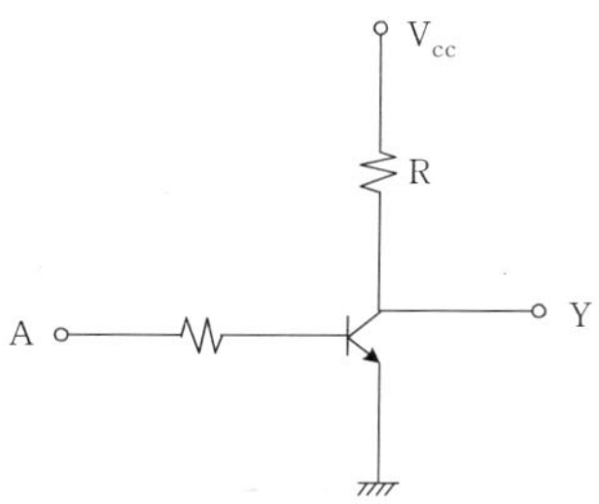

▮ 회로

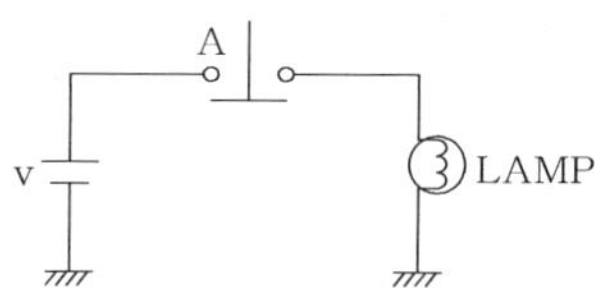

▮ 스위치 회로

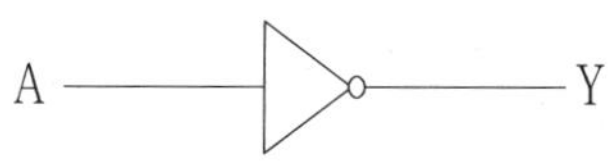

▮ 기호

A	Y
0	1
1	0

$y = \overline{A}$

▮ 진리표 ▮ 논리식

(4) NOR GATE(논리합 부정회로)

⇒ OR+NOT=NOR

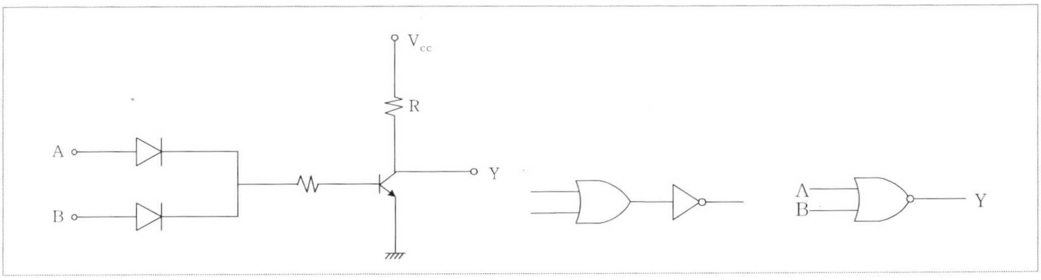

▮ 회로 ▮ 기호

A	B	Y
0	0	1
0	1	0
1	0	0
1	1	0

$y = \overline{A + B} = \overline{A} \cdot \overline{B}$

▮ 진리표 ▮ 논리식

(5) NAND GATE(논리곱 부정회로)

⇒ AND + NOT = NAND

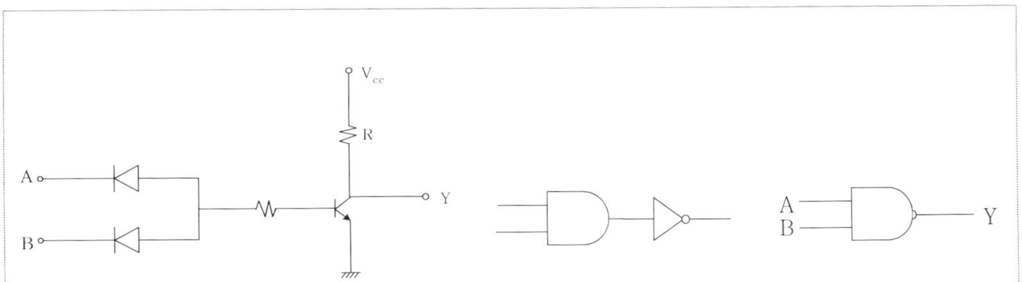

▮ 회로 ▮ 기호

A	B	Y
0	0	1
0	1	1
1	0	1
1	1	0

$$y = \overline{A + B} = \overline{A} \cdot \overline{B}$$

▮ 진리표 ▮ 논리식

(6) 배타적 OR회로(Exclusive or 회로, 반일치 회로)

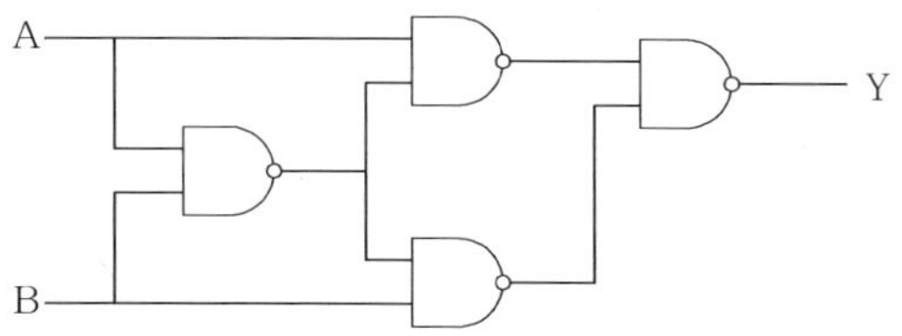

▮ 회로

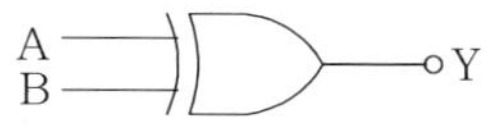

▮ 기호

A	B	Y
0	0	0
0	1	1
1	0	1
1	1	0

$$y = \overline{A} + B = A \cdot \overline{B}$$
$$= A \oplus B$$

▮ 진리표 ▮ 논리식

(7) 배타적 NOR회로(Exclusive NOR회로, 일치 회로)

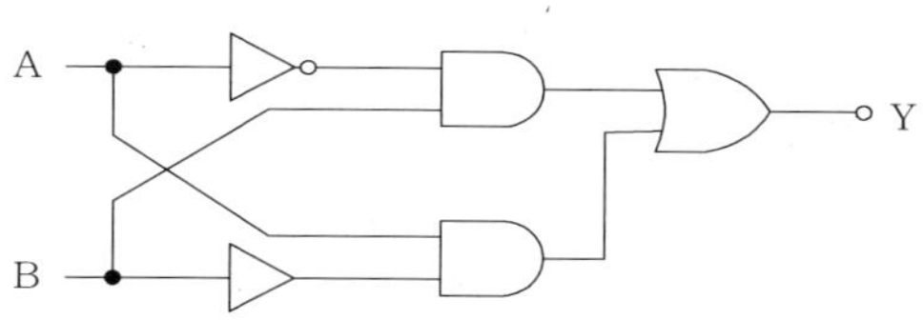

▮ 회로

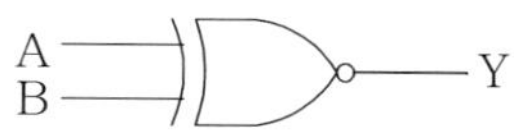

▮ 기호

A	B	Y
0	0	1
0	1	0
1	0	0
1	1	1

$$y = \overline{A} \cdot \overline{B} + A \cdot B$$
$$= \overline{A \oplus B}$$

▮ 진리표 ▮ 논리식

4 IC화 논리 회로

(1) 양극성(Bipolar IC)

1) RTL(Pe sistor Transistor Logic)

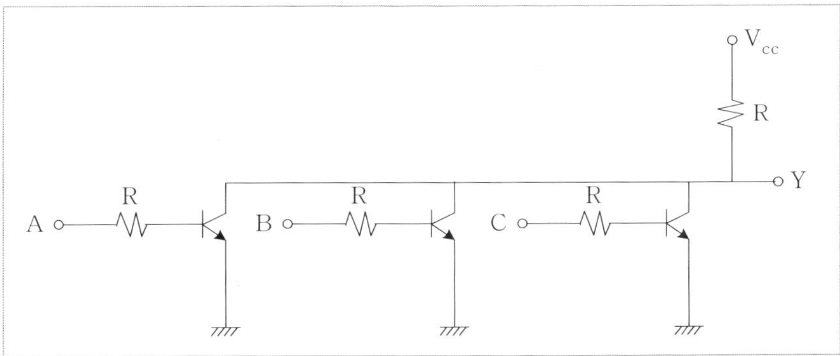

특징

① fan out : 5개 이하
② 기본 gate : NOR GATE
③ 소비적력이 적다
④ DTL보다 잡음특성이 나쁘다

2) DTL(Diode Transistor Logic)

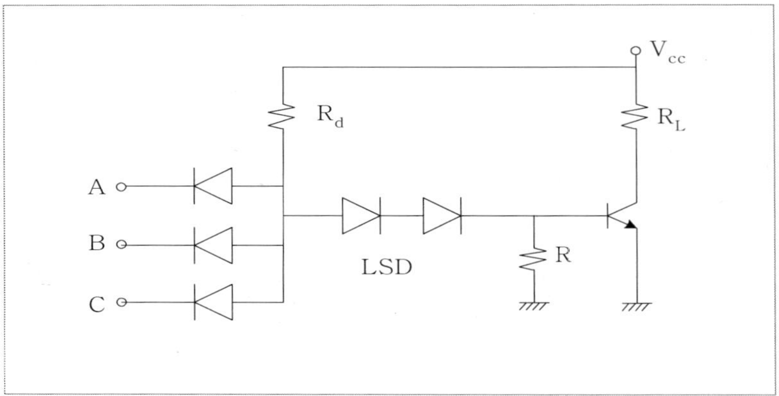

특징

① LSD(Level Shift Diode)를 사용하여서 잡음 여유가 크다.
② fan out : 8개
③ 기본 gate : NAND GATE
④ 소비전력이 적다
⑤ TTL과 호환성을 갖고 있다.

3) TTL(Transistor Transistor Logic)

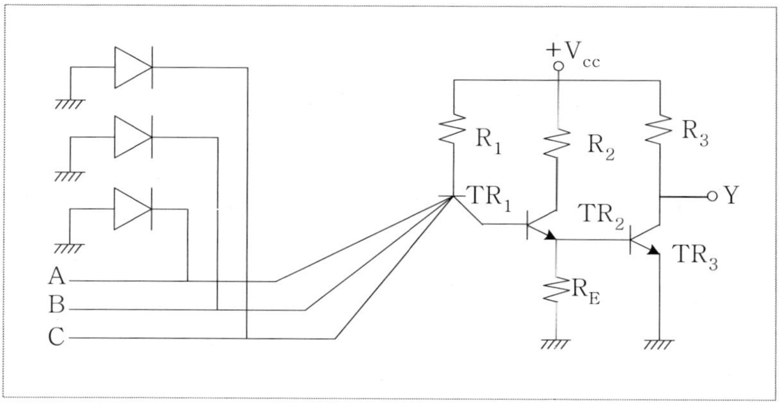

특징

① 분포화형으로 고속동작을 한다.
② fan out : 25개
③ 기본 gate : OR , NOR GATE
④ 소비전력이 크다
⑤ 다른 논리회로와 호환성이 없다.

(2) 단극형(Unipolar IC)

1) C-MOS(Complementary Mos)

특징

① fan out : 50개 이상
② 기본 gate : NOR , NAND GATE
③ 소비전력이 매우 적다.
④ 전력임피던스가 크다.
⑤ 집적도가 크다.

2) P-MOS형(P Channel Mos IC)

특징

① fan out : 20개
② 기본 gate : NAND, GATE
③ 속도가 느리며 소비전력이 작다.
④ 입력 임피던스가 크다.

5 응용논리회로

(1) 조합논리 회로

1) 반가산기(Half Adder : H · A)

① 구성 : AND Gate와 배타적 OR Gate

② 입력이 2개이며 출력이 2개이다.

③ 논리 회로

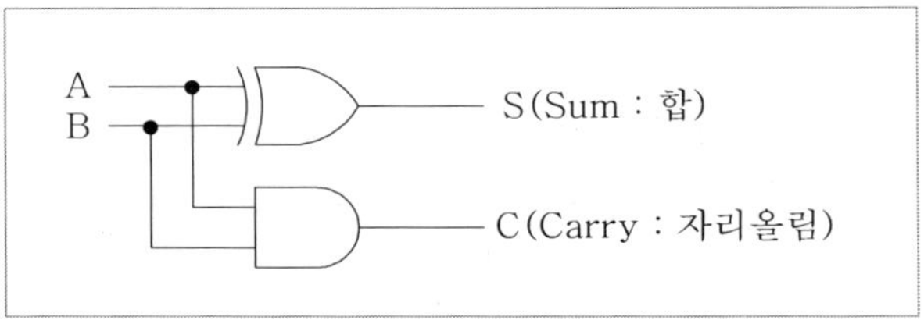

④ 기호

⑤ 논리식 $S = A \cdot B + A \cdot B = A \oplus B$

$C = A \cdot B$

⑥ 진리표

A	B	S	C
0	0	0	0
0	1	1	0
1	0	1	0
1	1	0	1

2) 전가산기(Full Adder : FA)

① 구성 : 반가산기 2개 OR gate

② 입력의 수가 3개이며 출력은 2개이다.

③ 논리회로

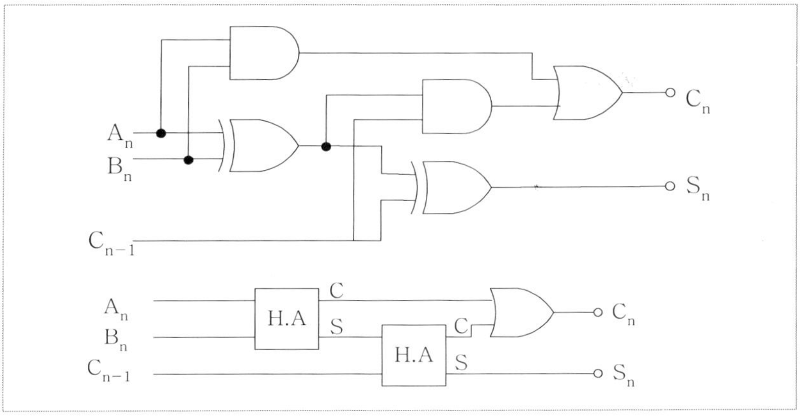

④ 기호

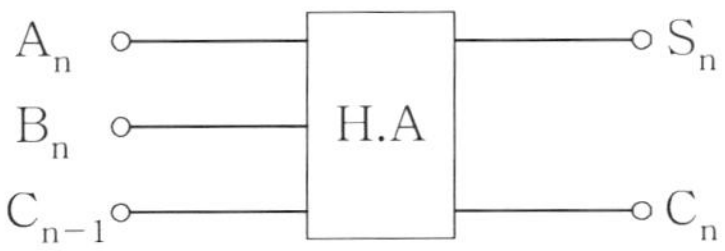

⑤ 논리식 $Sn = An \oplus Bn \oplus C_{n-1}$

$Cn = (An \oplus Bn) C_{n-1} \cdot An \cdot Bn$

⑥ 진리표

An	Bn	C_{n-1}	Sn	Cn
0	0	0	0	0
0	0	1	1	0
0	1	0	1	0
0	1	1	0	1
1	0	0	1	0
1	0	1	0	1
1	1	0	0	1
1	1	1	1	1

3) 반감산기(Half Subtractor : HS)

① 구성 : E-OR Gate, AND Gate, NOT Gate

② 입력이 2개이며 출력이 2개이다

③ 논리 회로

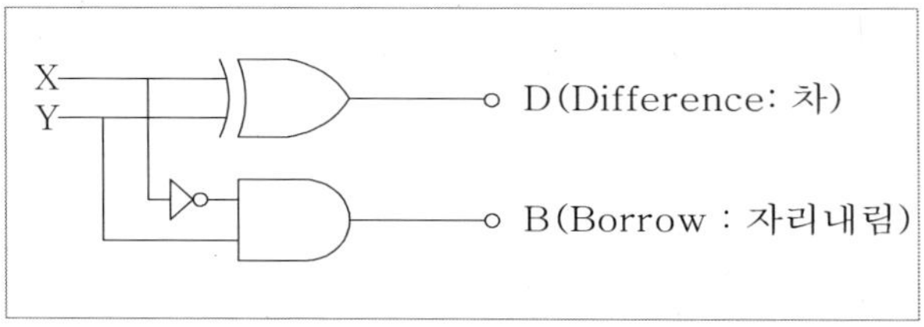

④ 기호

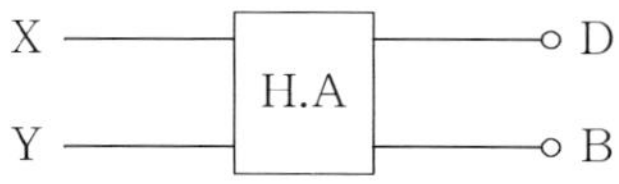

⑤ 논리식 $D = \overline{X} \cdot Y + \overline{Y} = X \oplus Y$

$B = \overline{X} \cdot Y$

⑥ 진리표

X	Y	D	B
0	0	0	0
0	1	1	1
1	0	1	0
1	1	0	0

4) 전감산기(Full Subtractor : F · S)

① 구성 : 반감산기 2개 OR Gate

② 입력의수가 3개이며 출력은 2개이다.

③ 논리회로

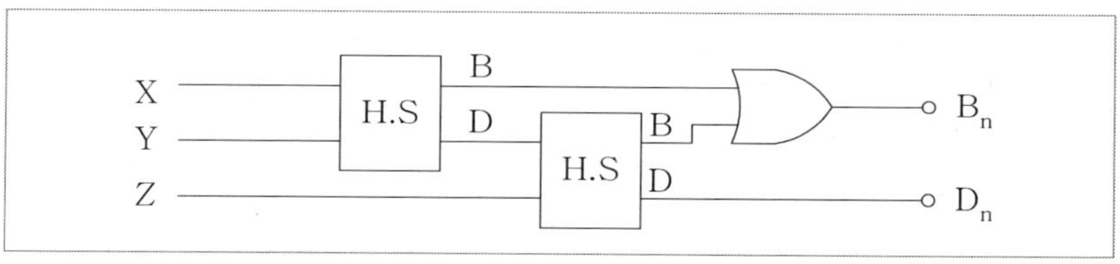

④ 기호

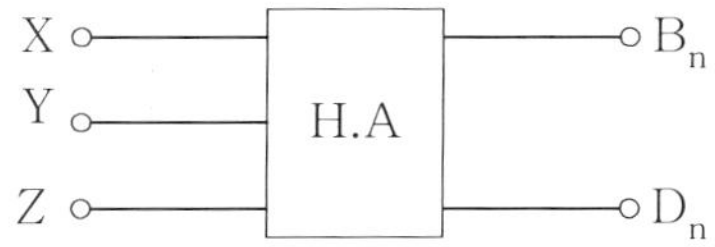

⑤ 논리식　　$Bn = X \oplus Y \oplus Z$

$Dn = (X \oplus Y) \cdot Z + \bar{X} \cdot Y$

⑥ 진리표

X	Y	Z	B_n	D_n
0	0	0	0	0
0	0	1	1	1
0	1	0	1	1
0	1	1	1	0
1	0	0	0	1
1	0	1	0	0
1	1	0	0	0
1	1	1	1	1

5) 비교기(Compurator)

① 구성 : AND, NOT, NOR Gate
② 입력의 수가 2개이며 출력은 3개이다
③ 논리회로

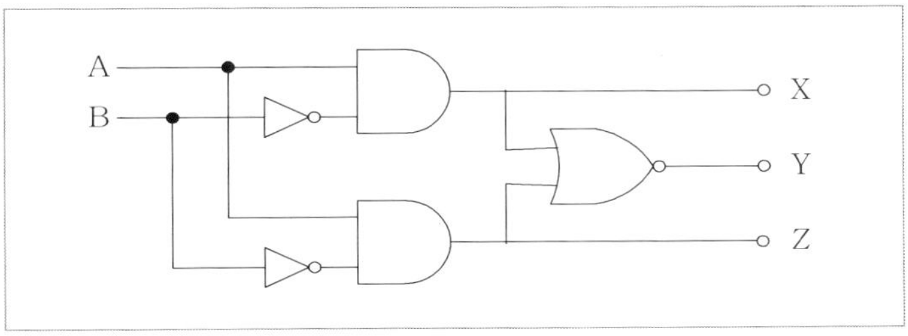

④ 출력　X=A〉B

Y=A=B

Z=A〈B

⑤ 진리표

A	B	X	Y	Z
0	0	0	1	0
0	1	0	0	1
1	0	1	0	0
1	1	0	1	0

6) 부호기(Encorder)

① 여러 개의 입력중 하나만 "High=1"의 상태가 되면 출력에 나타난다.

② 논리회로 : Do는 연결되지 않는다.

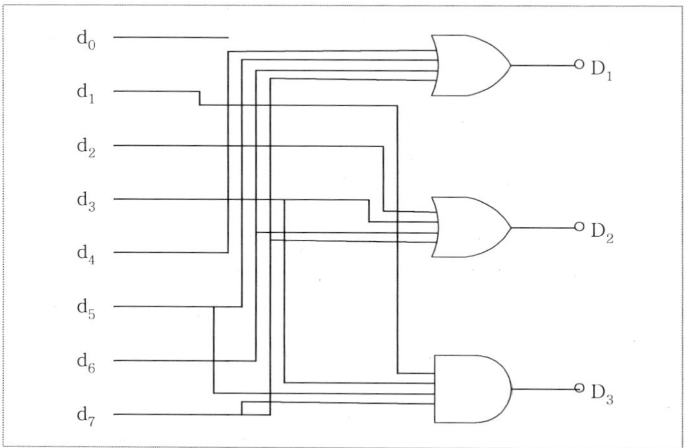

③ 논리식

$$d_1 = d_4 + d_5 + d_6 + d_7$$

$$d_2 = d_2 + d_3 + d_6 + d_7$$

$$d_3 = d_1 + d_3 + d_5 + d_7$$

7) 복호기(Decorder : 해독기)

① 2진수로 표시된 입력을 부호화되지 않은 10진수변환과 BCD CODE에서 0~9까지 동작할 수 있도록 한 것이다.

② 논리회로

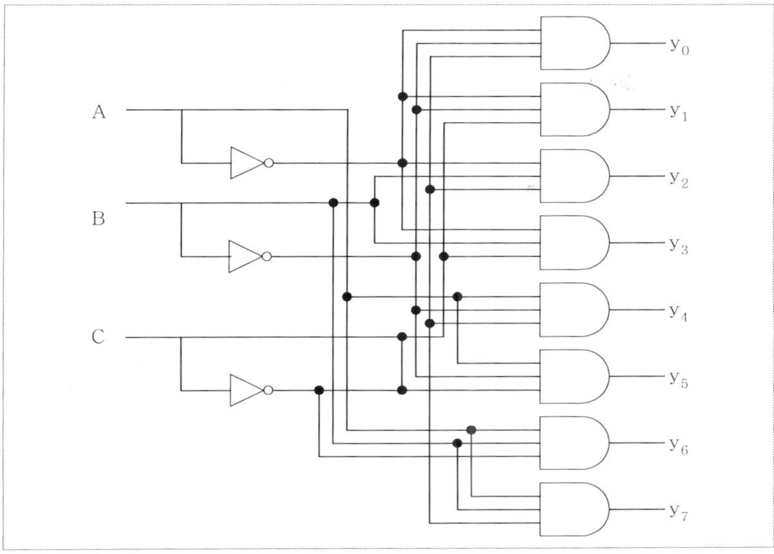

▌ 3×8 Decorder 회로

③ 논리식

$y_o = \overline{A}\ BC$　　$y_1 = \overline{A}\ BC$　　$y_2 = \overline{A}\ B\ C$　　$y_3 = \overline{A}\ BC$

$y_4 = A\ BC$　　$y_5 = A\ BC$　　$y_6 = AB\ C$　　$y_7 = ABC$

④ 진리표

A	B	C	y_o	y_1	y_2	y_3	y_4	y_5	y_6	y_7
0	0	0	1	0	0	0	0	0	0	0
0	0	1	0	1	0	0	0	0	0	0
0	1	0	0	0	1	0	0	0	0	0
0	1	1	0	0	0	1	0	0	0	0
1	0	0	0	0	0	0	1	0	0	0
1	0	1	0	0	0	0	0	1	0	0
1	1	0	0	0	0	0	0	0	1	0
1	1	1	0	0	0	0	0	0	0	1

(2) Flip-Flop(플립플롭)회로

1) R-S(Reset-set) Flip-Flop : 래치(Latch) 회로

① 1bit를 기억할 수가 있다.

② Q=1(Q=0)와 Q=0(Q=1)와 같이 두 가지의 안정상태를 갖는다.

③ R=S=1일 때 부정이 된다.

④ 논리회로

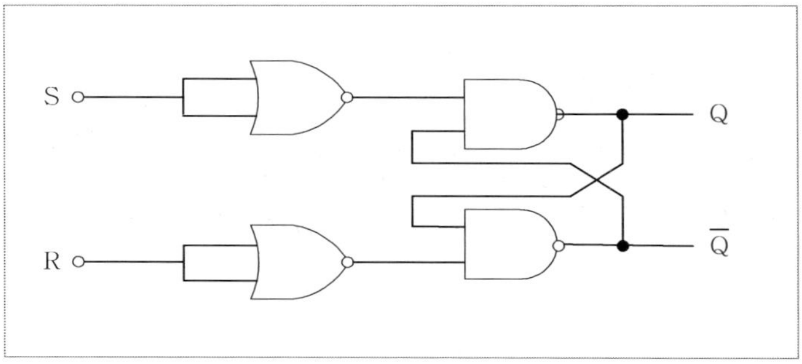

⑤ 기호

⑥ 진리표

S	R	Q_{n+1}
0	0	Q_n(불변)
0	1	0(Reset)
1	0	1(set)
1	1	부정

2) J–K Flip–Flop 회로

① J-K플립플롭은 J=K=1일 때 출력은 반전된다. 즉 Toggle상태이다

② 입력에 두 개의 AND Gate를 사용한다.

③ 논리회로

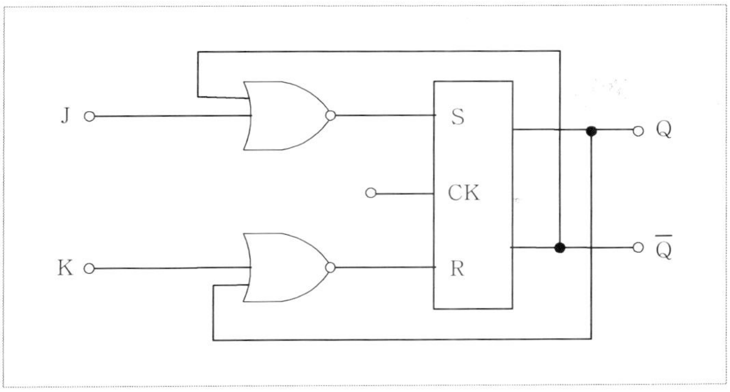

④ 기호

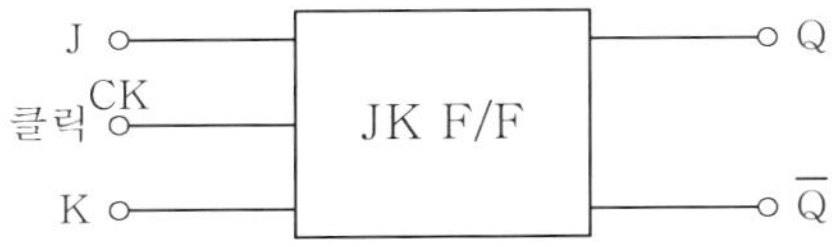

⑤ 진리표

J	K	Q_{n+1}
0	0	Q_n(불변)
0	1	0(Reset)
1	0	1(set)
1	1	$\overline{Qn}$(Toggle)

3) T(Toggle) Flip-Flop회로

① 출력 펄스가 입력될 때마다 출력을 반전시키는 회로이다

② 논리회로

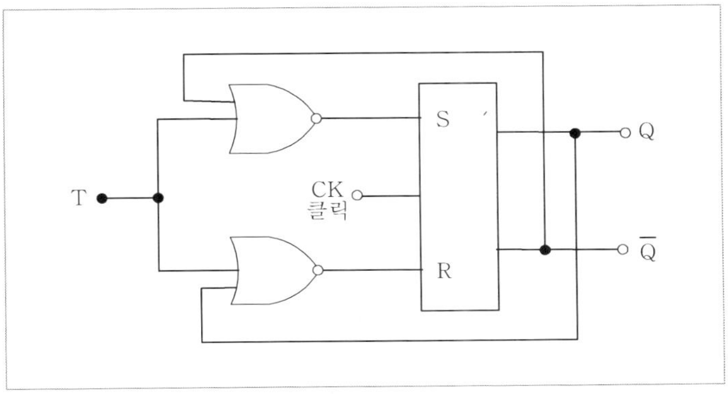

③ 기호

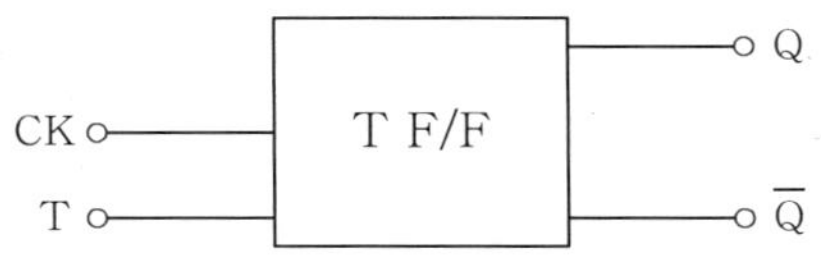

④ 진리표

Tn	Q_{n+1}
0	$\overline{Qn}$
1	Q_n

4) D(Delay) Flip-Flop회로

① 입력에 inverter 회로를 사용하였다.

② 출력에는 입력보다 1bit. 지연되어서 나온다.

③ 기호

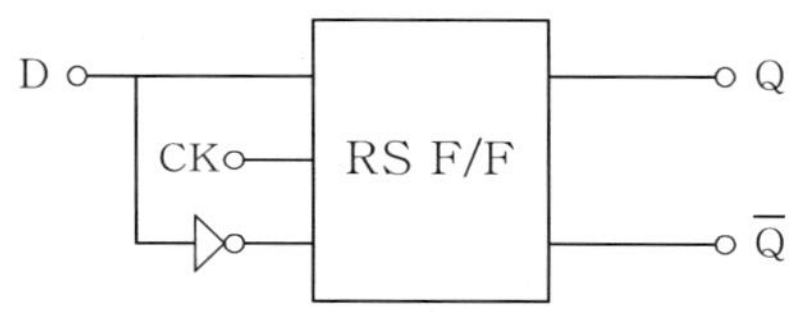

④ 진리표

D_n	Q_{n+1}
1	1
0	0

예/상/문/제

1. 2진수 0.0111_2 를 10진수로 바꾸면?

가. 4.375　　나. 43.75　　다. 0.4375　　라. 0.04375

해설

$$0.0111_{(2)} = 0\times2^{-1}+1\times2^{-2}+1\times2^{-3}+1\times2^{-4}$$

$$= \frac{1}{4}+\frac{1}{8}+\frac{1}{16} = 0.4375$$

2. 10진수 0.5625를 2진수로 변환한 것으로 옳은 것은?

가. 0.1001　　나. 0.1101　　다. 0.1010　　라. 0.1011

해설

```
0.5625
×   3
------
1.1250   — 1
×   2
------
0.2500   — 0        ↓ 0.5625 = 0.1001(2)
×   2
------
0.5000   — 0
×   0
------
1.0000   — 1
```

3. 2진수 계산문제에 대한 옳은 답은?

```
  1011101
 -1101100
----------
 (        )2
```

가. $(1110000)_2$　　나. $(-0000001)_2$

다. $(-0001111)_2$　　라. $(-001001)_2$

해설

```
  1011101(2)
 -1101100(2)
-------------
 -0010001(2)
```

해답 :　　1. 다　　2. 가　　3. 라

4. 다음 2진수를 16진수로 표시하면 다음 중 어느 것인가?

1100101010011000_2

가. BA98　　나. CA98　　다. DA98　　라. EA98

해설 1100 : 1010 : 1001 : $1000_{(2)}$
= C : A : 9 : $8_{(16)}$

5. 10진수의 16을 BCD 부호로 표시하면?

가. 0001 0110　　나. 0101 1010　　다. 0010 1001　　라. 0001 1010

해설
BCD 코드는 10진수의 1숫자에 4 bit를 차지한다.
1 : 6
= 0001 : $0110_{(BCD)}$

6. 16진수 1A6을 2진수로 표시하면?

가. 000100010110　　나. 000110100110
다. 110100110000　　라. 001101100010

해설 $1A6_{(16)} = 000110100110_{(2)}$

7. 다음은 10진수를 BCD로 표현할 것이다. 이 코드로 표현된 10진수는 어느 것인가?

0001	1001	1000	0100

가. 2673　　나. 1984　　다. 1784　　라. 1094

해설 0001 1001 1000 $0100_{(BCD)}$
= 1 9 8 4

8. 8421 code인 00011011과 0010을 가산하면 얼마인가?

가. 00100001　　나. 00100010　　다. 00100011　　라. 00100101

해설
00011011를 BCD 코드로 변환하면 10진수 21이다.
21를 BCD 코드로 변환하여 0010를 가산한다.
　0010　$0001_{(BCD)}$
+　　　0010
―――――――
+ 0010　$0011_{(BCD)}$

해답 : 4. 나　5. 가　6. 나　7. 나　8. 다

9. 그림과 같은 논리회로 출력의 값과 기능은?

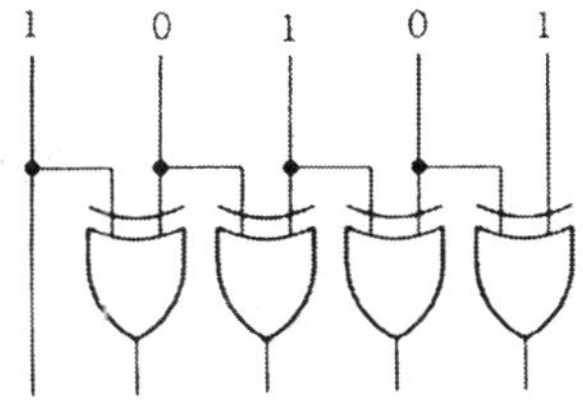

가. 10000, 패리티 변환
나. 11111, 코드 변환
다. 11000, 양수, 음수점검
라. 11011, 패리티 점검

해설

코드 변환회로이며 11111로 나타난다.

10. 그레이 코드(Gray code) 1110을 2진수로 변환하면?

가. 0001 나. 1100 다. 1011 라. 0011

해설

1 1 1 0 → Gray Code
↓ ↗⊕ ↓ ↗⊕ ↓ ↗⊕ ↓
1 0 1 1 → 2진수

11. 1011_2를 그레이 코드로 변환하면?

가. 1010 나. 1011 다. 1110 라. 1111

해설

⊕ ⊕ ⊕
1 0 1 $0_{(2)}$ → 2진수
↓ ↓ ↓ ↓
1 1 1 0 → Gray Code

12. 다음 논리식 중 옳지 않은 것은?

가. $A + A = A$ 나. $A \cdot A = A$
다. $A + \overline{A} = 1$ 라. $\overline{A} + \overline{A} = 1$

해설

부울대수의 정리

1) $A + A = A$ 2) $A \cdot A = A$ 3) $\overline{A} + A = 1$
4) $A + 1 = 1$ 5) $A + 0 = A$ 6) $0 \cdot A = 0$
7) $1 \cdot A = A$ 8) $\overline{\overline{A}} = A$ 9) $\overline{A} + \overline{A} = \overline{A}$
10) $A + A \cdot B = A$ 11) $\overline{A + B} = \overline{A} \cdot \overline{B}$
12) $\overline{A \cdot B} = \overline{A} + \overline{B}$ 13) $A \cdot \overline{A} = 0$

해답 : 9. 나 10. 다 11. 다 12. 라

13. 다음 부울 대수의 정리 중 옳지 않은 것은?

가. $A + B = B + A$　　나. $A + B \cdot C = (A + B)(A + C)$

다. $A + \overline{A} = 1$　　라. $A \cdot A = \overline{A + \overline{\overline{B}}}$

해설

1) $A + B = B + A$: 교환법칙

2) $(A + B)(A + C) = A \cdot A + A \cdot C + A \cdot B + BC = A + BC$: 배분법칙

3) $A + \overline{A} = 1$

4) $\overline{A + \overline{\overline{B}}} = \overline{A} \cdot \overline{\overline{\overline{B}}} = \overline{A} \cdot B$: 드모르간 정리

14. $\overline{\overline{A}B + A\overline{\overline{B}}}$ 의 논리식을 간략화하면?

가. $A\overline{B} + \overline{AB}$　　나. $AB + \overline{A}\,\overline{B}$

다. $AB + A\overline{B}$　　라. $A\overline{B} + \overline{A}B$

해설

$\overline{\overline{A} \cdot B + A \cdot \overline{\overline{B}}} = (\overline{\overline{A}} + \overline{B}) \cdot (\overline{A} + \overline{\overline{B}}) = (A + \overline{B}) \cdot (\overline{A} + B)$

$= A \cdot \overline{A} + A \cdot B + \overline{A}\,\overline{B} + B\overline{B} = A \cdot B + \overline{A} \cdot \overline{B}$

15. 논리식 $A + \overline{B} + \overline{A} + B$를 최소화하여 정리하면?

가. 1　　나. A　　다. B　　라. B

해설

$A + \overline{B} + \overline{A} + B = (A + \overline{A}) + (B + \overline{B}) = 1 + 1 = 1$

16. 논리식 $A(A + B + C)$를 간단히 하면 어느 값과 같게 되는가?

가. A　　나. 1　　다. 0　　라. $(A + B + C)$

해설

$A(A + B + C) = A \cdot A + A \cdot B + A \cdot C = A + A \cdot B + A \cdot C = A$

17. 논리식 $(A + B) \cdot (\overline{A} + B)$를 간단히 하면?

가. $\overline{A}$　　나. AB　　다. B　　라. A

해설

$(A + B) \cdot (\overline{A} + B) = A \cdot \overline{A} + A \cdot B + \overline{A} \cdot B + B \cdot B = B$

해답 : 13. 라　14. 나　15. 가　16. 가　17. 다

18. 다음 논리식을 간단히 하면? $\overline{\overline{A}+B+\overline{A}+\overline{B}}$

가. A　　나. B　　다. AB　　라. A+B

해설

$\overline{\overline{A}+B}+\overline{\overline{A}+\overline{B}}=\overline{\overline{A}}\cdot\overline{B}+\overline{\overline{A}}\cdot\overline{\overline{B}}=A\cdot\overline{B}+AB=A(\overline{B}+B)=A$

19. 부울 방정식 $Y=ABC+A\overline{B}C+AB\overline{C}$ 를 간단하게 하면 어떻게 되는가?

가. $ABC+AB\overline{C}$　　나. $A(B+C)$

다. $AC+AB\overline{C}$　　라. $A(C+B\overline{C})$

해설

$$ABC+A\overline{B}C+AB\overline{C}=AC(B+\overline{B})+AB(C+\overline{C})$$
$$=AC+AB=A(B+C)$$

20. 논리식 $(ABC+ACBC+BC+BC)$을 간단히 하면?

가. BC　　나. $A(B+C)+BC$

다. $C(A+B)$　　라. $AB+BC$

해설

$ABC+ACBC+BC+BC=ABC+ABC+BC=BC$

21. 다음 중 성립하지 않는 것은?

가. $A+\overline{A}\cdot B\cdot C=A+B\cdot C$

나. $A\cdot B+A\cdot\overline{B}=A$

다. $A\cdot B+\overline{A}\cdot C+B\cdot C=A\cdot B+\overline{A}C$

라. $A\cdot\overline{B}+\overline{A}\cdot B=(A+B)\cdot(\overline{A}\cdot\overline{B})$

해설

1) $A+\overline{A}BC=A+BC$: 흡수정리

2) $A\cdot B+A\cdot\overline{B}=A(B+\overline{B})=A$

3) $A\cdot B+\overline{A}\cdot C+B\cdot C=A\cdot B(C+\overline{C})+\overline{A}\cdot C(B+\overline{B})+B\cdot C(\overline{A}+A)$
$=ABC+AB\overline{C}+\overline{A}BC+\overline{A}\overline{B}C+ABC+\overline{A}BC=A\cdot B+\overline{A}C9$

4) $A\cdot\overline{B}+\overline{A}B=(\overline{A}+\overline{B})(A+B)$

해답 : 18. 가　19. 나　20. 가　21. 라

22. 다음 부울 대수식 중에서 옳은 것은?

가. $A+\overline{BC}=(A+B)(A+C)$
나. $A+BC=(A+B)(A+C)$
다. $\overline{A}+\overline{BC}=(A+B)(A+C)$
라. $\overline{A}+BC=(A+B)(A+C)$

해설

1) $A+\overline{B}C=(A+\overline{B})(A+C)$ 2) $A+BC=(A+B)(A+C)$
3) $\overline{A}+\overline{B}C=(\overline{A}+\overline{B})(\overline{A}+C)$ 4) $\overline{A}+BC=(\overline{A}+B)(\overline{A}+C)$

23. 다음 논리식의 변형 중 틀린 것은? $F=\overline{C}(\overline{A}+\overline{B})$

가. $\overline{C}\cdot\overline{AB}$ 나. $\overline{C+AB}$
다. $\overline{(A+C)(C+B)}$ 라. $\overline{ABC}$

해설

$F=\overline{C}\cdot(\overline{A}+\overline{B})=\overline{C}\cdot\overline{A\cdot B}=\overline{C+A\cdot B}=\overline{(A+C)(C+B)}$

24. 다음 논리식을 간단히 하면 맞는 것은? $Z=\overline{A}+\overline{A}B+BC\overline{D}+B\overline{D}$

가. $\overline{A}+B+C+\overline{D}$ 나. $\overline{A}+C\overline{D}$
다. $BC\overline{D}$ 라. $\overline{A}+B\overline{D}$

해설

$Z=\overline{A}+\overline{A}B+BC\overline{D}+B\overline{D}=\overline{A}(1+B)+B\overline{D}(C+1)=\overline{A}+B\overline{D}$

25. 다음 게이트 중 두 입력이 1과 0일 때 1의 출력이 나오지 않는 것은?

가. OR 게이트 나. EX-OR 게이트
다. NAND 게이트 라. NOR 게이트

해설

진리표

A	B	OR Gate	EX-OR Gate	NAND Gate	NOR Gate
0	0	0	0	1	1
0	1	1	1	1	0
1	0	1	1	1	0
1	1	1	0	0	0
논리식		$Y=A+B$	$Y=\overline{A}\cdot B+A\cdot\overline{B}$	$Y=\overline{A\cdot B}$	$Y=\overline{A+B}$

해답 : 22. 나 23. 라 24. 라 25. 라

26. 다음은 배타 OR(Exclusive OR)회로의 논리식이다. 잘못된 것은 어느 것인가?

가. $Y = \overline{A}B + A\overline{B}$　　나. $Y = (A + B) + \overline{(A \cdot B)}$
다. $Y = A \oplus B$　　라. $Y = (A + B) + \overline{(A + B)}$

해설
배타적 OR회로(반일치회로)
$Y = \overline{A} \cdot B + A \cdot \overline{B} = (\overline{A} + \overline{B})(A + B) = A \oplus B$

27. 그림과 같은 논리회로의 출력은?

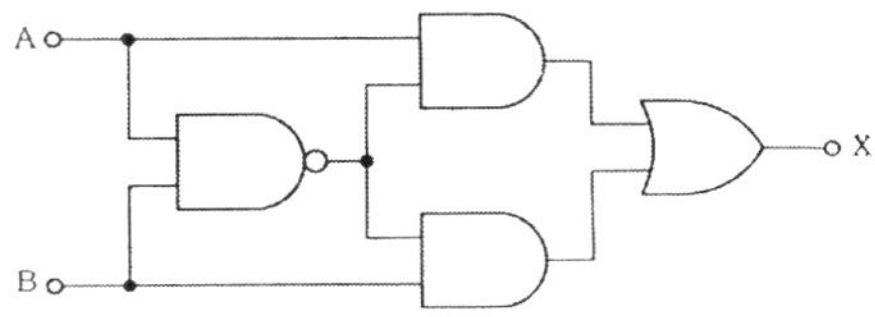

가. $X = A + B$
나. $X = A \oplus B$
다. $X = A \cdot B$
라. $X = \overline{A \cdot B}$

해설
$X = A \cdot \overline{(A \cdot B)} + B\,\overline{(A \cdot B)} = \overline{A} \cdot B + A \cdot \overline{B} = A \oplus B$

28. 배타적 OR 게이트 A, B와 같은 펄스가 인가되었다면 출력은 어느 것인가?

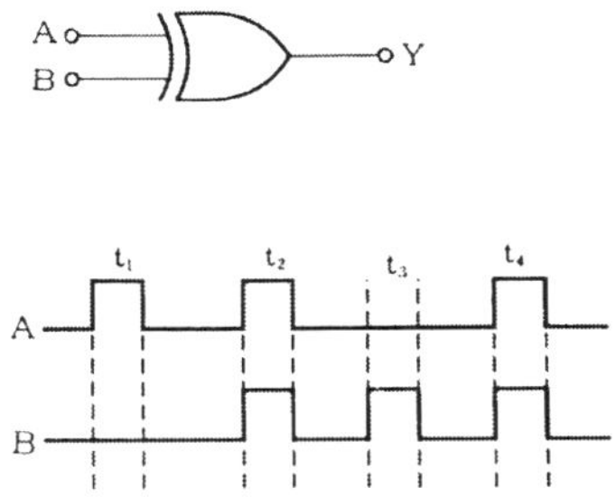

가.
나.
다.
라.

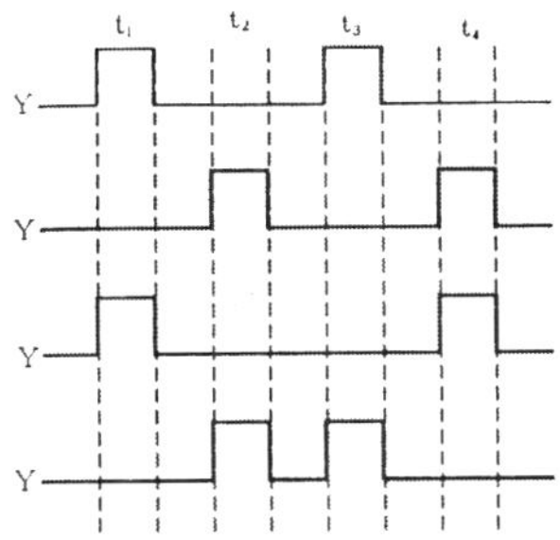

해설
배타적 OR 회로 또는 반일치회로이다.

29. 그림의 회로는 어떤 논리기능을 수행하는가?

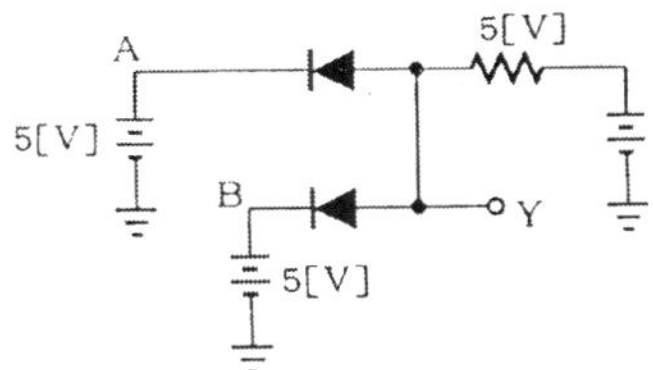

가. AND 게이트　　나. NOT 게이트
다. OR 게이트　　라. NOR 게이트

해설
다이오드를 이용한 AND 회로이다.

해답 : 26. 라　27. 나　28. 가　29. 가

30. 그림과 같이 Diod를 응용한 논리회로에서 출력 전압의 크기는?

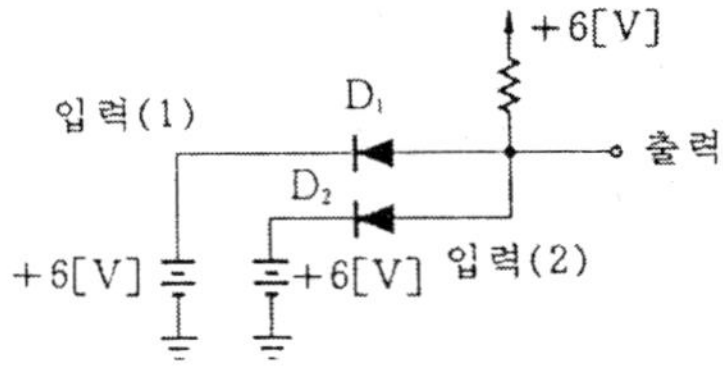

가. -12[V]　　나. +6[V]
다. 0[V]　　라. -6[V]

해설

AND 회로로 출력은 6[V]가 된다.

31. 정논리의 경우 그림과 같은 회로는 어떤 게이트 회로인가?(단, 여기에서 LSD는 Level shift diode 이다.)

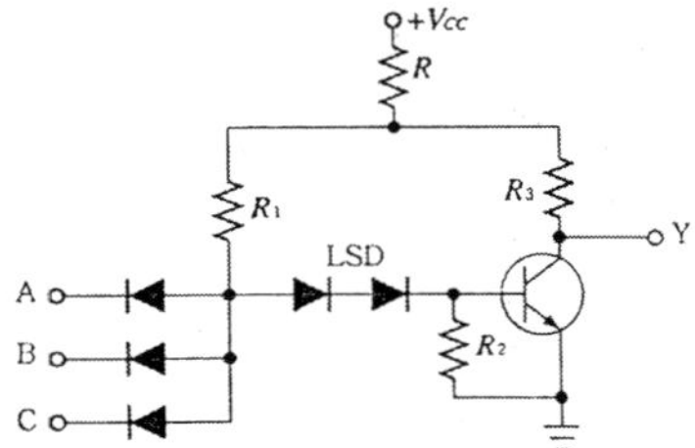

가. AND　　나. OR
다. NAND　　라. NOR

해설

AND와 NOT 회로로 구성된 NAND 회로이다.

32. 그림의 게이트 명칭 및 동작 상태는?

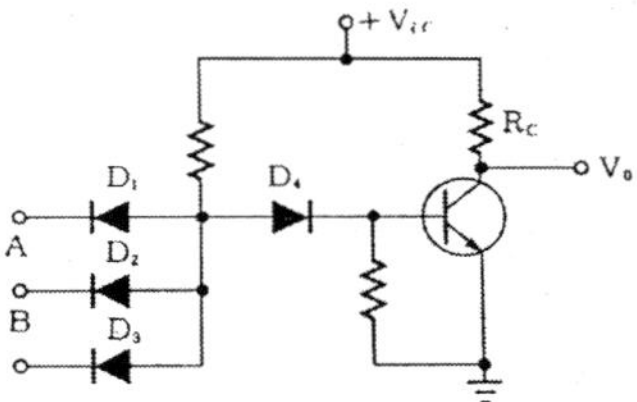

가. RTL, NAND
나. DTL, NAND
다. TTL, NOR
라. HTL, NOR

해설

Dide와 Transistor로 구성된 NAND회로 즉, DTL(Diode Transistor Logic) NAND이다.

33. 그림과 같은 회로를 논리기호로 표시하면?

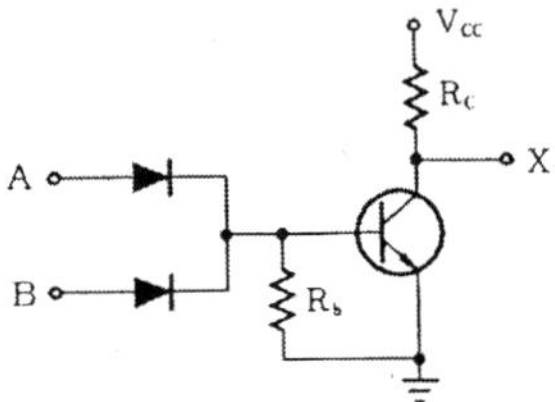

가.

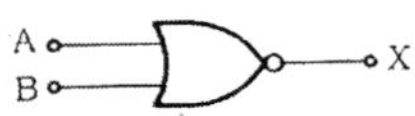

나.

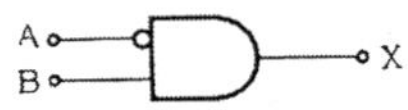

다.

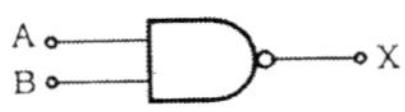

라.

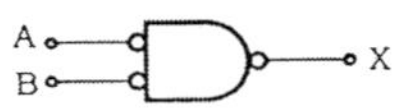

해설

OR과 NOT의 회로로 NOR 회로이다.

해답 : 30. 나　31. 다　32. 나　33. 가

34. 다음 회로의 Gate는?

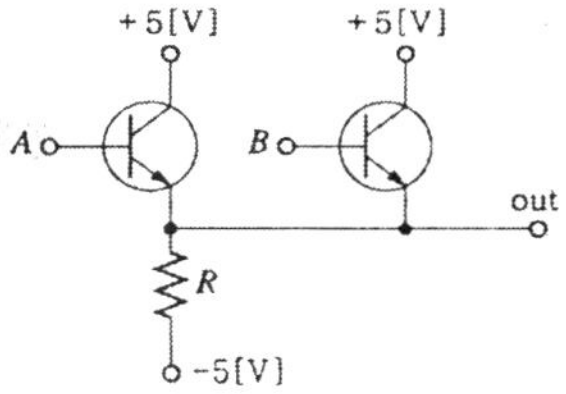

가. NAND　　나. OR
다. NOR　　라. AND

해설

TR을 이용한 NOR 회로

35. 그림과 같은 다이오드회로와 등가인 논리도를 그리면?(단, 이 회로는 정 논리회로이다.)

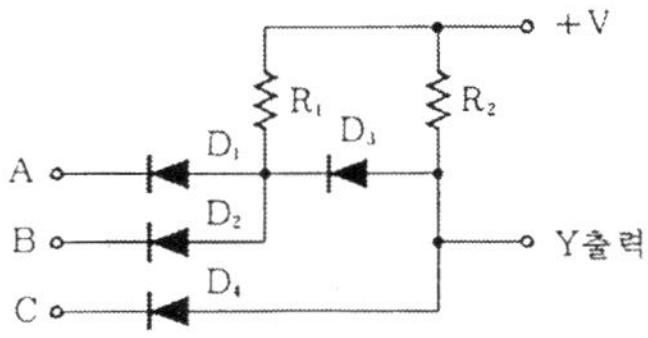

가.

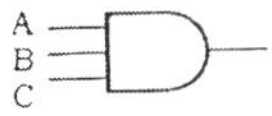

나.

다.

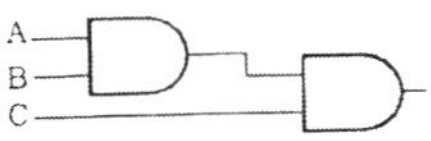

라.

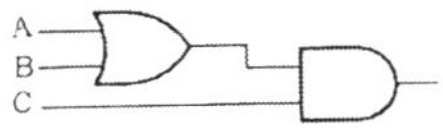

해설

AND 회로

36. 그림의 논리회로는 어떤 논리작용을 하는가?

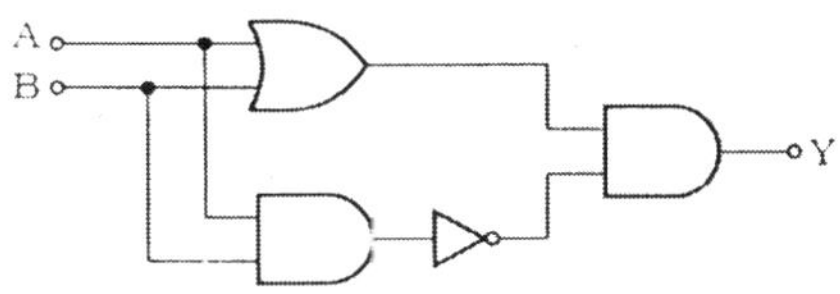

가. AND　　나. OR
다. NAND　　라. exclusive OR

해설

$$Y = (A+B)(\overline{A \cdot B}) = (A+B)(\overline{A}+\overline{B})$$

$$= A \cdot \overline{A} + A \cdot \overline{B} + \overline{A} \cdot B + B \cdot \overline{B} = A \cdot \overline{B} + \overline{A} \cdot B = A \oplus B$$

37. 그림과 같은 논리회로의 출력은 어떻게 되겠는가?

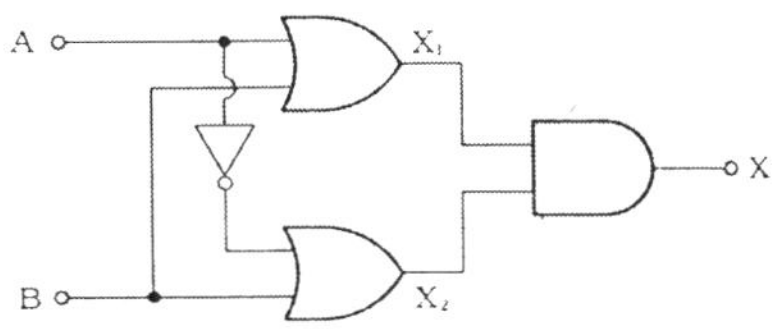

가. AB　　나. $\overline{A}B$
다. A　　라. B

해설

$$X = X_1 \cdot X_2 = (A+B)(\overline{A}+B) = A \cdot \overline{A} + AB + \overline{A} \cdot B + BB = B$$

해답 : 34. 다　35. 가　36. 라　37. 라

38. 다음 논리 회로에서 출력 D를 식으로 표시하면?

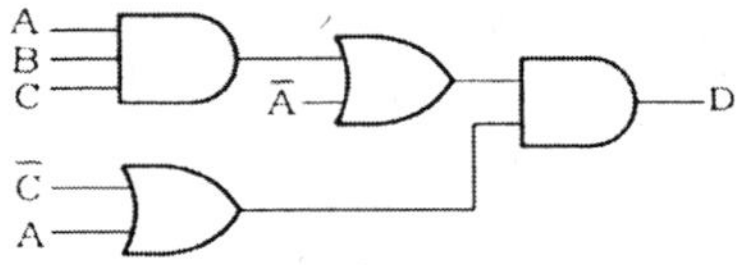

가. $A + B + AC$　　　나. $A + B + \overline{A}\overline{B}$

다. $ABC + \overline{A}\overline{C}$　　　라. $\overline{C} + \overline{A}B$

해설

$D = (ABC + \overline{A})(A + \overline{C}) = A{\cdot}A{\cdot}B{\cdot}C + ABC\overline{C} + A\overline{A} + \overline{A}\overline{C}$

$= ABC + \overline{A}{\cdot}\overline{C}$

39. 다음과 같은 논리회로의 출력은?

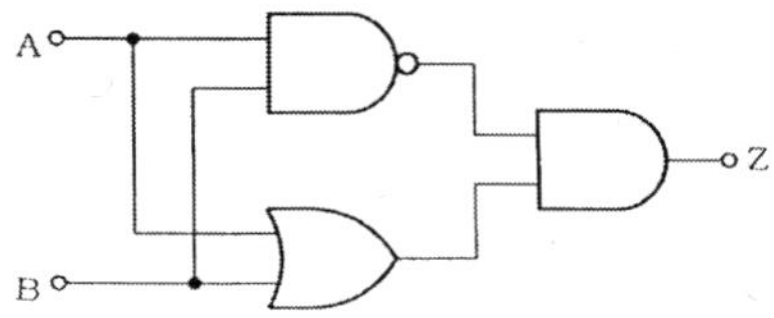

가. $X = \overline{A \cdot B} + (A + B)$

나. $X = \overline{AB} + A \cdot B$

다. $X = (\overline{A + B}) \cdot A \cdot B$

라. $X = \overline{A \cdot B} \cdot (A + B)$

해설

$Z = \overline{(A{\cdot}B)}(A + B) = (\overline{A} + \overline{B})(A + B) = \overline{\overline{A}}{\cdot}B + A{\cdot}\overline{B} = A \oplus B$

40. 그림의 논리회로에서 3개의 입력단자에 각각 1의 입력이 들어오면 출력단자 A와 B에서 나오는 출력은?

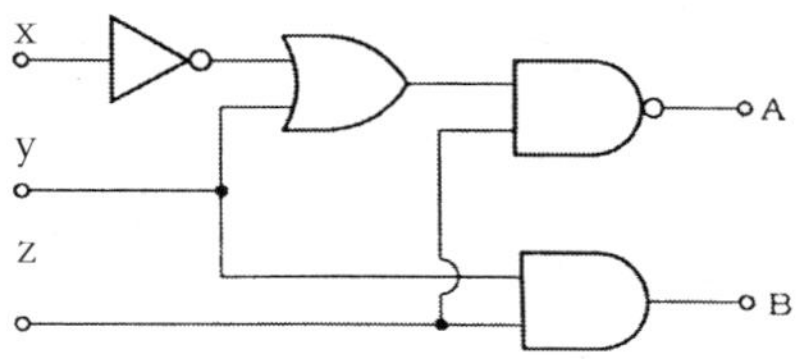

가. A에 1, B에 0　　　나. A에 1, B에 1

다. A에 0, B에 0　　　라. A에 0, B에 1

해설

$A = \overline{(\overline{x} + y){\cdot}z} = \overline{\overline{x}}{\cdot}(\overline{y} + \overline{z}) = x(\overline{y} + \overline{z}) = 1(\overline{1} + \overline{1}) = 0$

$B = y{\cdot}z = 1{\cdot}1 = 1$

41. 그림과 같은 논리 게이트 회로의 출력 Y는?

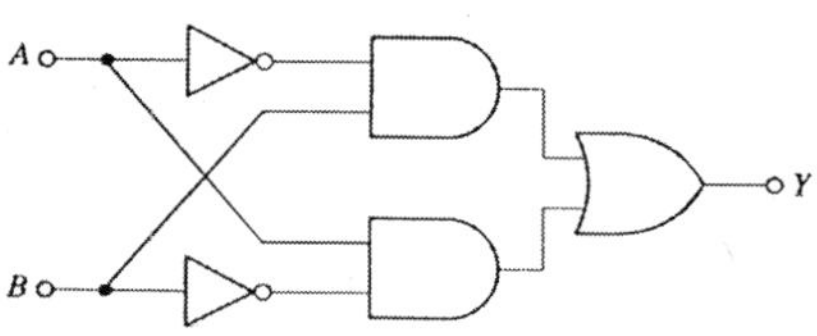

가. $A + B \cdot \overline{A + B}$　　　나. $A\overline{B} + \overline{A}B$

다. $\overline{A}\overline{B} + AB$　　　라. $AB \cdot \overline{AB}$

해설

$Y = \overline{A}{\cdot}B + A{\cdot}\overline{B} = A \oplus B$ → 배타적 OR회로이다.

해답 :　38. 다　39. 가　40. 라　41. 나

42. 그림과 같은 논리회로의 출력은 어떻게 되는가?

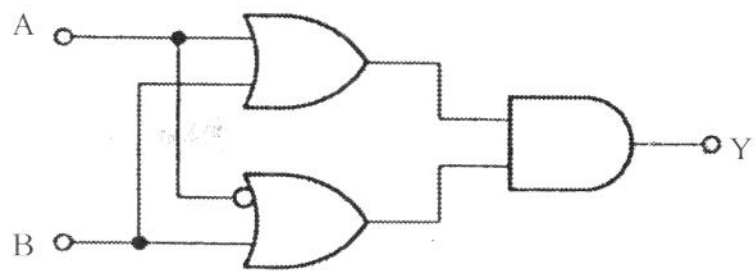

가. AB　　　　나. $A\overline{B}$
다. A　　　　라. B

해설
$y = (A + B)(\overline{A} + B) = A \cdot \overline{A} + AB + \overline{A}B + B \cdot B = B$

43. 회로에 관한 설명으로 옳은 것은?

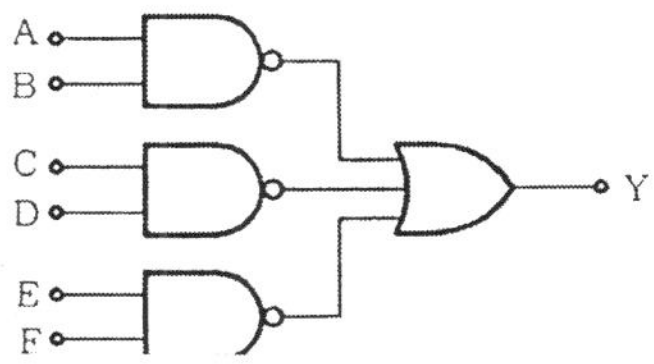

가. $Y = \overline{AB} \cdot \overline{CD} \cdot \overline{EF}$
나. $Y = \overline{AB + CD + EF}$
다. $Y = \overline{AB} + \overline{CD} + \overline{EF}$
라. $Y = \overline{AB \cdot CD \cdot EF}$

해설
$Y = (\overline{A \cdot B}) + (\overline{C \cdot D}) + (\overline{E \cdot F}) = \overline{A \cdot B \cdot C \cdot D \cdot E \cdot F}$

44. 다음 그림은 simplifying a logic circuit이다. 출력은 어떻게 나타나는가?

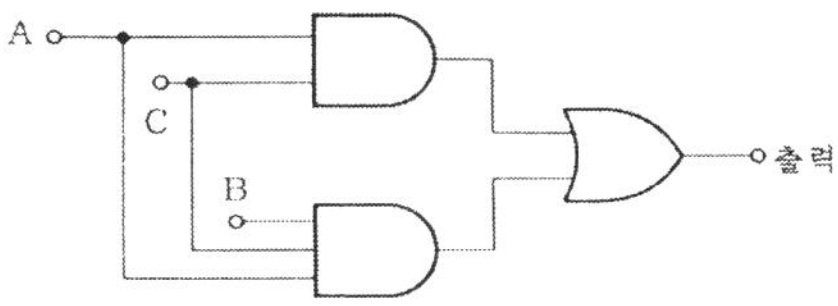

가. AB(1+C)　　　　나. AC
다. AB+AC　　　　라. ABC

해설
$Y = A \cdot C + ABC = AC(1 + B) = A \cdot C$

45. 부울식 $Y = ABC + A\overline{B}C + AB\overline{C}$가 있다. 등가논리회로를 그려보면?

가.
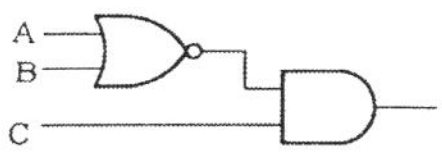

나.
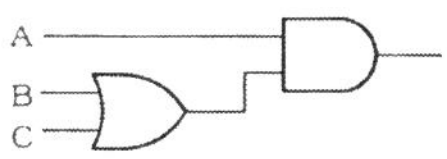

다.
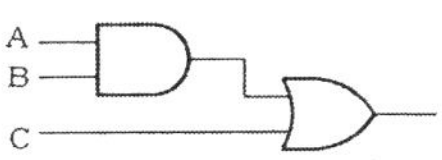

라.
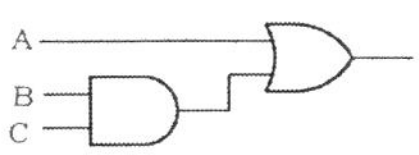

해설 $Y = ABC + A\overline{B}C + AB\overline{C} = AB(C + \overline{C}) + AC(B + \overline{B})$
$= AB + AC = A(B + C)$

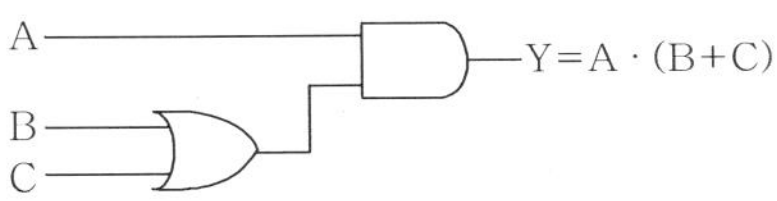

해답 : 42. 라 43. 라 44. 나 45. 나

46. 그림과 같은 논리 회로와 등가적으로 동작하는 스위치 회로는?

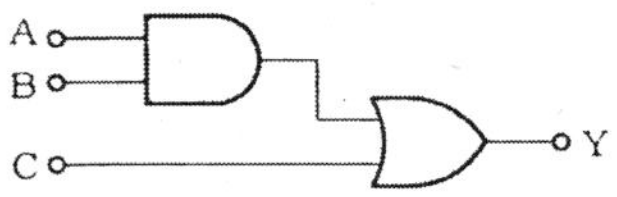

가. 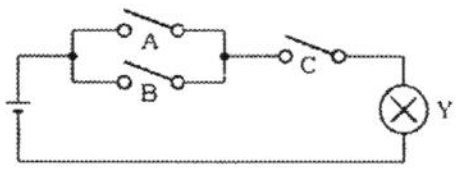

나. 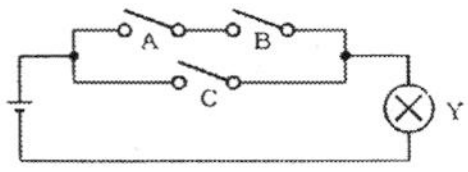

다. 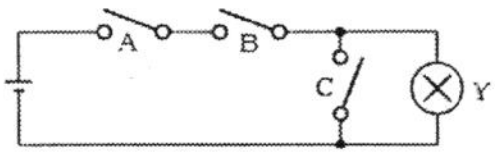

라. 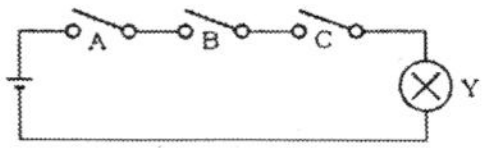

해설

스위치로 표현할 때에는 AND는 직렬, OR은 병렬로 접속한다.

47. 다음과 같은 논리회로에 대한 논리식 표현은?

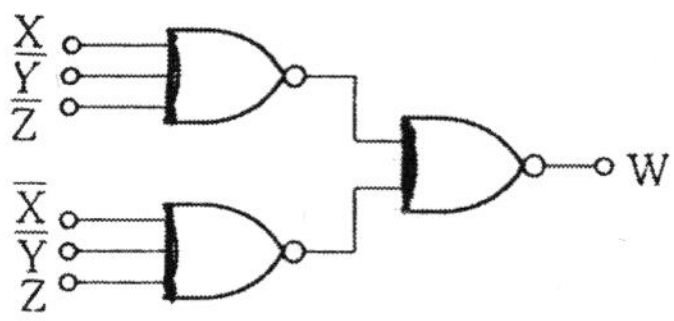

가. $W = (\overline{X}\,\overline{Y}\,Z) + (X\,Y\,\overline{Z})$
나. $W = (X + Y + Z) + (\overline{X} + \overline{Y} + Z)$
다. $W = (X + \overline{Y} + \overline{Z}) + (\overline{X} + \overline{Y} + Z)$
라. $W = (\overline{X}\,\overline{Y}\,Z) + (X\,\overline{Y}\,\overline{Z})$

해설

$$W = \overline{\overline{X\cdot\overline{Y}\cdot\overline{Z}}\cdot\overline{\overline{X}\cdot\overline{Y}\cdot Z}} = (\overline{\overline{X\cdot\overline{Y}\cdot\overline{Z}}}) + (\overline{\overline{\overline{X}\cdot\overline{Y}\cdot Z}})$$

$$= X\cdot\overline{Y}\cdot\overline{Z} + \overline{X}\cdot\overline{Y}\cdot Z$$

48. 카아노프 도표(Karnaugh Map)의 작용에 거의 필요치 않은 경우는?

가. 5변수를 간략화할 경우 나. 3변수를 간략화할 경우
다. 2변수를 간략화할 경우 라. 4변수를 간략화할 경우

해설

Karnaugh Map은 논리식은 간략화하기 위해 사용하므로 2변수인 경우 사용을 하지 않아도 된다.

49. 다음 진리표를 도시법으로 표시할 때 옳은 것은?

A	B	Y
0	0	0
0	1	1
1	0	1
1	1	0

가.

	B	$\overline{B}$
A	0	0
$\overline{A}$	1	1

나.

	B	$\overline{B}$
A	1	1
$\overline{A}$	0	0

다.

	B	$\overline{B}$
A	0	1
$\overline{A}$	1	0

라.

	B	$\overline{B}$
A	1	0
$\overline{A}$	0	1

해설

$Y = \overline{A}B + A\overline{B}$

해답 : 46. 나 47. 라 48. 다 49. 다

50. 다음 진리표의 Karnaugh Map을 작성한 것 중 옳은 것은?

A	B	Y
0	0	0
0	1	1
1	0	0
1	1	1

가.

B/A	0	1
0	1	1
1	0	0

나.

B/A	0	1
0	0	0
1	1	1

다.

B/A	0	1
0	0	1
1	1	0

라.

B/A	0	1
0	1	0
1	1	0

해설

$Y = \overline{A}B + AB = B(\overline{A} + A) = B$

51. 다음 진리표를 도시법으로 표시할 때 옳은 것은?

A	B	Y
0	0	1
1	0	0
0	1	1
1	1	0

가.

	$\overline{B}$	B
$\overline{A}$	1	0
A	0	1

나.

	$\overline{B}$	B
$\overline{A}$	0	1
A	1	0

다.

	$\overline{B}$	B
$\overline{A}$	1	1
A	0	0

라.

	$\overline{B}$	B
$\overline{A}$	0	0
A	1	1

해설

$Y = \overline{A} \cdot \overline{B} + \overline{A} \cdot B = \overline{A}(\overline{B} + B) = \overline{A}$

52. 다음 3변수 카르노도가 나타내는 함수는?

C AB	0	1
00	0	0
01	0	0
11	1	1
10	1	0

가. $\overline{ABC}$　　　　나. $AB + A\overline{C}$

다. $AB + A\overline{C} + C$　　　　라. $\overline{A} + \overline{A}BC$

해설

C AB	0	1
00	0	0
01	0	0
11	1	1
10	1	0

① : 11행의 1, 1 묶음　② : C=0 열의 11, 10 묶음

$Y = ① + ② = A \cdot B + A\overline{C}$

해답 :　50. 나　51. 다　52. 나

해설

반 가산기

S(sum : 합) = $\overline{A}\cdot\overline{B} + A\cdot\overline{B} = A \oplus B$

C(Carry : 자리올림) = $A\cdot B$

69. 그림과 같은 회로의 명칭은?(단, S는 합(sum)을 의미하고, C는 항올림 신호(carry))

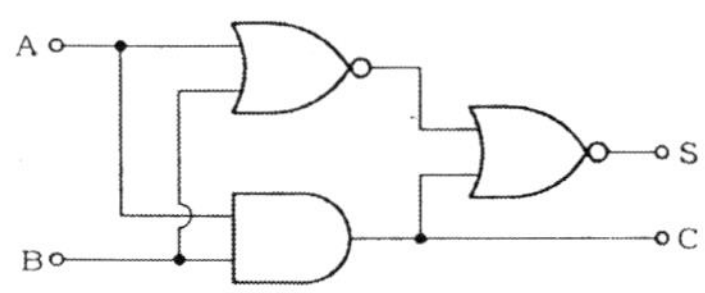

가. 동시회로　　　　나. 반동시회로

다. 배타 OR회로　　　라. 반가산기

해설

$S = \overline{A}\cdot B + A\cdot\overline{B}$, $S = A\cdot B$이므로 반가산기 회로이다.

70. 그림과 같은 반가산기(Half-Adder)회로에 대한 진리치표 표기가 틀리는 항은?

	입력		출력	
	A	B	C	D
가.	0	0	0	1
나.	1	0	0	1
다.	0	1	0	1
라.	1	1	1	0

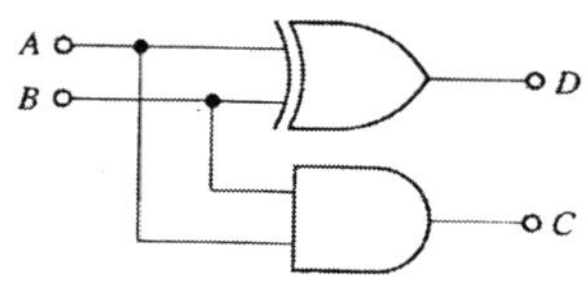

해설

▌ 진리표

A	B	S	C
0	0	0	0
0	1	1	0
1	0	1	0
1	1	0	1

71. 다음 회로와 등가회로인 것은?

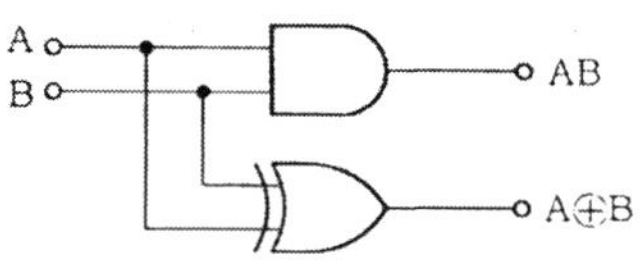

가.

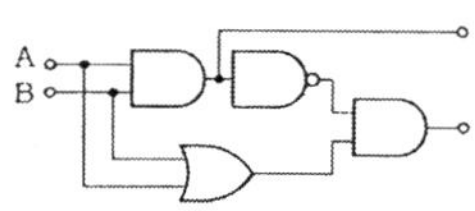

나.

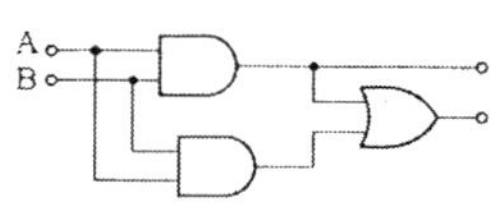

다.

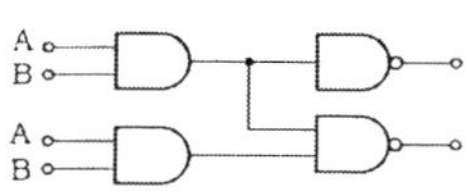

라.

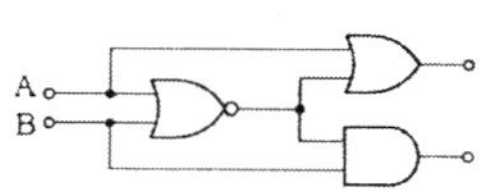

해답 :　　69. 라　　70. 가　　71. 가

해설

1) $C = A \cdot B$, $S = \overline{A \cdot B} \cdot (A+B) = (\overline{A} + \overline{B})(A+B) = \overline{A} \cdot B + A \cdot \overline{B}$
2) $C = A \cdot B$, $S = (A \cdot B) + (A \cdot B) = AB$
3) $C = \overline{A \cdot B}$, $S = \overline{A \cdot B \cdot A \cdot B} = \overline{A \cdot B}$
4) $C = A + \overline{(A+B)}$, $S = B \cdot \overline{(A+B)}$

72. 반가산기(half-adder)를 이용하여 전가산기를 만드는 회로구성으로 올바르게 된 것은?(단, C는 가산기의 캐리(carry)를 나타내고 S는 합을 나타내는 비트이다.)

가. 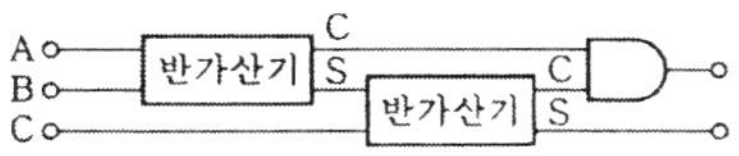

나. 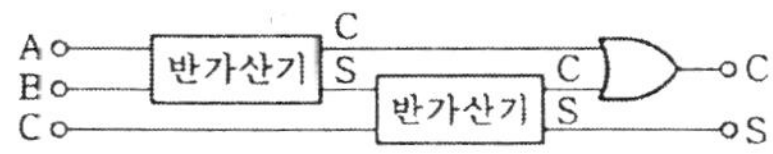

다. 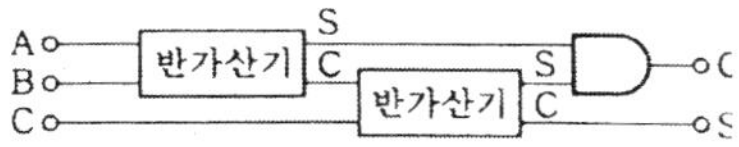

라. 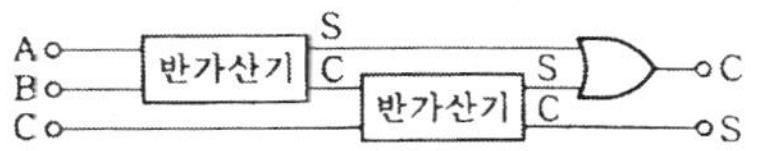

해설

전가산기

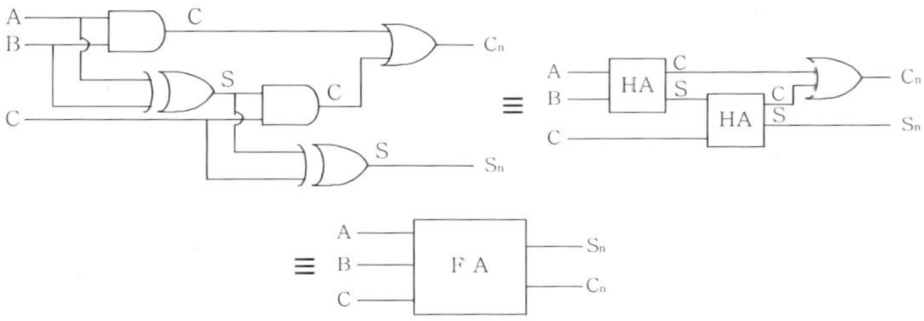

73. 그림의 BCD 가산기의 논리도에서 A_1, A_2, A_3, A_4 에 0101, B_1, B_2, B_3, B_4 에 1000이 들어왔다면 C_o 와 Z_1, Z_2, Z_3, Z_4 의 출력은?

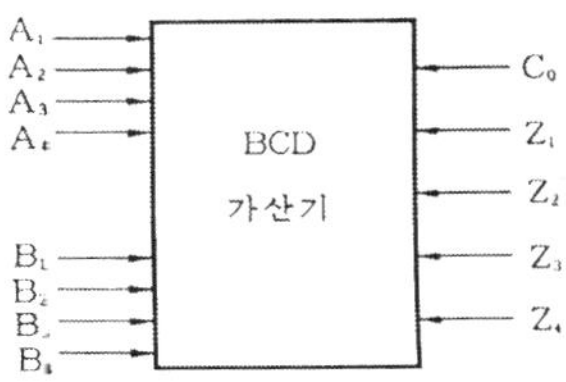

가. 1, 0011　　나. 0, 0011
다. 1, 0110　　라. 0, 0110

해설

BCD 가산기

	A_1	A_2	A_1	A_1	0101
+	B_1	B_1	B_1	B_1	1000
				1	0011
				‖	‖
				C_0	$Z_1\ Z_2\ Z_3\ Z_4$

해답 : 72. 나　73. 가

74. 다음 RS F-F 회로의 진리치표에서 출력 Q_{n+1} 상태 중 틀린 것은?

가. Q_n (불변)
나. 1
다. ∞
라. 부정

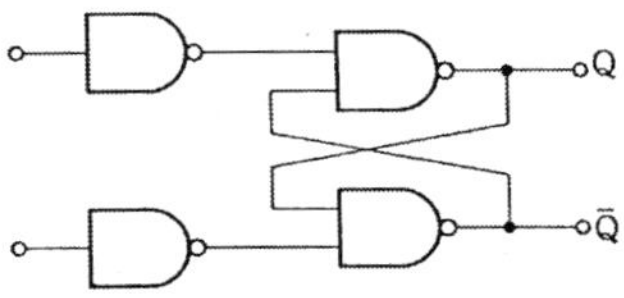

S_n	R_n	Q_{n+1}
0	0	(가)
1	0	(나)
0	1	(다)
1	1	(라)

해설

RS F-F 진리표

S_n	R_n	Q_{n+1}
0	0	Q_n (불변)
0	1	0(Reset)
1	0	1(set)
1	1	부정

75. RS-Flip Flop에 대한 설명이다. 맞지 않는 것은?

가. RS 다같이 0일 때 출력은 변하지 않는다.
나. S에 1이 들어오면 출력 Q는 1로 Set된다.
다. R에 1이 들어오면 출력 Q는 0으로 Set된다.
라. 두 입력이 동시 1이면 Q, $\overline{Q}$는 1이 되므로 긍정이 된다.

해설

두 입력이 동시에 1이면 부정이 되며 이를 금지입력이라 한다.

76. 다음은 RS 플립플롭에 관한 설명이다. 틀린 것은?

가. $S=0$, $R=0$이면 출력은 변하지 않는다.
나. $S=1$, $R=0$이면 출력은 1이 된다.
다. $S=0$, $R=1$이면 출력은 0이 된다.
라. $S=1$, $R=1$이면 출력은 전상태와 반대가 된다.

해설 $R=S=1$이면 출력은 부정이 0된다.

77. 다음과 같은 NOR 게이트로 구성된 기본적인 플립플롭회로에서 $S=1$, $R=0$인 상태일 때, Q, Q'의 상태는?

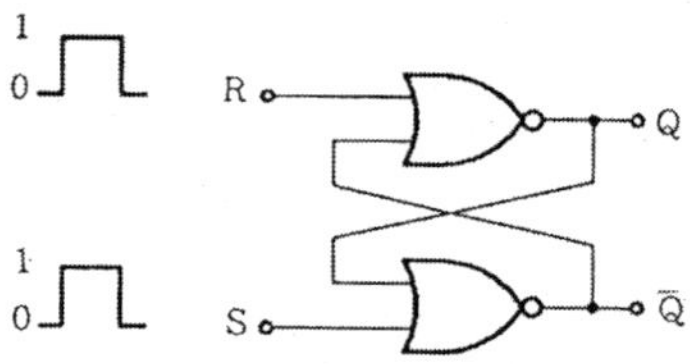

가. 1, 0　　나. 0, 1
다. 0, 0　　라. 1, 1

해답 : 74. 다 75. 라 76. 나 77. 가

해설

$S=1$, $R=0$ 일 때 $Q=1$, $\overline{Q}=0$ 이다.

78. Flip-Flop으로 구성할 수 없는 회로는?

가. Half Adder　　나. Register
다. Counter　　라. RAM

해설

Half Adder(반 가산기)는 E-OR Gate와 AND Gate로 구성된다.

79. Flip-Flop과 관계가 없는 것은?

가. RAM　　나. Decoder
다. Counter　　라. Register

해설

플립플롭은 Register, Counter, ROM, RAM 등에 사용된다.

80. J-K 플립플롭에서 $J_n = 0$, $K_n = 1$ 일 때 클럭펄스가 1 상태라면 Q_{n+1} 출력상태는?

가. 부정　　나. 0　　다. 1　　라. 반전

해설

J-K F-F 진리치표

J	K	CP(클럭펄스)	Q_{n+1}
0	0	1	Q_n (불변)
0	1	1	0(Reset)
1	0	1	1(set)
1	1	1	$\overline{Q_n}$ (Toggle 상태)

81. JK 플리플롭의 입력 J 단자에서 0, K 단자에는 1이 가했을 때 출력단자의 상태를 옳게 짝지어 놓은 것은?

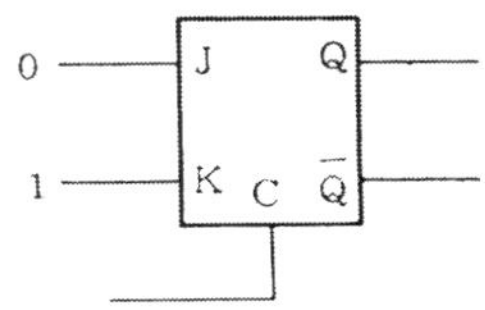

가. $Q=0$, $\overline{Q}=0$　　나. $Q=0$, $\overline{Q}=1$
다. $Q=1$, $\overline{Q}=0$　　라. $Q=1$, $\overline{Q}=1$

해설

J=0, K=1 일 때 $Q=0$, $\overline{Q}=1$ 즉 Reset 상태이다.

해답 : 78. 가　79. 나　80. 나　81. 나

82. 레이스(race)현상을 방지하기 위하여 사용되는 플립플롭은?

가. 단안정 멀티바이브레이터　　나. JK 플립플롭
다. 쌍안정 멀티바이브레이터　　라. MS 플립플롭

해설
레이스 현상을 방지하기 위하여 MS 플립플롭을 사용한다.

83. J-K 플립플롭은 두 개의 입력 데이터에 의하여 출력에서 몇 개의 조합을 갖고 있는가?

가. 2　　나. 4　　다. 8　　라. ∞

84. 출력 Y인 JK 플립플롭의 동작원리를 나타낸 진리표는?

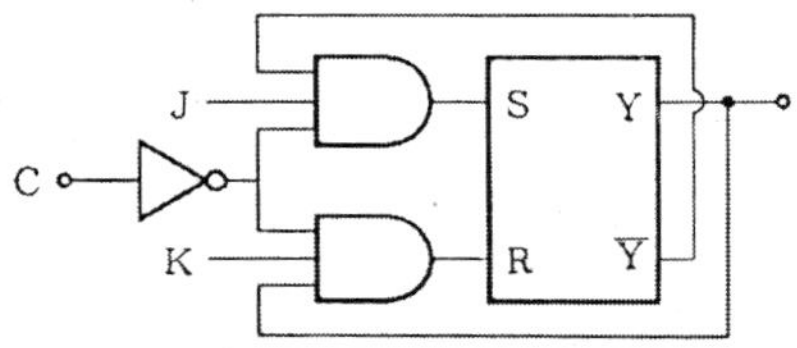

가.

JK	Y
00	불변
10	1
01	0
11	Toggle

나.

JK	Y
00	불변
10	1
01	0
11	없음

다.

JK	Y
00	1
10	1
01	0
11	없음

라.

JK	Y
00	0
10	1
01	1
11	Toggle

해설
문 80 진리표 참조

85. 다음 회로의 명칭은?

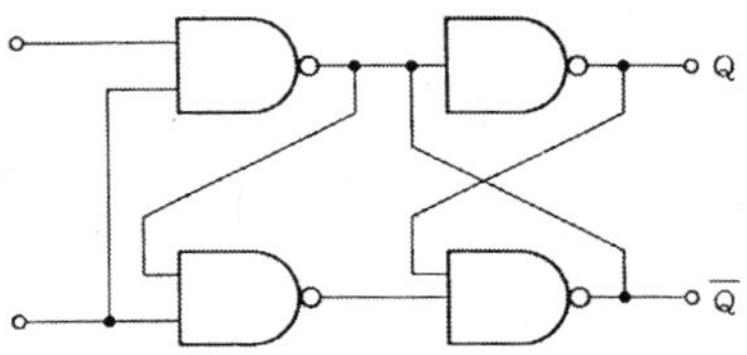

가. JK flip-flop　　나. D flip-flop
다. RST flip-flop　　라. RS flip-flop

해설
D flip-flop이다.

해답 : 82. 라　83. 나　84. 가　85. 나

86. JK 플립플롭을 사용하여 D형 플립플롭을 만들려면 외부 결선은 어떻게 하는 것이 옳은가?

가. 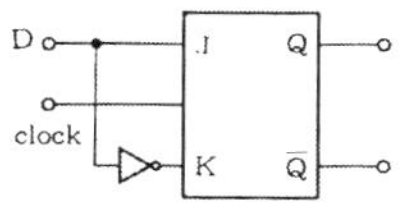
나. 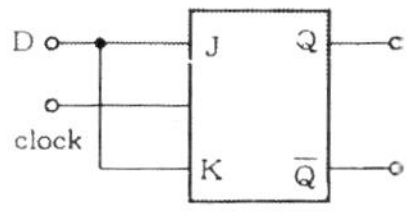
다. 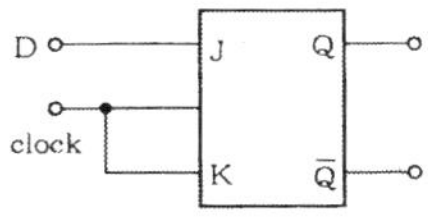
라. 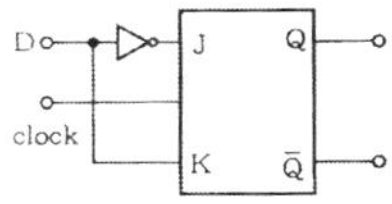

해설
1) D flip-flop 2) T flip-flop

87. RS flip-flop을 JK flip-flop으로 만들고자 할 때 필요한 것은 어느 것인가?

가. OR gate 2개　　나. AND gate 2개
다. NOR gate 2개　　라. NAND gate 2개

해설
RS 플립플롭을 JK 플립플롭으로 만들고자 할 때 AND gate 2개가 필요하다.

88. 다음 JK flip-flop의 입력신호의 주파수가 1[MHz]일 때 출력신호의 주파수는 얼마인가?

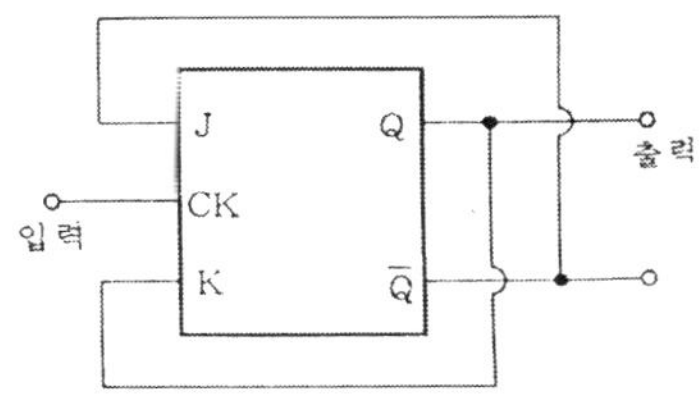

가. 100[kHz]　　나. 500[kHz]
다. 1[kHz]　　라. 4[kHz]

해설
출력신호주파수는 입력 신호 주파수의 반이다. 즉 500[kHz]이다.

89. 계수기에 가장 많이 사용되는 필립플롭은 어느 것인가?

가. T　　나. D　　다. RST　　라. JK M/S

해설
계수기를 분리 사용되는 것은 T형 플립플롭이다.

90. 두 개의 입력이 동시에 1이 되었을 때에도 불확실한 출력상태가 되지 않도록 두 개의 Flip-Flop을 사용한 회로는?

가. RS F-F　　나. D F-F　　다. Master slave F-F　　라. T F-F

해답 : 86. 가 87. 나 88. 나 89. 가 90. 다

해설

헤이스 현상을 방지하는 회로는 MS 플립플롭 회로이다.

91. 다음은 T형 플립플롭과 입력 구형파 신호를 나타낸다. Y출력의 형태 중 옳은 것은? (단, T플립플롭은 입력신호가 높은 상태에서 낮은 상태로 바뀔 때 응답하는 것으로 가정한다.)

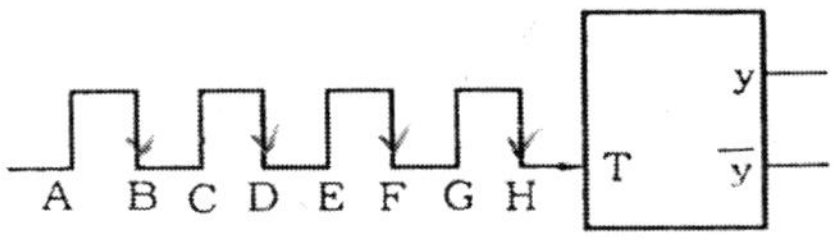

가. 

나. 

다. 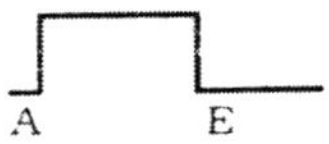

라. 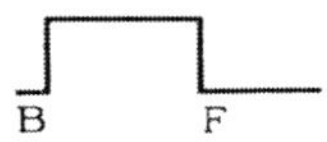

92. 전자계산기의 기억모델에서 1이나 0 하나를 1비트(Bit)라고 한다. 1바이트(Byte)는 몇 Bit인가?

가. 2[Bit]　　나. 4[Bit]　　다. 8[Bit]　　라. 16[Bit]

해설

bit는 정보의 최소단위이며 1byte= 8 bit 이다.

93. 컴퓨터의 본체구성에서 주요 기본 장치가 아닌 것은?

가. 제어장치　　나. 기억장치
다. 연산장치　　라. 정보처리장치

해설

컴퓨터의 본체구성의 기본장치는 제어, 기억, 연산장치이다.

94. 전자계산기의 기억요소(memory element)로 사용하는 장치가 아닌 것은?

가. Disk　　나. Register　　다. Flip Flop　　라. Inverter

해설

inverter는 NOT 기능을 가진 회로이다.

해답 : 91. 나　92. 다　93. 라　94. 라

95. 중앙 처리장치(CPU)에 관한 설명으로 틀린 것은?

가. 각 장치들이 원활하게 동작하도록 제어한다.
나. 데이터를 읽고 쓰는 장치이다.
다. 명령을 꺼내고 해독한다.
라. 명령을 실행한다.

96. 입출력 장치를 마이크로 컴퓨터에 연결하는 데에 필요한 송수신 장치는?

가. 인터페이스(interface) 회로
나. 레지스터(register) 회로
다. 누산기(accumulator) 회로
라. 계수기(counter) 회로

97. 링(Ring)계수기와 쉬프트(shift) 계수기의 차이점은 다음 중 어느 것인가?

가. 모우드
나. 플립 플롭(flip-flop)
다. 궤환 방식
라. 디코더(decoder)게이트

98. 다음 중 기억상태를 읽는 동작만 할 수 있는 메모리는?

가. RAM
나. ROM
다. Register
라. address

해설
ROM(Read Only Memory)은 기억상태를 읽고 동작만 하며 전원이 off되더라도 저장된 내용은 지워지지 않는다.

99. ROM(read only memory)과 RAM(random access memory)에 대한 설명으로 틀리는 것은?

가. ROM은 판독 전용 기억장치이고, RAM은 등속 호출 기억 장치이다.
나. ROM은 문자 발생기, 코드 변환 시스템에 응용된다.
다. ROM에 저장된 정보는 변경된다.
라. RAM은 자기 소자, 반도체 기억 소자에 의해 구성할 수 있다.

해설
ROM은 저장된 정보는 변경되지 않는다.

해답 : 95. 라 96. 가 97. 다 98. 나 99. 다

100. 게이트 펄스(gate pulse)의 폭이 5[sec]일 때 계수기의 출력은?

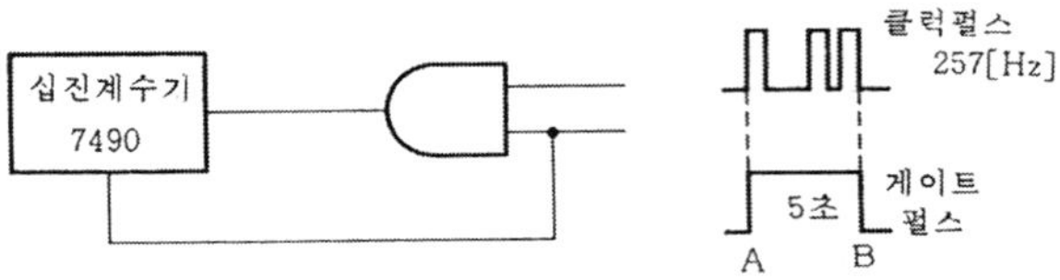

가. 1,285　　나. 752
다. 51.4　　라. 257

해설
Gate Pulse = 게이트 펄스의 폭 × 클럭펄스 =5×257 = 1,285

101. 메모리 내용을 보존하기 위하여 항시 재생용의 리플래쉬(refresh)를 할 필요가 있는 메모리는?

가. PROM　　나. Mask ROM
다. Static RAM　　라. Dynamic RAM

102. 정보 기입 방식 중 "1" 또는 "0"을 기억한 다음은 반드시 0 레벨로 돌아가는 방식은?

가. RB 방식　　나. 위상변조 방식
다. RZ 방식　　라. NRZ

103. 여러 개의 신호를 조합하여 하나의 신호를 선택하는 것을 무엇이라고 하는가?

가. 레지스터　　나. 라인 트랜시버
다. 버퍼　　라. 디멀티플렉서

해답 : 100. 가 101. 라 102. 다 103. 라

저자와의
협의에 의해
인지 생략

전자회로

1판 3쇄 2019년 3월 15일

저 자 한기동 / 이수형

발행인 송광헌

발행처 복두출판사

주 소 서울특별시 영등포구 경인로82길 3-4
센터플러스 807호 (우) 07371

전 화 02-2164-2580

FAX 02-2164-2584

등 록 1993. 11. 22. 제 10-902 호

정가 : 22,000원

ISBN : 979-11-5906-193-6 93560

한국과학기술출판협회 회원사